"十二五"农民培训重点图书

● 北京市村级全科农技员培训教材

林果花卉生产实用技术

——林果分册

◎ 北京市农业局组织编写

姚允聪　主编

U0337384

中国农业科学技术出版社

图书在版编目（CIP）数据

林果花卉生产实用技术—林果分册 / 姚允聪主编 . —北京：
中国农业科学技术出版社，2013.2
北京市村级全科农技员培训教材
ISBN 978-7-5116-1006-5

Ⅰ.①林… Ⅱ.①姚… Ⅲ.①果树园艺—技术培训—
教材 Ⅳ.① S6

中国版本图书馆 CIP 数据核字（2013）第 052113 号

责任编辑	李　雪　穆玉红	
责任校对	贾晓红　郭苗苗	
出版发行	中国农业科学技术出版社	
	北京市中关村南大街 12 号　邮编：100081	
电　　话	（010）82106626　82109707（编辑室）	
	（010）82109702（发行部）　82109709（读者服务部）	
传　　真	（010）82109707	
网　　址	http://www.castp.cn	
印　　刷	北京科信印刷有限公司	
开　　本	880 mm×1230 mm　1/32	
印　　张	11.625	
字　　数	332 千字	
版　　次	2013 年 2 月第 1 版　2013 年 2 月第 1 次印刷	
定　　价	72.00 元（全两册）	

《北京市村级全科农技员培训教材》
编　委　会

《林果花卉生产实用技术》

编 写 人 员

主　　编：姚允聪

副 主 编：姬谦龙　张　瑞　张　杰

编写人员：（以姓氏笔画为序）

孔　云　沈　漫　沈红香

宋婷婷　宋备舟

序

现代农业发展离不开现代农业服务体系的支撑。在大力推进北京都市型现代农业建设过程中，基层农技推广体系在推广新品种、新技术、新产品，促进农业增效、农民增收、开发农业多功能性方面起到了重要作用。

为进一步促进农业科技成果转化、建立和完善基层农技推广体系，北京市委市政府决定从 2010 年起在每个主导产业村选聘 1 名全科农技员，上联专家团队、下联产业农户，以村为单元开展"全科医生"式服务。到 2012 年年底，在 10 个远郊区县设立 2 172 名村级全科农技员，实现全市 60% 远郊区县全覆盖，75% 农业主导产业村全覆盖。通过近 3 年的试点探索，取得了一定的成效：一是明确了村级全科农技员岗位的工作职责和服务标准；二是全面开展了以公共知识、推广方法、专业技能三种类型的专项培训；三是加强了绩效考核，初步形成了以服务农户为核心的日常监管体系；四是探索创新了组织管理机制。几年来，全科农技员对本村农业产前、产中、产后进行技术指导与服务；调查、收集、分析本村农业产业发展动态和农户公共服务需求；带头示范应用新技术、新品种、新产品；以农民最容易接受的方式、最便捷的途径和最快的速度解决农民生产过程中的技术问题，成为了农民身边的技术员，形成了基层农技推广体系在村级的服务平台。

为提高村级全科农技员的技能水平和综合素质，北京市农业局组织编写村级全科农技员系列培训教材。该系列教材涵盖了农民亟须的职业道德、参与式农业推广工作方法、农业政策法规、农产品质量安全、农产品市场营销、计算机与现代网络应用等公共知识和种植、畜禽养殖、水产、农机、林果花卉等专业知识，致力于用通俗易懂的语言，形象直观的图片展示，实用的技术与窍门，最新的科技成果，形成一套图文并茂、好学易懂的技术手册和工具书，提供给全科农技员和京郊广大农民学习和参考。

北京市农业局党组书记　局长

赵根武

目录
CONTENTS

第三章 其他果树栽培技术

第一章
林果生产技术概论

第一节
育苗技术

一、苗圃建立

苗圃建立的目的：① 保证砧木、接穗的品种纯正；② 避免从外地引入危险的病虫害，特别是检疫病虫害；③ 有利于提高苗木质量；④ 减少运输，提高苗木成活率。

（一）苗圃地的选择

交通便利：设在需要苗木地区的中心；苗圃离公路近。

地势条件好：背风、向阳、开阔、通风良好；地下水位 1 m 以下；避免在风口、低洼地建苗圃。

土壤条件适宜：要求疏松、深厚的沙质壤土或轻黏壤土；pH 值适宜；含盐量不超过 1.2%。

灌溉条件好：水源充足；灌溉设施良好，喷灌或滴灌等；水质好。

病虫害少：远离病虫害疫区；前作病虫害不多，忌老果树地，避免

1

重茬。

远离污染源：避免环境污染处建苗圃。

（二）苗圃地的规划

辅助用地：道路、排灌系统、防风林及房舍等，一般占总面积的 15% ～ 20%。

生产用地：① 繁殖区：实生育苗区、嫁接育苗区、自根育苗区；② 母本园：采种、采穗（接穗或插条），规模大的苗圃一般有固定的母本园应实行轮作，轮作年限一般为 2 ～ 5 年。

（三）育苗方式和方法

育苗方式：① 露地育苗；② 保护地育苗；③ 组培育苗。

育苗方法：① 有性繁殖：实生育苗；② 无性繁殖（营养繁殖）：自根育苗、嫁接育苗、组培育苗。

二、实生苗培育

（一）实生苗的特点和利用

实生苗的特点：① 繁殖方法简单、便于大量繁殖；② 根系发达，对环境适应能力强；③ 繁殖脱毒苗的途径之一（种子一般不带病毒）；④ 童期长，进入结果期晚；⑤ 变异性大，不易保持母本性状。

实生苗的利用：① 多用作果树嫁接的砧木；② 可直接作果树苗木（不能保证品种的纯正），如核桃、板栗、榛子、阿月浑子、银杏；③ 在杂交育种和实生选种中需用种子繁殖。

（二）种子的采集和贮藏

种子的采集：① 选择品种纯正、健壮的树作采种母株；② 在种子充分成熟后采收；③ 堆沤腐烂果肉取种，防止温度过高损伤种胚（≤ 45℃）；④ 晾晒和充分阴干后，精选和分级。

种子的贮藏：① 贮前准备：大多数落叶果树种子贮前必须充分阴干，但板栗、甜樱桃、银杏等和大多数常绿果树的种子，采后须立即播种或湿藏，一旦干燥，种子的活力下降；② 贮藏条件：空气相对湿度50%～80%；气温0～8℃；③ 透气性良好；④ 防止虫鼠害。

（三）种子休眠和层积处理

1. 种子休眠

（1）种子休眠概念

落叶果树的种子，大多数有自然休眠的特性，有生命力种子即使在良好的生长发育条件也不发芽。

（2）种子休眠原因

① 种胚发育不完全。银杏，桃，杏早熟品种；② 种皮结构障碍，如山楂、桃、葡萄；③ 种胚尚未通过后熟阶段。

（3）种子后熟

果树种子在休眠期间，经过外部条件的作用，使种子内部发生一系列生理、生化变化，从而进入萌发状态的过程。

2. 种子层积处理

（1）概念

给种子适宜的外界条件，使其完成种胚后熟，解除休眠，促进萌芽的措施。因处理时，常用河沙为基质，与种子分层放置，故又称沙藏处理。

（2）条件

① 沙的用量：中小粒种子体积的3～5倍，大粒种子的5～10倍；② 沙的湿度：沙最大持水量的50%，"手捏成团不滴水，手触沙团即散开"；③ 层积温度：–5～17℃。适温为2～7℃；④ 层积时间：秋冬季节，一般2～3个月，因树种不同而异，春季播种前取出种子。

（四）种子活力的鉴定

种子活力鉴定通常包括目测法（齐、熟、饱、纯、鲜）、染色法和种子发芽实验。

（五）播种

播前准备：整地做畦。

播种时期：① 春播：冬季严寒、干旱、鸟鼠害严重的情况可春播；② 秋播：不宜春播的可秋播。

播种方法（表1-1）：① 撒播：少用；② 点播：大粒种子，如桃、杏、李、栗、核桃；③ 条播：小粒种子，如海棠、杜梨、山定子。

表1-1　常见砧木种子播种量和播种法

树种	采收期	层积天数	每千克种子粒数	播种量（kg/亩[①]）	播种方法
山定子	9～10月	25～90	150 000～220 000	1～1.5	条播
海棠果	9～10月	40～50	40 000～60 000	1～1.5	条播
杜梨（大粒）	9～10月	80	28 000	1.5～2	条播
杜梨（小粒）	9～10月	60	60 000～70 000	1～1.5	条播
秋子梨	9～10月	40～60	16 000～28 000	2～6	条播
山桃	7～8月	80～100	260～600	20～50	条播
山杏	6月下旬至7月中旬	45～100	800～1400	15～30	条播
毛樱桃	6月	40～80	8 000～14 000	7.5～10	条播
山葡萄	8月	90	26 000～30 000	1.5～2.5	条播
枣	9月	60～100	2 000～2 600	7.5～10	条播
酸枣	9月	60～100	4 000～5 600	4～6	条播
板栗	9～11月	100～180	120～300	100～150	点播
核桃	9月	60～80	70～100	100～150	点播
山楂	8～11月	一年以上	13 000～18 000	7.5～15	条播

播种量：每亩播种量（kg）= 每亩计划育苗数 /（每千克种子数量 × 种子发芽率 × 种子纯净率 × 缺苗损失率）。其中，海棠：1.5 kg/亩；杜梨：2.5 kg/亩；山桃：50 kg/亩；山杏：30 kg/亩；酸枣：5 kg/亩；君迁子：10 kg/亩；板栗：100 kg/亩；核桃：100 kg/亩。

---

① 　1亩 ≈ 667平方米，1公顷 =15亩，全书同

播种深度：① 种子大小：覆土深度为种子直径的1～5倍；② 气候条件：干燥地区＞湿润地区；秋冬＞春夏；③ 土壤性质：沙土、沙壤土＞黏土。

（六）播后管理

幼苗出土：注意防止杂草侵没，及时防治病虫害，特别是蝼蛄、金龟子、蚜虫和立枯病。

间苗和移栽：① 第一次间苗：3～4片真叶，去劣存优，防止过密；② 第二次间苗（定苗移栽）：第一次间苗后2～3周，株距10 cm，移栽补空，及时灌水。

抹芽与摘心：① 抹芽：砧木干基10 cm以下；② 摘心：嫁接前，苗高30～40 cm。

土肥水管理：嫁接前应追施3～4次氮肥并配合灌溉，生长季后期追施磷钾肥并控水。对抗寒力差的需埋土或培土越冬。

三、嫁接苗培育

（一）嫁接苗的特点和利用

嫁接苗的特点：① 能保持母本的优良性状；② 利用砧木增强果树的抗逆性、调节树势；③ 进入结果期早；④ 可经济利用接穗，繁殖系数大；⑤ 易感染病毒。

嫁接苗的利用：① 用作果苗，是生产上主要的育苗方法；② 对于用扦插、分株不易繁殖的树种、品种以及无核品种常用嫁接繁殖；③ 果树育种上可保存营养系变异；④ 通过高接换头，可繁殖接穗等材料，生产上可更新品种。

（二）砧木的分类与选择

1. 砧木分类

（1）按繁殖方法分

① 实生砧：种子繁殖；② 无性系砧：营养器官（枝、根、茎尖等）

5

培育。

（2）按砧木对树体生长的影响分

① 乔化砧：树体高大；② 矮化砧：树体矮小紧凑。

（3）按砧木的利用方式分

① 共砧（本砧）：砧木和接穗同是一个品种或种。如荔枝、龙眼、枇杷、西洋梨；② 自根砧：由扦插、压条、分株或组培等营养繁殖；③ 中间砧：位于基砧和接穗之间的一段砧木，包括矮化中间砧和抗病性中间砧，克服矮化基砧固地性、抗逆性差，又利用中间砧的某种特性；④ 基砧（根砧）：实生基砧、自根基砧。

2. 砧木的选择

（1）选择的原则

砧木区域化。"因地制宜、适地适砧、就地取材、育引结合"。

（2）选择的条件

① 与品种接穗有良好的亲和力，愈合良好，成活率高；② 对当地风土气候适应性强，根系发达，生长健壮；③ 有利于接穗品种生长和结果，或能提早结果、增进品质；④ 具有抗病虫、抗寒、抗盐碱能力或能控制树体生长等特性；⑤ 砧木材料来源丰富或易于大量繁殖。

我国主要果树常用砧木及其特性见表 1-2。

表 1-2　我国主要果树常用砧木及其特性

果树	砧木	特点
苹果	八棱海棠	较抗旱、抗盐碱，耐寒耐涝
	山定子	根系发达、抗寒、耐瘠薄，不耐盐碱，抗旱力比海棠果差
	楸子	抗旱、抗涝、抗盐碱
	小金海棠	半矮化，抗旱，耐盐碱
	M 系	矮化，抗旱性差，耐寒
	MM 系	半矮化，早果，耐寒
梨	杜梨	根系发达，耐旱耐涝耐盐碱，早果，丰产
	秋子梨	抗寒抗病，长大树，丰产

（续表）

果树	砧木	特点
桃	山桃	抗寒抗旱，耐盐碱耐瘠薄
	毛桃	耐盐碱耐瘠薄，较抗旱
李	山桃毛桃	耐盐碱耐瘠薄，抗旱
	杏	早果，抗涝性差
杏	山杏	抗寒抗旱，耐瘠薄
柿	君迁子（黑枣）	适应性强，抗寒，长大树
枣	酸枣	抗寒抗旱，耐盐碱耐瘠薄
板栗	本砧	嫁接亲和力强，接口愈合牢固，成活率高，生长结果正常。但是，由于实生后代分离严重，培育出的嫁接苗不整齐
	野生板栗	根系发达，抗风力强，结果早，缺点是栗园株行距参差不齐，砧木大小不一，管理不便
核桃	本砧	嫁接亲和力强，接口愈合牢固，成活率高，生长结果正常。但是，由于实生后代分离严重，培育出的嫁接苗不整齐
	核桃楸	根系发达，适应性强，十分耐寒，也耐干旱和瘠薄。种子来源广泛。但是后期容易出现"小脚"现象
	麻核桃	嫁接亲和力很强，嫁接成活率也高，但是种子来源少，产量低

（三）嫁接方法

果树常见嫁接方法见图1-1。

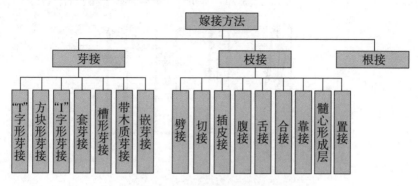

图1-1　果树常见嫁接方法

1. 芽接法

用一个芽作接穗的嫁接方法称芽接。优点是节省接穗和砧木（嫁接当时不剪断砧木，未接活可进行补接），操作方法简便，嫁接速度快，愈合牢固。芽接的方法很多，下面介绍两种常见方法。

（1）"T"字形芽接

因砧木切口为"T"字，故叫"T"形芽接（图1-2），是果树育苗广泛应用的嫁接方法。该方法操作简便、嫁接速度快、成活率高。用于嫁接的芽片一般长1.5～2.5 cm，宽0.6 cm左右，砧木直径在0.6～2.5 cm。具体操作步骤如下：

削芽：选接穗上的饱满芽，先在芽上方0.5 cm处横切1刀，切透皮层，横切口长0.8 cm左右。再在芽下方1～1.2 cm处向上斜削1刀，由浅入深，深入本质部，并与芽上的横切口相交。然后用右手取下芽片（不带木质部）。

开砧：在砧木距地面5～6 cm处，选一光滑无分枝处横切1刀，深度以切断皮层达木质部为宜。再于横切口中间向下竖切1刀，长1～1.5 cm。

接合：用芽接刀尖将砧木皮层挑开，把芽片插入"T"字形切口内，使芽片的横切口与砧木横切口对齐嵌实。

绑缚：用塑料条捆扎。先在芽上方扎紧一道，再在芽下方捆紧一道，然后连缠三四下，系活扣。注意露出叶柄，露芽不露芽均可。

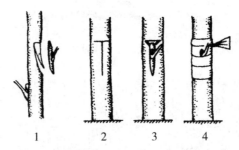

1. 取芽；2. 切砧；3. 装芽片；4. 包扎

图1-2 "T"字形芽接

（2）嵌芽接

对于枝梢表面有棱角或沟纹的植物（如板栗、枣等），或砧木和接穗均不离皮时，可用嵌芽接（图1-3）。用刀在接穗芽的上方 0.8 ～ 1 cm 处向下斜切 1 刀，深入木质部，长约 1.5 cm，然后在芽下方 0.5 ～ 0.6 cm 处斜切呈 30° 角与第 1 刀的切口相接，取下倒盾形芽片。砧木的切口比芽片稍长，插入芽片后，应注意对准一边形成层，并且芽片上端须露出一部分砧木皮层（即"露白"）。最后用塑料条绑紧。

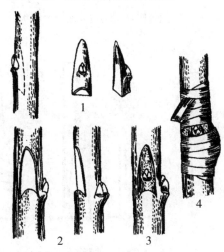

1. 削接芽；2. 削砧木接口；3. 插入接芽；4. 绑缚

图 1-3 嵌芽接

2. 枝接法

用带有数芽的枝条作接穗的嫁接方法称枝接。枝接苗生长快、成活率高；砧木较粗、砧穗均不离皮的条件下多用枝接，室内嫁接也多采用枝接法。但枝接操作技术不易掌握，所用接穗材料多，有切接、劈接、平接、插皮接、腹接和舌接等方法。下面介绍常见的两种。

（1）切接

适用于近地面直径 1 ～ 2 cm 粗的砧木嫁接（图1-4）。具体操作步骤如下。

削穗：接穗通常长 5 ～ 8 cm，以具 3 ～ 4 个芽为宜。把接穗下部削成 2 个削面，其中一个削面长 3 cm 左右，在其对面削一马蹄形小斜面，长度在 1 cm 左右。

开砧：在离地面 3～4 cm 处，选光滑、纹理顺直处剪断砧木，把切面削平，然后在切面边缘向下直切 2～3 cm 深，切口宽度与接穗直径相等。

接合：把接穗长削面向里，插入砧木切口。使接穗与砧木的形成层对准（对齐一边即可）。

绑缚：用塑料带将劈缝和切口全部缠紧包严，注意绑扎时不要使接穗移位。

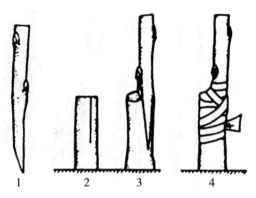

1. 削接穗；2. 劈砧木；3. 形成层对齐；4. 包扎

图 1-4　切接

（2）劈接

可用于较细的砧木，也可用于果树高接（图 1-5）。

削穗：接穗削成 2 个对称的长 3～5 cm 的楔形削面。接穗的外侧应稍厚于内侧。如砧木过粗，可以内外厚度一致，以防夹伤接合面。

开砧：选砧木上表面光滑、纹理通直处截断（剪或锯），一般要求截口下 6 cm 内无伤疤，否则劈缝不直。截断后在砧木中心纵劈 3～4 cm 深的切口。

接合与绑缚：把砧木劈口撬开，将接穗插入砧内，使接穗厚侧朝外，薄侧朝内，并注意对准砧穗形成层（由于一般砧木较接穗的皮层厚，可以砧木和接穗木质部表面对齐为标准）。插接穗时要外露 0.5 cm 左右的削面，以利于接口愈合。较粗的砧木一个截面可以接 2 ～ 4 个接穗。接后用塑料条绑紧包严即可。

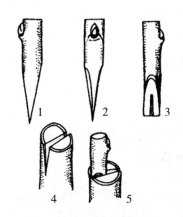

1. 接穗正面；2. 反面；3. 侧面；4. 劈口；5. 插入

图 1-5　劈接

3. 根接

用完整的根系或一个根段作砧木，用劈接、插皮接等方法在其上嫁接接穗。

（四）嫁接的时期

枝接和带木质部芽接：春季进行好，不要求接穗和砧木离皮。

芽接：秋季进行好。要求离皮，便于操作，嫁接成活率高。

根接：一般也不受时期的限制，有接穗即可。生产上大量的根接在冬季室内进行，主要是劳力安排上方便。

（五）影响嫁接成活的因子

1. 砧穗亲和力

砧穗亲和力是指嫁接后能否愈合成活和正常生长结果的能力。亲和力受亲缘关系影响较大。

同种异品种＞同属异种＞同科异属。

亲和力的表现形式：① 亲和良好；② 亲和力差："大脚现象"；③ 短期亲和；④ 不亲和。

2. 砧穗质量

质量指砧穗营养物质和水分的含量；接穗一般取无病虫害、生长健壮的一年生枝上中部枝段或芽体；砧木必须生长健壮、无病虫害，并且达到一定粗度。

3. 嫁接技术

平：切口平滑，嫁接刀要保持锋利。

快：剪砧木、削接穗要快。

准：接穗插入要与砧木尽量吻合。

紧：尽快绑缚紧实。

4. 环境条件

温度：多数果树在 20 ～ 30℃，影响形成层活跃程度和愈伤组织形成的快慢。

土壤水分和接口湿度：① 土壤缺水，砧木形成层活动缓慢；② 接口高湿，有利于愈伤组织的形成。

5. 嫁接极性

以枝接为例，就是要求接穗的下端和砧木的上端嫁接在一起。

（六）嫁接后管理

检查成活率：芽接后 15 ～ 20 天，枝接后 20 天，芽接后接芽片上的叶柄一触自行脱落说明已经成活。

防寒：嫁接当年秋季必须灌封冻水、埋土。

松绑：待翌年早春接芽萌动前除掉绑缚物。切接可于成活发芽后长至 25 cm 左右时解绑。

剪砧：接芽萌发前应剪砧，剪砧应在接芽上 0.6 cm 左右处进行。

除萌：砧木接穗以下萌发的枝必须除掉，一般生长季要进行两次。

防风：风大的地方，还应在砧木上绑上一支棍，并把接穗长成的嫩梢绑靠到这个支棍上，可以防止被风吹断或歪斜。

土肥水管理：成活后，前期要施氮肥，及时灌水，控制杂草；后期要施磷钾肥或复合肥，控水，长梢摘心，防止冬前贪青徒长，以保证安全越冬。

病虫害防治：注意病虫害发生时期，做好防治。

四、自根苗培育

（一）自根苗的特点和利用

自根繁殖利用营养器官的再生能力，例如发生不定根或根上发生不定芽，最后形成独立植株的繁殖方法。

1. 特点

① 能保持母本的优良性状，变异较少；② 生长整齐一致；③ 进入结果期早；④ 繁殖方法简便；⑤ 根系分布浅；⑥ 抗逆性较差。

2. 利用

① 用作果苗：葡萄、石榴、无花果；② 可用作自根砧木：如苹果的一些矮化砧木。

（二）影响自根苗生根成活的因素

1. 内部因素

种与品种：① 根插易成活：山定子、枣、李、山楂；② 枝插易成活：石榴、葡萄、无花果；③ 枝插生根容易程度：欧洲葡萄、美洲葡萄＞山葡萄、圆叶葡萄。

枝龄和枝条部位：① 枝龄：一年生枝＞二年生枝（醋栗除外）；② 枝条部位：中下部（冬春插）；中上部（夏秋插）。

营养物质：发育充实健壮枝条易生根。

植物生长调节物质：① IAA、NAA、IBA：促生不定根；② CTK：促生不定芽；③ ABA：对 M26 扦插有促根作用。

维生素：VB_1、VB_2、VB_6、VC，维生素含量：带叶绿枝 > 去叶绿枝。

2．外部因素

温度：① 前期：土温 > 气温；② 土温：15 ～ 25 ℃。

湿度：① 土壤含水量：最大持水量 50% ～ 60%；② 空气湿度：>90%。

氧气：不透气，易腐烂。

光照：前期避免强光直射，以免引起水分消耗。

（三）促进自根苗生根的方法

1. 机械处理

对扦插的枝条，扦插前进行机械处理有利于促进发根：① 剥表皮木栓层；② 纵刻伤；③ 环状剥皮。

2. 黄化处理

对不易生根的枝条在其生长初期用黑纸、黑布或黑色塑料薄膜包扎基部，使叶绿素消失，组织黄化，皮层增厚，薄壁细胞增多，生长素积累，有利于根原体的分化和生根。

3. 加温处理

人为地提高插条下端生根部位的温度，降低上端发芽部位的温度（头凉脚热），使插条先发根后发芽。常用的催根方法有阳畦催根、酿热温床催根、火炕催根、电热温床催根等。

4. 药剂处理

应用人工合成的各种植物生长调节剂对插条进行扦插前处理，不仅生根率、生根数和根的粗度、长度都有显著提高，而且苗木生根期缩短，生根整齐。常用的植物生长调节剂有用吲哚丁酸、吲哚乙酸、萘乙酸等。维生素 B_1 和维生素 C 对某些种类的插条生根有促进作用。硼可促进插条生根，与植物生长调节剂合用效果显著，如吲哚丁酸 50 mg/L 加硼 10 ～ 200 mg/L，处理插条 12 小时，生根率可显著提高。2% ～ 5% 蔗糖液及 0.1% ～ 0.5% 高锰酸钾溶液浸泡 12 ～ 24 小时。亦有促进生根和成活的效果。

（四）自根繁殖的主要方法

1. 扦插繁殖

（1）枝插（图 1-6）

硬枝扦插：以生长充实的 1～2 年生枝为插条，剪成长 10 cm 左右 3～4 节的插穗，插入繁殖床，培育苗木的方法。如葡萄、石榴、无花果等。

绿枝扦插：以当年生半木质化的新梢为插条，通常截取 5～10 cm 长，并保留一部分叶片，叶片较大的种类，可剪掉部分叶片。插条下方剪口最好靠近节部，剪口要光滑。多数植物宜在剪取插条后及时扦插。无花果、柑橘等可采用此法繁殖。

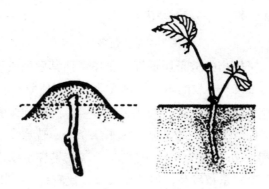

图 1-6　硬枝扦插和绿枝扦插

（2）根插

利用根上能形成不定芽的能力来扦插繁殖的方法。一般选取粗 2 mm 以上，长 5～15 cm 的根段进行沙藏，贮藏根段过冬（注意防旱），翌年春季扦插，冬季也可在温室内进行扦插。可用于那些枝插不易生根的种类。如枣、柿、山楂、梨、李、苹果营养系矮化砧可采用此法繁殖。

2. 压条繁殖

（1）压条特点

①繁殖系数很低，不适宜用于大量育苗；②适用扦插难生根的树种。

（2）压条的方法

直立压条：直立压条又称垂直压条或培土压条（图 1-7）。即被压条的枝条不必压弯，而在基部覆土，使其发根成为新株的繁殖法。此法适用于分蘖性强的低矮丛生灌木，如苹果和梨的矮化砧、石榴、无花果等。直立压条法培土简单，初期繁殖系数较低，以后随母株年龄的增长，繁殖系数会相应提高。

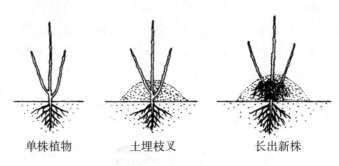

单株植物　　　　　土埋枝叉　　　　　长出新株

图 1-7 直立压条

曲枝压条：将植物的枝条压低埋入土中，使其发根成为新株的繁殖法。此法较适用于枝条柔软的藤蔓植物或灌木，如葡萄、猕猴桃、醋栗、树莓，一般植物（如苹果、梨、樱桃、丁香等）则必须倾斜栽培，才能方便操作。由于曲枝方法不同又分为水平压条法、普通压条法和先端压条法：① 水平压条法（图 1-8）：的水平压条在母株定植当年即可用来繁殖，而且初期繁殖系数较高，但须用枝杈，比较费工；② 普通压条法（图 1-9）：有些藤本果树如葡萄可采用普通压条法繁殖；③ 先端压条法（图 1-10）：果树中的黑树莓、紫树莓等，其枝条既能长梢又能在梢基部生根，常采用此法繁殖。

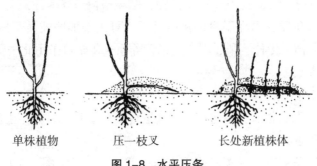

单株植物　　　　　压一枝叉　　　　　长处新植株体

图 1-8　水平压条

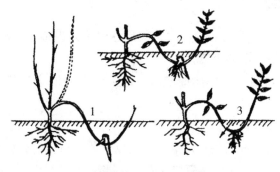

1.刻伤曲枝；2.压条；3.分株

图1-9　普通压条

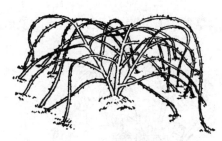

图1-10　先端压条

空中压条：通称高压法，因在我国古代早已用此法繁殖，所以，又叫中国压条法。就是选高处生长的枝条作刻伤或环状剥皮后，在伤口包扎发根基质，使其发根成为新株的繁殖法。此法操作简单，发根速度快，成活率高，但对母株有损伤，是木本植物繁殖常用的方法。如石榴、葡萄、柑橘等（图1-11）。

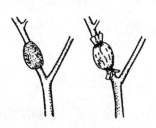

图1-11　空中压条

3.分株繁殖

分株与直立压条的区别不大，只是分株不人工培土，利用母株自身基部出的或由根长出的小苗，来培育苗木。

由根长出的苗，常称作根蘖苗，把果树下的根蘖苗集中起来育苗，又称归圃育苗。

（1）根蘖分株法

有些果树根上可以生不定芽，萌发成根苗，与母株分离后可成新株。如山楂、枣、石榴、樱桃、板栗、果桑、无花果等可用此法繁殖。

（2）匍匐茎分株法

由短缩的茎部或由叶轴的基部长出长蔓，蔓上有节，节部可以生根发芽，产生幼小植株，分离栽植即可成新植株（图1-12）。节间较短，横走地面的为匍匐茎。草莓是典型的以匍匐茎繁殖的果树。

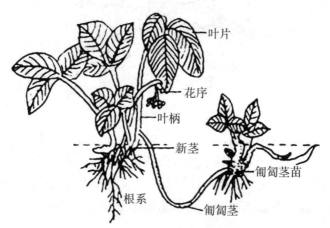

图1-12　草莓匍匐茎分株繁殖

五、苗木出圃

（一）准备工作

调查核对苗木的品种、数量、质量；制定出圃计划和操作规程；与购苗和运输单位联系。

（二）起苗

时期：① 落叶果树：新梢停长、木质化、顶芽已经形成；② 常绿果树：新梢充分成熟后；③ 起苗时间：最好与建园栽树的时间衔接。

注意事项：① 苗圃地过于干旱时，应提前 2～3 天充分灌水；② 尽量少伤根系，同时要保护好地上部分的枝稍和芽子；③ 起出的苗子应立即分级和拴上标记，待运或临时假植。

（三）苗木分级

根据国家或当地规定的苗木出圃规格进行分级，不合格的苗木列为等外苗，仍留在苗圃内继续培养。常见果树苗木质量分级指标详见表 1-3 至表 1-11。

合格苗木的基本要求：① 品种纯正、砧木正确；② 枝条健壮、充实，具有一定粗度和高度，芽体饱满；③ 根系发达，须根多，断根少；④ 无严重的病虫害和机械损伤；⑤ 嫁接苗的结合部位愈合良好。

表 1-3　实生砧苹果苗的质量指标

项目		级别	
		一级	二级
品种与砧木		纯正	
根	侧根数量	6 条以上	4 条以上
	侧根茎部粗度	0.45 cm 以上	0.35cm 以上
	侧根长	20 cm 以上	
	侧根分布	均匀、舒展而不卷曲	
茎	砧段长度	5.0 cm 以下	
	高度	120 cm 以上	100 cm 以上
	粗度	1.2 cm 以上	1.0 cm 以上
	倾斜度	15° 以下	
根皮与茎皮		无干缩皱皮；无新损伤处；老损伤处总面积不超过 1.0 cm²	
芽　整形带内饱满芽数		8 个以上	6 个以上

（续表）

项目	级别	
	一级	二级
接合部愈合程度	愈合良好	
砧桩处理与愈合程度	砧桩剪除，剪口环状愈合或完全愈合	

表1-4　矮化砧苹果苗的质量指标

项目		级别	
		一级	二级
品种与砧木		纯正	
根	侧根数量	15条以上	15条以上
	侧根茎部粗度	0.25 cm以上	0.20 cm以上
	侧根长	20 cm以上	
	侧根分布	均匀、舒展而不卷曲	
茎	砧段长度	10 cm以下	
	高度	120 cm以上	100 cm以上
	粗度	1.0 cm以上	0.8 cm以上
	倾斜度	15°以下	
	根皮与茎皮	无干缩皱皮；无新损伤处；老损伤处总面积不超过1.0cm^2	
芽	整形带内饱满芽数	8个以上	6个以上
接合部愈合程度		愈合良好	
砧桩处理与愈合程度		砧桩剪除，剪口环状愈合或完全愈合	

表1-5　矮化中间砧苹果苗的质量指标

项目		级别	
		一级	二级
品种与砧木		纯正	
根	侧根数量	6条以上	4条以上
	侧根茎部粗度	0.45 cm以上	0.35 cm以上
	侧根长	20 cm以上	
	侧根分布	均匀、舒展而不卷曲	

（续表）

项目		级别	
		一级	二级
茎	砧段长度	5.0 cm 以下	
	中间砧段长度	25～30 cm，但同一苗圃的变幅不超过 5 cm	
	高度	120 cm 以上	100 cm 以上
	粗度	1.0 cm 以上	0.8 cm 以上
	倾斜度	15° 以下	
	根皮与茎皮	无干缩皱皮；无新损伤处；老损伤处总面积不超过 1.0cm^2	
芽	整形带内饱满芽数	8 个以上	6 个以上
	接合部愈合程度	愈合良好	
	砧桩处理与愈合程度	砧桩剪除，剪口环状愈合或完全愈合	

表 1-6　梨苗木出圃质量指标

项目	品种与砧木类型	级别	
		一级	二级
		纯正	
根	侧根数量	4 条以上	3 条以上
	主根长度	15 cm 以上	
	侧根长度	不矮于 15 cm，舒张	
茎	砧段长度	5.0 cm 以下	
	高度	130 cm 以上	100 cm 以上
	粗度（距地面 5～10 cm 处）	1.2 cm 以上	1 cm 以上
砧木处理		砧桩应剪除，砧木无伤	
接口部愈合程度		完全愈合	
整形带内饱满芽数		6 个芽以上	

表 1-7 桃苗木出圃质量指标

等级	苗龄	茎	根系	芽
一级	2（秋接次年出圃）	苗高 120 cm 以上，距接口 10 cm 处直径在 1～2 cm	有 4 条以上长于 20cm 的分布均匀且无破损、劈裂的侧根，并有较多长 20cm 以下的小侧根和须根	在整形带内有 8 个以上饱满芽，如整形带内发生副梢，副梢基部要有健壮的芽
二级	2（秋接次年出圃）	苗高 100 cm 以上，距接口 10 cm 处直径在 0.8 cm	分布均匀，具有 4 条以上长度在 15 cm 以上的侧根	在整形带内有 5 个以上饱满芽

表 1-8 李苗木出圃质量指标

项目		级别	
		一级	二级
基本要求		品种纯正，无机械损伤，无检疫对象。根茎无干缩皱皮，老损伤处总面积 ≤ 1.0cm^2，无根瘤病，砧桩剪除，嫁接愈合良好	
根	侧根数量	≥ 5	≥ 4
	侧根茎部粗度（cm）	≥ 0.5	≥ 0.4
	侧根长（cm）	≥ 15	≥ 15
	主根长度（cm）	≥ 20	≥ 20
	侧根分布	分布均匀、不偏于一方，舒展，不卷曲	
茎	砧段长度（cm）	5.0 cm 以下	
	苗木高度（cm）	≥ 120	≥ 100
	苗木粗度（cm）	≥ 1.0	≥ 0.8
	茎倾斜度（°）	≤ 10	
芽	整形带内饱满芽数（个）	≥ 8 个以上	≥ 6 个以上

表 1-9　杏树嫁接苗苗木质量分级指标

项目	一级	二级
品种纯度	品种纯度	品种纯正
苗高（cm）	> 100	70～100
苗粗（cm）	> 0.8	0.6～0.8
主根长度（cm）	> 25	20～25
侧根数目	> 6	4～6
侧根分布	均匀	均匀
嫁接愈合	愈合完好	愈合完好
整形带芽	饱满	饱满
机械损伤	无	无
苗木生长	充实	充实
检疫对象	无	无

表 1-10　葡萄苗木出圃质量标准

项目		等级	
		一级	二级
扦插苗	根系 侧根数	> 8 条	> 6 条
	侧根长度	> 20 cm	> 15 cm
	侧根粗度	> 0.4 cm	> 0.2 cm
	侧根分布	分布均匀、不卷曲、须根多	分布均匀、不卷曲、须根多
	蔓 基部粗度	> 1.0 cm 芽眼饱满健壮	> 0.6 芽眼饱满健壮
嫁接苗	砧木高度	15～20 cm	15～20 cm
	接合愈合程度	完全愈合	完全愈合
	根、蔓	与扦插苗相同	与扦插苗相同
机械损伤		无	无
检疫性病虫		无	无

表 1-11　葡萄苗木出圃质量标准

项目	特级苗	一级苗	二级苗
苗高（cm）	≥ 100	60 ～ 100	30 ～ 60
基茎（cm）	≥ 1.5	1.2 ～ 1.5	1.0 ～ 1.2
主根长度（cm）	≥ 25	20 ～ 25	15 ～ 20
侧根长度（cm）	≥ 20	15 ～ 20	10 ～ 15
侧根数量（条）	≥ 15	15 ～ 20	10 ～ 15

樱桃苗木出圃质量指标：① 目测嫁接口距根茎处 5 ～ 10 cm，接口愈合平滑，无突起，无翘皮；② 苗高：用钢卷尺测量由根茎处至苗顶端高度（150±10）cm；基径：用卡尺测量嫁接口上 10 cm 处直径（1.5±0.1）cm；③ 根茎长度：主侧根 3 条以上，从根基量到顶端 > 20 cm，距根基 5 cm 处粗度为 0.3 mm；④ 目测苗木芽饱满整齐，无开裂，无损伤。

柿子苗木出圃质量指标：以君迁子为砧木的柿树成品苗，苗木应达到品种纯正，生长充实，芽饱满，直径 0.3 cm，侧根 5 条以上，苗高 1.5 cm 以上；嫁接口愈合良好；砧桩剪除，无病虫，无冻害，无机械损伤，起苗前 3 ～ 5 天要灌水。每公顷出圃嫁接苗 12 万～ 13 万株。

板栗苗木出圃质量指标：品种纯正，生长健壮，发育充实，芽饱满；基径 1 cm 以上，苗高 80 cm 以上，侧根 3 条以上，主、侧根长 20 cm；嫁接口愈合良好；无病虫和机械损伤。

枣苗木出圃质量指标：枣苗木出圃质量指标见表 1-12。

表 1-12　枣树苗木出圃质量分级指标

项目	一级	二级
品种纯度	品种纯正	品种纯正
苗种（m）	1.2 ～ 1.5	1.0 ～ 1.2
基径（cm）	1.5 以上	1.0 以上
主根长度（cm）	> 25	20 ～ 25
侧根数目	根系发达，直径 2 mm 以上、长 20 cm 以上侧根 6 条以上	根系发达，直径 2 mm 以上、长 15 cm 以上侧根 6 条以上

（四）苗木检疫和消毒

苗木检疫和消毒是防止病虫害传播的有效措施。

检疫：列入全国对内检疫对象的果树病虫害种类，禁止出圃外运。

消毒：① 苗木包装前要进行药剂消毒；② 消毒的方法一般用喷洒、浸苗等方法；③ 喷洒多采用 3°～5° 石硫合剂进行；浸苗多用等量式 100 倍波尔多液或 3°～5° 石硫合剂浸 10～20 分钟。消毒后的苗木都必须用清水冲洗；④ 杀虫剂多用 1∶50 的 12％六六六悬浮液浸泡葡萄苗木，可防根瘤蚜。

（五）苗木包装、运输

包装运输时的注意事项：① 包装时多将合乎规格的单干苗 50～100 株，或圃内正形的果苗每 25～50 株捆成一捆；② 每一品种的果苗要拴好品种标记；③ 根部填以湿润的碎稻草或其他保湿物品，以防根系在运输中变干；④ 用塑料膜或草帘将根部或苗木包好，再用绳捆结实，拴好标牌，即可运输。

（六）苗木假植和贮藏

地点选择：应选避风、高燥、平坦的地方假植。

假植的方法：① 挖南北向沟假植。沟宽 1 m 左右、深 50～60 cm，沟长视苗木数量而定；② 然后将苗木按不同品种分别放入假植沟中。未能自然落叶的苗木必须将苗上的叶片捋掉，以防苗木发霉；③ 放苗木时，梢部向南，以防日烧。依次倾斜地放入沟中，随放随用土将苗木埋上；④ 每一品种要放入标牌。品种与品种间要相隔 30～50 cm，以防混杂。并绘制一份苗木假植图；⑤ 覆土时要分层进行，使根系与土壤密接。覆土厚度一般为苗木的 2/3，干寒地区苗木要全部埋入土中，以防苗木梢部抽干；⑥ 风大地区，周围要夹上防风障。同时还应注意防鼠、兔等危害。

第二节 建园技术

一、果园园地的选择

（一）园地类型和特点

1. 平地

地势比较平坦、起伏不大的地带。常见如：平原、缓坡地（坡度≤3°～5°）、盐碱地、沙滩地。

平地的特点：① 气候、土壤因子基本一致；② 土层比较深厚肥沃，水分充足；③ 管理方便，利于机械化操作；④ 果树根系入土深、树势强、产量高；⑤ 通风透光、排水等方面不如山地；⑥ 果品质量不如山地。

2. 山地

山地的特点：① 空气流通，日照充足，昼夜温差大，利于碳水化合物的积累、果实着色；② 排水良好、根系发达，利于养分吸收；③ 土壤和气候的垂直变化明显；④ 海拔、坡度、坡形不同形成山地小气候；⑤ 建园成本高，管理不便。

3. 丘陵地

丘陵地的特点：① 相对海拔 200 m 的地形；② 浅丘：相对海拔 <100 m，特点近于平地；③ 深丘：相对海拔 100～200 m，特点近于山地。

4. 盐碱地

平地、地势低洼及河流两侧往往会出现盐碱地，土壤黏重，通气性差，盐碱地因土壤含有大量的盐类，使土壤溶液浓度加大，从而影响果树对水分和养分的吸收。盐碱严重，或者是 pH 值低于 5 或者高于 8 的土壤不经改良不宜建园。

盐碱地除了某种盐类危害外，常常出现缺铁或缺硼等缺素症。土壤肥力常因土壤黏性出现生理干旱，或因 pH 值增高使某些营养元素为植物不可利用，果树易得缺素症。在轻度盐碱（含盐量小于 0.1%）透气性较好又不易受淹的地方，除喜酸性土壤的板栗外，可栽各种果树，其中，当以梨、枣、葡萄、杏、桃较宜。同时，要注意选用耐盐碱的树种（如葡萄）和砧木（如黄海棠、贝达）以适应盐碱条件。盐碱地建园前可先洗盐洗碱，营造防风林，勤耕勤锄，以减少地面蒸发，挖排水沟以降低水位，用这些办法来防止盐分上升，种植耐盐的绿肥作物（如田菁），作台田和覆草，可减轻盐的危害。

5. 沙荒地

沙荒地含沙量大，通透性大，土壤昼夜温差大，肥力低，保肥保水能力差，建园时必须提前营造防护林来防风固沙，栽树时要多施有机肥，并要多种绿肥作物来增加土壤有机质的含量和改良土壤。我国西部一些地区沙荒地较多，在建园时要注意这些问题。

（二）园地选择考虑因素

能否正确选择果园的建园地址，能否正确选择果园的建园地址，是决定果树栽培成败的关键因素之一。

气候：在一个地区，选择适宜的小气候，地形开阔 阳光充足，空气流畅。

交通：部分浆果不耐运输和贮藏，果园应选在交通方便的地方。

土壤：地下水位 1 m 以下、土壤肥沃、病虫害少。

水源：园地附近要有充足的水源如湖、水库、大池塘、机井等，以便旱能灌水，涝能排水。

二、果园规划和设计

（一）园地踏勘

1. 园地基本情况调查

① 地形、地貌；② 面积和边界；③ 土壤和植被；④ 水利情况；⑤

气候因素；⑥ 自然灾害情况；⑦ 交通运输情况；⑧ 园地种植史；写出书面调查分析报告。

2. 园地测量及制图

大型果园要有：平面图、地形图、土壤分布图（1:1 000），绘图并编写说明书。

（二）果园土地规划

1. 果园小区的规划

果园小区又称作业区，为果园的基本生产单位，是为方便生产管理而设置的。

（1）划分小区的依据

① 同一小区内，气候土壤条件基本一致；② 山地、丘陵地有利于防止水土流失；③ 有利于防止果园的风害；④ 有利于果园的机械化作业和运输。

（2）小区的面积

平地 120 ～ 180 亩、丘陵及山地 15 ～ 30 亩。过大管理不便，过小不利于机械化作业，还会增加非生产用地。

（3）小区的形状和位置

平地小区：一般为长方形，长宽比（2 ～ 5）:1。长边应与当地有害风向垂直，果树行向与小区长边一致。

山地、丘陵小区：长边应与等高线走向一致，形状可为带状。

2. 道路系统的规划

（1）规划原则

① 占地面积应小于 4% ～ 5%；② 与小区、防护林、排灌系统统筹规划。例如：平地道路一般在防护林北侧，主路和支路两侧修筑排水沟；③ 既经济利用土地，又便于生产管理。例如，小型果园可不设主路和小路，仅设支路即可。

（2）主路规划

① 设计在果园中间部位，贯穿全园；② 大果园一般有南北向和东西

向主路；③ 主路宽 6 ～ 8 m，能并行两辆大卡车。

（3）支路规划

① 支路应与主路垂直，设在小区间；② 支路多少，以小区划分的数量而定；③ 支路宽 4 ～ 6 m，能并行动力作业机械。

（4）小路规划

设在小区内，路宽 1 ～ 4 m，以人行或机动喷雾器通行为主。

3. 辅助建筑物的规划

辅助建筑物包括：果园办公室、技术培训室、库房、选果棚、果品贮藏窖（库）、配药池等。农机具及农药库房。

规划原则：① 设在交通便利地方，或果园中心，靠近主路；② 有利于生产作业；③ 占地面积不大于 3%。

（三）树种、品种选择和授粉树的配置

1. 树种、品种选择

性状优良：生长强健、抗逆强、丰产优质、果形美观、颜色诱人、成熟期早晚、种子多少有无、风味肉质。

适地适树：适应当地气候土壤条件，充分表现优良性状。

适应市场：满足市场需求，才能提高经济效益。

2. 授粉品种的选择和配置

（1）授粉品种应具备的条件

① 与主栽品种同时开花（花期一致），并能产生大量发芽率高的花粉；② 与主栽品种同时进入结果期，经济结果寿命长短相近；③ 与主栽品种授粉亲和力强，并能生产经济价值高的果实；④ 能与主栽品种相互授粉，两者的果实成熟期相近或早晚相互衔接；⑤ 若不能相互授粉时，应进一步为授粉品种配置授粉树。

苹果和甜樱桃主要优良品种适宜的授粉品种见表 1-13。

表 1-13　苹果和甜樱桃主要优良品种适宜的授粉品种

品种	主栽品种	授粉品种
苹果	红富士	王林、元帅系品种、金矮生、金冠
	短枝红富士	首红、金矮生、新红星
苹果	乔纳金	红富士、阳光、王林、千秋
	金冠	元帅系品种、红玉、富士
	短枝元帅系品种	短枝红富士、金矮生
	王林	红富士、金矮生、澳洲青苹
	澳洲青苹	王林、红富士、金矮生、金冠
甜樱桃	红灯	大紫、那翁
	那翁	先锋、龙冠
	艳阳	红艳、佳红
	大紫	那翁、红丰
	雷尼尔	那翁、斯坦勒
	先锋	龙冠、斯坦勒

（2）授粉树配置方式

蜜蜂最佳传粉距离不超过 50～60 m。

①中心式：正方形栽植时，常用 1∶8；②行列式：沿小区长边按行的方向或者等高梯田行向，成行栽植授粉树，相隔行数是：仁果类 4～8 行，核果类 3～7 行；③少量式：在果园边界少量配置，如银杏（图 1-13）。

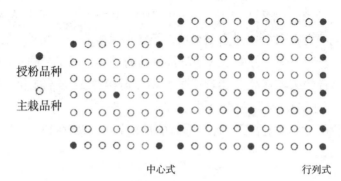

图 1-13　授粉树的配置

（四）果园防护林设计

1.防护林的作用

① 降低风速，减少风害；② 调节温度，提高湿度；③ 保持水土，防治风蚀；④ 有利于蜜蜂活动。

2.防风林带的种类

① 稀疏透风林带：防风范围大，山地下部多用，排除冷空气；② 紧密不透风林带：防风范围小，山地上部多用，阻挡冷空气。

3.防护林树种的选择

原则以乡土树种为主，可供选择的常见树种有：

① 乔木：北京杨、泡桐、刺槐、杜梨；② 小乔木和灌木：荆条、花椒、紫穗槐、酸枣。

4.防护林的营造

一般占地5%～10%，大中型果园的防护林一般应规划主林带和副林带；小型果园可只造环园林带。

防护林营造原则：① 主林带走向与有害风向或常年大风相垂直，不垂直，偏角 <20°～30°；② 主林带间距离一般300～400 m，副林带间距离一般500～800 m，风大地区须缩小间距；③ 主林带宽度5～8行，副林带2～4行；④ 乔木类株行距（1～1.5）m×（2～2.5）m，灌木类1 m×1 m；⑤ 林带和果树间防遮阴和窜根，果园南部林带距末行树 ≥20～30 m，北部≥1～20 m。

（五）水土保持的规划设计

山地和丘陵地建园成败的关键

1.地形改造

（1）修梯田（图1-14）

在坡地上，沿着等高线修成的田面水平，埂坝均整的台阶式田块叫水平梯田。修建水平梯田是保土、保肥、保水的有效方法，是治理坡地，制止水土流失的根本措施。也是山地果园实现水利化、机械化的基本建设。

筑梯田壁：修筑梯田，由于梯田壁所用的材料不同，分为石壁梯田和土壁梯田。不论哪种梯田，均不宜修直壁，而应向内倾，垒石壁梯田大约与地面呈 75° 的坡度；筑土壁应保持 50° ～ 60° 的坡度。土壁梯田的梯田壁要踩实拍紧，梯田壁要平滑内倾。不论石壁土壁，壁顶都要高出梯田面，筑成田埂。

铺梯田面：修梯田时，随梯田壁的增高，应以梯田面的中轴为准，在中轴线上侧取土，填到下侧，一般不需要到外处取土。但一定要以中轴线为准，保持田面水平，如图 1-14 所示。梯田面采用内斜式更好，整修梯田的横向上必须有 0.2% ～ 0.3% 的比降，即整条梯田从头至尾不能不呈绝对的等高，应向泄洪（集水）沟处稍倾斜，才有利于排出过多的地表径流，防止梯田壁倒塌。梯田面宽度，一般以行距而定，最好不窄于 4 ～ 5 m，即一个台面栽一行树。坡度小的山地，梯田面可宽些，可栽植 2 行以上的树。

挖排水沟：梯田面平整后，在其内沿，挖一排水沟，排水沟按 0.2% ～ 0.3% 的比降，将积水导入总排水沟内。

修梯田硬：将挖排水沟的土，堆到梯田外沿，修筑梯田埂。田埂宽 40 cm 左右，高 10 ～ 15 cm。

果树在梯田面上的位置：在梯田面上栽植果树，应距梯面外沿约 1/3 田面的地方。

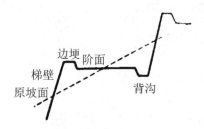

图 1-14 果园梯田构造示意图（李育农，1987）

（2）撩壕（图 1-15）

按等高线挖成等高沟，把挖出的土在沟外侧堆成土埂，这就是撩壕。

再在壕的外侧栽植果树，这就叫撩壕栽植。这种栽植方式，也是山地果园水土保持的有效措施之一。

撩壕可分为通壕与小坝壕两种。

通壕：通壕的沟底呈水平式，因而壕内有水时，能均匀分布在沟内，水流速度缓慢，有利于水土保持。通壕的主要技术是：找好水平，随弯就势，平高垫低，通壕顺水。常见的撩壕规格范围相当灵活，自壕顶至沟心宽可 1 ～ 1.5 m，沟底距原坡面深可在 25 ～ 30 cm，壕外坡长 2 ～ 4 m，壕高（自壕顶至原坡面）25 ～ 30 cm。

小坝壕：形式基本与通壕相似。不同点是沟底有 0.3 % ～ 0.5 % 的比降。在沟中每隔一定距离作一小坝，用以挡水和减低水的流速，故名小坝壕。此种方式较通壕优越，当水少时，水完全可以保持于沟内，水多时，则溢出小坝，朝低向缓慢流去。

心土

表土

图 1-15　撩壕整地

（3）挖鱼鳞坑

鱼鳞坑是一种面积极小的单株台田，适用于地形变化复杂，或在较陡的坡栽植果树。一般沿等高线按株距找出定植点，以定植点为中心挖成半圆形的土台，如同鱼鳞一样，在年前刨好鱼鳞坑，坑直径 50 ～ 100 cm，施入底肥并以表土填满坑，坑下方用石块或土堆砌，拦蓄雨水供果树吸收利用。经过雨雪，吸水下沉熟化土壤，第二年春天再栽树，易于发根成活（图 1-16）。鱼鳞坑是坡地果园简而易行的水土保持措施。

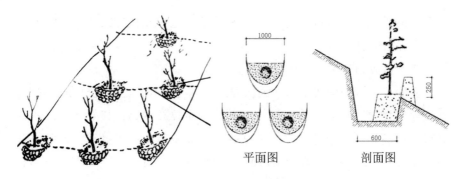

平面图　　　　　剖面图

图 1-16　鱼鳞坑整地

2. 植被覆盖

植被能吸收雨水，减少冲击，防止水土流失，因此植被覆盖率越高，冲刷越小。果园规划时应山顶戴帽，坡度大的山地也应造林或种植绿肥，造林蓄水。

3. 土壤改良

土质对水土流失影响较大，团粒结构好的土壤，持水量大，径流变潜流，冲刷较轻；黏土水稳性强，有机无机胶质多，渗水力小，冲刷也较少；沙土结构差，水稳性差易流失。

（六）果园排灌系统的规划设计

果园建立灌溉系统，要根据地形、水源、土质、蓄水、输水和园内灌溉网进行规划设计。

1. 蓄水和引水

果园附近有水源的地方，可选址修建小型水库或堰塘，以便蓄水灌溉，如有河流时可规划引水灌溉。平原地区的果园，需利用地下水作为灌溉水源时，在地下水位高的地方可筑坑井，地下水位低的地方可设管井。

在适当的位置修建蓄水池，一般每 15 ～ 20 亩地修建 30 ～ 50 m³ 的蓄水池一个，有条件的地方最好每 200 ～ 300 亩修建 1 ～ 2 个小型水库，同时建好排水及灌溉系统。

2. 输水和配水

果园的输水和配水系统（图 1-17）包括平渠和支渠。主要作用是将水从引水渠送到灌溉渠口。干渠的位置要高于支渠和灌溉渠。在丘陵地和山地干渠的位置应当设在分水岭地带，支渠亦沿二三级坡的水分线设置。根据果园划分小区的布局和方向，结合道路规划，以渠与路平行为好。输水渠道距离尽量要短，这样，既能节省材料，又能减少水分的流失。输水渠道最好用混凝土或用石块砌成，在平原沙地，也可在渠道土内衬塑料薄膜，以防止渗漏。输水渠内的流速要适度，土渠内的流速不能太大，太大会引起冲刷，太小在单位时间内流量过小，影响灌溉。为保持水渠内的水流适中，一般干渠的适宜比降在 0.1% 左右，支渠的比降在 0.2% 左右。

图 1-17　果园水渠灌溉示意图

3. 灌溉系统

灌溉渠道紧接输水渠，将水分配到果园各小区的输水沟中去输水沟可以是明渠，也可以是暗渠。山地果园设计灌溉渠道时与平原地果园不，要结合水地保持系统沿等高线，按照一定的比降构成明沟。这种明沟在等高撩壕或梯田果园中，可以排灌兼用。

有条件的果园可以将灌溉渠道设计成喷灌或滴灌。喷灌设计管道时要考虑有一定的压力，以便把灌溉用水通过管道送达喷头，形成水滴喷洒，喷灌设施主要有固定式和半固定式两种，固定式喷灌设施，就是在水源附近设置水泵，通过埋在地下的输水干管、支管和毛管进行灌溉。毛管是喷灌系统的最末一级输水管道，要沿果树行埋设，毛管的间距和喷头间距，应与喷水范围相一致。半固定式喷灌设施的干、支管与固定式喷灌设施相同，毛管可以树行间移动。设置喷灌要考虑水质，含盐量大于 0.3 % ～ 0.5 % 的水源不能作为喷灌用水。

滴灌是在低压管道中把水送到滴头。滴灌系统的干、支管道，一般要求埋在地下，由高压聚乙烯或聚氯乙烯制成。干管直径 80 mm 左右，埋深 60 ～ 70 cm，支管直径一般为 40 mm 左右，埋深 50 ～ 60 cm，毛管由高压聚乙烯加炭黑制成，直径约 10 mm，每行果树地面上安置一根。分枝毛管接在毛管上，每株树下环绕 1 根。每根分枝毛管上，近媒 0 ～ 100 cm 的间距安置 1 个滴头。大树每株 8 ～ 10 个，小树 2 ～ 4 个。

4. 排水系统

不论在平坦沙地、山地丘陵或低洼盐碱地建园，均应注意排水问题。果园排水系统的规划布置，必须在调查研究、摸清地形、地质、排水出路、现有排水设施和排水规划的基础上进行。

果园的排水系统一般是由小区内的集水沟、作业区内的排水支沟和排水干沟组成。集水沟的作用是将小区内的积水或地下或地下水排放到排水支沟中去。排水支沟的作用是承接排水沟排放的水，再将其排入到排水干沟中去。排水干沟的任务是汇集排水支沟排放的水，并通过他排放到果园以外的河流或沟渠中去。

山地或丘陵地的果园排水系统主要包括梯田内侧的竹节沟，栽植小区之间的排水沟，以及拦截山洪的环山沟、蓄水池、水塘或水库等。环山沟是修筑在梯田上方，沿等高线开挖的环山截流沟，其截面尺寸应根据界面径流量的大小而定。环山沟上应设溢洪口，使溢出的水流流入附近的沟谷中，以保证环山沟的安全。

规划注意事项：① 水源位置要高；② 与道路系统和小区规划相结合；③ 干渠长度要尽可能短，以降低成本；④ 干渠用石材或混凝土修筑；⑤ 干渠比降 1/1 000，支渠比降 1/500；⑥ 土方施工半填半挖。

三、果树的栽植和栽后管理

（一）栽前准备

1. 定点挖穴（沟）

按确定的株行距顺行挖定植沟（图 1-18）（如果行距 3 m，则沟心与沟心间的距离为 3 m），沟宽 60～100 cm，沟深 60～80 cm，长度不限，以整块地挖通为宜，定植沟最好按南北方向开挖（坡地和丘陵则按等高线挖沟改土）。挖沟时将心土与表土分开堆放，将作物秸秆、杂草、绿肥、迟效磷肥、石灰（每 50 kg 绿肥 0.5 kg 石灰）等混合，表土分层压入，心土盖于最表层，但栽植苗木处须用表土。底肥的最上层至沟表面至少保持 30 cm 以上土层，沟表面可高于周围地面 10～20 cm。定植沟最好在栽苗前一个月完成。

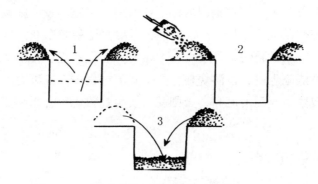

1. 表土与底土；2. 表土加肥；3. 回填土

图 1-18　果树定植坑的挖掘

2. 苗木准备

（1）品种核对

栽植前，需要根据种植设计，为避免造成栽植混乱，应认真核对果树种类和品种，并将其"对号入座"置于栽植区域。

（2）质量筛选

常言道"苗齐苗壮"。因此，果树苗应首选一级苗栽植，次选二级苗栽植，合格的苗木应该具有根系发达完好、枝条充实健壮、芽体饱满、无检疫病虫害等条件。

（3）苗木处理

栽植前失水较多的苗木应提前用清水浸泡12～24小时，使苗木充分复水。然后进行根系修剪，主要是剪除死根、烂根，剪短一些过长的根系，并将粗根先端劈裂部分剪除，形成平滑的新剪口，促进新根的发生。大苗木为减少水分蒸腾，可适当对地上部进行修剪，去除一些枝条。定植前可用70%甲基托布津或50%多菌灵可湿性粉剂800倍液将苗木根系浸泡2分钟进行消毒。对于生根较难树种，定植前可用生根粉处理根系，以提高成活率。

3. 肥料准备

对于果树栽培来讲，施好基肥非常重要，一般个定植穴需准备基肥50～100 kg，土壤性质较差的地块可适当增加基肥量。施基肥一般以土杂肥、圈肥等为主，如果施用塘泥，要增加一倍施用量。施基肥的同时每穴还要施磷肥或复合肥0.5 kg左右，且要与土杂肥以及穴内土壤充分混合均匀。施用饼肥的，可按每穴1 kg施入，但一定要先沤制，使其腐熟；千万不能施生饼，以防烧根。整个栽苗过程中，应尽力不让果树根系接触到成团、成曜的肥料，否则就易发生烧根现象，影响成活率，成生长不旺。

（二）栽植时期

落叶果树多在落叶后至萌芽前栽植，主要集中在两个时期。一是在秋季落叶后至土壤封冻前进行秋栽，这时地温尚高，有利于伤口愈合并长出新根，春季树木发芽后能及时吸收土壤中的水分和养分，缓苗期短，苗齐苗壮。但在冬季严寒地区，以春栽效果好。二是在春季土壤化冻后至芽刚萌动时栽植，栽后立即灌水，保证苗木不失水。

（三）栽植密度

1. 确定栽植密度的依据

（1）树种、品种和砧木

树种：核桃＜苹果、梨＜葡萄。

品种：国光、元帅＜金冠、甜黄魁。

砧木：乔化砧＜半矮化砧＜矮化砧。

（2）地势和土壤

平地＜山地。

土壤深厚、肥力较高＜土壤瘠薄、肥力较低。

（3）气候条件

温暖、雨足＜低温、干旱、大风。

（4）栽培技术

如葡萄的棚架栽培＜篱架栽培。

2. 主要果树的栽植密度

主要果树栽植密度见表1-14。

表1-14 果树的栽植密度

果树种类	株距（m）×行距（m）	栽植密度（株/亩）	备注
苹果	（4×6）～（6×8）	14～27	乔化砧
	（2×3）～（3×5）	44～111	半矮化砧
	（1.5×3.5）～（2×4）	83～150	矮化砧
梨	（3×5）～（6×8）	27～44	乔化砧
桃	（2×4）～（4×6）	27～83	乔化砧
葡萄	（1.5～2）×（2.5～3.5）	111～296	篱架整形
	（1.5～2）×（4～6）	83～148	棚架整形
核桃	（5×5）～（6×8）	14～19	
板栗	（4×6）～（6×8）	14～27	

（续表）

果树种类	株距（m）×行距（m）	栽植密度（株/亩）	备注
枣	（2～4）×（6～8）	14～27	
柿	（3×5）～（6×8）	14～44	
柑橘	（3.5～4.0）×（3～5）	33～63	平地与梯田
无花果	（3～6）×（4～6）	18～56	
杏	（4～5）×6，（5～6）×7	16～22	
李	（3×5）～（4×6）	27～44	
草莓	（0.15～0.25）×（0.15～0.25）	7 000～15 000	

（四）栽植方式

栽植方式应本着经济利用土地、便于田间管理的原则，并结合当地自然条件和品种的生物学特性来决定栽植方式。常见的栽植方式（图1-19）有以下几种。

长方形栽植：大多数果树树种多采用长方形栽植，因为长方形栽植的行距大于株距，所以通风透光好，便于管理和机械化操作。

正方形栽植：正方形栽植是行距和株距相同的栽植方法，虽然这种方法便于管理，但不易用于密植和间作。

三角形栽植：三角形栽植是株距大于行距，定植穴互相错开成为三角形的栽植方法，这种方法适用于山区梯田地和树冠小的品种，但不便管理和机械化操作。

带状栽植：即宽窄行栽植，带状栽植是两行为一带，带内行距小，带间行距大的栽植方法，这种定植方式便于田间操作。

等高栽植：长方形栽植在坡地果园的应用。因为山地果园多为水平梯田和等高撩壕，其株行距不能保持一致，应按梯田的宽窄而定，株距要求在同一等高线上，行距可根据梯田面的宽度进行加行或减行。

篱壁式栽植：栽培时行内设篱架，将树体固定在架上。株距一般为1～2 m，行距4～5 m，特点是小株距、大行距，即宽行密植。

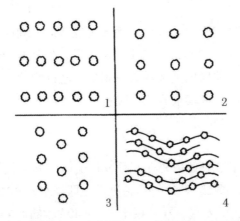

1.长方形栽植；2.正方形栽植；3.三角形栽植；4.等高栽植

图1-19　果树栽植方式

（五）栽植技术及栽后管理

1.栽植技术

幼树定植要求"三埋两踩一提苗"。栽植时先将回填到定植穴中至一半深度，将苗木放入穴内扶正，使根系分布舒展，然后继续回填至定植穴2/3深度时，踩实，并提一提树苗，最后回填至定植穴表面，并踩实，使根系与土壤密接。定植深度以原来树苗处于地表的位置不变为宜，嫁接苗注意不要埋住嫁接口，避免嫁接口腐烂。

带土球大树定植技术与幼树基本相同，定植穴底部先回填10～20 cm厚的与腐熟有机肥混匀的农田土，大树放入穴内扶正，四周土壤应分次回填，边填边夯实回填土，夯实时应注意避免伤及根系及土球。

定植完成后，四周修好水盘，以便灌水。

2.栽后管理

（1）及时灌溉，注意保墒

定植后随即浇的第一次水，称之为定根水。果树栽植后要立即浇透定根水（不宜超过24小时），以后每隔3～5天连浇3次，然后覆土或覆膜保墒。

（2）定干

定植后应及时定干，若采用纺锤形可在 80～100 cm 处定干；若采用小冠形，可在 60～70 cm 处定干。定干后，秋栽苗应在剪口涂抹油漆等。春栽苗应在合理的位置选留 3～4 个芽进行刻芽，并及时绑缚，以免被风吹折。病虫危害较重的地块应在定干后及时套上塑料袋，以防止虫子危害定干后保留的芽子。

（3）追肥灌水

春栽定植当年，对幼树要在 5 月上旬追施一遍速效性肥料，每亩可以用尿素或磷酸二铵 25～50 kg，追肥后立即浇水，并划锄覆膜。7 月底至 8 月上旬用带尖的木棍，在距树干 30～40 cm 的地方，打 3～4 个深达 10 cm 的洞，每个洞内施氮、磷、钾三元复合肥 0.25 kg，施肥后用泥土把洞口封住，并灌满水。

（4）抹芽

4 月下旬，苗木发芽后及时将多余的芽抹除；6～9 月份，每隔 20 天左右，检查一下芽的萌发情况，多余的芽再发再抹；并检查新梢的生长情况，在保证枝叶量的情况下，对多余的新梢要及时疏除。

（5）病虫防治

对毛虫、潜叶蛾、蚜虫、螨类等常见害虫要及时防治，使用的药物以菊酯类、灭幼脲、吡虫啉、阿维菌素等为主。病害尤其注意对斑点落叶病、白粉病、褐斑病的防治，药物的选用以戊唑醇、甲基托布津、代森锰锌、多菌灵等为主。

（6）注意幼树防寒

常见防寒方法有全株埋土、根际培土、树干缠草、设立风障等。无论哪种防寒技术，都要在土壤上冻前灌透水（即灌冻水）。

第三节
果园土、肥、水管理

一、果园土壤管理

（一）果园土壤的改良

1. 果园土壤的深翻熟化

深翻作用：加深耕作层，促进根系生长。

深翻时期：实践证明，果园四季均可深翻。① 秋季深翻：采收前后，结合秋施基肥。伤根后易恢复；② 春季深翻：解冻后。忌用于春季风大、干旱和寒冷地区；③ 冬季深翻：入冬后至土壤冻结前。忌用于冬季寒冷地区；④ 夏季深翻：新梢停长后，雨季来临前。忌用于结果多大树，以免伤根落果。

深翻深度：稍深于果树主要根系分布层，山地土层薄，可深些，一般 80 ～ 100 cm，土层厚的，或沙质土壤，可浅些，一般 40 ～ 50 cm。

深翻方式：① 扩穴深翻："放树窝子"。幼年树多用，需要劳力少，时间长；② 隔行深翻：成年树多用。只伤一侧根系，便于机械化操作；③ 全园深翻：需要劳力较多，翻后便于平整土地。

2. 培土与掺沙

作用：增厚土层，保护根系，增加养分，改良土壤结构。

时期：北方寒冷地区一般在晚秋初冬进行。

厚度：一般为 5 ～ 10 cm。注意露出嫁接口。

方法：全园均匀撒布，晾晒打碎，耕作混匀。

3. 增施有机肥

种类：厩肥、堆肥、禽粪、饼肥、人粪尿、土杂肥、绿肥等。

作用：提供全面营养，改良土壤。

4. 应用土壤结构改良剂

种类：① 有机：如泥炭、褐煤；② 无机：如硅酸钠、沸石；③ 有机—无机：如二氧化硅有机化合物；④ 聚丙烯酰胺已在国外生产上广泛应用。

作用：改良土壤，保持水土，保护根系。

（二）果园土壤管理制度

1. 清耕法

方法：果树株行间不种任何作物，经常进行耕作，使土壤保持疏松和无杂草状态。一般多在秋季深耕，春季进行多次中耕。

特点：① 松土透气；② 清除杂草；③ 保肥保水；④ 费劳力；⑤ 长期采用，破坏土壤结构。

2. 生草法

在土壤水分较好的果园可以采用（年降雨量 500 mm 以上）。

方法：除树盘外，在果树行间播种禾本科、豆科等草种。

特点：① 土壤管理较省工；② 可减少土壤冲刷；③ 增加土壤有机质，改善土壤理化性状；④ 雨季可消耗土壤中过多水分、养分；⑤ 长期生草易使表层土板结，影响通气；⑥ 易导致果树根系上浮，与果树争夺水肥（可增施 5 ～ 10 kg/ 亩，并酌情灌水）。

3. 覆盖法

方法：① 树冠下或稍远处，覆以杂草、秸秆、沙砾、淤泥或地膜等；② 覆草厚度为 5 ～ 10 cm。

特点：① 防止水土流失；② 抑制杂草生长；③ 保墒，防返碱；④ 调节土壤温度；⑤ 改善土壤理化性状；⑥ 易招致虫害和鼠害；⑦ 使果树根系变浅。

4. 免耕法

也称为最少耕作法。

方法：主要利用除草剂防除杂草，土壤不进行耕作；在英国、美国等普遍采用。

特点：① 节省劳力、降低成本等优点；② 能维持土壤自然结构；③ 表层土壤结构紧实，便于机械化操作；④ 果园无杂草，可减少水分消耗；⑤ 土壤中有机质含量比清耕法高，比生草法低；⑥ 除草剂积累较多。

5. 果园间作

方法：幼龄果园行间空地较大，可种植一些作物。

特点：① 改善果园小气候；② 改良土壤；③ 抑制杂草；④ 保水保土；⑤ 提高土地利用率，增加收入。

注意事项：间作物要与果树保持一定距离；间作物植株矮小、生育期短、抗性强；加强肥水。

（三）果园土壤一般管理

1. 土壤耕翻

秋季耕翻：果树秋稍停长或果实采收后进行，耕翻深度为 20～30 cm，松土保墒，铲除杂根，消灭地下害虫。

春季耕翻：一般在土壤解冻时进行，深度较秋耕为浅，不适合春季风大少雨地区。

夏季耕翻：伏天进行。增加土壤有机质，加深耕作层。

2. 中耕除草

作用：除草、保墒。

时期：杂草出苗期和结籽期效果最好。

深度：一般为 6～10 cm，过深伤根，过浅起不到作用。

3. 化学除草

特点：简单易行，效果较好，有些药剂不利环保。常用除草剂种类见表 1-15。

表1-15 果园杂草除草剂的介绍

名称	作用机理	作用特点	使用时期	使用方法
西玛津（三氮苯类）	药剂被杂草根系吸收后，抑制其光合作用，使杂草死亡。对植物根系无毒性，对种子发芽基本无影响，只是在种子内部养分耗尽后幼苗才死亡	（1）可防除一年生杂草和种子繁殖的多年生杂草，一年生杂草中防治阔叶杂草的药效高于禾本科杂草；（2）选择性强；（3）具内吸传导作用；（4）土壤型土壤处理除草剂	多在春季田间萌发高峰时期用药	进行土壤处理，每亩用40%胶悬剂185～310 ml，或50%可湿性粉剂150～250 g，对水40 kg左右，均匀喷雾土表
草甘膦（有机磷类）农达	主要抑制物体内烯醇丙酮基莽草素磷酸合成酶，从而抑制莽草素向苯丙氨酸、酪氨酸及色氨酸的转化，使蛋白质的合成受到干扰导致植物死亡	（1）内吸传导型灭生性除草剂。植物的绿色部分能很好地吸收，以叶片吸收为主；（2）杀草谱广	在杂草旺盛期	喷雾，不能土施。防除1年生杂草每亩用10%水剂0.5～1 kg，防除多年生杂草每亩用10%水剂1～1.5 kg。对水20～30 kg，对杂草茎叶定向喷雾
百草枯（联吡啶类）又名克芜踪	对单、双子叶植物的绿色组织均有很快的破坏作用，但不能传导。有效成分对叶绿体层膜破坏力极强，使光合作用和叶绿素合成很快中止	（1）速效触杀型灭生性除草剂，叶片着药后2～3小时开始受害变色；（2）能防除多种杂草，对1～2年生杂草防除效果最好，对多年生杂草只能杀死绿色部分，而不能杀死地下部分；（3）遇土壤后，立即钝化失效，无残留	在杂草出齐，处于生长旺盛期	对地面定向喷雾。不能将药液雾滴滴到作物的绿色部分

（续表）

名称	作用机理	作用特点	使用时期	使用方法
扑草净	杂草可从根部吸收，也可从茎叶渗入，传导至绿色叶片内抑制光合作用，杂草中毒而失绿，逐渐干枯死亡	选择性内吸传导型除草剂，难溶于水，易溶于有机溶剂。杀草谱广	对刚萌发的杂草防效最佳。除春草一般在3月下旬到4月初用药，除夏草在6月上旬杂草萌发前用药，持效期20～70天	常用剂型为50%可湿性粉剂，果园每亩用150～200 g，加干湿适中的细沙土30～50 kg撒施在土壤表面，或加50 kg水喷洒在土壤表面。使用时土壤应潮湿，以利药效的发挥。撒施时应做到拌匀药土，晨露干后均匀撒施

化学除草注意事项：根据杂草种类选择药剂，除草要除小，喷药在无风晴天，露水干后进行，可加0.1%洗衣粉增效，喷后8小时下雨须重喷。尽量不用不环保的药剂，如除草索。

4. 地膜覆盖

利用透明的或各种有色的地膜覆盖在果树树盘、树行上的一种土壤管理方法。其优点是增温保墒，加快土壤养分的转化，抑制杂草的生长，还能控制一部分地下越冬害虫出土上树危害。但由于土壤养分的利用率很高，应及时补充有机肥。

二、果树施肥

（一）果树营养特点

果树具有多年生与多次结果的特性：① 生命周期不同阶段需肥不同；② 注意树体内部养分贮备。

多数果树根深体大，对立地条件要求严格：① 需要养分数量大；② 注意土壤营养平衡。

无性繁殖，多为嫁接栽培：不同砧穗组合，影响果树生长结果，改变养分吸收。

果树梢、果平衡与施肥关系密切：注意平衡营养生长与生殖生长。

（二）肥料种类

肥料一般按肥料来源与成分的主要性质可分为有机肥、无机肥两大类。此外，按肥料中养分有效性或供应速率可分为速效肥料、缓效肥料；根据不同的施用措施还可以分为基肥、追肥。

1. 有机肥

有机肥通常分为动物性有机肥和植物性有机肥。动物性有机肥包括人粪尿，禽畜类的羽毛、蹄角和骨粉，鱼、肉、蛋类的废弃物等。植物性有机肥包括豆饼及其他饼肥、芝麻酱渣、杂草、树叶、绿肥、中草药渣、酒糟等。这两类肥料均含有丰富的氮、磷、钾及微量元素。均为迟效性肥料，养分较全，肥效较长，使用前必须经过充分的发酵腐熟。

除了可以购买成品有机肥（如膨化鸡粪）外，也可以就地取材，自己堆制有机肥。先收集准备肥源材料，如菜叶、豆壳、瓜果皮、变质的黄豆、花生米等、鱼内脏、鱼骨等，将这些材料放在缸中，加水后，盖紧密封，经2～3个月发酵腐熟后就能使用。

2. 无机肥

俗称"化肥"。常见化肥有氮肥、磷肥和钾肥，其成分和性质见表1-16。其中，氮肥有促进枝叶繁茂的作用；磷肥有促进花色鲜艳，果实肥大的作用；钾肥可以促进枝干及根系健壮的作用。与有机肥比较，化肥养分含量高，肥效快，清洁卫生，施用方便，但是，养分单纯，持效时间短，长期使用容易造成土壤板结，最好与有机肥混合施用，效果更好。除磷肥外，一般化肥都做追肥用。使用化肥一定要适量，浓度应控制在 0.1%～0.3%。施用化肥后要立即灌水，以保证肥效的充分利用。

常用化肥的成分与性质见表1-16。

表 1-16　常用化肥的成分与性质

种类	名称	成分	含量（%）	性质和特点
氮肥	尿素	N	46	中性，有一定吸湿性，肥效稍慢
	碳酸氢铵	N	17	弱碱性，易吸湿分解，氨易挥发
	硫酸铵	N	21	弱酸性，吸湿性小，易溶于水
	氯化铵	N	25	弱酸性，吸湿性小，易溶于水
	硝酸铵	N	35	弱酸性，吸湿性强，水溶性
磷肥	过磷酸钙	P_2O_5	12～18	弱酸性，可吸湿结块，水溶性
	重过磷酸钙	P_2O_5	40～52	弱酸性，易吸湿结块，易溶于水
	钙镁磷肥	P_2O_5	14～18	碱性，不吸湿，不结块，弱酸溶性
	磷矿粉	P_2O_5	10～25	中性–微碱性，难溶性迟效磷肥
钾肥	氯化钾	K_2O	50～60	酸性，吸湿结块，易溶于水
	硫酸钾	K_2O	50～58	酸性，吸湿性小，不易结块，易溶于水
复合肥	磷酸二铵	N，P_2O_5	8（N），46（P）	弱酸性
	磷酸二氢钾	P_2O_5，K_2O	51（P），34（K）	弱酸性

（三）果树施肥技术

1. 施肥量确定

施肥量因树种、品种、树龄、树势和土壤理化性质等来确定。

（1）经验施肥（惯用法）

在长期的生产时间中，生产者积累和总结了施肥的宝贵经验。因此，对当地果园施肥种类和数量进行广泛调查，对不同果园的树势、产量和品质等综合对比分析，总结施肥效果，确定既能保证树势，又能获得早果、丰产的施肥量，并在生产中结合树体生长结果反应，不断加以调整，使施肥量更符合果树的要求。这一方法很有实际意义，简单易行，是生产上很常用的方法。

果树一般追肥 150～250 g / 株；基肥 25～50 kg / 株，施肥量按 1 kg 果 2～3 kg 肥的比例。

一般在植物生长发育过程中如果某种营养元素不足，就会在植株上出现这种营养的缺乏症状（表 1–17）。根据这些症状，就可以对症下药，补充肥料，让植物重新健康苗壮地生长。植物表观诊断法具有简单易行，快速实用等优点。但如果同时缺乏两种或两种以上营养元素时，或出现非营养元素缺乏症时，易于造成误诊。

表 1–17　植物几种主要营养元素缺乏时表现症状

缺乏的元素种类	表现症状
缺氮	植株叶色发黄甚至干枯，叶小，植株瘦小。茎细弱并有破裂，花数稀少
缺磷	叶色暗绿，生长延缓。下部叶的叶脉间黄化，常带紫色，特别是在叶柄上，叶早落。花小而少，花色不好，果实发育不良
缺钾	下部叶有病斑，在叶尖及叶缘常出现枯死部分。黄化部分从边缘向中部扩展，以后边缘部分变褐色而向下皱缩，最后下部叶和老叶脱落
缺镁	下部叶黄化，在晚期常出现枯斑，黄化出现于叶脉间，叶脉仍为绿色，叶缘向上或向下反曲而形成皱缩，在叶脉间常在一日之间出现枯斑
缺钙	嫩叶的尖端和边缘腐败，幼叶的叶尖常形成钩状。根系在上述病症出现以前已经死亡。顶芽通常死亡
缺铁	病症发生于新叶，叶脉间黄化，叶脉仍保持绿色。病斑不常出现。严重时叶缘及叶尖干枯，有时向内扩展，形成较大面积，仅有较大叶脉保持绿色
缺锰	病症发生于新叶，病斑通常出现，且分布于全叶面，极细叶脉仍保持为绿色，形成细网状。花小而花色不良

（续表）

缺乏的元素种类	表现症状
缺硼	首先表现在顶端，如顶端出现停止生长现象。幼叶畸形、皱缩。叶脉间不规则退绿。苹果的缩果病，萝卜的心腐病等皆属于缺硼的原因
缺锌	叶小簇生，叶面两侧出现斑点，植株矮小，节间缩短，生育期推迟。如果树的小叶病，禾本科草坪草的花白苗等
缺铜	新生叶失绿，叶尖发白卷曲呈纸捻状，叶片出现坏死斑点，进而枯萎死亡。如禾本科草坪草表现为植株丛生、顶端变白。果树缺铜则表现为顶梢叶片呈簇状，叶和果实均退色等症状

（2）土壤和叶片分析法

与经验施肥法相比，比较科学的方法是通过对土壤和叶片营养元素的分析，从而诊断出土壤和树体内营养的缺失情况，然后计算出施肥的种类和数量。目前，这一方法国外已广泛使用。

（3）田间施肥实验法

在不同的地区，对不同的树种、品种等进行田间肥料试验，根据试验结果确定施肥量。这种方法比较科学，也比较可靠，但具有明显的地区局限性，该方法可以和经验施肥法结合，这样才能确定当地最合理、最经济、最有效的施肥量。

2. 施肥时期

基肥：秋分前后，宜早不宜迟。以有机肥料为主，加入适量速效性氮肥（占总量的1/3）。

追肥：一般每年追肥 2 ～ 4 次（表 1-18）。

表 1-18 成年果树追肥的主要时期

	时期	目的	肥料类型
催花肥	萌芽前	促进萌芽整齐一致，有利于授粉，提高坐果率	肥料以氮肥为主，适量加施硼肥
保果肥	落花后	加强营养生长，减少生理落果，增大果实	以氮肥为主，适量配施磷、钾肥

（续表）

	时期	目的	肥料类型
壮果肥	果实膨大和花芽分化期	促进果实膨大、花芽分化及枝条成熟，	以氮、磷、钾肥3要素配合追施
还阳肥	果实采收后	补充果树由于结实造成的营养亏缺，并满足花芽分化所需要的大量营养	追肥以氮、磷、钾配合施用效果为佳

3. 施肥方法

（1）土壤施肥

土壤施肥方法及特点见表1-19。

表1-19 土壤施肥方法及特点

方法	适用果树	特点	备注
环状沟施肥	多用于幼树	操作简单，经济用肥 易切断水平根，施肥范围小	
放射沟施肥	多用于成年树	伤根少，施肥范围小	
条沟施肥	多用于成年树	便于机械化操作	
全园施肥	多用于已经封行的成年果园或密植果园	均匀撒布，翻深30 cm，近干处少肥浅翻	
灌溉式施肥	多用于成年果园或密植果园	不伤根，供肥及时，分布均匀，保护土壤结构，节省劳力，肥料利用率高	结合喷灌、滴灌进行

（2）根外追肥

叶面喷肥：是利用叶片具有吸收肥料的能力将液体肥料喷施于叶片表面的一种追肥方法。其优点是：操作简便，用量少，见效快，喷后12～24小时就可见效；减少肥料损失，提高利用率；还可以和平时清洁植株结合起来。适用于盆栽植物。目前施用的肥料主要以尿素、磷酸二氢钾、硼酸、硫酸铁、硝酸钙为主，近年来，市场上有各种各样的叶面专用肥，有的还添加了生长调节剂。常见的叶面肥如表 1-20 所示。施用浓度一般控制在 0.3 % 左右，不要超过 0.5 %。一般情况下，叶面喷施应选无风、晴朗、湿润的天气，最好在上午 10 时以前或下午 16 时以后。同时由于大多植物气孔位于叶背面，因此，应重点喷在叶背面。

表 1-20 常见的叶面肥

肥料名称（有效成分）	常用浓度（%）	喷布时间	备注
尿素	0.8 ~ 1.0	采果后	促进叶片养分回流和养分贮藏
磷酸二氢钾	0.2 ~ 0.5	5 ~ 10 月	提早着色，提高品质
氯化钙	1 ~ 2	花后 4 天至采果前 20 天	提高硬度、防治果实缺钙
硝酸钙	0.5 ~ 1.0	花后 4 天至采果前 20 天	提高硬度、防治果实缺钙
硫酸镁	0.5 ~ 1.0	5 ~ 10 月	防治缺镁黄叶
硼砂或硼酸	0.2 ~ 0.3	4 ~ 8 月	提高坐果率，预防缩果病
硫酸亚铁	0.1 ~ 0.3	7 ~ 9 月	防治缺铁黄叶，与尿素配合效果好
硫酸锌	0.2 ~ 0.3	花后	预防小叶病
	2 ~ 5	萌芽前	
硫酸铜	0.05	花后至 6 月底	预防缺铜症
	2 ~ 3	休眠期	杀菌防病

干注：干注果树营养液依据人体输液的原理，采用钻孔滴注的方法，将营养直接注入树体，极大地提高了肥料地利用率，果树能吸收 95% 以上。肥效显著，在产量、果实品质、树体营养水平、抗逆性等方面表现突出，此外还可防治常见的黄化、小叶现象。干注果树营养液因其施用方法独特，不经过土壤、不污染空气，不会破坏生态环境。钻孔的方法省工省时，高利用率使得施肥成本大大降低。

三、果园水分管理

（一）果园灌溉技术

1. 灌水时期

灌水时期可以根据土壤含水量、果树生理反应、物候期来确定。其中，根据果树不同物候期的需水规律确定灌水时期，是目前常用的确定灌水时期的方法。按照物候生产上通常采用花前水、花后水、催果水、灌秋水、封冻水5个灌水时期。

（1）花前水

又称催芽水。在果树发芽前后到开花前期，若土壤中有充足的水分，可促进新梢的生长，增大叶片面积，为丰产打下基础。因此，在春旱时期，花前灌水能有效促进果树萌芽、开花和新梢叶片生长，提高坐果率。一般可在萌芽前后灌水，提前灌水效果更好。水分不要过大，以免水温低而延迟开花。

（2）花后水

又称催梢水。果树新梢的生长和幼果膨大期是果树的需水临界期，此时果树的生理机能最旺盛。如果土壤水分不足，会使幼果皱缩和脱落，影响根系的吸收功能，减缓果树生长，明显降低产量。因此，这一时期若遇久旱无雨天气，应及时灌溉，一般可在落花后15天左右至生理落果前灌水。

（3）催果水

又称成花保果水。就多数落叶果树而言，此时正值果实迅速膨大及花芽大量分化时期，若遇干旱，及时灌水。南方在此期间常遇干旱，尤其是中、晚熟品种更为突出。因此在采收前7～8月份，必须灌水1～2次。

（4）灌秋水

果实采收以后，为了保叶，延缓叶片脱落，有利花芽分化和树势恢复，应根据土壤含水量，结合施肥灌水1次。

（5）封冻水

即冬灌。一般在土壤结冻前进行，提高地温，增强越冬能力，可起到防旱御寒作用。且有利于花芽发育，促使肥料分解，有利于果树次年春天生长。这次水要灌饱灌足。

果树在各个物候期内的灌水次数主要取决于各个时期的降水量和土壤水分状况。一般年份，上述各个灌水时期通常灌水一次即可满足果树该时期的需水要求。

2. 灌水量

果树的灌水量依果树种类、品种和砧木特性、树龄大小及土质、气候条件而有所不同。枣、板栗等耐旱力强的树种可少灌，葡萄、梨等耐旱性差的树种可多灌。幼树少灌，结果树多灌。沙地果园宜小水勤灌。

不同树种对水分要求不一样，苹果、梨、葡萄、桃等果树需水量比枣、柿、板栗、银杏需水量大。大树比小树需水多。不同物候期对水分要求也不一样，需水生长期多，休眠期少；生长期需水前期多，后期少。生长期灌水应该前期大量，中期适当，后期满足。

一般成龄果树最适宜的灌水量以水分完全湿润果树根系范围内的土层为宜。在采用节水灌溉方法的条件下，要达到的灌溉深度为 0.4～0.5 m，水源充足、旱情严重时可达 0.8～1 m。并且湿润层达到田间最大持水量的 60%～80%。

春季灌溉要一次性浇透，这样有利于土温升高。夏季灌水量宜少，但要增加灌水的次数，利于降低土温。冬前灌冻水要量大，使水分渗透到 1 m 或 1 m 以下的土层，有利于越冬防寒。

3. 灌水方法

生产中应用的灌溉方式可以归纳为四种类型，即地面灌溉、渗灌、喷灌和定位灌溉。从节水灌溉的角度讲，应首先选择渗灌、滴灌和穴灌，其次为喷灌，地面灌溉中以小畦灌和沟灌最省水，但必须在骨干输水渠上采用防渗技术，如混凝土衬砌、塑膜防渗、现浇混凝土"U"形防渗渠等，最好采用低压管道直接将水输入小区内。

（1）地面灌溉

分为小畦灌、沟灌、漫灌、穴灌等。是我国目前使用最普遍的灌溉方式，一般只需要很简单的灌溉设施，成本低。传统的地面灌溉由于输水及灌溉过程中的土壤渗漏和地表蒸发等因素，使分浪费十分严重。而且此种灌溉方式下，土壤湿度变化大，处于果树最佳湿度的时间短，对果树生长发育不利。要逐步进行改革，可以先搞好渠道防渗工程，改大水漫灌、树行通灌为树盘（单株）灌溉或树盘环沟灌溉，以达到节水之目的。

（2）喷灌

能够避免渠道和土壤渗漏、将地表径流减小到最低限度，从而大大节约用水；此外，还具有对复杂地形适应性广、灌溉效率高的优点。例如，地面软管喷灌方式。其输水管线分干管、支管两级，全部埋在地下。在支管上设置竖向出水管（供水管），每行一个，根据泵压高低适当配置控水筏门，以保证分区、分批灌溉并维持足够水压。树下配置软管喷带，长度100 m左右，可以调节。此软喷管可移动，不用时可卷起贮放，非常方便。此种灌溉方法投入成本每亩成本需400元左右。

（3）定位灌溉

是只对一部分土壤进行定点灌溉的技术，这是20世纪60～70年代开始发展起来的一种新的灌溉技术。定位灌溉包括滴灌、微量喷灌。定位灌溉节水效果好，但是，成本投入大，对水质要求高，易出现堵塞、灌水量控制较难掌握等问题，维护相对麻烦。

滴灌：是利用水渠压力，通过配水管道，将水送达地下管道，在低压管道系统中送达滴头，使水成滴状和小细流滴注入土中而进行的灌溉。滴灌可明显减少株间蒸发损失，避免地面径流和渗漏，亦不受地形影响。适于干旱、缺水果园应用。

微喷灌：简称微喷，利用微喷头安装到滴灌系统上，形成微喷灌系统。微喷灌兼有喷灌和滴灌的优点，适宜于生草制果园节水灌溉。其设备包括4部分，即水源、过滤系统、自动化控制和灌溉区。

（4）渗灌

通过地下埋设专用输水管道和渗管，靠一定高差的水位，水从管壁小孔或毛细孔中慢慢渗出，使其周围土壤达到一定的湿度，称为渗灌。渗灌节水效率高，能保持土壤疏松结构，不产生地表径流和蒸发损失，又不占耕地，还可用于施化肥。渗灌包括水源、输水渠道（或管道）和渗水管三个部分。渗水管埋设在苹果树冠下距树干 1 m 以外的根系密集处。深度为 30～40 cm，埋设坡度为 1/1 000～5/1 000。渗水管中间各节的结合处用白泥灰密封，两头留出地上孔和地下口，分别作为灌水口和雨季排水口。灌溉水要经过纱网过滤，灌水后，盖严地上口。

（二）果园排水

1. 果树抗涝性

一些园艺植物耐涝情况见表 1-21。以耐涝性相比，枣、梨 > 苹果、柿、葡萄 > 桃、杏。

表 1-21　一些园艺植物耐涝情况

种类	出现黄叶、落叶的天数	严重枯萎至死亡的天数
油橄榄	5～7	7～15
桃	5～6	10～12
扁桃	5～7	10～12
杏	6～8	12
苹果	10～15	15～18
梨	15	20～8
棍桲	15～20	20～30

2. 排水时期

降雨集中月份，北方集中在 7 月、8 月。

3. 排水系统

夏季雨水多，常造成地面积水，致使土壤里勇气不良。这样一方面抑制根的呼吸，同时另一方面又抑制土壤里的好气性菌的活动。在土壤缺氧的情况下，还容易积累各种有害盐类，引起根中毒死亡。地下水位高，根系分布浅，也易造成树体未老先衰的现象。目前，生产上应用的排水方式主要有 3 种，即明沟排水、暗沟排水和井排。

（1）明沟排水

是目前我国大量应用的传统方法，是在地表面挖沟排水，主要排除地表径流。在较大的种植园区可设主排、干排、支排和毛排渠4级，组成网状排水系统，排水效果较好。但明沟排水工程量大，占地面积大，易塌方堵水，养护维修任务重。

（2）暗沟排水

多使用在不易开沟的栽植区，一般通过地下埋藏暗管来排水，形成地下排水系统。暗沟排水不占地，不妨碍生产操作，排盐效果好，养护任务轻，但设备成本高，根系和泥沙易进入管道引起管道堵塞。目前国内应用较少。

（3）井排

对于内涝积水地排水效果好，黏土层的积水可通过大井内的压力向土壤深处的沙积层扩散。此外，机械抽水、排水和输水管系统排水方法是目前比较先进的排水方式，但由于技术要求较高且不完善，所以应用较少。

第四节
果树整形修剪

果树整形修剪的目的可概括为以下3个方面：一是培养良好的树体结构，使树体通风透光，实现立体结果；二是调节生长与结果的关系，促进提早结果和丰产稳产；三是控制树冠大小，便于树体花果管理。

一、整形修剪的原则

（一）因树修剪，随枝作形

在果树的生长发育过程中，由于砧木种类不同，苗木质量不一，立地条件有差异，所以，在实际生产中，很难找到两棵在萌芽、抽枝方面完全一致的幼树，因此，在整形修剪过程中，就很难按照预定的树形结构，同一的要求每一树株，否则，必将修剪过重而推迟结果年限，所以，在整形过程中，就只能根据每棵树的不同生长情况，整成与标准树形相似树体结构，而不能千篇一律按同一模式要求。而是要根据树种和品种的不同特性，选用适宜树形。但在整形过程中，又不要完全拘泥于所选树形，而要有一定的灵活性。对无法整成预定形状的树，也不能放任不管，而是要根据其生长状况，整成适宜形状，使枝条不致紊乱，这也就是我们经常说的"有形不死，无形不乱"的整形原则。掌握好这一原则，在果树整形修剪过程中，就能灵活运用多种修剪技术，恰当地处理修剪中所遇到的各种问题。

因树修剪，是对果树的整体而言，即在果树的整形修剪过程中，根据不同果树种类的生长结果习性和果园立地条件等实际情况，采取相应的整形修剪方法，修剪的轻重程度适宜。从整体着眼，从局部入手，否则，有可能顾此失彼，影响效果。如对苹果、梨的幼旺树进行修剪时，为促其及早成形并成花结果，在整体上必须采取轻剪、长放、多留枝的办法，才能抑制旺长，促进成花和早期结果；反之，如果在整体上采取重修剪、多疏枝的办法，即是对部分枝条采取轻剪缓放的修剪措施，也难收到抑制旺长和成花结果的效果；而对于已经进入结果盛期的苹果、梨等大树，在整体上就应该采取适度短截和回缩修剪的办法，以利维持健壮树势，延长盛果年限。所以，从果树的整体着眼，全面分析和正确判断树体的生长结果状况，是合理进行整形修剪的前提和基础。

随枝作形，是对果树的局部而言。在整形修剪过程中，应根据枝条的长势强弱、枝量多少、长、中、短枝的比例、分枝角度的大小、枝条的延伸方向以及开花结果等情况，正确处理局部和整体的关系，生长和结果的平衡，主枝和侧枝的从属，以及枝条的着生位置和空间利用等等，以便形成合理的丰产树体结构，获得长期优质、稳定增产的较高经

济效益。所以，因树修剪、随枝作形，是果树整形修剪中应该首先考虑
的原则。

（二）整形结果兼顾，轻重修剪结合

整形修剪的目的，一是建造一个骨架牢固的树形；二是为了提早成
花结果。为了长期的优质、丰产、稳产，树体骨架必须牢固，所以，修
剪时必须保证骨干枝的生长优势，但为了提早成花结果和早期丰产，又
必须尽量多留枝叶。随着树龄的逐年增长，枝叶量也急剧增加，所以修
剪时，除选留骨干枝外，还必须选留一定数量的辅养枝，用作结果或预
备枝。因此，对幼树应以轻剪为主，多留枝叶，扩大营养面积，增加营
养积累；同时，对骨干枝应适当重剪，以增强长势；对辅养枝宜适当轻
剪，缓和长势，促进成花结果。

果树的整形和修剪，毕竟要剪去一些枝叶，因此，对果树整体来说，
无疑是有抑制作用的。修剪程度越重，对整体生长的抑制作用也越强。
为了把这种抑制作用，尽量控制在最低限度，在整形修剪时，应坚持以
轻剪为主的原则。

轻剪虽然有利于扩大树冠，缓和树体长势和提早结果，但为长远着
想，还必须注意树体骨架的建造，所以，必须在全树轻剪，增加树体总
生长量的前提下，对部分骨干枝和辅养枝，进行适当重剪，以利建造牢
固的树体骨架。由于构成树冠整体的各个不同部分的着生位置和生长势
力不可能完全一致，所以，修剪的轻重程度，也就不能完全一样。因此，
在修剪过程中，必须注意轻重结合，才能既建造牢固的树体骨架，又能
有效地促进幼龄果树向初果期、盛果期的正常转化。这一修剪原则，对
幼树来说，有利于早果丰产；对结果树来说，有利于稳定增产；对老树
来说，有利复壮树势和树冠更新，维持一定产量。

总之，统筹兼顾，轻剪为主，轻重结合的原则，既能建造牢固的树
体骨架，又能促进提早结果和早期丰产，以及长期的优质、丰产。

在果树的生命周期中，生长和结果的关系，始终处于经常的不断变

化之中，所以，在确定修剪量时，应根据生长和结果状况及其平衡关系的变化而有所变动，宜轻则轻，宜重则重。

（三）平衡树势，从属分明

在同一果园内，不同树株之间，或同一棵树的不同类枝条间，生长势力总是不平衡的。修剪时，就应注意通过抑强扶弱，适当疏枝、短截，保持果园内各单株之间的群体、长势近于一致，一棵树上各主枝间及上、下层骨干枝间，保持平衡的长势和明确的从属关系，使整个果园的树株，都能够上、下和内、外均衡结果，实现长期优质和稳定增产。

二、整形修剪的时期

在果树的年周期内，修剪时期可分为：休眠期修剪和生长期修剪。休眠期修剪，也就是冬季修剪；生长期修剪，又可分为春季、夏季和秋季修剪。

（一）冬季修剪

也就是休眠期修剪。是指在正常情况下，从冬季落叶到第二年春季发芽前所进行的修剪。果树在深秋或初冬正常落叶前，树体内的贮备营养，逐渐由叶片转入枝条，由1年生枝条转向多年生枝条，由地上部转向地下根系贮藏起来。所以，果树冬季修剪的最适宜时间，是在果树完全进入正常休眠以后，此时被剪除的新梢中，所含营养物质最少，因而损失最轻。修剪时间过早或过晚，都会损失较多的贮备营养，特别是弱树，更应注意选准修剪时间。另外，有些树种如葡萄，春季修剪过晚，易引起伤流而损失部分营养，虽不致造成树体死亡，但却易削弱树势。所以，葡萄最适宜的修剪时间，是在深秋或初冬落叶以后；而核桃树在休眠期进行修剪，却会发生大量的伤流而削弱树势，因此，核桃树的适宜修剪时间，是在春季和秋季，而不是冬季。春季，是在核桃发芽后至开花以前；秋季，是在核桃采收以后至落叶盛期以前。在春、秋两个季节中，秋剪比春剪的效果好。核桃秋季修剪，伤口愈合快，第二年长势旺；春季开花以后修剪，容易碰落花果或碰伤嫩枝。

果树冬季修剪的主要作用，是疏除密生枝、病虫枝、并生枝和徒长枝，过多过弱的花枝及其他多余枝条，缩短骨干枝、辅养枝和结果枝组的延长枝，或更新果枝；回缩过大过长的辅养枝、结果枝组，或衰弱的主枝头；刻伤刺激一定部位的枝和芽，促进转化成强枝、壮芽；调整骨干枝、辅养枝和结果枝组的角度和延伸方向等。

（二）春季修剪

也称春季复剪，是冬季修剪的继续和补充。春季修剪的时间，是在萌芽至花期前后。除葡萄外，许多果树都可春剪。春剪，多采用疏枝、刻伤、环剥等措施，以缓和树势，提高芽的萌发力，促生中、短枝。这些措施，在枝量少，长势旺、结果晚的树种、品种上较为适用；通过疏剪花芽，调节花、叶芽比例，有利于成龄树丰产、稳产；疏除或回缩过大的辅养枝或枝组，有利于改善光照条件，增产优质果品。但由于春季萌芽后，树体的贮备营养，已经部分地被萌动的枝、芽所消耗，一旦将这些枝、芽剪去，下部的芽重新萌发，会多消耗一些营养并推迟生长，因此，长势明显削弱，所以，春剪多用于幼树和旺树，而且不宜连年施用。剪除先端已经萌发的芽眼以后，可以促进剪口附近及下部芽的萌发，提高萌芽率，增加枝叶量。有的年份. 有些果树的花芽，在冬剪期间尚不易识别时，以及容易发生冻害的树种，也可留待萌芽后再剪。但春季修剪量不宜过大，剪去枝条的数量也不宜过多，而且不宜连年采用，以免过度削弱树势。

（三）夏季修剪

夏季，树体内的贮备营养较少，夏剪后又减少了部分枝叶量，因此，夏季修剪对树体营养生长的抑制作用较大，因而修剪量也宜轻。夏季修剪，只要时间适宜，方法得当，可及时调节生长和结果的平衡关系，促进花芽形成和果实的生长发育；充分利用二次生长，调整或控制树冠，有利于培养结果枝组。

夏季修剪的方法除剪梢外，还有捋枝、扭梢、环剥、环刻等，可根据具体情况灵活运用。在幼树和旺树上，夏季修剪的效果较为明显。

（四）秋季修剪

秋剪的时间是在年周期中新梢停止生长以后，进入相对休眠期以前。此时树体开始贮藏营养。进行适度修剪，可使树体紧凑，改善光照条件，充实枝、芽，复壮内膛枝条。秋剪疏除大枝后所留下的伤口，第二年春天的反应比冬季修剪的弱，有利于抑制徒长。秋季修剪也和夏季修剪一样，在幼树和旺树上应用较多，对控制密植园树冠交接效果明显。其抑制旺长的作用较夏季修剪弱，但比冬季修剪强，削弱树势也不明显。

总之，生长期修剪越早，二次新梢生长越旺，花芽形成也较多。所以，生长期修剪，目前在生产中已经普遍应用。

三、果树修剪的基本方法

1. 短截

短截是将植物的一年生枝条剪去一部分（图1–20）。其作用是刺激剪口下的侧芽萌发，抽发新梢，增加枝条数量。例如：规则式修剪整形，常用短剪进行造型及保持冠形；草本观花观果植物通过短截增加花果量。

根据短剪的程度，可将其分为以下几种。

轻短剪：一般剪去枝条的1/4～1/3。截后易形成中、短枝，单枝生长较弱，能缓和树势，利于花芽分化。

中短剪：一般剪去枝条的1/3～1/2。截后易形成中、长枝，成枝力高，生长势强，枝条加粗生长快，多用于各级骨干枝的延长枝。

重短剪：一般剪去枝条的2/3～3/4。重短剪局部刺激大，对全树总生长量有影响，剪后萌发侧枝少，但枝条的长势较旺，一般多用于恢复生长势。

极重短剪：在枝条基部仅留 1～2 个不饱满的芽，其余剪去，此后萌发出 1～2 个弱枝，一般多用于处理竞争枝或降低枝位。

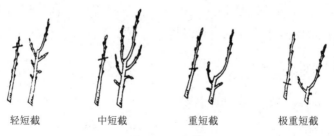

轻短截　　　中短截　　　重短截　　　极重短截

图 1-20　短截

2. 回缩

回缩又称缩剪，即将多年生枝的一部分剪掉（图 1-21）。

当枝条生长势减弱，下垂枝增加，大枝中下部出现光秃现象时，常用缩剪促发粗壮旺枝，以恢复生长势。衰老树复壮更新时，常通过骨干枝或树干的回缩，刺激剪口下方的隐芽萌发成旺长枝，培育新的骨干枝。

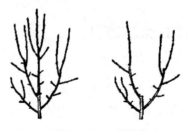

图 1-21　回缩

3. 疏剪

疏剪即把一年生枝条从基部剪去（图 1-22）。疏剪的对象主要是病虫枝、伤残枝、干枯枝、内膛过密枝、衰老下垂枝、重叠枝、并生枝、交叉枝及干扰树形的竞争枝、徒长枝、根蘖枝等。其作用是减少枝条的数量，调节枝条分布，创造良好的通风透光条件，减少病虫害。但如果疏剪过重，对植物生长量有削弱作用。

疏剪强度依植物的种类、生长势和年龄而定。一般萌芽力和成枝都很强的植物，疏剪强度可大些，反之则少疏枝；幼树一般轻疏或不疏，以促进树冠迅速扩大成形，成年树适当中疏，以调节营养生长与生殖生长的平衡，衰老树，枝条有限，尽量少疏，只疏必须要疏除的枝条。

图 1-22 疏剪

4. 目伤

在芽或枝的上方或下方进行刻伤，伤口深度达木质部，伤口形状似眼睛，所以，称为目伤（图 1-23）。目伤常在休眠期结合其他修剪方法运用。因目伤位置不同，所起作用不同。春季萌芽前，若在芽或枝的上方切刻，根系贮存回流的养分和水分受切口的阻隔，而暂时集中在伤口下方的芽或枝上，有利于芽的萌发和抽枝，有利于枝条的生长势加强；如果生长盛期在芽或枝的下方刻伤，可阻止光合产物向下输送，集中在伤口芽或枝的附近，同样能起到环剥的效果。例如，对一些大型的名贵花木进行目伤，可使花、果更加硕大。

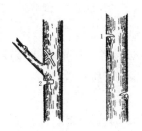

图 1-23 目伤

5. 拉枝、别枝

将直立或空间位置不理想的枝条，通过拉或别的方法，引向水平或其他方向，称为拉枝或别枝。其作用是加大枝条开张角度，削弱顶端优势，控制枝条生长势，促进生殖生长，改变枝条生长方向，充分利用空间，改善光照条件（图1-24、图1-25）。

图1-24 别枝

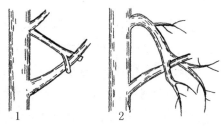

图1-25 拉枝

6. 缓放

又称甩放或长放，即对一年生枝条不作任何短截，任其自然生长。

长势中等的枝条长放后，下部易发生中、短枝，停止生长早，同化面积大，光合产物多，有利于花芽形成。幼树、旺树常用长放缓和树势，促进提早开花、结果，但幼树骨干枝的延长枝或背生枝、徒长枝一般不宜长放；生长势弱的树也不宜多用长放。

7. 摘心和剪梢

当新梢生长到一定长度后，将顶端生长点（顶芽）摘去称为摘心，将新梢顶端剪去一段称为剪梢（图1-26）。其作用是限制新梢延长生长，促进加粗生长；解除新梢顶端优势，促发侧枝抽生，以扩大树冠；调节养分流向，促进花芽分化或提高坐果率。例如，葡萄为了提高坐果率可于开花前摘心；绿篱植物通过剪梢，可使枝叶密生，增加观赏效果和防护功能；一些草花（如菊花等）摘心可增加分枝数量，培养丰满株形，增加花朵数量，延长花期。

摘心与剪梢具体进行的时间依植物种类和目的要求而异。为了多发侧枝，扩大树冠，宜在新梢旺长时摘心；为促进观花植物多形成花芽，增加开花数量，宜在新梢生长缓慢时进行。

图1-26　摘心（左）和剪梢（右）

8. 抹芽和除蘖

将园艺植物茎干或枝条上的不需要的嫩芽（如葡萄上的副芽、桃上的并生芽等）及早抹去，称为抹芽。将主干、主枝基部或大枝伤口附近萌发抽生的新梢剪去，称为除蘖（图1-27）。

抹芽与除蘖可减少树木的生长点数量，集中养分供应，改善光照与肥水条件，保持良好冠形。例如，嫁接成活后，应及时对砧木进行抹芽与除蘖，保证接穗的生长。抹芽与除蘖宜在早春及时进行，可减少冬季修剪的工作量，避免伤口过多过大。

图1-27　抹芽和除蘖

9. 环剥、环割

在枝干或枝条基部适当部位环状剥去一定宽度的树皮，称为环剥（图1-28）；如果环状切割数刀，称为环割。环剥或环割主要在生长季应用，伤口深达木质部，剥皮宽度以1月内伤口能愈合为限，一般为2～10 mm左右。

由于环剥或环割暂时中断了韧皮部的输导系统，可在一段时间内阻止光合产物向下输送，有利于剥（割）口上方枝梢营养物质的积累，促进花芽的形成，提高坐果率。例如，枣树常在盛花初期进行环剥，以保花保果。但要注意环剥或环割不能过重，否则易削弱生长势，严重者导致死亡。

图 1-28　环剥

10. 扭梢与折梢

在生长季内，将生长过旺的枝条，特别是着生在枝背上的旺枝，在中上部将其扭曲下垂，称为扭梢（图1-29）；或只将其折伤但不折断（只折断木质部），称为折梢（图1-30）。扭梢与折梢可以暂时阻止了水分、养分向生长点输送，削弱枝条生长势，利于花芽形成。

图 1-29 扭梢

图 1-30 折梢

11. 圈枝（图 1-31）

圈枝是在幼树整形时为了使主干弯曲或成疙瘩状，常采用的技术措施。使生长势缓和，树生长不高，并能提早开花。

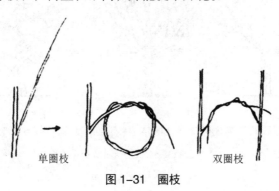

单圈枝　　　　　　双圈枝

图 1-31 圈枝

四、果树常用树形及特点

1. 果树常见树形

果树常见树形见图 1-32。

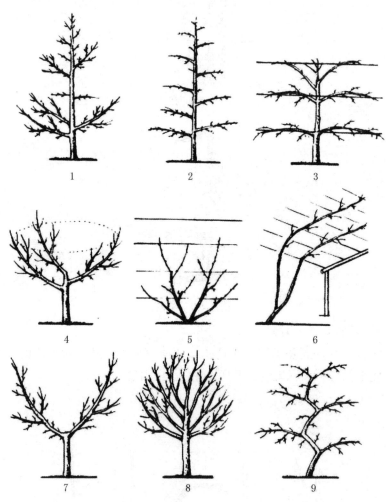

1.疏层形；2.纺锤形；3.篱壁形；4.自然开心形；5.篱架形；6.棚架形；

7."Y"字形；8.自然圆头形；9.折叠扇形

图 1-32 果树常见树形

（1）疏散分层形

疏散分层形也叫主干疏层形。是苹果、梨稀植条件下常用的树形。其特点是树冠外形呈半圆形或扁半圆形，干高 50 ～ 60 cm，有中心领导干，全树 5 ～ 6 个主枝。第一层三主枝，第二层 2 个或 1 个主枝，第三层 1 个主枝。第一层三主枝的平面夹角为 120°，第一、第二层间距，80 cm 左右，第二、第三层间距 50 ～ 70 cm，全树高控制在 4 m 左右为宜。

主枝的角度：第一层主枝基角 80°、腰角 70° 左右，梢角 60° 左右；第二、第三层主枝角度 70° 左右。

第一层主枝：每主枝配 3 ～ 4 个侧枝；第二、第三层主枝每主枝配 2 个侧枝，同侧侧枝间距 80 ～ 100 cm。各层主枝和侧枝应相互交错补空，不能重叠平行。

主干疏层形树形美观，又符合苹果、梨等果树的自然生长习性，生长快、结果早、寿命较长，树冠体积和主枝数量适当，有丰产和高负荷的潜力，稀植园应用较多。

（2）纺锤形

在国外应用较多。它的特点是有中心领导干。主枝没有固定的排列方式，不分层次。枝组着生在主枝上。主枝的角度，有斜生向上的，有水平状的，还有下垂式的。

树形基本结构如图所示。全树有一个较直立的中心干。树高、冠径 3 ～ 3.5 m，在中心干四周培养多数短于 2m 的近水平主枝，主枝数量 13 个左右，不分层，下长上短，呈广圆锥形，同方向上下主枝间距不小于 30 cm，主枝不配置侧枝，直接着生各类枝组，多为中小枝组。

（3）篱壁形

篱是垂直于地面的平面，壁是墙壁，源于法国的沿墙壁整枝。篱壁形通常是指无中心领导干、树冠扁形、有一定厚度或呈平面状，立或不立支架、株间相连、行间相隔的树形总称。近来我国苹果、梨密植园采用的是自由篱壁形，无中心领导干、无明显主枝、分层或不明显地分层，不立支架。树高 2 ～ 3 m。适宜行距 3 ～ 4 m，株距 2 ～ 3 m。因株间相连，也形成树篱。

自由篱壁形整形：幼树干高 30 ～ 50 cm。栽后定干、促发旺条；第二年中截再促旺条；第三年春芽明发后，枝条不短截，顺行向向两侧拉成 80°左右近于平生状。使其平斜生长，缓放形成大量花芽；第四年结果丰产。这个办法在鸭梨、早酥梨等发长枝少、短枝多的品种上应用效果良好。定植后也可以不定干，把主干斜拉成 45°角（也可以 45°角斜栽）；干上所生枝条，次年斜拉到另一侧，这样反复拉枝。枝干呈"之"字形。

（4）自然开心形

自然开心形没有中心领导干。树干高 30 ～ 50 cm；干上着生 2 ～ 4 个主枝，一般为 3 个，向 3 个不同方向伸展，主枝与地面垂线夹角 50°左右。每主枝上着生 3 ～ 4 个侧枝。侧枝上着生枝组。侧枝与地面垂线的夹角 70°～ 80°，有的近于平生。侧枝以背斜侧为主，如有合适枝子、空间，也可以留出门侧、背后侧。在一个主枝上，可以留一个向里生长的侧枝，充实树冠内部，防止枝干、果实日灼病。全树高度一般在 3 m 以内。结果枝组由长枝连续甩放而成，需要连续多年甩放，枝条结果后自然下垂，并单轴延伸，因而称为"结果枝轴"。

自然开心形的优点是整形容易，形成树冠快、结果早；树冠矮而开张。光照充足，抗风，容易配备结果枝租，适于密植，单位面积产量较高。干性较弱的桃树、苹果树中的青香蕉、多风沙地区的苹果、梨树均可采用。此树形树势容易衰弱。应注意维持。

（5）篱架形

主要用于藤本果树。

无主干多主蔓规则扇形：从地面上培养 3 ～ 6 个主蔓，主蔓上无侧蔓，伸展于架面上呈扇形。结果枝组每 20 cm 间距规则排列在各主蔓上，以中、短梢修剪为主，留预备枝。

无主干多主蔓自然扇形：从地面上培养 3 ～ 5 个主蔓。由主蔓上分出各级侧蔓，伸展于架面上呈扇形。以中、长梢修剪为主或长、中、短梢结合修剪。

（6）棚架形

主要应用于藤本果树。一般采用龙干形整枝，典型的龙干形植株具有一个粗大的龙干，由地面倾斜生出逐渐向上达棚架，龙干长为 4 ～ 10 m 或更长，视棚架行距大小而定。在龙干上均匀分布许多的结果枝，初期为一年生枝短剪（留 1 ～ 2 芽）构成，后期因多年短剪而形成多个短梢，看起来类似"龙爪"，每年由龙爪上生出结果枝结果，龙爪上的所有枝条在冬剪时均短梢修剪；只有龙干先端的一年生枝剪留较长（6 ～ 8 个芽或更长）。

根据主蔓的数量，龙干形又可分为下面两种：① 独龙干形。植株只留一个主蔓延伸，主蔓长度依架面而定。结果枝组 20 ～ 30 cm 间距规则地着生在主蔓上。多采用短梢、超短梢修剪；② 双龙干和多龙干形。从地面上选留 2 条或 3 条，甚至多条主蔓。主蔓长度依架面而定。多年生蔓（俗称龙干），主蔓按规定距离整齐地分布在架面上，树形结构分明。结果枝组按 20 ～ 30 cm 间距规则地着生在主蔓上。多采用短梢、超短梢结合修剪。

（7）"Y"字形

主干较矮，高约 40 cm，无中心领导枝，在主干上分生两个较大的主枝，成 45°角向行间倾斜伸长，形似"Y"字。主枝顺直或成小弯曲状生长，主枝的基部留有 1 ～ 2 个背下枝，可做侧枝用。中上部则以大、中、小型结果枝组占领空间。成形后树高约 3 m，冠幅向株间延伸较短，一般不超过 2.5 m，向行间伸展稍长，一般为 8 m，树冠呈扁平状态。这种树形成形早，4 ～ 5 年即可成形，膛内通风透光良好，适宜宽行密植，亩栽80 株以上。

这种树形，能早期获得丰收。采用这种树形时必须要特别注意控制侧枝的生长，防止邻树交叉密挤，影响通风透光。

（8）自然圆头形

自然圆头形没有明显的中央领导干，树高 3.5 m，干高 60 cm，在主干上着生 5 ～ 6 个主枝，插空错开排列，各主枝上每隔 50 ～ 60 cm 留一个侧枝，侧枝上配有结果枝组，也可用大型结果枝组代替侧枝。侧枝上、下、左、右自然分布成均匀状。这种树形修剪量小，定植后 2 ～ 3 年就能成形，结果早，易管理，但骨干枝下部易光秃，结果部位外移较快。

（9）折叠扇形

枝干曲折扇形的特点是树体较小，整形容易，通风透光良好，结果较早，也易获得早期丰产。这一树形的适应范围较广，既适用于短枝型品种，又适用于乔砧普通型品种。一般多用于树势旺、干性强的品种。

树形的树冠结构：主干较矮，约 50 cm，成直顺或倾斜状态，骨干枝顺行曲折或成小弯曲状生长。全树有 6 个主枝，分三层着生在中心枝的曲折部位。层间距约 50 cm，每层 2 个主枝，成水平状顺行向左右延伸。每主枝伸展范围约 1 m，株与株连接似树墙。各主枝上不留侧枝，上下左右布满中、小型结果枝组。成形后树高 2.5 ～ 3 m，冠幅 2×1.5（顺行约 2 m，垂直于行间的厚度不超过 1.5 m）。这种树形成形早，4 ～ 5 年即能成形，亩植 100 株以上，适宜篱壁式栽培。

按要求将苗木倾行斜栽，使其与地面呈 45°角。幼苗定植后不定干，春季萌芽后，将苗本拉成弓形，距地面约 50 cm，这便是第一个水平主枝，拉平苗干后约 4 周，再将基部的几个芽子抹除，在弓背上最高处刻芽，使抽生新领导枝，到夏季发出新梢后，再将基部和新领导枝附近的小枝抹除，到秋季，将第一水平主枝上的长枝持平，缓和其长势；冬季修剪时，剪除背上的直立枝，甩放新领导枝，也就是第二水平主枝；第二年春季萌发芽后，再将其拉平，抹去基部 2 ～ 3 芽，再于弓背的最高处刻芽，促发第三个新领导枝（第三水平主枝），同样办法，培养第四、第五两个水平主枝。成形以后修剪时，应注意疏除背上的强旺枝及下部无用的徒长枝，注意控制上强和大枝组的长势，进入结果期以后，注意结果枝组的复壮更新，保持健壮树势，维持连年丰产、稳产。

常用于蔷薇科果树如苹果、桃、李、杏等果树。

2. 果树整形步骤

定干高：指地面起到第一主枝的高度。低干树生长较旺，进入结果期早，丰产，树干不易得日烧病，抗风，树体管理方便，多提倡采用矮干，但在庭院中栽培定干高时，要考虑人员活动方便。

定树冠：根据不同的树种、品种、树形，确定合理树冠大小。中、小树冠骨架小，利于密植、早结果。

定骨干：骨干枝构成树冠的基本骨架，但本身是非生产性枝。应本着合理利用空间、数目适当的原则配备骨干枝，既能构成牢固骨架，又有足够空间着生结果枝。

定分枝：指定主枝与中心干间的角度。分枝角过小，负载量稍高则易劈裂，且生长易偏旺，出现上强下弱，花芽形成少，早期产量低；分枝角过大，生长势较弱，光照条件好，易形成花芽，结果早而丰产，但易下垂早衰。所以分枝角度应适当，一般基角以 40° ～ 45° 较好。

主侧枝的配备：理想的主枝着生位置是在主干（或中心干）四周均匀交错排列，以减少相互影响。侧枝着生在各主枝上的位置要防止交叉。

五、不同年龄时期果树修剪

幼树期：幼树期生长旺盛，极易形成强枝，修剪的主要任务是整形和扩大树冠，既要培养一个良好的树体结构，又要考虑到早期产量。所以修剪时宜轻不宜重，以疏、缓和夏季抹芽、摘心为主。

结果期：开始开花结果，形成产量。修剪目的是继续搞好整形、扩大树冠，尽可能培养更多的结果枝组。冬季修剪时对各级骨干枝在饱满芽处短截，疏除直立枝、交叉重叠枝，继续搞好夏季修剪、摘心、短截、疏除，对于树冠内部萌发的徒长枝，只要位置和方向合适，要注意保留缓放不剪，改变枝势，形成结果枝。

盛果期：树体结构全部形成，产量连年上升，枝条生长量减少。通过修剪，控制结果部位外移，短截各级骨干枝，更新和培养结果枝组，疏除过密的直立枝，改善内部的光照条件。保持树势健壮，延长盛果期年限。

衰老期：随着树龄的加大，枝条生长量相对减少，枝条大多着生在外围和顶端，主要任务是更新和复壮结果枝组，采用去弱留强，回缩连年结果枝，培养和产生新的枝条，恢复树势，增加产量。

六、放任树的修剪

多年不加管理的放任树，往往表现为树体高大，骨干枝密集，枝条细弱下垂，枯死枝多，内膛空虚，结果部位外移，产量低而不稳。对放任树要通过修剪逐年改造。修剪时，应掌握以下原则：① 适当疏除下垂枝，抬高主侧枝角度，进行局部更新；② 分期落头，改善光照，充实内膛，实现立体结果；③ 大枝过分下垂，于弯曲处回缩，抬头重新做头；④ 细弱枝疏密留稀，疏弱留强，并适度短截，培养成结果母枝和预备枝；⑤ 重叠枝上缩下放，交叉枝一疏一放，平行枝要去留结合，穿膛枝从基部去掉，直立徒长枝从基部疏除，上伸枝从斜伸枝上方锯掉，以利打开光路；⑥ 对枝条的处理，无论大小枝，要逐年改造，以免造成徒长，影响产量。

第五节
果树的病虫害防治

一、常见病虫害的种类

（一）病害

果树发病主要是受到真菌、细菌、病毒、类菌质体、线虫、藻类、螨类和寄生性种子植物等有害生物的侵染及不良环境的影响所致。这些不同原因引起的病害，分别称为真菌病害、细菌病害、病毒病害、线虫病害和生理性病害，其中，前4种是传染性病害，由真菌、细菌、病毒等病原微生物引起；生理性病害是非传染性病害，由土壤、气候等环境条件引起。下面主要介绍几种传染性病害。

真菌病害：真菌病害是由真菌引起的。真菌主要借助风、雨、昆虫或种苗传播，通过果树表面的气孔、皮孔等自然孔口或各种伤口侵入体内，也可直接侵入无伤表皮。在生病部位上表现出白粉、锈粉、煤污、斑点、腐烂、枯萎、畸形等症状。主要有黑斑病、白粉病、褐斑病、红斑病、炭疽病、锈病、立枯病等。

细菌病害：细菌病害是由细菌引起的。细菌一般借助雨水、流水、昆虫、土壤、种苗或病株残体等传播。主要从植株体表气孔、皮孔、蜜腺和各种伤口侵入果树体内，引起危害。表现为斑点、溃疡、萎蔫、畸形等症状。常见的细菌病害有细菌性根癌病、细菌性穿孔病及细菌性软腐病。

病毒病害：病毒病害是由病毒引起的。病毒主要通过刺吸式昆虫或嫁接、修剪、机械损伤等途径传播。其症状表现为花叶黄化、卷叶、畸形、丛矮、坏死等。常见的有枣疯病、苹果花叶病毒病等。

线虫病害：线虫病害是由线虫寄生引起的。线虫头部口腔中有一矛状吻针，用以刺破果树细胞吸取汁液。线虫病害主要病状是在寄主主根及侧根上产生大小不等的瘤状物。

（二）虫害

害虫种类繁多，根据害虫危害果树的部位和方式可将其分为以下几类。

食叶害虫类：这类害虫的口器为咀嚼式，危害时造成叶片破损，严重时叶片可被全部吃光。常见的害虫有黄刺蛾、大造桥虫、金龟子等，还有蜗牛、蛞蝓、鼠妇等害虫。

刺吸害虫类：此类害虫口器如针管，可刺进果树组织（叶片或枝梢嫩尖），吸食果树组织的营养，使叶片干枯、脱落，受害叶片往往表现为失绿变为白色或褐色。这类害虫个体较小，有时不易发现。常见的有蚜虫类、介壳虫类、粉虱类、蓟马类、叶螨类等。此类害虫中有的可分泌蜜露，有的可分泌蜡质，不但污染叶片、枝条，且极易导致煤污病；此类虫中的螨类能吐丝结网，其严重时网可粘连叶片和枝条。

钻蛀害虫类：这类害虫钻蛀在果树的枝条与茎干里面蛀食危害。可以将茎、枝蛀空，最终导致植株死亡。如天牛、螟蛾、木毒蛾、吉丁虫、茎蜂等。有的钻入叶片危害，叶片可见到钻蛀的隧道，可导致叶片干枯死亡。

土壤害虫类：这类害虫一生生活在土壤的浅层和表层，常造成被害果树萎蔫或死亡。如地老虎、金针虫、蝼蛄等。

二、常见病虫害的症状与识别

症状是指果树受病原物或害虫危害后的不正常表现。病原物造成的症状可分为症状和病症两部分。症状是果树受害后本身表现出来的变化，如坏死斑、萎蔫、花叶等；病症是指病部所产生的病原微生物的情况和特征。

（一）病害

引起病害的病原微生物种类不同，病症的表现也不同。病毒性病害不产生病症；细菌性病害的病症比较简单，一般只在病部产生脓状物；真菌性病害在发病后期常产生各种各样的病症，如粉状物、小黑点、菌核等。各种果树病害的症状均有一定的特点，并有其相对的稳定性，因此可作为病害诊断的重要依据。

1. 症状类型

斑点：由果树局部细胞组织坏死所致，根、茎、叶、花、果实上皆可发生。依据斑点的性状可分为圆斑、角斑、条斑等。病斑的颜色也有灰、褐、黑之分。有的病斑上还出现轮纹。

猝倒或立枯：是苗期病害的常见症状，因幼苗茎基或根部坏死所致。病部腐烂、缢缩，引起幼苗倒伏，但苗仍呈绿色，这叫猝倒；幼苗已具一定程度的木质化时再被某种病菌侵染，幼苗茎基部腐烂但不倒伏，而是直立着枯死，这叫立枯。

变色：果树得病后，出现不正常的颜色。常见的变色表现为褪绿、变黄或花叶等。

萎蔫：因病原物的侵入，根部或茎部的维管束组织受到破坏，水分不能正常供应以致植株凋萎。这种萎蔫是不能恢复的。要注意与因暂时缺水引起的生理性萎蔫区别，后者一般在有水分供应时即可恢复。

腐烂：有干腐和湿腐两种。多汁部位细胞被破坏解体，产生湿腐或软腐；含水少而坚硬的组织细胞解体，形成干腐。此病状可由病原菌侵入引起，也可因浇水过多等非生物因素造成。

畸形：果树组织受害后，受害部位局部过度生长或发育不足，致使局部器官失去原来的性状。如叶片卷曲、根部形成肿瘤、枝叶丛生等。

2. 病症类型

霉状物：病部产生的不同颜色的霉层，如霜霉、黑霉、灰霉等。

粉状物：病部产生粉状物，如白粉、锈粉等。

点状物：病部产生许多小点，多为黑色，为真菌的子实体。

核状物：病部产生由菌丝纠集而成的菌核。

绵丝状物：病原真菌在病部产生的菌丝。

脓状物：病部产生的脓状黏液。在干燥的条件下变成胶质的颗粒或菌膜。这是细菌性病害所特有的病症。

3. 识别方法

先看症状，再看发生规律是由少到多，由点到面，还是突然全部发生，是局部的还是全部的；其次看病斑上有无病原菌发生迹象，确定其性质及种类。

（二）虫害

1. 症状

缺刻或穿孔：这是咀嚼式口器害虫蚕食叶片后留下的特征。如叶蜂、天蛾等的幼虫造成叶片的缺刻或将整片叶吃光；而蓑蛾及部分叶蝉的幼虫常造成叶片穿孔，低龄幼虫只啃食叶肉，使叶片仅留下叶脉和表皮。

斑点：这是刺吸性口器害虫危害叶片后留下的特征。如蓟马、叶螨、叶蝉等。

潜道：潜叶蝇等的幼虫危害叶部，常在叶内留下各种形状的潜道。

畸形：有些害虫可使叶部形成虫瘿或伪虫瘿。

枯梢：有些害虫如茎蜂、食叶虫等危害果树后，可使之形成枯梢。

卷叶或织叶：有些害虫危害果树叶部后，使叶片纵卷，或将叶片包卷成各种形状；有吐丝织叶习性的害虫，危害后常由丝状物将数片叶粘连在一起。

爬痕：蜗牛、蛞蝓等害虫爬过的茎叶上，当露水干时，常留下灰白色或银白色的爬痕。

虫粪及排泄物：害虫取食后，会排出虫粪或分泌排泄物。如天牛等蛀食果树茎干时排出大量虫粪及木渣，蚜虫分泌的蜜露等。

煤污病：蚜虫、介壳虫等的排泄物中含有大量糖分，可诱发煤污病的产生，使植株叶片上分布黑色煤烟状的霉层。

2. 检查与识别

检查虫粪：可在放置果树的地面周围和枝上检查是否有虫粪。对钻入枝干的害虫，可检查排蛀孔是否有粪便和木屑散落地面。天牛排出的虫粪和木屑多为丝状；木蠹蛾排出的粪则为粒状并粘连成串。

查排泄物与分泌物：可在枝叶等部位检查有无油污，这些物质一般是能分泌蜜露、蜡质等的害虫所致，主要是蚜虫类、蚧虫类、粉虱类刺吸口器害虫。

检查虫卵：大的卵粒、卵块肉眼可见，微小的卵可持放大镜检查。一般卵产在枝条、叶片、芽腋等处，如红蜘蛛卵多在叶背匿藏，天幕毛虫卵在枝条上，蚜虫卵在芽腋处，蝗虫卵在土壤中。

拍枝检查：对一些受惊扰即飞的害虫，拍动或晃动枝条叶片即可发现。红蜘蛛等较小，肉眼难辨，可放上白纸，然后拍动枝条检查是否有红蜘蛛。

检查被害状：果树叶片、枝条有无被啃咬的地方，如孔洞、缺刻、筛网状等。还可检查有无卷缩的叶片，在枝条上有无异物生长，有无枯尖或死枝。

检查土壤内害虫：可查土表有无异样。如蝼蛄行走的地方土表面有突出痕迹。一些金龟子成虫在果树根茎表土下潜伏，拨开表土就可找到。

三、病虫害防治的基本原则与方法

（一）防治原则

果树病虫害防治的基本原则是"预防为主，综合防治，对症下药"。

应该从以下几个方面进行护理。

加强植株检疫：不将有病虫害的果树幼苗和繁殖材料带入果园，以防传播。

直接消灭病虫害：当发生病虫害时，要及时治疗，尽量在短时间内消灭病虫害。

改善环境条件，抑制病菌和害虫的生长和繁殖：可采用高温和福尔马林对土壤消毒，同时又要创造良好环境，如合理的施肥浇水、及时松土除草、修枝剪叶、去除病虫害枝叶、改善光照、保持通风，使果树生长发育健壮，提高抗病能力。

（二）防治方法

1. 选择无病虫和抗病虫的品种

选择无病虫害的果树，是防治病虫害的重要一环，严禁把带有病虫害的果树带入种植，以免影响原有果树生长。同时，选择抗病虫的品种是防治病虫害最经济、最有效的方法。

2. 园艺防治

即通过改善栽培管理技术措施，形成不利于病害、虫害滋生的环境。

加强土壤管理：栽培时，深翻可以将潜伏在土壤中的幼虫、蛹、卵等翻到地面，受其他自然因子，如光、温、湿度的影响，而增加死亡率，而且还可以进行人工捕杀。培土可以将浅土中的病菌和残叶埋入深土层，使其丧失生命力，同时可增加土壤养分。堆置有机肥要充分发酵，要经常清洁栽培场所、清除杂草，消除害虫的中间寄主和越冬越夏场所。

合理施肥，适量浇水。合理施肥是指施用氮、磷、钾的比例要适当，防止氮肥过多，引起枝叶徒长，易遭病虫害，同时要注意有机质肥应充分腐熟后再施用。浇水要适时适量，水分过多会使土壤缺氧，容易烂根，根系发育受阻；水分过少，易黄叶、枯萎，影响果树生长。

及时除草，适期修剪。及时除草，创造适宜的环境条件，可以减少病虫害的发生。因为杂草不仅与果树争夺养分，影响通风透气，妨碍生长，影响美观，而且还是一些病菌和害虫繁殖的场所。注意剪除病枝、枯枝、残枝，消灭枝条上的虫卵、幼虫及成虫。及时将清除的病虫枝叶、被害植株集中销毁，以免再次次感染。

3. 生物防治

对于果树上的一些害虫的天敌（如有瓢虫、草蛉、食蚜蝇、寄生蜂等），要充分加以保护和利用，利用天敌克制、消灭害虫。

4. 物理机械防治

采用黑光灯可诱捕具有趋光性的害虫。采用黄板、蓝板粘胶可分别诱杀蚜虫和蓟马等。夏季采用高温闷棚处理，可消灭温室土壤内的线虫。

四、主要病害类防治的具体措施

（一）生理病害

生理病害主要由非生物因素引起，如温度、湿度、土壤、肥料等环境因素不适，造成果树生理障碍，产生病变，常表现叶片变色、发黄，叶尖、叶缘枯焦，落叶、落花和落果等。只要改善环境条件，症状就会缓解，一般不用药物处理。

（二）侵害性病害

1. 真菌病害及其防治

常见真菌性病害主要有十几种，它们都能给果树生长造成很大的影响，严重时还会导致植株死亡，因此必须重视对真菌病害的防治。

防治方法：

白粉病、炭疽病、叶斑病、褐斑病、灰霉病等病害的防治方法：一是发病前给植株喷洒65%代森锌600倍液保护；二是发病初期给植株喷洒50%多菌灵，或用50%甲基托布津500～800倍液，或用50%退菌特可湿性粉剂1 000倍液，或用75%百菌清600～800倍液，每隔10天左右喷洒1次，连喷3～4次。

锈病的防治方法：生长季节给植株喷洒25%粉锈宁可湿性粉剂1 500倍液，或用0.2°～0.3°Bè（波美度）的石硫合剂等农药均有良好的疗效。

立枯病、根腐病的防治方法：一是土壤消毒，用1%福尔马林液处理土壤或将培养土放在锅内蒸1小时；二是发病初期用50%福尔马林液处理土壤；三是栽植前将种苗用70%甲基托布津500倍液浸泡10分钟。

白绢病、菌核病的防治方法：一是使用1%福尔马林液处理土壤；二是选用无病种苗或栽植前将种苗用70%甲基托布津500倍液浸泡10分钟。

煤烟病的防治方法：发病后，用清水擦洗病叶或给植株喷洒50%多菌灵500～800倍液。

2. 病毒病害及其防治

病毒病害一旦发病，很难治愈，因此防治病毒病应遵循"预防为主，综合防治"的原则。

防治方法：

① 消灭蚜虫、粉虱等传毒昆虫；② 发现病株及时拔除并销毁；③ 接触过病株的手和工具要用肥皂水洗净，预防人为接触传播。

3. 细菌病害及其防治

细菌病害主要有软腐病、根癌病和细菌性穿孔病等。

防治方法：

软腐病的防治方法：① 贮藏地点要用1%福尔马林液消毒并注意通风、干燥；② 及时防治害虫，从早春开始选用辛硫磷等农药防治地下害虫；③ 发病后及时用敌克松600～800倍液浇灌病株根际土壤。

根癌病的防治方法：① 栽种时实行轮作；② 发病后立即切除病瘤，并给植株消毒。

细菌性穿孔病的防治方法：① 发病前给植株喷65%代森锌600倍液；② 发病初期喷洒50%退菌特800～1 000倍液。

4. 线虫病害及其防治

线虫病害主要病状是在寄主主根及侧根上产生大小不等的瘤状物。

防治方法：

土壤消毒：培养土用高温消毒约2小时。

热水处理：把带病的、用于繁殖的植株部位浸泡在热水中。水温

50℃时，浸泡 10 分钟；水温 55℃时，浸泡 5 分钟。可杀死线虫，而同时不伤寄主。

药物防治：可用 50% 辛硫磷乳油 1 000 倍液，或用 2.5% 阿维菌素乳油 2 000 倍液灌根，每株用药剂 300 ～ 500 ml。

五、主要虫害类防治的具体措施

1. 刺吸害虫及其综合防治

刺吸性害虫是指以针状口器刺吸果树组织汁液的害虫。主要的刺吸害虫有蚜虫、红蜘蛛、粉虱、介壳虫、蓟马、椿象等。遭其危害，果树受害部位会发生褪色、发黄、卷缩、畸形、萎蔫、卷叶、虫瘿等症状，严重者整株死亡。

防治方法：

蚜虫：① 用黄色塑料板，涂重油诱粘；② 喷施 40% 硫酸烟精 800 ～ 1 200 倍液均可。此外烟草水、鱼藤精等也都是毒性较小的防治良药。

红蜘蛛：红蜘蛛 1 年发生多代，以 6 ～ 8 月份的高温季节危害最盛。防治时可用克螨特 2 000 倍液喷杀，或用大量水冲洗病株。

介壳虫：① 虫害严重时，先用人工刷除，再喷药治疗；② 当雌虫在固定阶段危害时，可用 40.7% 乐斯本 1 500 倍加吡虫啉 3 000 ～ 4 000 倍液，均匀喷雾，连喷 3 次即可见效。

粉虱：用 80% 敌敌畏 1 000 ～ 1 500 倍液，每 5L 药液加 50 g 洗衣粉。因洗衣粉具黏着力，成虫一旦粘药，其双翅立即丧失飞翔能力，从而中毒死亡。每 7 ～ 10 天喷药 1 次，连喷 3 ～ 5 次即可见效。

2. 食叶害虫及其综合防治

主要有刺蛾、蓑蛾、卷叶蛾、夜蛾、毒蛾、天蛾、舟蛾、枯叶蛾、凤蛾、粉蛾等幼虫及金龟子、象甲、叶蜂等。这类害虫用咀嚼式口器取食，有的将叶片咬得残缺不全，有的卷叶危害，有的把叶子吃光，仅留下叶脉等。

防治方法：

刺蛾：① 刮除虫茧，于春秋季节将发现的虫茧杀死；② 刚孵化的幼虫群居于叶片上，尚未分散时，可人工摘除有虫叶片后烧杀；③ 喷施80％敌敌畏乳剂 1 200 倍液杀死幼虫，或喷施 50％辛硫磷 800～1 000 倍液，效果都很好。

蓑蛾：① 用灯光诱杀出囊的有翅雄成虫；② 用 90％晶体敌百虫或50％辛硫磷各 1 000 倍液喷施，防治效果好。

毒蛾：① 用灯光诱杀成虫；② 用 50％辛硫磷 1 000 倍液喷施。

卷叶蛾：① 用 90％敌百虫 1 000 倍液，喷施枝叶；② 用 50％辛硫磷1 000 倍液喷施触杀，也可收到良好的效果。

此外，对其他食叶性害虫均可采用的防治方法为：① 人工消灭越冬虫茧或护囊等；② 幼虫初孵期，喷洒 90％敌百虫或 50％辛硫磷 1 000 倍液；③ 防治金龟子和叶蜂时，还可以采用人工捕杀的方法。

3. 蛀干害虫及其综合防治

常见蛀干害虫有天牛、木毒蛾、吉丁虫、茎蜂等。这类害虫的危害特点是钻蛀果树枝条、茎干，并在枝干内食害，造成孔洞或隧道。

防治方法：

不同种类的蛀干害虫防治方法有所不同，但也有其共同的防治方法，即可用螺丝刀插入虫孔，刺死幼虫或从虫孔处注射 80％敌敌畏 20～50倍液，注射后立即用粘泥将虫孔密封，毒杀幼虫。

防治天牛还可以人工捕杀成虫；防治木毒蛾还可用灯光诱杀成蛾；防治吉丁虫还可利用成虫的假死习性，于清晨人工摇枝捕杀等。

4. 地下害虫及其综合防治

地下害虫常见的有蛴螬、蝼蛄、地老虎、金针虫、大蟋蟀、地蛆等。这类害虫多潜伏在土中，不易被发现，危害盛期多集中在春、秋两季。

防治方法：

蝼蛄、蛴螬、金针虫：可用毒谷毒杀，将谷子煮成半熟，晾成半干，拌上 50％辛硫磷乳剂，用药量为种子重量的 0.1％～0.2％，充分混匀后施入土中即可防治。

蝼蛄、地老虎：可用毒饵诱杀。用 90％晶体敌百虫 50 g 加 5 kg 饵料（如鲜草或炒香的饼肥等）拌匀制成毒饵，于傍晚撒施寄主根际附近，进行诱杀。

地蛆：可用细沙或过筛子的细炉灰渣 15 ～ 20 kg，拌 2.5％敌百虫粉剂 0.5 kg，拌匀后撒到寄主根际四周进行防治。

六、农药的使用时期和方法

（一）使用时期

农药的适期施用，不仅可以节约农药，降低成本，而且能提高药效，减少药物残留，有效控制病虫危害，保证果树的正常生长。在确定施药适期时，应从以下几个方面考虑。

1.害虫盛发期

对于害虫来说，害虫盛发期可以是卵孵盛发期、幼虫盛发期和成虫盛发期，究竟在哪个时期施药，要视具体情况而定。原则上要掌握害虫的生活习性，在最易杀伤害虫，并能有效控制其危害的阶段进行。

防治害虫时，一般应在害虫 3 龄前的幼龄时期施药，这时能收到事半功倍的效果。其原因是：① 幼龄害虫在 3 龄前体壁都很薄，体壁上还长了很多的微毛，在微毛着生部位的表皮很薄，药剂很容易透过这一层。同时，这时虫体小、食量小、危害轻、活动范围小、抗药力弱，所以确定防治适期，应掌握在 3 龄以前施药，可达到最好的防治效果。当害虫达到 4 ～ 6 龄时，害虫食量、体壁厚度均大大增加，其厚度可是 1 龄幼虫的 50 ～ 100 倍，体壁上微毛也没有了，这样药剂就不容易粘附在体壁上和透过体壁，到达体内就比较困难，从而大大影响了杀虫效果；② 随着害虫龄期增大，虫体内的脂肪量也相应增多，这些脂肪具有分解农药的作用。害虫体内脂肪含量越高，这种作用就越明显，抗药性就越强。

2.天敌敏感期

在害虫的天敌对药剂反应比较敏感的时期内，应尽量少用药或不用药，以保护天敌。

3. 感病生育期

对于作物来说，易感病的生育期是防治病害的适宜时期，如苗期最易感染立枯病，在播种前用杀菌剂拌种或在苗期喷雾防治效果很好。

4. 果树安全期

药剂对果树的安全性是确定施药适期的一个先决条件。如某些果树在苗期施药，易使幼叶黄化枯死；某些果树在花期施药，极易造成花朵萎谢。所以，在施用农药时，要选择果树对药剂有较强抗药性的时期喷施，以免引起果树药害。

5. 安全间隔期

农药的施用时期，还应根据农药安全使用标准，掌握在安全间隔期内施药，以免农药残留超标，造成不良后果。

（二）使用方法

1. 喷雾法

将乳油、乳粉、胶悬剂、可溶性粉剂、水剂和可湿性粉剂等农药制剂，对入一定量的水混和调制后，即能成均匀的乳状液、溶液和悬浮液等，利用喷雾器使药液形成微小的雾滴。其雾滴的大小，随喷雾水压的高低、喷头孔径的大小和形状、涡流室大小而定。通常水压愈大、喷头孔径愈小、涡流室愈小，则雾化出来的雾滴直径愈小。雾滴覆盖密度愈大且由于乳油、乳粉、胶悬剂和可湿性剂等的展着性、黏着性比粉剂好，不易被雨水淋失，残效期长，与病虫接触的药量的机会增多其防效也会愈好。

2. 毒饵法

毒饵主要是用于防治危害农作物的幼苗并在地面活动的地下害虫。如小地老虎以及家鼠、家蝇等卫生害虫。它是利用害虫、鼠类喜食的饵料和农药拌合而成，诱其取食，以达到毒杀目的。作毒饵的饵料，麦麸、米糠、玉米屑、豆饼、木屑、青草和树叶等都可以，不管用哪一种作饵料，都要磨细切碎，最好把这些饵料炒至能发出焦香味，然后再拌和农药制成毒饵（鼠类和家蝇的饵料中最好还要加些香油或糖等），这样可以更好地诱杀害虫和鼠类、家蝇等。近来有些新农药，可直接作拌种或在土壤中撒施毒土，都能有效地防治一些地下害虫。

3. 种子处理法

种子处理有拌种、侵债、浸种和闷种四种方法。① 拌种法。多半是用粉剂和颗粒剂处理。拌种是用一种定量的药剂和定量的种子，同时装在拌种器内，搅动拌和，使每粒种子都能均匀地沾上一层药粉，在播种后药剂就能逐渐发挥防御病菌或害虫危害的效力，这种处理方法，对防治由种子表面带菌或预防地下害虫苗期害虫的效果很好，且用药量少。节省劳力和减少对大气的污染等。拌过的种子，一般需要闷上一两天后，使种子尽量多吸收一些药剂，这样会提高防病、杀虫的效果。② 浸种法。把种子或种苗浸在一定浓度的药液里，经过一定的时间使种子或幼苗吸收了药剂，以防治被处理种子内外和种苗上的带菌或苗期虫害。③ 浸渍法。把需要药剂处理的种子摊在地上，厚度大约 15 cm，然后把稀释好的药液，均匀喷洒在种子上，并不断翻动，使种子全部润湿，盖上席子堆闷一天，使药液被种子吸收后，再行播种。这种方法虽很简单，同样可达到浸种的要求。④ 闷种法。杀虫剂杀菌剂混合闷种防病治虫，在 1.5 ～ 2.5 kg 水中加入 200 g 25% 多菌灵，再加入 100 g 50% 久效磷，搅匀后喷拌麦种 50 kg，拌后堆闷 6 小时播种，可达到既防病又杀虫的效果。

4. 土壤处理法

用药剂撒在土面或绿肥作物上，随后翻耕入土，或用药剂在植株根部开沟撒施或灌浇，以杀死或抑制土壤中的病虫害。例如，用 2.5% 敌百虫粉剂 2 ～ 2.5 kg 拌和细土 25 kg，撒在青绿肥上，随撒随耕翻，对防治小地老虎很有效。

5. 熏烟法

利用烟剂农药产生的烟来防治有害生物的施药方法。此法适用于防治虫害和病害。烟是悬浮在空气中的极细的固体微粒，其重要特点是能在空间自行扩散，在气流的扰动下，能扩散到更大的空间中和很远的距离，沉降缓慢，药粒可沉积在靶体的各个部位，包括果树叶片的背面，因而防效较好。熏烟法主要应用在封闭的小环境中，如温室中。

6. 施粒法

抛撒颗粒状农药的施药方法。粒剂的颗粒粗大，撒施时受气流的影响很小，容易落地而且基本上不发生漂移现象，特别适用于地面、水田和土壤施药。撒施可采用多种方法，如徒手抛撒（低毒药剂）、人力操作的撒粒器抛撒、机动撒拉机抛撒、土壤施粒机施药等。

7. 挂网施药法

用纤维的线绳编织成网状物，浸渍在所欲使用的高浓度的药剂中，然后张挂所欲防治的果树上，以防治果树上的害虫。这种施药方法可以达到延长药效期，减少施药次数，减少用药量。

（三）注意事项

1. 严禁使用高毒、高残留农药

所有使用的农药都必须经过农业部依规登记，未登记的农药都禁止在果树上使用，并作为一项严格法规来对待，违者罚款，造成恶果者，追究刑事责任。

2. 选用高效低毒低残留农药

选用敌百虫、辛硫磷、马拉硫磷、多菌磷、托布津等。严格执行农药的安全使用标准，控制用药次数、用药浓度和注意用药安全间隔期，特别注重在安全采时期采收食用。

3. 农药安全使用的准则

① 喷洒过农药的果树，一定要过安全间隔期才能上市；② 农药使用要按照说明书的规定，掌握好农药使用的范围、防治对象、用药量、用药次数等事项，不得盲目私自提高使用浓度；③ 喷洒农药要遵守农药安全规程。

4. 农药使用的方法

熟悉病虫种类，了解农药性质，对症下药。果树害虫可分为昆虫类、螨类（蜘蛛类）、软体动物类三大类型。昆虫类中依其口器不同，分成刺吸式口器害虫和咀嚼式口器害虫，必须根据不同的害虫采用不同的杀虫剂来防治。只有选择对路的农药，才能奏效。

掌握好用药量。各种农药对防治对象的用药量都是经过试验后确定的。因此在生产中使用时不能随意增减。

交替轮换用药。正确混配，以延缓抗性生成。同时，混配农药还有增效作用，兼治其他病虫，省工省药。

七、常见农药的配制

（一）石硫合剂

1. 原液的熬制方法

常用的配料比是：优质生石灰∶细硫磺粉∶水 =1∶2∶10。先将规定用水量在生铁锅中烧热至烫手（水温 40 ～ 50℃），立即把生石灰投入热水锅内，石灰遇水后消解放热成石灰浆。然后把事先用少量温水调成浆糊状的硫磺粉慢慢倒入石灰浆锅中，边倒边搅，边煮边搅，使之充分混匀，记下水位线。用大火加热熬制，煮沸后开始计时，随时添加热水补充熬制过程中蒸发掉的水分（熬毕前 5 分钟不再加水），保持沸腾 40 ～ 60 分钟，待锅中药液由黄白色逐渐变为红褐色，再由红褐色变为深棕红色时立即停火。熬制好的原浆冷却后，用双层纱布滤除渣滓，滤液即为石硫合剂原（母）液。原液呈强碱性，腐蚀金属，宜倒入带釉的缸中保存。熬制过程中应注意如下问题：

熬煮时一定要用瓦锅或生铁锅，不可用铜锅或铝锅，锅要足够大。

由于原料质量和熬制条件的不同，原液浓度和质量常有较大的差异。熬制石硫合剂首要抓好原料质量环节，尤以生石灰质量好坏对原液质量影响最大。所用的生石灰一定选用新烧制的，洁白手感轻、块状无杂质，不可采用杂质过多的生石灰及粉末状的消石灰。硫磺粉要黄、要细，市售硫磺粉基本能满足要求，块状硫磺要经加工成硫磺粉后使用。

熬煮时要大火猛攻且火力均匀，一气熬成。要注意掌握好火候，时间过长往往有损有效成分（多硫化钙），反之，时间过短同样降低药效。

熬制好的药液呈深棕红色透明，有臭鸡蛋气味，渣滓黄带绿色。若原料上乘且熬制技法得当，一般可达到21°～28°波美度。

2. 石硫合剂波美度（°Bè）测定

波美度是用波美计来测量的，度数越高，表明含有的有效成分也越高。波美计是比重计的一种，属于玻璃浮计，由法国人波美（Baumè）始创，故波美度又记作"°Bè"。

3. 稀释的方法

加水稀释石硫合剂原液是经常遇到的事情。那么，每千克原液加多少千克水，才会稀释成使用浓度？可按下面公式计算：

每千克原液加水千克数 =（原液波美浓度 – 使用波美浓度）÷使用波美浓度

例如：原液浓度为20°Bè，欲稀释成0.5°Bè使用，则加水倍数为（20 – 0.5）÷ 0.5 = 39。亦即，1 kg原液应加水39 kg。

4. 使用石硫合剂注意事项

石硫合剂为碱性农药，不可与有机磷农药及其他忌碱农药混用，否则，会因酸碱中和而降低药效。虽然波尔多液也属碱性农药，但不可以把它与石硫合剂混合施用。因两者混合后有化学反应发生，不但会使药效降低，还容易导致药害。即便是前后间隔施用，也要留有足够的间隔期：先喷石硫合剂的，要间隔10～15天才能喷布波尔多液；先喷波尔多液的，也要间隔20天以上方可喷布石硫合剂。此外，也不可把石硫合剂与其他铜制剂农药混用，不能与松脂合剂、肥皂和棉油皂等混用。

施用石硫合剂后的喷雾器，必须充分洗涤，以免腐蚀损坏部件。

夏季气温在32℃以上，早春气温在4℃以下，皆不宜施用石硫合剂。

石硫合剂不耐贮存，忌配制后久置不用。因此，熬制好的石硫合剂最好1次用完。必须贮存时，最好用窄口容器密封盛装，同时加少量煤油展散在药液表层，避免因与空气接触而分解和降低药效。使用前，应摇晃容器或搅动药液，让药液均匀混合。

选择适宜的用药树种。一般而言，石硫合剂可以在苹果、梨、葡萄、桃、杏、樱桃等果树上使用。但要注意，有些果树对硫磺比较敏感，盲目使用会产生药害。如桃、李、梨等果树即属于对石硫合剂相对敏感者。经验表明，李树喷布，会抑制花芽分化，成次年减产。

掌握适宜的喷布时期。在苹果和桃的花期喷布石硫合剂，会有一定的疏花疏果作用。特别是在国光苹果的盛花期喷布时，疏花效果尤为明显。因此，除非是为了疏花疏果，否则在苹果和桃树的花期，最好不要喷布，以免造成减产。另外，在苹果生长季节中喷布石硫合剂，在浓度适宜的情况下，虽不会发生药害，但也易于在果面形成污斑，降低果品外观品质。此外，果树着色后切不可使用石硫合剂，否则会引起大量落果。再有，在发生红蜘蛛的苹果园中，当叶片受害已相当严重时，也不宜再喷布石硫合剂，以免引起叶片加速干枯、脱落。

用药浓度和季节密切相关：冬季气温低，树木处于休眠阶段，使用浓度可高些；夏季气温高，使用浓度宜低些。一般在果树休眠期可用 $3° \sim 5° Bè$ 的石硫合剂，而在旺盛生长阶段则只能用 $0.3° \sim 0.5° Bè$ 的石硫合剂。

长期使用石硫合剂会使病虫产生抗药性，使用浓度愈高，抗性形成愈快。因此，石硫合剂应与其他农药交替使用。

5. 石硫合剂的中毒症状与应急措施

石硫合剂对人眼和皮肤有强烈的腐蚀性。因此，使用石硫合剂时，切勿让药液触及皮肤或眼睛，以免造成蚀伤。

用药后，特别是当皮肤沾染药液时，应立即用自来水彻底清洗被污染的衣物和身体。误服时，除给水外不要饮食其他食物，及时送往医院对症治疗。

（二）波尔多液

1. 配制方法

硫酸铜与石灰比例，随着果树对硫酸铜和石灰的敏感性不同而改变。例如，要配成 1% 等量式波尔多液。可用木桶或缸两只，一只放水 90 份，加入硫酸铜一份（硫酸铜可先用少量热水溶化），溶化成硫酸铜液；另一只放生石灰1份、加水10份，化成石灰乳，等石灰乳温度降到室温以后，将硫酸铜溶液慢慢倒入石灰乳，边倒边用棍棒剧烈搅拌，即成天蓝色的波尔多液。此外，也可以用3个容器，1只放水50份，加入硫酸铜1份，融化成硫酸铜溶液；另1只放生石灰1份，加水50份，化成石灰液。然后将两个容器的溶液同时倒入第三个容器，边倒边搅拌，也配成同样的波尔多液。

如是0.5%倍量式，即以硫酸铜1份，石灰2份，水200份配置，其余类推。

注意事项：

配制波尔多液时，要注意选择原料。硫酸铜的质量一般都能达到要求，除非杂质多，呈黄色或绿色，则不宜用；石灰的质量对波尔多液的质量影响很大。要选用烧透的块状石灰（质轻、色白，敲击时有清脆响声），粉末状的消石灰不宜采用；配制所用水的硬度不宜过大。

配制波尔多液时，不能使用金属容器，不能先配成浓缩液再加水稀释。配制程序除硫酸铜液、石灰液两液同时流入1个池子混合外，只可将硫酸铜液慢慢倒入石灰液中边倒边搅，绝不可颠倒，否则配成的药液沉淀快，易发生药害。

硫酸铜要完全溶解，以免沉淀。雨季使用的波尔多液，配制时要适当增加石灰用量。

好的波尔多液呈天蓝色略带黏性，质地很细，沉淀速度较慢，是1种悬浊的药液，呈碱性反应。放置一定时间后，发生沉淀，超过24小时后易变质，不宜使用。如果配成的波尔多液呈蓝绿色或灰蓝色，质地较粗，甚至呈絮状，沉淀较快，质量就不算好。配制硫酸铜液时不能用铁桶，以防腐蚀。

2. 应用方法

波尔多液是保护性杀菌剂，可以杀死病菌的孢子，阻止病菌侵入果树体。因其内吸性差，如果病菌已经侵染或发病，再喷波尔多液作用不大。所以，一般在发病前用波尔多液进行预防和保护，但病害一般都是多次重复浸染，所以，需要进行多次喷洒。

注意事项：

对波尔多液特别敏感的桃、杏、李等核果类果树，在生长期不能使用波尔多液。其他树种要根据其对石灰和铜离子的敏感程度选用适当的配方。如对石灰敏感而对铜忍耐性强的葡萄，可选用生石灰半量式配比；对铜敏感而对石灰忍耐性强的苹果，可选用石灰倍量或多量式配比；对石灰和铜都不敏感的梨树，可选用石灰等量式配方。葡萄的抗药性和种类、品种、生长时期的关系很大。欧亚种葡萄叶背绒毛少，叶片薄，对石灰较敏感。美洲种对石灰的抗性较强，葡萄生长前期的叶片嫩，易出现药害，宜用石灰半量式 200～220 倍的波尔多液防治，生长后期可以用等量式 180～200 倍进行防治。

波尔多液呈碱性，含有钙，不能和忌碱性药剂（如敌敌畏、代森锌）以及石硫合剂、松脂合剂、矿物油剂混用，为了避免药害发生，在喷过波尔多液的作物上，15～20 天内不能喷石硫合剂，喷过石硫合剂后 7～10 天才能喷波尔多液。但可以和砷酸铅，可湿性硫磺混用。

果实采收前半个月不要喷洒波尔多液，以免污染。已污染波尔多液的果实，可先用稀醋冲洗，再用清水洗净后食用。

用过波尔多液的喷雾器要及时用水洗净。喷施波尔多液时一次喷透，不能重复喷施，现配现喷，多余药液宁可倒掉。

（三）其他自制杀虫杀菌剂

洗衣粉溶液：取 2 g 洗衣粉，加水 500 g 搅拌成溶液，加清油一滴，对植株上的虫体喷雾。可杀死蚜虫、蚧壳虫、红蜘蛛、绿刺蛾、粉蝶、白粉虱等。一些果树受线虫危害后，也可用稀释 1 000 倍的洗衣粉溶液浇入根部周围。

小苏打溶液：取 5 g 小苏打（又名碳酸氢钠），先用少量酒精使其溶解，然后加水约 1 000 g，配成 0.5% 浓度的溶液，喷洒植株，可防治白粉病。

洗衣粉加碱：按照洗衣粉∶20% 烧碱液∶水 =1∶1∶3（重量比）将三者混合均匀后喷雾，可杀死蚜虫、红蜘蛛、蚧壳虫、白粉虱等。

肥皂液：取肥皂和热开水按 1∶50 的比例溶解后喷施，对蚜虫、蚧壳虫有效。

食醋液：用稀释 150～200 倍的米醋溶液喷洒于叶面，每隔 7 天左右喷 1 次，连喷 3～4 次，可防治白粉病、黑斑病、白枯病、霜霉病、叶斑病等。

生姜液：取生姜捣成泥状，加水 20 倍浸泡 12 小时，过滤后用滤液喷洒可防治叶斑病、煤污病、腐烂病、黑斑病等，也可防治蚜虫、红蜘蛛和潜叶蝇。

花椒液：花椒 50 g，加水 500 g 左右，在锅内加热煮沸，熬成 250g 的药液，使用时加水 6～7 倍喷洒，防治白粉虱、蚜虫和蚧壳虫。

柑橘皮液：取柑橘皮 50 g，加水 500 g，浸泡 24 小时，过滤后取滤液喷洒叶面，防治蚜虫、红蜘蛛、潜叶蝇，浇入土内防治线虫。

苦瓜叶液：将苦瓜叶 100～200 g，加水捣烂，加等量石灰，搅拌均匀，浇灌植株幼苗根部，防治地老虎。

番茄叶液：新鲜番茄叶 50 g 捣烂，加水 150 g，浸泡 6 小时，过滤后用滤液喷洒，防治蚜虫、红蜘蛛等，还可驱赶苍蝇。

辣椒液：取辣椒 50 g，加 10 倍水，煮沸 20 分钟后过滤，用滤液喷洒，可防治蚜虫、白粉虱、红蜘蛛、臭椿象等害虫，浇入土中可防治土蚕。

蓖麻液（粉）：将蓖麻籽 100 g 捣烂，加清水 1 kg，浸泡 2～3 小时，过滤，加入少量中性洗衣粉和 6～8 kg 水，搅拌均匀后喷雾，可防治蚜虫、叶蝉、金龟子等害虫。将蓖麻叶、秆晒干，磨成粉末埋入土内，可有效防治白蚁、蛴螬、蚂蚁、蝼蛄等地下害虫。

夹竹桃液：夹竹桃枝叶 50 g 切碎，加清水 100 g，煮沸 20～30 分钟，去渣取清液喷洒，防治蚜虫、白粉虱，浇入土中防治线虫。但要注意谨防人畜误食。

苦楝叶加辣椒草：取苦楝叶和辣椒草各 2 kg，切成长 3～5 cm 放入锅内，加水 10～12 kg 煮沸，再加大蒜 200 g 和 1 kg 清水，继续煮沸 1 小时，然后过滤，取滤液封存好，使用时按滤液和水成 1∶3 配比稀释后喷雾，24～48 小时后，可有效防治潜叶蝇及其他害虫。

桃叶液（粉）：取桃叶 0.5 kg，加水 3 kg 左右，煮混 30 分钟，过滤后喷洒，可防治蚜虫、尺蠖及软体害虫；将桃叶晒干，研成粉末施入土中，可有效防治蝼蛄、蛴螬等地下害虫。

茶籽饼液：将茶籽饼捣碎，用适量开水浸泡一昼夜，以浸出茶籽饼内的皂素和生物碱，过滤后，用清水稀释 20～30 倍喷雾，可防治蚜虫、飞虱、蜗牛等害虫。

松针苦瓜液：取新鲜松针 3 kg 切短后加苦瓜子 1 kg，再加水 6 kg 熬煮 40 分钟后过滤成原液，再加水 40～50 kg 喷雾。可有效防治蜗牛和其他类害虫。

第六节
花果管理

一、保花保果

（一）加强综合管理，提高树体营养水平

培育壮苗，提高定植质量。加强肥水管理，及时进行整形修剪。

（二）创造良好的授粉条件

1. 合理配置授粉品种
异花授粉的品种，做好授粉树的选择和配置。

2. 人工授粉
当花期气候不良，授粉品种缺乏时，需要进行人工授粉。

（1）花粉采集
采花：结合疏花序，采集花瓣已松散而尚未开放的大铃铛花，采花

量根据授粉量而定。一般每 25 kg 鲜花可采花药 2.5 kg，干花粉 0.5 kg，可供 20 ～ 30 亩盛果期树授粉用。

取药：在室内将花蕾倒入细铁丝筛中，用手轻轻揉搓。然后将搓下的花药用簸箕簸一遍，去掉杂质。

取粉：将花药置干燥通风处阴干，温度 20 ～ 25 ℃，相对湿度 50% ～ 70%，翻动，1 ～ 2 天散出花粉，过筛。

贮存：装入广口瓶内，放在低温干燥处。

（2）授粉方法

人工点授：节约花粉，开花少，花期阴雨或大风的情况用，授粉准确可靠，但费时费工。授粉前可用 3 ～ 4 倍滑石粉或淀粉作填充物毛笔或软橡皮蘸粉点授，一次 7 ～ 10 朵花。

毛巾棒液授法：该法是由震花枝、掸授、点授的基础上演化而来的，综合了 3 种方法的优点，可单独应用，也可与人工点授配合应用，单用该法，坐果率可达 80% 左右。① 毛巾棒制作方法：材料包括细竹竿一根，白毛巾一条，填充物适量。先将毛巾裹上麦秸或旧棉絮等填充物，缝好边缘使之成为圆柱形，长 40 ～ 50 cm，直径 9 cm 左右。然后把竹竿插入毛巾棒中，并用细绳捆紧下口即可；② 滚授方法：当果树开花达 40% 左右时，先在授粉树上滚动，使毛巾棒沾满花粉，然后到主栽品种花丛上轻轻滚动。花稀处慢滚，滚两遍，花密处快滚，滚一遍。一般沾一棒花粉可滚授大树 10 株左右；③ 优点：此法取材容易，制作简单，操作方便，省劳力速度快，每人每天可滚授 3 亩左右，比挂罐震花枝准确度高，毛巾棒柔软，弹性小，花粉容易附着。克服鸡毛掸子弹性大，怕风刮，花粉易脱落的缺点，不受树体高度的限制，不需制粉，克服了人工点授费时费工，爬树登高的缺点。但其缺点是坐果较多，给疏果增加了工作量。可采用机械喷粉和液体授粉两种方式。

机械喷粉比人工点授所用花粉量多，喷时加入 50 ～ 250 倍填充剂，用农用喷粉器喷。节省劳力、时间，适于大面积生产。液体授粉是把花粉配成一定的粉液，用喷雾器喷洒在花朵上。粉液配制比例为：水 10 kg，砂糖 1 kg，尿素 30 g，花粉 50 mg，使用前加入硼酸 10 g。粉液配好后应在 2 小时内喷完，喷洒时间宜在盛花期。

3. 花期放蜂

大多数虫媒花，特别是在设施栽培条件下，授粉昆虫缺乏。通常每公顷园放 2～3 箱蜂即可。放蜂期间切忌喷农药。

4. 高接授粉花枝

当授粉品种缺乏或不足时，在树冠内高接雄株或授粉品种的带有花芽的多年生枝，以提高果树的授粉率。对高接枝在落花后需做疏果工作，否则常因坐果过多，当年花芽形成不好，影响来年授粉。

5. 挂罐和振动花枝

在授粉品种缺乏时，也可以在开花初期剪取授粉品种的花枝，插在水罐或瓶中挂在需要授粉的树上，以代替授粉品种。此法简单易行，但需年年进行。为了提高授粉效果，可与挂罐同时进行振动花枝授粉。

6. 花期喷水

花期喷水提高空气湿度，当空气相对湿度低于 60%～70% 时，花粉的萌发率会明显降低。开花期，北方多大风干旱，因此，花期喷水可有效提高坐果率。

（三）防止花期和幼果期霜冻

一些果树如杏、李树花期早，在花期和幼果期易受晚霜危害。根据天气预报，采用树上喷水、果园灌水和熏烟等方法预防花期和幼果期霜冻。

喷水：发芽前对果树喷水，可使树体温度维护在 −1～0℃，推迟花期，避免晚霜危害，这是防止霜冻的有效措施。

灌水：发芽前果园灌水，可以稳定果园温度，减轻霜冻危害。

熏烟：在霜冻将要出现前，用烟雾剂或人工造雾，可获得良好的防霜效果。烟雾剂可用 3 份硝酸铵、7 份锯末研碎混合制成，装在铁筒内点燃，并根据当时的风向，携带铁筒来回走动放烟。每亩约需烟雾剂

2.5 kg，烟雾能维持 1 小时左右。

（四）喷施植物生长调节剂和喷施矿质营养元素

1. 生长调节剂

赤霉素（GA）、B9、6 – 苄基腺嘌呤（BA）、多效唑和萘乙酸（NAA）。

2. 矿质元素

尿素、硼酸、硫酸锰、硫酸锌、钼酸钠、硫酸亚铁及磷酸二氢钾等，生长季节使用浓度多为 0.1% ～ 0.5%，可与 PGR 混合使用。

这些植物生长调节剂和微量元素或能促进花粉萌发和花粉管伸长，促进受精，或能刺激单性结实，因此可以提高坐果率。

在配制赤霉素时，应先用少量酒精将赤霉素溶解，然后再加水。如果没有酒精，用高度白酒也可。稀土易在酸性溶液中溶解，配制时，取适量水加入食醋，使水溶液的 pH 值为 5.5 ～ 6.0，然后加入稀土，待溶解后按比例加水。

喷施时应选择晴朗无风的天气，喷施时以树叶滴水为度。花期可喷 2 次或 3 次，每次相隔 5 ～ 7 天。

（五）其他措施

其他措施包括摘心、环剥、疏花等。如枣树花期环剥、葡萄花前摘心和去副梢。

二、疏花疏果

疏花疏果可使果树连年稳产（克服大小年）、提高坐果率、提高果实品质、使树体健壮。

（一）确定留果量的方法

根据我国的土地条件，每亩保持在 1 500 ～ 2 000 kg 为宜，具体标准应因土壤肥力和树势而异。

1. 叶果比和枝果比法

果树上叶片总数或枝条总数与果实个数的比值。每个果实的发育都需要 600～800 cm² 叶面积供给光合产物，因此，可以用叶果比和相应的枝果比（苹果每枝平均有 10～15 片叶子）来确定留果量。适宜的叶果比，在考虑果型大小的同时，还应考虑品种、类型，如早熟品种的叶果比应大于晚熟品种；乔砧、大果型（250 g 以上）的适宜叶果比为 60～80，矮砧、短枝型品种的叶果比应达到 40 左右。枝果比同样也应考虑树势、果型大小和品种类型。

2. 干面积法

一般情况下，每平方米干截面积留果 0.3～0.4 kg 比较适宜。

3. 果间距法

树体枝叶分布比较均匀的树，可按每 20～25 cm 留一个果，基本上可以达到枝果比和叶果比的要求。该标准简单易行，是疏花疏果最常用的方法。

4. 干周法

正常生长的果树，其主干周长与果实负荷量密切相关，据此，中国农业科学院果树所提出了以主干周长确定苹果负载量的方法。推算公式是：负荷量（kg）=0.25 C^2 ± 0.125 C。其中，C 代表主干周长（距地面 30 cm 左右处，单位为 cm）。式中 0.125 C 是调整系数，壮树增加、弱树减少，一般树不加亦不减。应用时，只要量出主干周长代入公式，即可计算出株产，再按平均单果重就可计算出留果数量。

（二）疏花疏果的时期

应根据当地的具体条件，如树势、品种、花期、气候条件、人力等具体对待。一般来说，应是疏果不如疏花，疏花不如疏蕾，疏蕾不如疏花芽，越早越有利于果树贮藏营养的经济利用。疏花可在花序分离到初花期进行。目前，生产中仍以疏果为主，疏果的适宜时期是在第一次落果后及早进行，最迟在生理落果前完成，越早越好。

（三）疏花疏果的方法

1. 人工疏花疏果

目的性明确，所留花果在植株上分布合理。费时费工，不适于面积较大和劳动力紧缺的果园。

具体疏果时，最好是根据干周（或干面积）和树势确定单株留果数之后，分别按每 20 cm、22 ～ 23 cm、25 cm 的间距疏 2 ～ 3 株树，查出疏后的哪个单株留花或留果数与根据干周等所确定的适宜留花或果量最接近，就按哪个适宜的间距进行推广。

疏花疏果的原则是强枝多留、弱枝少留，一般花序都留单果，去小留大、去坏留好、去向上开的花留向下开的花，先上后下、由里及外，防止损伤果枝。

2. 化学疏花疏果

（1）常见疏花疏果化学药剂种类

常见疏花疏果化学药剂种类见表 1-22。

表 1-22　常见疏花疏果化学药剂

药剂种类	原理	应用特点	常用浓度	备注
二硝基邻苯酚（DNOC）	烧灼花粉和柱头，使其不能受精	对已受精坐果的无效	500 ～ 800 mg/L	
石硫合剂	抑制花粉发芽、花粉管伸长，杀死柱头，阻碍受精	药效较稳定，安全性高，兼具防治病虫。但必须准确掌握开花状况，施用期短	100 ～ 1 000 倍	
西维因	西维因进入输导组织，堵塞营养物质运输到幼果	疏除效果比较稳定。应直接喷到果实和果柄部位。使用时期和浓度因树种和品种不同而异。例如，新红星苹果盛花后 2 周喷施	1 500 ～ 2 000 mg/L 效果较好	高效低毒杀虫剂

（续表）

药剂种类	原理	应用特点	常用浓度	备注
萘乙酸	可促进乙烯形成，引起幼果脱落	萘乙酸一般用其钾盐或钠盐，花瓣脱落期到落花后 2～3 周施用。但施用时间越迟，疏果作用越弱，浓度需相应增加	5～10 mg/L	
萘乙酰胺		疏除效果比萘乙酸缓和，适于对萘乙酸敏感的品种	25～50 mg/L	

国外应用的还有：乙烯利、6 - 苄基腺嘌呤（BA）等。

生产中常用 2 种或 2 种以上药剂混合施用。

如美国纽约州多数苹果品种用萘乙酸和西维因的混合液进行化学疏除。

（2）特点

① 省工、省力和效率高，适于劳动力缺乏、劳动成本高的地方；② 疏除效果影响因素多。大面积应用前先小范围试验；③ 只能作为辅助手段，不能完全代替人工疏除。

三、果实品质调控

（一）增大果实、端正果形

保证果实发育营养供应：保证树体上一年贮藏充足营养，合理肥水，合理修剪，保证良好光照。

人工辅助授粉：受精良好，促进子房的发育，促长激素的合成，增加种子数量。

合理留果量和留果位置：树体留果量过多，对果实的个体发育影响很大，造成单果重降低，畸形果增多。

生长调节剂应用：果实的大小和性质很大程度上受本种与本品种的

遗传因素所控制，而应用生长调节剂，可使当年果实的某些性状发生较大的改变（表1-23）。

表1-23 生长调节剂在增大果树果实上的应用

果树种类	使用时期	生长调节剂种类	使用浓度	施用方法
苹果	盛花期	Promalin（1.8%BA+1.8%GA4+7）	500～600倍	喷树
	落花后	BA	100～200 mg/L	喷树
	幼果期	GA4+7	62.5～250 mg/L（金冠）	喷树
葡萄	开花前	CPPU（KT-30S，苯基脲类细胞分裂素类）	50～200 mg/L	蘸花穗
	盛花前两周、盛花后10天	GA	100 mg/L	蘸花、果穗
猕猴桃	开花后10～20天	CPPU	3～5 mg/L	蘸果穗
	幼果期	BA		浸蘸果穗
日本梨	花后30～40天	G103A	20～30mg/果	涂果柄

注：Promalin：普洛马林；BA：细胞分裂素类生长调节剂；
GA4+7（GA）：赤霉素类生长调节剂；CPPU：新型植物生长调节剂

其他措施：硬核期，核果类果树主枝或主干环剥。

（二）改善果实色泽

1. 创造良好的树体条件

合理的群体结构，合理树体结构，合理负载量，合理肥水。

2. 果实套袋

（1）作用

促进着色；改善果面光洁度；减少病虫害；降低农药残留量。

（2）套袋前的管理

① 选择套袋树：选择肥水条件好，通风透光良好、生长健壮的树进

行套袋；② 套袋前的肥水管理：增施钙肥（套袋果的含钙量低于不套袋果），及时灌水（旱情严重时，套袋果很易发生日灼）；③ 严格疏花疏果：保证疏花疏果，否则留果数量不当，既影响果实品质，又影响套袋效果；④ 病虫防治：幼果果面全面喷布一次杀菌剂和杀虫剂。

（3）果袋选择

纸袋（纸质一般是全木浆纸）；特点是耐水性强，抗日晒，不易破碎，经过药剂处理，可防病虫。

类型为：① 双层袋：外层袋外侧主要是灰白色、乳白色、淡黄色和灰褐色等，内侧为黑色。内层袋由农药处理过的蜡纸制成，主要有红色、黑色和蓝色；② 单层袋：外侧有淡黄色、银灰色等，内侧为黑色，也有木浆纸原色单层袋。

塑膜袋：① 原料：聚乙烯膜，厚度为 0.005 mm 左右；② 类型：全开口、半开口、角开口等多种；③ 特点：成本低，果实着色效果不如双层纸袋。

果袋类型选择依据：① 品种：较易着色的可采用单层纸袋，较难着色的主要采用双层纸袋，黄绿色品种应套单层纸袋或塑膜袋；② 立地条件：海拔高、温差大的地区，单层纸袋的效果也很明显；③ 栽培水平：水平高的果园，以双层纸袋为主；水平低的果园，套单层纸袋和塑膜袋为主。

果袋质量判断标准：双层纸袋质量的主要标准是：外袋纸质透气性能要好，底部两角各有一个通气孔，经日晒和雨后不变色，不能从外面渗水，易折叠而不破裂；内袋蜡质均匀，日晒后不易熔化，从套袋至摘袋颜色保持不变。

（4）套袋时间和方法

① 套袋时间：一般在定果后进行，我国多数苹果产区套纸袋的时间为 6 月份，套塑膜袋的时间为花后 15～30 天；套袋早：果褪绿好，摘袋后易着色，有利于减少病虫害。果柄幼嫩，易受损伤影响生长，日灼较重。不利于幼果补钙；套袋过晚：影响套袋效果，容易损伤果柄造成

落果；②套袋注意事项：套袋时的用力方向始终向上，以免拉掉幼果；袋口要扎紧，避免害虫、雨水进袋；纸袋向阳面与幼果之间必须留有空隙，以免造成日灼；捆扎丝不能直接缠在果柄上，而要夹在果袋叠层上，以免损伤果柄，造成落果。

（5）摘袋时间和方法

摘袋时间以苹果为例：①易着色品种：海洋性气候下，采收前15～20天，冷凉和温差大的地区，采收前5～7天；②较难着色的品种：海洋性气候下，采收前30天，冷凉和温差大的地区，采收前20～25天；③黄绿色品种：采收时连同果袋一起摘下，或采收前5～7天摘袋；④天气：最好选择阴天或多云天气。若在晴天摘袋，上午10～12时去除树冠西部和北部的果袋，下午15～17时去除树冠东部和南部的果实袋。

摘袋方法：①双层纸袋：先去掉外层袋，间隔3～5个晴天后再除去内袋，若遇阴雨天气，摘除内层袋的时间应推迟；②单层纸袋：首先打开袋底放风或将纸袋撕成长条，3～5天后完全除袋。

3. 摘叶

摘叶时期：在果实着色期进行。较易着色的品种适当晚摘叶；不易着色品种适当早摘叶。摘叶过早会减少光合产物的积累。

注意事项：①重点摘除对象是果实周围遮阴和贴果的叶片；②多摘枝条下部的衰老叶片，少摘中上部叶片；③摘叶时保留叶柄；④摘叶可一次进行，也可分2～3次进行。

4. 转果

采收前将果实阴面转向阳面。

时期：果实阳面已充分着色后进行。

注意事项：①转果时用手托住果实，转巧而自然地朝一个方向转动180°；②下垂果可用透明胶带固定在附近枝条上；③转果时切勿用力过猛，以免扭落果实；④转果在避免在晴天中午进行。

5. 树下铺反光膜

铺反光膜可明显地改善下部果实和果实顶部受光条件，促进着色，增加全红果率。

铺反光膜的时间：宜在果实着色前期，套袋的果园，应在除袋后立即铺膜。应在树干两旁顺行各覆盖一幅 1.6～1.8 m 的膜。铺膜前 5 天要对覆膜地带喷除草剂或人工除草。铺膜前几天清除树干周围残茬、硬枝和石块，打碎大土块，把地整成两边稍低的弓背形。铺膜时可 3～5 人一组，一人卷膜，其余人两边压膜和盖土。要求膜面平展、与地面贴紧，盖土严实。果实采收时，先撤去薄膜，在清水中洗净，晾干后卷起保存，以备下年重复使用。

6. 应用增色剂

一类增色剂是以微量元素为主的肥料。如氨基酸、复合微肥、稀土微肥、光合微肥等。稀土微肥花期喷 400 倍液；花后 10 天开始，每 15 天喷 1 次光合微肥或 300 倍液氨基酸复合微肥，连喷 4 次。

另一类是生长调节剂。如 B9、乙烯利、2，4，5-TP（2，4，5- 三氯苯氧丙酸）等。采收前 15～20 天使用。

（三）改善果面光洁度

改善果面光洁度应注意以下几点：① 果实套袋；② 合理用药：金冠苹果幼果期，喷波尔多液或尿素可加重果锈；③ 喷果面保护剂：苹果喷 500～800 倍高脂膜或 200 倍石蜡，可减轻果面锈斑或果皮微裂。④ 洗果：采后需专用洗果液洗果。

四、果实采收和采后处理

（一）果实成熟度的判定

果实成熟度可根据果实色泽、果肉硬度、含糖量、果实脱落难易和果实生长日数来判定。

根据用途、市场需求可将果实成熟度分为采收成熟度、食用成熟度和生理成熟度。

采收成熟度是指果实已达到应有的大小、重量，但色泽、风味、香气尚未表现出品种特点，肉质不够松脆。此期采收可用于罐藏加工、长期贮藏或远途运输。

食用成熟度是指果实已表现出本品种特有的色泽和风味品质。此期采收的适宜当地销售、短期贮藏以及制果汁、果酱等。

生理成熟度是指果实已开始发绵，风味明显降低，但种子发育完全成熟的成熟度。此期采收可用于采种。

（二）采收方法

1. 人工采收

注意事项：① 轻拿轻放，减少果实伤害；② 防止折断果枝、碰掉花芽、叶芽。

采收工具：手摘、剪刀、竹木杆。

采收顺序：先外后内、先下后上。

2. 机械采收

使用振动式机械、台式机械、地面拾果机采收。

（三）采后处理

1. 洗果消毒

为清除果面污物、污染、病菌，使果面更卫生、更光亮，需要经过清洗过程。方法有：① 水洗、抛光。安全、有效、应用较广；② 溶液洗果。用清水洗不掉的果面污物，可用 0.1% 的盐酸溶液洗果 1 分钟左右，再用 0.1% 磷酸钠溶液中和果面的酸，再用清水漂洗。套袋果实可不经抛光程序。

2. 果实分级

一般按果形、色泽、鲜度、果梗、果面缺陷等几个方面进行分级。

人工分级：传统的人工分级法：果实大小以横径为准，用分级板分级。但它的果形、色泽、果面光洁等指标全凭人员目测和经验判断确定，无法适应当前国内外市场需要。

机械分级：用果品分级机进行分级。机械有果品尺寸分级机、重量分级机、光电分级机。具有分选准确、迅速、轻柔、减少机械损伤等优点。

3. 果实涂蜡

在果面上涂一层果蜡，光泽诱人，使价格提升。并因其经烘干固化后可形成薄膜可保护果面，故可延迟和防止皱皮、萎蔫、防变质。

人工涂蜡：适用于量小时，将果实浸蘸到配好蜡液中，取出即可。

机械涂蜡：用于处理大量时可提高涂蜡质量和工作效率。

4. 果实包装和运输

包装材料要求卫生、美观、高雅、大方、轻便、牢固，利于贮藏堆码和运输，现多为纸箱和钙塑箱。经过人工或机械精选或清洗打蜡的果实，应立即进行包装，作为长期贮藏果，可在包装后入库贮藏或洗果打蜡后，先放周转箱内，贮入冷库，待出库销售前进行包装。

第二章
主要果树栽培技术

第一节
苹 果

一、主要品种

1. 红富士

日本品种。果实大型，平均单果重 220 g，最大果重 650 g。果面光滑，无锈，果粉多，蜡质层厚，果皮中厚而韧；底色黄绿，着色片红或鲜艳条纹红。红富士是着色系富士的总称。在富士推广栽培过程中，由于其具有较活跃的遗传性变异特点，在日本各地涌现出许多果实着色好的变异单系。

2. 嘎拉

新西兰品种。果实中等大，短圆锥形；果面底色金黄，阳面具有浅红晕，有红色断续宽条纹；果形端正，较美观，果顶有五棱，果梗细长；果皮较薄，有光泽；果肉浅，肉质细脆；果汁多，味甜微酸，十分可口，品质佳。9月上旬成熟。新嘎拉，又名皇家嘎拉，多数性状同嘎拉，唯其

109

着色明显优于嘎拉，因而得到市场的青睐。

3. 桑萨

又名珊夏，日本品种。该品种树姿直立，干性较弱，短果枝多，早产丰产，坐果率高。8月下旬成熟，果实圆锥形或扁圆形，单果重230 g左右；底色黄绿，向阳面浓桃红色，阴面呈桃红色，果面蜡质较厚，皮薄美观；果肉黄白色，松脆爽口，味甜、多汁，有花红果香味，可溶性固形物含量13% ～ 15%，较耐贮藏，为一个极有发展前途的中早熟品种。

4. 红将军

日本品种。经试栽，表现出良好的经济性状。该品种果实大，近圆形，平均单果重307 g，果桩高，果实色泽鲜艳，全面浓红；果肉黄白色，肉质细脆、多汁，风味甜酸浓郁，品质上乘。9月中旬成熟，比富士早熟30天以上；耐贮性强，不易发绵，自然贮藏可到春节。红将军苹果可在仲秋节和国庆节前上市，具有广阔的市场前景。

5. 津轻

果实较大，大小一致，扁圆形至近圆形，单果重200 g以上。果面平滑，底色黄绿，阳面被红霞及鲜红条纹。蜡质多，果点较多，大小不一致，小果点为淡，不明显，大果点凸出显著，果皮较薄。果肉黄白色，质细松脆，汁多，味甜，微有香气，品质上等。果实不耐贮藏，室温下放置月余肉质变绵。9月成熟，果实发育期115天，在金帅之前成熟。产量较金帅低，成熟前有落果现象。

6. 金冠

美国品种，又名金帅、黄香蕉。果实大，一般单果重200 g以上，圆锥形，顶部稍有棱突；果梗细长，果皮薄，较无光泽，稍粗糙，色绿黄，稍贮藏后变为金黄，采收晚时阳面偶有淡红色晕；果肉黄白色，肉质细密；刚采收时脆而多汁，贮后则稍变软，味浓甜，稍有酸味，芳香清远，生食品质上佳。果实生育期140天，9月中下旬成熟；充分成熟后也不落果，晚采果实果肉淡，生食风味极佳。金冠是世界上的主栽品种之一，也是我国20世纪80年代以前的主栽品种。

7. 红星（蛇果）

原产美国，又名红元帅，为红香蕉（元帅）的浓条红型芽变，是世界主要栽培品种之一。果实大，圆锥形，单果重 250 g 以上，最大可达到 500 g 左右；果顶有五棱状凸起，果桩高，果形美；初上色时出现明显的断续红条纹，随后出现红色霞，充分着色后全果浓红，并有明显的紫红粗条纹，果面富有光泽，十分鲜艳夺目；果点浅褐色或灰白色，果肩起伏不平；果肉黄白色，质中粗，较脆，果汁多，味甜，有浓郁芳香，品质上等。

8. 红玉

美国品种，果实近圆形或扁圆形，单果重 165 ～ 210 g。果面底色黄绿，着色良好者全面呈浓红色，颇美观；阴面或树叶遮盖处果实通常着色不良，仅现红霞。果皮光滑，有光泽，果粉中厚，果点圆而小。梗洼易生片状锈斑，果梗基部稍膨大，果皮薄而韧。果肉黄白色，肉质致密而脆，果汁多，初采时酸味大，味浓厚，有清香味。贮藏后果肉变成浅，酸甜适口，香气浓郁，风味甚佳，品质上等。果实较耐贮藏，贮藏半月以上为最佳食用期。果实发育期120天，9月上中旬成熟，是很好的生食、加工兼用品种，果实极适合加工果汁、果脯等。目前，发展数量极少，但从加工角度来说，应该适当发展。

9. 乔纳金

美国品种。果实较大，扁圆至圆形，单果重 250 g 左右。果面平滑，底色黄绿，着橙红霞或不显著的红条纹，着色良好的果为全面橙红色，光照不足时着色不良；果面蜡质多，果点多而小，带绿色晕圈，明显易见。果肉浅，质细松脆，味较甜，稍有酸味，有特殊芳香，品质上等。稍耐贮藏，一般可放至春节前后。新乔纳金是日本从乔纳金的芽变中选出的浓红型新品种，植物学特征与乔纳金基本无差别，唯果实着色较浓，有较明显的浓红条纹，综合经济性状优于乔纳金。

10. 王林

日本品种。果实长圆形或近圆柱形，平均单果重 180 ～ 200 g；全果黄绿色或绿黄色；果面光洁、无锈、果点大、有晕圈、明显，果皮较厚；

果肉乳白色，肉质细脆，汁多，风味酸甜，有香气，品质上等。果实发育期180天，在河北省中南部10月中旬成熟。果实耐贮，在半地下土窖中可贮至翌年4月，贮藏中不皱皮。其树势强，树姿直立，分枝角小，萌芽率中等，成枝力强，发中、长枝较多，枝条较硬。开始结果早，苗木栽后3年可结果。长、中、短果枝均有结果能力，以短果枝和中果枝结果枝较多，腋花芽也可结果，花序坐果率中等，果台枝连续结果能力较差，采前落果少，较丰产，适应性强。幼树期间要注意整形，尽早拉枝开角，修剪以轻缓为主，疏直立枝，及时更新衰弱枝条。王林是一个黄色优质品种，在果实的耐贮性、果面光洁无锈方面均优于金冠，以它给富士系品种授粉也很适宜。

11. 澳洲青苹

澳大利亚品种，为世界上知名的绿色品种。果实大，扁圆形或近圆形，单果重210 g，最大240 g。果面光滑，全部为翠绿色，有的果实阳面稍有红褐色晕，果点黄白色。果肉绿白色，肉质细脆，果汁多，风味酸甜，品质中上等。很耐贮藏，一般可贮藏至翌年4～5月份，经贮藏后，风味更佳。果实刚采收时风味偏酸，最适食用期在翌年2～3月份以后，果实在国内外市场上为高档品种，可用于出口，是生食加工兼用品种。

二、生态习性

1. 温度

一般要求年均温度在7～14℃、最低月份温度在-12～10℃地区适宜苹果栽培。苹果根系生长的最低温度为13～26℃，可忍受35℃高温和-9～12℃的低温。地上部生长最适温度为18～24℃，开花最适温度为17～18℃，花芽分化最适温度为15～22℃，果实成熟最适温度为20.4℃，可忍受37～40℃。

2. 水分

年降水量在500～800 mm，分布比较均匀、或大部分在生长季中可满足苹果生育的需要。降水量在450 mm以下地区需进行灌溉和水土保持、地面覆盖等保水措施以满足苹果生育的需要。

3. 光照

苹果为喜光果树，要求充足光照，年日照在 2 200 ～ 2 800 小时的地区是适于苹果生长的地区，如低于 1 500 小时或果实生长后期日照不足 150 小时，红色品种着色不良，枝叶徒长，花芽分化少，坐果率低，品质差，抗病虫和抗寒力弱，寿命不长。

4. 土壤

苹果要求土层深厚的土壤，土层不到 80 cm 的地区，需深翻改土。深度达 0.8 ～ 1 m，则不论成土母岩性状如何均可栽植。地下水位需保持在 1 ～ 1.5 m 以下。

土壤含氧量要求在 10% 以上，苹果才能正常生长，不到 10% 时根系及地上部的生长均会受到抑制，5% 以下则停止生长，1% 以下细根死亡、地上部凋萎、落叶、枯死。一般以有相当于 25% 非毛管孔隙，对土壤通气较理想。苹果喜微酸到中性的土壤，pH 值 4 以下生长不良，pH 值 7.8 以上有严重失绿现象。苹果对盐类耐力不高，氯化盐类在 0.13% 以下生长正常，0.28% 以上受害严重。土壤有机质含量要求不低于 1%，能保持 3% 最理想。

三、栽培技术

（一）土肥水管理

1. 土壤管理

苹果树间作物以豆类（包括花生）最好，其次是薯类、瓜类、谷、黍等。当果树行间透光带仅有 1 ～ 1.5 m 时应停止间作。长期连作易造成某种元素贫乏，元素间比例失调或在土壤中遗留有毒物质，对果树和间作物生长发育均不利，因此，间作物要注意轮作。

应加强果园的中耕松土，以保持土壤疏松，通气良好，为根系生长发育始终创造良好的土壤环境。

2. 施肥

（1）基肥

应在中熟品种采收后及时施入，基肥当年即能部分利用，可提高树体当年储藏营养水平。此时根系进入第三次生长高峰，因施肥损伤的根系易产生愈伤组织，对根系亦起到修剪作用，还可促发新根。基肥以腐熟的有机肥为主，添加适量速效化肥或果树专用肥，施肥量占全年总肥量的 60%～70%，幼树亩施 2 000～2 500 kg 有机肥，混加 20 kg 尿素和 80～100 kg 过磷酸钙；5 年生以上的树亩施 4 000～5 000 kg 有机肥混加 40～50 kg 尿素和 100～150 kg 过磷酸钙。采取环状沟和条状沟施肥。环状沟施肥，在树冠外缘稍远处挖宽 40～50 cm、深 40～60 cm 环状沟，将肥土以 1∶3 比例混匀回填，然后覆土。条状沟施肥，根据树冠大小，在果树行间、株间或隔行开宽 40～60 cm、深 40～60 cm 的沟施肥，施肥后立即浇水。

（2）追肥

为了调节苹果树生长和结果的矛盾，要及时追肥。追肥可分地下追肥和叶面喷肥。在扩冠期和压冠期追肥，前期以氮肥为主，后期氮、磷、钾配合使用。在丰产期，结果量逐年增多，为了解决结果和生长的矛盾，确保连年丰产优质，对挂果多的树要增加追肥次数，除在开花前、花芽分化前和采收后进行追肥外，还要在果实膨大期追肥，一般早熟品种在 6 月下旬、中熟品种在 7 月中下旬、晚熟品种在 8 月中下旬，以磷、钾肥为主，少施氮肥。采用穴施或井字沟浅施。每亩施硫酸钾 70 kg，磷酸二铵 5 kg，能增加产量和果实糖量，促进着色，提高硬度。叶面喷肥，主要是补充微量元素，如钙、锌、硼、铁等。此法简单易行，用肥量小，发挥作用快，能及时满足果树对肥的急需，并可避免某些营养元素在土壤中发生化学和生物固定。喷肥一般在生长季节进行，如开花前、落花后、成花前、果实速长期及采收后，若各个时期均能喷布 1～2 次效果更好。喷布时间最好选在多云或阴天喷施，或晴天的上午 10 点以前和下午 4 点以后，中午气温高，溶液很快浓缩，影响喷肥效果或导致肥害。同时叶肥要充分搅拌，喷洒均匀。

3.水分管理

（1）灌水

灌水时期应考虑不同经济年龄时期所要达到的目的，同时还应根据苹果1年中各个物候期对水分要求的特点、气候特点和土壤水分的变化规律等确定。在扩冠期，每年的前期（从萌芽前至8月）要满足水分的供应，使新梢叶片旺盛生长；中期（8月至10月上旬秋梢停长）可适当控制灌水，使新梢及时停止生长，充实枝条和顶芽，以防冻害和抽条；后期（10月中旬至落叶前）应供足水分，以增加树体的营养积累。在压冠期，开花前（萌芽前至开花前）为给新梢和旺盛生长的叶片供足水分，可灌水1～2次。花芽分化前和花芽分化初期（开花至秋梢开始生长，约至7月中旬）要适当控水，若干旱时，可浇小水，以便抑制新梢生长，这样有利坐果，促进花芽的形成。果实速长期（7月下旬至采收前）直至落叶前，都要满足苹果树对水分的需要，以增大果实，促进花芽分化和积累营养，但在果实采收前1个月要控制灌水，避免由于灌水造成果实品质的下降。沙壤土苹果园在一般情况下，全年灌水5～7次即可满足苹果树生长、结果对水分的需要。在丰产期，需水量比压冠期多，要在落花后进行灌水，以利于新梢生长、坐果和花芽的生理分化。

苹果的灌水量应根据树龄和树冠大小、土壤质地、土壤湿度和灌水方法确定。大树应比幼树灌水多；沙地果园水易渗漏，应少量多次；土壤湿度小，大畦漫灌，要加大需水量。一般情况是以根系分布范围内的土壤（山地深度60 cm左右，平原沙地100 cm左右）含水量达田间最大持水量的60%～80%为适宜。

灌水方法应依照提高效益、节约用水和便于管理的原则确定，目前主要有畦灌、沟灌、喷灌、滴灌和渗灌等方法。

（2）排水

平原果园或盐碱较重的果园，可顺地势在园内及四周修建排水沟，把多余水顺沟排出园外；也可采用深沟高畦（台田）或适度培土等方法，降低地下水位，防止返碱，以利雨季排涝。山地果园要搞好水土保持工程，防止因洪水下泄而造成冲刷。涝洼地果园，可修建台田或在一定距离修建蓄水池、蓄水窖和小型水库，将地面径流贮存起来备用或排走。由于地下不透水层引起的果园积水，应结合果园深翻打通不透水层使水下渗。对已受涝害的苹果树，首先要排出积水，并将根茎和粗根部分的土壤扒开晾根，及时松土散墒，使土壤通气，促使根系尽快恢复生理机能。

（二）整形修剪

1. 整形

（1）小冠疏层形

适宜株距为 3～4 m，行距 4～5 m 的栽植密度。

整形修剪技术要点：在定植后，春季发芽前，于地上 80～100 cm 饱满芽处定干；萌芽后，新梢生长到 20～40 cm 时，选留生长健壮的第一个新梢作为中央领导干，其余的新梢用双头带尖的牙签把新梢与主干撑开。在秋季（8 月底至 9 月间）选留第一层主枝和中央领导干，并对第一层主枝拉枝开张角度，主枝基角 60°～80°，辅养枝拉枝角度比主枝要大，可呈 90°。当年冬剪时中央领导干留 40～60 cm 短截，主枝轻截（枝条总长度的 1/3 以下），为第二年扩大树冠，增加枝叶量。对辅养枝缓放，增加短枝量。第二年春季，在果树萌芽前 40 天开始，对第一层主枝和辅养枝进行刻芽，以两侧和斜背下为主，主要刻枝条中部。冬季修剪时选留二层主枝和侧枝，夏季修剪方法同上。

3～4 年生采取轻剪法：每年按整形的要求选留主侧枝和二层主枝，如果中央领导干上强，可用弯干方法，弯干出枝后再培养领导干，把弯倒的中央领导干作为主枝或辅养枝处理。以后，树冠基本成形，在修剪中以轻剪缓放为主，对主侧枝延长头如有空间进行轻短截，否则一律缓放不短截，辅养枝，临时枝、过渡层枝，以缓放促发短枝，提早结果为主，疏除过密过强的徒长枝及背上枝。5 年以后，树冠形成，并开始大量结果，及时有计划地清理辅养枝，分期分批地控制和疏除，防止一层杂乱，枝量偏多，出现下强上弱现象。如果行间距不足 80～100 cm 时，对主枝延长枝缓放为主，并及时清理主枝外围延长头、竞争枝、过密枝，防止枝量过多，外围势力过强，以致引起树冠过早交接，光照条件恶化。及时控制上强，当树高超过 3 m 时，进行落头开心，或中干弯曲，及时清除过大，过强的旺枝，改善树冠风光条件。幼树期结果枝组的选留和配置，先以两侧和背下为主，背上为辅原则，尤以 4～5 年生的，树体已基本成形，枝量充足，采取促花措施后，易出现花量过多，负载过重，造成大小年现象，必须通过修剪、疏花疏果方法及时调节负荷量，保持树势健壮，实现连年优质、稳产、丰产。

（2）纺锤形

有细长纺锤形和自由纺锤形之分。细长纺锤形属小冠树形，适用于矮砧和短枝型品种。自由纺锤形适用于半矮化和短枝型品种。适于每公顷栽 645～1 245 株，行距 4～5 m，株距 2～3 m。这两种树形成形后，树高 2～3 m，冠径 1.5～2 m。第一年修剪时，选用长势较弱的新梢作为延长枝头，对从主干上萌发出来的长枝，根据空间大小改造利用，过密枝从基部疏除；对 2～3 年生的树，如果长势较旺，仍要选用弱枝作延长枝头，但可不必短截。对主干上部着生的旺枝，应及时疏除。经换头后的延长梢，一般不再短截；株间空间不大时，骨干延长枝头也不再短截；4～5 年后，修剪时，长放延长枝头，稳定树冠，注意疏除内膛徒长枝和密生枝。

（3）折叠式扇形

这一树形的适应范围较广，既适用于短枝型品种，又适用于乔砧普通型品种。一般多用于树势旺、干性强的品种。适于行距 2.5～3 m，株距 2 m 左右。

这种树形的特点是：树体较小，整形容易，通风透光良好，结果较早，也易获得早期丰产。

这种树形要求将苗木顺行斜栽，使其与地面呈 45°。幼苗定植后不定干，春季萌芽后，将苗木拉成弓形，距地面约 50 cm，这便是第 1 个水平主枝，拉平苗后约 1 周，再将基部的几个芽子抹除，在弓背上最高处刻芽，使抽生新领导枝，到夏季发出新梢后，再将基部和新领导枝附近的小枝抹除，到秋季，将第一水平主枝上的长枝捋平，缓和其长势；冬季修剪时，剪除背上的直立枝，甩放新领导枝，实际上新领导枝也就是第二水平主枝；第二年春季萌发芽后，再将其拉平，抹去基部 2 ～ 3 芽，再于弓背的最高处刻芽，促发第三个新领导枝（第三水平主枝），夏、秋季修剪时，将长枝拉平或捋平，缓和长势，促进成花，冬季修剪时，疏除直立枝和过密枝，新领导枝甩放不剪；第三、第四年再用同样办法，培养第四、第五两个水平主枝，冬季修剪时，仍注意疏除背上的强旺直立枝和密生枝，回缩第一水平主枝。

这一树形成形后，第一水平主枝距地面 50 cm 左右，第二水平主枝在第一水平主枝的对面斜上方，距地面 70 ～ 80 cm，两水平主枝间的距离 40 ～ 50 cm；第三、第五水平主枝的方向与第一水平主枝同侧，第四、第六水平主枝在第二水平主枝的同一侧。成形以后修剪时，应注意疏除背上的强旺枝及下部无用的徒长枝，注意控制上强和大枝组的长势，保留中、小枝组，进入结果期以后，注意结果枝组的复壮更新，保持健壮树势，维持连年丰产、稳产。

2. 修剪

冬季修剪的基本方法有短截、回缩和疏枝。夏季修剪包括摘心、抹芽、疏梢、扭梢、拿枝、拉枝、环剥等基本方法。

（1）初果期

培养骨架，均衡树势，对一二级枝继续培养选留，并注意调整骨干枝的角度和均衡树势，对上强下弱和外围强的树，要采取疏除部分直立旺枝和轻短截等方法控制上部大辅养枝；对中心干上部过强的可采取连续换头；对下强上弱树采取抑强扶弱的修剪方法。骨干枝中部有较多的辅养枝可用来培养结果枝组，修剪时应向两侧培养，背上枝宜改为侧生枝，防止背上大辅养枝影响通风透光。

（2）盛果期

运用调光、调枝、调花、调势的技术措施，对骨干枝长势强的树，注意疏除或重短截直立枝和竞争枝，以减少外围枝量，打开光路。对留下的延长枝采用缓势修剪；对外围枝头生长弱的，要注意抬高枝头，减少先端花芽，不留梢头果，以恢复生长势；对于中心干要注意换头或落头开花，改善光照，控制冠高，防止郁闭。

（3）衰老期

注意树冠外围各部分枝条的及时回缩，以利于更新复壮，一般可回缩到 2～4 年生枝或徒长枝处。具体做法是：去弱留强，去斜留直，去密留稀，去老留新，去外围留内堂（枝），剪口下留状枝、状芽，集中养分复壮树势。

（三）花果管理

1. 促花技术

苹果的花芽是在开花上一年的生长期内分化形成的，属于夏秋分化型，一般在 6～7 月开始花芽分化。

提高树体营养水平：平衡施肥，以有机肥为主，合理追施氮、磷、钾等速效肥料，施肥后及时灌水。8 月中下旬应控制肥水，以增加树体养分的积累量，提高花芽质量。

改善树体通风透光条件：打开果树行间、树冠落头、及时处理内膛徒长枝、控制背上枝的高度、疏除过密枝和重叠枝等。

维持果树中庸和中庸偏旺的生长势：对于生长势偏弱的果树应多施肥，同时控制结果量，恢复其生长势。对于生长势过旺的树，一方面可采用摘心、拉枝开角、甩放等方法缓和其生长势；另一方面对生长旺盛的大树，一般在 5 月中下旬到 6 月上旬对主干进行环剥，抑制树体营养生长，促进花芽分化。

合理使用生长调节剂促花：生长正常或过旺的树在新梢旺长初期、中期及秋梢生长期，分别喷 0.15%～0.2% 浓度的药或 0.1%～0.2% 浓度的乙烯利 2～3 次，可有效地抑长促花。也可在新梢开始旺长时叶面喷施 0.1%～0.15% 浓度的多效唑溶液，同样对促花有效。

2. 提高坐果率

合理配置授粉树：选择授粉品种应注意的问题：三倍体品种如乔纳

金、陆奥和北斗等不能做授粉品种；芽变系品种与其原始品种不能相互作为授粉品种，如红星不能作为元帅及元帅系其他品种的授粉品种；如果主栽品种是三倍体品种，要同时配置两个能相互授粉的品种作为其授粉品种。

提高果树营养水平：一是加强上一年采收后的追肥、灌水和病虫害防治工作；二是加强春季管理，及早追肥、灌水和中耕，保证开花坐果对养分的需要，减少开花坐果与枝条生长间的营养竞争。

人工辅助授粉：在花期气候不良时进行，具体方法：一是人工点授，将花粉按 1∶2.5 的比例填充滑石粉或干燥细淀粉，充分混合，用毛笔或带橡皮头的铅笔每蘸 1 次可点授 5～7 朵，每一花序只点授中心花；二是人工撒粉，将花粉与干燥细淀粉按 1∶（10～20）的比例充分混合装入 2～3 层撒粉袋中进行撒粉；三是液体授粉，将花粉、蔗糖、水、尿素充分配成花粉液，滤其杂质，立即喷洒。人工辅助授粉一般在盛花初期进行，所配花粉液必须在 2 小时内喷完，否则，花粉液中的花粉萌发失效。

利用蜜蜂授粉：在整个花期，果园内可放置蜂箱利用蜜蜂传粉。放蜂期间禁止使用杀虫剂。

应用生长调节剂和微量元素：在花期或花后喷布人工合成的生长调节剂，可防止果柄产生离层，提高坐果率。此外花期喷布 0.3%～0.5% 的尿素溶液或 0.1%～0.5% 的硼酸溶液，均可提坐果率。

为防止采前落果，部分苹果品种，如元帅、红星、红玉、丰艳、津轻等，采前落果严重，用喷萘克 1 000 倍液在采收前 30～40 天和 20 天喷施 1～2 次，可有效地减少落果。

其他管理技术：花期至花后半月内环剥、花期果台副梢摘心等均可提高坐果率。

3.疏花疏果

冬季修剪调整花量：在冬季修剪时调整花枝比例，一般应进行"三套枝"修剪，即结果枝、营养枝和预备枝相调节，使正常中庸树或中庸枝的花芽、叶芽比例维持在 1 : 3。

人工疏花疏果：在盛花初期到末期，对过量的花序和花朵按要求疏花，在谢花后 1 ～ 4 周，对过多的幼果进行疏除。一般疏花疏果越早效果越好，最晚在盛花后 26 天内完成。可疏花蕾也可疏花序，总的原则是留优去劣，使果实均匀分布，维持适宜的叶果比与枝果比。以红富士为例，叶果比（50 ～ 60）：1 为宜，枝果比应为（5 ～ 6）：1 或每 25 ～ 30 cm留 1 果。疏果时壮树适当多留，弱树适当少留，同一花序中留中心果、长形果、果柄粗壮的果。

4. 提高果实品质

套袋：果实套袋应在幼果期定果后进行，着色系品种在采收前 30 天左右拆袋。果实在套袋前应先喷药，重点喷果面，彻底杀虫杀菌。套袋时要全园进行，先树上后树下，先树内后树外。

树下铺反光膜：在果实进入着色期前期，如元帅在 8 月下旬，红富士在 9 月中旬，在果树行间株间铺设银色的反光地膜，以改善树冠内膛和下部的光照条件，能达到果实全面着色的目的，同时提高果实含糖量。

转果、摘叶：在果实成熟前 20 天左右摘除贴住果实或其周围的 1 ～ 3片叶，能增加果面对直射光的利用率，提高着色度。同时，可在阳面着色后将果实阴面转向阳光直射的一面，这样可促进果实着色。

修剪：旺树在果实成熟前局部环剥；对透光性差的树体，剪梢可改善光照条件，有利于果实着色；冬季刮树皮可增强树体活力，使果皮光亮，果肉细脆。

防止果锈和防止裂果：金冠苹果的果锈是影响果实商品价值的重要因素，可在果实采收前 1 ～ 3 周喷施 0.5% ～ 1% 浓度的氯化钙（$CaCl_2$）溶液 1 ～ 2 次，对防止裂果有明显的效果。此外，可选富士等裂果轻的品种取代国光。

5. 果实采收

适时采收是保证苹果品质和耐储性的重要条件。元帅系品种宜在落花后 145 天左右采收，此时果实外表有光泽、着色全面。金冠宜在落花

121

后 155 天左右采收，此时果面底色黄绿。

适当晚采有利于提高果实的含糖量，增加着色度。同时解决果实成熟期不一致的问题，使果实的品质发育到最佳程度。

采摘一般按先树冠下部后树冠上部、先树冠外围后树冠内膛的顺序进行，注意保护结果枝，防止踏坏果枝和碰坏花芽，果实要完整无损，勿摘掉果柄，果实轻拿轻放减少碰压伤。

四、病虫害防治

1.病害

（1）苹果腐烂病

主要发生在结果树的主干和大枝上，也危害小枝和树苗。罹病植株树势严重削弱，造成大量死枝死树。有溃疡型和枝枯型两种症状。病枝、病皮和病枯小枝是该病侵染源。

防治方法：加强肥培管理，控制结果量，增强树势，提高树体对腐烂病的抵抗力。经常检查果园，发现病斑及早彻底刮治，刮后发现病斑及早彻底刮治，刮后涂菌线威 100 倍液，连续涂 2 ～ 3 次。春季萌芽前喷国优 101 或菌成 1 000 倍液 + 喷苄克 1 000 倍液，可预防发病。清除下来的病枝、病皮均应立即烧毁，以防传染。受害严重的植株可用桥接或脚接法辅助恢复生长势。

（2）苹果炭疽病

在高温多雨的年份发病严重，主要危害果实，引起腐烂和大量落果。病菌在病果、小僵果以及病枯枝上越冬，次年形成分生孢子借风雨传播。

防治方法：结合冬季修剪，彻底清除病僵果和病枯枝。萌芽时全树喷国优 101 或菌成 1 000 倍液 + 喷苄克 1 000 倍液进行预防。生长期用 1:（2 ～ 3）:200 倍波尔多液与 50% 退菌特 600 ～ 800 倍液交替喷布，保护果实。果园防护林忌用刺槐树种。

（3）苹果轮纹病

主要危害枝干和果实，严重时削弱树势，引起落果。有潜伏浸染特性，果实受侵染后，多在近成熟期和贮藏初期发病。多雨年份发病重。苹果品种中以富士受害最重，次为金冠。生长季节中，孢子随风雨传播。

防治方法：加强栽培管理，增强树势，提高树体抗病能力。休眠期彻底刮除枝干上的病斑、老皮，结合防治腐烂病喷施国优 101 或菌成 1 000 倍液 + 喷茬克 1 000 倍液。生长期喷药保护果实，前期用 50% 克菌丹 500 倍液，后期可用 1:(2~3):200 倍波尔多液，或用 75% 百菌清 800~1 000 倍液。

（4）苹果早期落叶病

苹果早期落叶病是苹果叶部几种病害的总称。其中引起严重落叶的是褐斑病和斑点落叶病（由轮斑病菌中的强毒株系致病）两种。褐斑病主要危害成叶，在金冠、红玉品种中发生严重，斑点落叶病主要侵染嫩叶，在春梢、秋梢旺长期发生两次高峰，元帅系品种受害严重。病菌均在病叶上越冬，其后借雨水飞溅传播。

防治方法：休眠期做好清园工作，扫除落叶烧毁。生长期喷药保护叶片，褐斑病用 50% 多菌灵或 50% 甲基托布津 800~1 000 倍液防治，也可用 1:(2~3):240 倍波尔多液防治。轮斑病用多菌灵或甲基托布津药剂防治的效果不好，可用 50% 朴海因（异菌脲）1 500~2 000 倍液或 10% 多氧霉素 1 200 倍液与 240 倍波尔多液交替喷布防治。

2. 虫害

（1）叶螨

即红蜘蛛。山楂叶螨以受精雌螨在树干翘皮、树杈及根茎附近土缝中越冬，第二年春季苹果花芽开绽时出蛰上芽危害。苹果叶螨以卵在果台及枝节轮痕处越冬。在国光品种花序伸出时，越冬卵基本孵化完毕。叶螨繁殖速度快，1 年内代数多，严重时引起叶片失绿、褐变和脱落。

防治方法：花前喷 0.5°Bé 石流合剂，谢花后再喷 1 次。麦收前如虫口密度大，可改喷 20% 灭扫利乳剂 3 000 倍液，或用 20% 螨死净或 10% 克胜满净 2 000~3 000 倍液。此外，根据其越冬特点，对山楂叶螨可于秋季在树干上束草诱杀，对苹果叶螨可在萌芽前喷 5% 重柴油乳剂杀卵。

（2）桃小食心虫

简称桃小，以幼虫危害果实，引起果实畸形、脱落，或不能食用。淮北地区一年发生 2 ～ 3 代，以老熟幼虫在树冠表土下或堆果场所作扁圆形冬茧越冬，翌年初夏雨后幼虫出土，在松软表土或石块下再作长圆形夏茧化蛹。10 ～ 12 天成虫羽化产卵。

防治方法：做好测报工作，在越冬幼虫集中出土时地面喷药杀灭。药剂可用 50% 地亚农乳剂 450 倍液，或用 50% 辛硫磷乳剂 200 倍液，间隔 10 ～ 15 天连续喷药 2 ～ 3 次。在成虫发生期利用桃小性透卡测报高峰期，或田间查卵果率达 0.5% ～ 1% 时，喷 30% 桃小灵乳剂 2 000 ～ 2 500 倍液，或用 2.5% 溴氰菊酯（敌杀死）2 500 倍液，或用 10% 氯氰菊酯 2 000 倍液。并及时摘除虫果。

（3）梨小食心虫

简称梨小，以老熟幼虫主要在枝干翘皮裂缝中结茧越冬。第一至第三代幼虫危害桃梢和苹果梢，第四至第五代幼虫危害苹果或梨的果实。

防治方法：前期彻底剪除被害桃梢，并在树上挂糖醋罐诱杀成虫。进入 7 月份以后，在苹果园内用梨小性透卡测报成虫发蛾高峰期，在此后 3 ～ 5 天，喷布杀螟松、敌百虫、速灭杀丁等药剂。秋季树干束草，诱杀越冬幼虫

（4）苹果小卷叶蛾

以初龄幼虫在树皮、剪锯口缝隙中结茧越冬。次春吐丝缀叶或缀花危害叶片，啃食果皮。

防治方法：休眠期刮除老树皮烧毁。幼虫近出蛰期，用 50% 敌百虫 200 ～ 250 倍液封闭剪锯口，减少虫源。成虫发生期苹果园挂糖醋罐诱杀。糖醋液的比例是糖 1 份、醋 3 份和水 10 份。第一代幼虫发生期喷 50% 杀螟松或 50% 敌敌畏 1 000 倍液，或喷布各种菊酯类农药 2 000 ～ 4 000 倍液。

五、周年管理历

苹果周年管理历见表 2–1。

表 2-1　苹果周年管理历

月旬	作业种类	作业主要内容
1 至 3 月 3 月下旬	整形 修剪 刻芽拉枝	为加速幼树树形培养及提早结果，骨干枝连年中截并注意枝向的调整，辅养枝培养 4～5 个错落着生，轻剪缓放开张角度，缓合枝势、疏除背上直立密挤枝 成树骨干枝以轻剪长放为主，开张角度，控制和利用好辅养枝结果，修剪总的方法是，去强留弱，去直留斜，调整各类枝的稀密度，注意不断调整和改善树体通透条件，结果枝组连年结果后要及时更新复壮 1 年生辅养枝可进行芽刻伤，骨干枝定向、定位刻芽。通过拉枝做好角度、方位调整
4 月上旬 中旬 下旬	浇水追肥 中耕 花前复剪 放蜂或人工 授粉疏花	结合追肥灌水，追肥以速效氮肥为主。灌水后待土不黏时中耕松土保墒 补充冬剪不足，减少无效花和过多的枝条 初花期开始放蜂或人工授粉（仅授中心花） 疏去边花，弱花，仅留中心花
5 上旬 中旬 下旬	追肥浇水 疏果 除萌蘖 套袋 夏剪（第一次） 环剥 根外追肥	落花后果实膨大期追速效氮肥为主，随追肥、随灌水 疏去小果、畸形果、病虫果、过多果，做到因树定产因枝留果 去除剪锯口附近的萌蘖 将幼果套入双层袋内 背上直立旺长新梢疏除 1/3，短截 1/3，摘心 1/3 对幼树辅养枝或主干进行环剥 每次结合喷药喷施多元微肥 500 倍液或尿素 200 倍液
6 月上旬 中旬 下旬	灌水中耕锄草 夏剪 追肥浇水	根据天气情况灌水 1 次，浇后及时中耕除草 继续对背上旺枝控制，方法同上 此次追肥以磷钾肥为主，结合追肥浇水 1 次
7 月下旬	夏剪	疏去部分密挤新梢，生长过旺新梢，继续摘心控制

（续表）

月旬	作业种类	作业主要内容
8 月上旬 中旬	排涝 拿枝 （拉枝）	雨季前果园做好排涝的各项准备工作
9 月中旬 下旬	除袋 摘叶、转果 秋施基肥 采收 剪秋梢	撕开外层袋露出里面红色袋 5～7 日后将袋全部除去 摘去挡光叶片并将果实背阴面转向阳面 以优质有机肥为主，施肥量依树势、树龄和产量而定， 一般以 500 g 果施 500 g 肥为宜 根据不同品种成熟期适时采收 剪去全树未停长新梢幼嫩部分
10 月上中旬 下旬	翻树盘 灌冻水 幼树防寒	将树盘进行翻土，深 20 cm 左右 全园灌足冻水 地下铺草或铺塑料薄膜或在西北面打防风墙。幼树 早修剪、剪后缠塑料条或喷羧甲基纤维素 150～200 倍液
11～12 月	冬剪	做好整形修剪工作

第二节

桃

一、主要品种

（一）普通桃品种

1. 早美

北京市农林科学院培育品种。果实近圆形，果实圆整，果个均匀，色泽鲜艳，成熟时果面近全面玫瑰红色晕。平均单果重 97 g，最大果重 168 g。果肉白色，硬溶质，完熟后柔软多汁，风味甜，可溶性固形物含量 8.5% ～ 9.5%。黏核，不裂核。蔷薇形花，花粉多。树势强健，树姿半开张。花芽起始节位 1 ～ 2 节。北京地区 6 月上旬成熟，较春蕾早 3 ～ 5 天，比早花露早 2 天左右，果实发育期 50 ～ 55 天。

2. 砂子早生

日本国冈山县的上村辉男从购入的神玉、大久保品种的苗木中发现，推测是偶然实生，经鉴定后于 1958 年定名。1966 年引入我国。

果实大，平均单果重 150 g，最大 400 g。果形椭圆，两半部较对称，缝合线中上部发青，果顶圆；果皮底色乳白，顶部及阳面具红霞，皮易剥离；果肉乳白色，有少量红色素渗入果肉，肉质致密，汁液中多，风味甜，香气中等，可溶性固形物 11.7%，核半离。需人工授粉保证产量，增施有机肥提高风味。

3. 仓方早生

日本品种。果实大，平均单果重 127 g，最大 206 g。果形圆，较对称，果顶圆；果皮乳白色，向阳面着暗红斑点和晕，不易剥离；果肉乳白稍带红色，硬溶质，风味甜，有香气，可溶性固形物 12%，黏核。花为蔷薇型，无花粉，需配授粉树。

4. 白凤

日本品种。果实中等大，平均果重 106 g，最大果重 163 g，果形圆，果顶圆平微凹，果皮底色乳白，阳面着玫瑰红晕，外观美，皮易剥离，果肉乳白色，近核处微红，肉质细，微密，纤维少，汁液多，风味甜香，品质上。可溶性固形物 13%。黏核。白凤坐果率高，丰产性好，果形偏小，要注意疏花疏果。

5. 大久保

原产日本。果实近圆形，平均单果重 204 g，果径为 6.92 cm×7.01 cm×7.60 cm；果顶圆微凹，缝合线浅较明显，两侧较对称，果形整齐。茸毛中等；果皮浅黄绿色，阳面乃至全果着红色条纹，易剥离；果肉乳白色，阳面有红色，近核处红色。肉质致密柔软，汁液多，纤维少，风味甜，有香气；离核，可溶性固形物含量为 10.5%，含糖量为 7.29%，含酸量 0.64%，每 100 g 果肉含 5.36 毫克维生素 C。北京地区采收期在 7 月底至 8 月初，果实发育期为 105 天。丰产性良好。

品种评价：果大，外观美，品质优，丰产，稳产，树姿极开张，结果后要注意抬高角度。是生产中的主栽品种之一。

6. 晚蜜

北京市农林科学院发现品种。果实近圆形，果顶圆。平均单果重 230 g，大果重 420 g。果皮底色淡绿，完熟时黄白色，果面 1/2 以上深红色晕，硬溶质，风味甜，可溶性固形物含量 14.5%。黏核，不裂果，蔷薇形花，花粉多。北京地区 9 月底成熟，果实发育期 165 天左右。树势强健，树姿半开张。花芽起始节位 1～2。各类果枝均能结果，丰产性强。

品种评价：果个大，风味甜，颜色红，美观，丰产，品质优，商品价值高。干旱严重时有落果现象。

（二）蟠桃品种

1. 早露蟠桃

北京市农林科学院育成品种。果实扁平形，平均单果重 103 g，最大果重 140 g。果顶凹入，缝合线浅，果皮黄白色，具玫瑰红晕；茸毛中等。果肉乳白色，近核有红色，柔软多汁，味甜，有香气。可溶性固形物含量9%～11%。黏核，裂核少。北京地区6月中旬采收，果实发育期60～65天。

品种评价：为品质优良的特早熟蟠桃，丰产性好。温室栽培表现良好，经济价值高。

2. 瑞蟠13号

北京市农林科学院育成品种。果实扁平形，果中等大，平均单果重133 g，大单果重183 g。果皮底色为黄白色，果面近全面着玫瑰红色晕，茸毛中等。果顶凹入，不裂或个别轻微裂，缝合线浅，梗洼浅而广，果皮中等厚、易剥离。果肉黄白色，皮下果肉有少量红色素，近核处同肉色，无红色素；硬溶质，较硬，汁液多，纤维少，风味甜，有淡香气，耐运输。果核浅褐色，扁平形，核较小，黏核。可溶性固形物含量11%以上。在北京地区6月底果实成熟，果实发育期78天左右。树势强健，树冠较大。早果，丰产。

品种评价：优良早熟蟠桃品种，果面近全红，果顶不裂或很轻裂。果形整齐，果核小，可食部分多。

3. 瑞蟠17号

北京市农林科学院育成品种。果实扁平形，平均单果重127 g，最大果重145 g。果形园整，果个均匀；果顶凹入，不裂顶；缝合线浅，梗洼浅而广，果皮底色黄白色，果面全面着红色晕，茸毛中等。果皮中等厚，易剥离。果肉黄白色，皮下少红丝，近核处无红色。肉质为硬溶质，多汁，纤维少，风味甜。核较小。果核浅褐色，扁平形，半离核。在北京地区7月底果实成熟。果实发育期107天左右。可溶性固形物含量12.3%。

品种评价：优良的中熟白肉蟠桃品种。果面近全红，果顶基本不裂。风味甜，品质上。成花容易，坐果率高，丰产。

4. 瑞蟠3号

北京市农林科学院育成品种。果实扁平形，果顶凹入。平均单果重200 g，大果重280 g。果皮黄白色，果面1/2以上着红晕和斑。果肉黄白色，硬溶质，果汁多。风味甜。黏核。有轻微裂顶。可溶性固形物含量10%～12%。北京地区7月底至8月初果实成熟，果实发育期105天。蔷薇形花，花粉多，雌蕊低于雄蕊。丰产性强。

5. 瑞蟠 19 号

北京市农林科学院育成品种。果实扁平形，平均单果重161 g，最大果重233 g。果个均匀，果顶凹入，部分果实有裂顶现象；缝合线浅，梗洼浅而广，果皮底色为黄白色，果面全面着紫红色、晕，茸毛中等。果皮中等厚，不能剥离。果肉黄白色，皮下无红丝，近核处同肉色。肉质为硬溶质，多汁，纤维少，风味甜。核较小，黏核。可溶性固形物含量11.3%。在北京地区8月中旬果实成熟，果实发育期119天左右。

品种评价：优良的中熟白肉蟠桃品种。部分果实有裂顶现象，疏果时尽量不留朝天果。

6. 瑞蟠 4 号

北京市农林科学院育成品种。果实扁平形，果顶凹入。平均单果重221 g，大果重350 g。果皮底色淡绿，完熟时黄白色，果面1/2深红色或暗红晕。果肉为硬溶质。风味甜。黏核。可溶性固形物含量13.5%。北京地区8月底至9月初果实成熟，果实发育期134天左右。蔷薇形花，花粉多，雌蕊与雄蕊等高或略低。树势中等，树姿半开张。各种类型一年生枝均能结果，徒长性果枝坐果良好，丰产性强。

品种评价：优良晚熟蟠桃品种。

7. 瑞蟠 20 号

北京市农林科学院育成品种。果实扁平形，平均单果重255 g，大果重350 g。果个均匀，果顶凹入，个别果实果顶有裂缝；缝合线浅，梗洼浅而广，果皮底色为黄白色，果面1/3～1/2着紫红色晕，茸毛薄。果皮中等厚，不能剥离。果肉黄白色，皮下无红丝，近核处少红。肉质为硬溶质，多汁，纤维少，风味甜，硬度高。核较小，离核，有个别裂核现象。可溶性固形物含量13.1%。在北京地区9月中下旬果实成熟，果实发育期160天左右。

品种评价：优良的极晚熟蟠桃品种，成花容易，坐果率高，丰产。

8.碧霞蟠桃

北京市平谷县发现的一棵优株。果实扁平形，平均单果重99.5 g，最大果重170 g。果顶凹，缝合线浅，两半部较对称，茸毛多。果皮绿白色，具红色晕，不易剥离，果肉绿白色，近核处红，肉质致密有韧性，汁液中等，味甜，有香气。可溶性固形物含量15%。黏核。北京地区9月下旬成熟。抗冻力强。

（三）油桃品种

1.曙光

中国农业科学院郑州果树研究所培育。果实近圆形，平均果重90～100 g，最大果重150 g。外观艳丽，全面着浓红色；果肉黄色，硬溶质，风味甜稍淡，有香气，可溶性固形物含量10%左右，黏核。在河南郑州地区4月初开花，果实6月5日成熟，果实发育期65天。坐果率中等，必须进行长梢修剪，然后疏果，才能保证其产量；风味较淡，秋季要多施有机肥，在果实豆样大时追施腐熟的饼肥1 kg/株，以提高品质。

2.瑞光22号

北京市农林科学院林业果树研究所1990年以丽格兰特×82-48-1育成的早熟品种。果实短椭圆形，平均单果重158 g，大果重196 g。果顶圆，缝合线浅，果皮底色黄色，表面近全面着红色晕，色泽艳丽。果肉黄色，硬溶质，肉质细，有香气。风味甜，可溶性固形物含量11.0%，半离核。不裂果。树势强，树姿半开张。花粉多，丰产性强，北京地区7月初成熟，果实发育期76～80天。

3.瑞光5号

北京市农林科学院育成的早熟品种。果实近圆形，平均单果重170 g，最大果重320 g。硬溶质。风味甜。果面1/2红色，黏核，核重8.2 g。可溶性固形物含量7.4%～10.5%。铃形花，花粉多。树势强，树姿半开张。

花芽起始节位 1 ～ 2。复花芽占 50%。各类果枝均能结果，丰产性强。北京地区 7 月上中旬成熟，果实发育期 85 天。

4. 瑞光美玉

北京市农林科学院育成的中熟品种。果实近圆形，果个大，平均单果重 187 g，大果重 253 g。果顶园或小突尖，缝合线浅，梗洼中等深度和宽度，果皮底色为黄白色，近全面着紫红色晕。果皮厚度中等，不能剥离。果肉白色，皮下有红色素，近核处有少量红色素。肉质为硬肉，硬度高，汁液中等多，味甜。果核浅褐色，椭圆形，离核。可溶性固形物含量 11%。在北京地区 7 月下旬果实成熟，果实发育期 98 天左右。

5. 瑞光 19 号

北京市农林科学院育成的中熟品种。果实近圆形，果顶园。平均单果重 150 g，大果重 220 g。果肉白色，硬溶质。风味甜。果面 3/4 至全面玫瑰红晕，果面亮丽。半离核。不裂果。可溶性固形物含量 8.5% ～ 12.0%。花蔷薇形，花粉多。树势强，树姿半开张。花芽起始节位 1 ～ 2。各类果枝均能结果，丰产性强。北京地区 7 月下旬成熟，果实发育期 97 天左右。

6. 瑞光 33 号

北京市农林科学院育成的中熟大果型品种。北京地区 7 月下旬果实成熟，果实发育期 101 天。果实近圆形，果顶园，平均单果重 271 g，最大果重 515 g。果皮底色为黄白色，果面 3/4 以上着玫瑰红晕、色泽艳丽。果肉黄白色，硬溶质，多汁，风味甜。黏核。可溶性固形物含量 12.8%。丰产，花蔷薇形，无花粉。

7. 瑞光 28 号

北京市农林科学院育成的中熟大果型品种。果实呈近圆至短椭圆形，平均单果重 260 g，大果重 650 g。果顶圆，缝合线浅，梗洼中等深度和宽度，果皮底色为黄色，果面近全面紫红色晕。果皮厚，不能剥离。果肉黄色，近核处同肉色、无红色素。肉质为硬溶质，多汁，风味甜。果核浅褐色，椭圆形，黏核。可溶性固形物含量 10% ～ 14%。北京地区 7 月下旬果实成熟，果实发育期 101 天左右，丰产。

（四）黄桃品种

1. 佛雷德里克

美国育成的优系，经法国选出的优良单株并定名。果实近圆形，平均单果重 136.2 g，大果重 203.6 g。果顶圆平稍凹入，缝合线浅，两侧较对称，果形整齐，果皮橙黄色，果面 1/4 具玫瑰红色晕，绒毛较密，皮不能剥离。果肉橙黄色，近核处与果肉同色，肉质细韧，汁液中等，纤维少，不溶质；风味甜酸适中，有香气；黏核，鲜核重 7 g，含可溶性固形物 10.2%。抗冻力较强，早果、丰产性好。在北京地区 8 月上旬采收，果实发育期为 105 天。花为蔷薇形，雌雄蕊等高，花粉多。

品种评价：果实圆整，肉质细韧，无红色，加工适应性好，成品色香味兼优，鲜食风味也较浓。是一个优良的中熟罐藏黄桃品种，可在罐桃基地发展。

2. 明星

日本育成品种。果实圆形，果顶具小突尖，缝合线中等深，两半较对称。平均单果重 217 g。果皮黄色，果面有少量红色晕。果肉黄色，核周微红，肉质为不溶质，汁液少，味甜酸，可溶性固形物含量 10.5%。黏核，成熟期为 8 月上中旬。花芽形成良好，小花型，丰产。

3. 金童 5 号

美国育成品种。果实近圆形，平均单果重 158.3 g，大果重 265 g。果顶圆或有小凸尖，缝合线浅，两侧较对称，果形整齐。果皮黄色，果面 1/3 ～ 1/2 具深红色晕，绒毛中等，不能剥离。果肉橙黄色，近核处微红，肉质细韧，汁液中等，纤维少，为不溶质，风味甜酸，有香气，黏核，鲜核重 9.45 g。含可溶性固形物 9.9%。加工成品块形整齐，金黄色，汤汁清，肉质细而柔韧，酸甜适中，有香气。在北京地区采收期在 8 月上中旬，果实发育期为 110 天。花为铃形，雌蕊稍高，花粉多。

品种评价：优良的中晚熟加工品种，产量高，加工适应性好。

133

4. 金童 7 号

美国育成品种。果实近圆形，平均果重 178.4 g，大果重 220 g。果顶圆有时有大凸尖，缝合线浅，两侧较对称，果形整齐。果皮橙黄色，果面 1/3 以上有深红色条纹，绒毛中等，不能剥离。果肉橙黄色，近核处微红，肉质细韧，汁液中等，纤维少，为不溶质，风味酸多甜少，有香气，黏核，鲜核重 8.28 g。含可溶性固形物 10%，可溶性糖 6.41%，可滴定酸 0.56%，维生素 C 7.91 mg/100 g。加工成品块形大而整齐，肉厚橙黄色，汤汁清，肉质细韧而柔软，酸甜适中，有香气。在北京地区采收期在 8 月中旬，果实发育期为 115 天。

品种评价：该品种为晚熟优良加工品种，产量高，加工适应性好。有的果形过大，需装 800 g 罐。

5. 格劳核依文

北京市农林科学院引入品种。果实圆形；平均果重 186.6 g，大果重 200 g。果顶平，缝合线浅，两侧不对称，果形较整齐；果皮底色黄，阳面有暗紫红色晕或条纹，绒毛中多，皮不能剥离。果肉金黄色（色卡 7 级），近核处微红，肉稍细，纤维少，汁液少，为不溶质，风味酸多甜少，黏核。含可溶性固形物 9%。加工成品罐头橙黄色，有光泽，块形完整，大小均匀，软硬适度，甜酸适中，有香气，品质优。9 月上旬果实采收，果实发育期约 150 天。

该品种果形大，耐煮，加工性能好，晚熟，可延迟加工期，加工成品品质优。

二、生态习性

1. 温度

桃树对气候条件要求不严格，除极热极冷地区外，均能栽培，但以冷凉温和气候生长最好。生长适宜温度为 18 ～ 23℃，果实成熟适温 24.5℃。温度过高，果顶先熟，风味淡，品质差。桃树具一定耐寒能力。一般品种可耐 -25 ～ -22℃以上的低温。有些花芽耐寒力弱的品种，如深州蜜桃、中华寿桃等在 –18 ～ –15℃时即遭冻害。桃花芽萌动后若遇 –6.6 ～ –1.7℃的低温即受冻，开花期 –2 ～ –1℃、幼果期 –1.1℃受冻。桃树在冬季休眠期需要一定量的低温才能正常萌芽生长开花结果，通常以 7.2℃以下小时数计算，称需冷量。栽培品种的需冷量一般为 600 ～ 1 200 小时。

2. 水分

桃树较耐干旱，但在早春开花前后和果实第二次迅速生长期必须有充足的水分，果实才能正常发育。桃要求适宜的土壤田间持水量为 60% ～ 80%。不耐涝，因桃树根呼吸旺盛，耗氧量大。宜栽在地下水位较低，排水良好的土壤。

3. 光照

桃原产地海拔高、光照强，形成喜光的特性，表现为树冠小、干性弱、叶片狭长。光照不足，枝叶徒长，花芽分化少，落花落果严重，果实品质变劣，小枝枯死，树冠内膛光秃，结果部位外移。

4. 土壤

桃适宜在土质疏松排水良好的沙壤土生长。过于黏重的土壤，容易患流胶病。在 pH 值 4.5 ～ 7.5 范围内生长良好。在碱性土中容易发生黄叶病。土壤含盐量高于 0.28% 以上生长不良或导致植株死亡。因此，盐碱地若栽培桃树应先进行土壤改良。

三、栽培技术

（一）土肥水管理

土壤管理：以间作法为主，即果园内套矮杆作物，以防止土肥水流失。
施肥管理：施肥时期与施肥量见表 2–2。
水分管理：忌涝，雨季节要及时排水。干旱季节灌水。

表 2-2　施肥时期与施肥量

	项目	幼树	结果树
基肥	施肥时期	10 月中下旬	果实采收后
	种类	农家肥	农家肥
	用量	25 ～ 50 kg/ 株	100 ～ 150 kg/ 株；占全年施肥量：早熟 70% ～ 80%；晚熟占 50% ～ 70%
追肥	土施 时期	发芽前后	发芽前半个月
		7 月下旬	开花前后
		采收前	核开始硬化期
			采收前
			采收后
	土施 种类	速效性 N、P、K 肥为主，中后期 P、K 肥或复合肥	二元三元复合肥，前期以 N 肥为主
	土施 用量	每年每公顷折合纯 N、P、K 分别在 300、150、225 kg 以上	每产 50 kg 果实施纯 N 0.3 ～ 0.4 kg，纯 P 0.2 ～ 0.25 kg，纯 K 0.3 ～ 0.4 kg
	叶面施肥	按成熟期不同分别于花期、幼果期、硬核期进行叶片测定指导施肥	盛花期喷布 0.2% 的硼砂

（二）整形修剪

1. 主要树形及整形

（1）"Y"字形

干高 40 ～ 50 cm，定干后第一年待新梢长到 15 ～ 20 cm 时，选留两个伸向两行间、生长势相近、发育良好的邻近新梢为主枝，其他芽枝从基部去掉（不用夹皮枝）。8 月中旬后两个主枝角度加大到 50°。冬剪时留 40 ～ 50 cm 剪截，栽后第二年，冬剪在一级主枝上选留长势相近、角度与方向合适的 2 个一年生枝，培养成二级主枝，剪留长度为剪口下 1 cm 处，全树共 4 个延长头，行间每侧均匀分布两个，按 70° 向外延长。第二年冬剪时主枝生长量已占行间达到 70% 的用累头法，不足 70% 的延长头继续剪到粗度 1 cm 处。下年继续延长生长。

（2）自然开心形

干高 40～50 cm，定干后新梢长到 15～20 cm 时，选留三个邻近或错落、分布均匀、生长势相近、发育良好的一年新梢为主枝，其他芽枝从基部去掉，冬剪时，主枝剪留长度为 45～50 cm。角度45°，栽后第二年冬剪在每个一级主枝上选留 2 个二级主枝，全树共 6 个二级主枝，冬剪时剪留长度不超过 1.5 m，剪口粗度不低于 1 cm，角度为 70°。单轴延伸。第二年延长头生长量已占行间 70% 以上，采取累头法，所谓累头法就是对延长头不短截对延长头上的副梢结果枝全部甩放结果。两行树之间留 80～100 cm 的空间为作业路。

（3）自然杯状形

定干高 60～65 cm，主干上分生 3 个一级主枝，没有中心干；3 个一级主枝头以二叉式分枝形式，分生成 6 个二级主枝；以后根据品种特性，直立品种 6 个二级主枝分生成 7～8 个三级主枝、半开张品种分生成 9～10 个三级主枝、开张品种分生成 11～12 个三级主枝。在各级主枝的外侧着生外侧枝 12～15 个，上下外侧枝错落生长，外侧枝上着生结果枝组。

2. 修剪时期

可分为冬季修剪和夏季修剪。

冬季修剪在桃树落叶后休眠期（一般在当年 12 月至翌年 2 月）进行，原则是 3 大主枝的外围延长枝头要轻、头要小，一般只留 1～2 个枝，剪去所有的下垂枝、弱枝及病虫枝。

夏季修剪是春季萌芽后到秋季落叶前进行的辅助修剪，有抹芽、摘心、拉枝等。第一次夏剪在 4 月下旬、5 月初进行。夏剪时要选好延长头，去掉并生芽枝，留方向和角度适合的芽和新梢。第二次夏剪，在新梢迅速生长期（5 月下旬）进行。主要是控制剪口芽下的竞争枝，背上直立枝，对以上两种枝留 20 cm 剪截。第三次夏剪，在花芽分花期（6 月下旬至 7 月上旬）进行。继续控制背上枝，对第二次夏剪时生长出来的副梢枝如有空间方向的留 1～2 个，其余剪掉；疏除过密枝，以改善光照，促进花芽分化。第四次夏剪在 7 月下旬至 8 月上旬进行。主要是对上次夏剪后背上新发出的 70 cm 以上的副梢枝留 20 cm 短截，以改善中晚熟果实的通风透光条件，有利着色。

3. 不同年龄时期桃树的修剪

（1）幼树（1～4 年生）

桃幼树要培养牢固的骨架，迅速扩大树冠，有计划培养结果枝组，并在此基础上增枝促花。幼树整形要冬夏相结合，冬剪是在夏剪的基础上进行的。运用夏剪技术，利用二次枝，加速树冠扩大，并提前结果。幼树整形分三个阶段进行：第一阶段是定植当年，选留三主枝；第二阶段定植后第二、第三年，以少量结果延缓树势，并培养牢固的骨架；第三阶段是定植后第二、第三年。

修剪方法如下。

幼树整形期间各级主枝及侧枝生长粗度要求及冬季修剪长度见表 2-3。

表 2-3　桃幼树冬剪量化指标

枝干级别	要求达到粗度（cm）	剪留长度（cm）	长粗比
1	1.5～2.0	45～50	25∶1
2	1.5～20	50～65	（25∶1）～（27∶1）
3～4	2.0～2.5	55～75	（27∶1）～（30∶1）
5	1.5～2.0	50～65	（25∶1）～（27∶1）

侧枝级别	要求达到粗度（cm）	剪留长度（cm）	长粗比
1	1.5～1.8	33～40	22∶1
2～6	1.5～2.0	37～50	25∶1
7 年以上	1.5～1.8	33～40	22∶1

　　主枝二杈分枝时，按照抑强扶弱的加以调整，即强短弱长，长度相差不超过 8 cm。

　　生长季节的修剪用除萌、剪梢、摘心、扭梢、拿枝等方法控制况争枝，要做到二固定、二及时、即固定好要培养的主侧枝延长枝，及时控制竞争枝和其他旺枝，及时做好主侧枝延长枝的摘心工作，以使其按延伸角度生长。

　　侧枝的选留与修剪：侧枝要与主枝保持明显的主从关系。一个主枝上选留 1～2 个侧枝，其粗度是主枝延长枝的 2/3～3/4。冬剪时剪留长度应不少于主枝剪留长度的 1/2（25～50 cm）；侧枝角度要在 90° 左右，选留侧枝不要交叉重叠以免遮光；侧枝间距离不少于 120 cm。

　　结果枝组的配备及其培养：利用长果枝和徒长性果枝培养成小型结果枝组，第一年按长果枝剪留，视其长势进行缩剪调整；利用主侧枝的两侧和内膛上着生的 1～1.2 cm 组的徒长性果枝或经过控制的竞争枝培养中型结果枝组，第一年剪留 8～10 个芽节，第二年根据发枝情况和生长势强弱剪留调整；大型结果枝组在主枝的外侧培养，利用 1.2 cm 以上的发育枝，按外侧枝的剪留方法培养。

　　果枝的修剪：长果枝剪留 7～8 节花芽；中果枝剪留 4～6 节花芽；短果枝剪 2～3 节花芽；花束状果枝只疏不短截。果枝剪口芽要背上枝留侧芽或下芽，背下枝留上芽，侧生枝留上芽或侧芽，徒长性果枝不做培养枝组用时要疏除；结果枝之间在修剪以后枝头相距 15～18 cm。

　　副梢果枝的修剪：副梢果枝多着生在主枝及粗壮枝上，幼树期以副梢果枝的结果为主，主枝剪口芽以下 20 cm 范围内的副梢留作来年的侧枝用，中部和中部以下的副梢留作结果；枝粗度在 1 cm 以上的可以培养成结果枝组。对于不作结果用的副梢只留基部一二个芽子剪截。

　　（2）初、盛果期（5～18 年生）

　　因树修剪，随枝作形，看芽留枝，区别对待；保持树势平衡和明确的从属关系，更新结果枝组，树冠顶端少留枝，扩大下部枝组；盛果中、后期修剪"压前促后"，要培养与选留预备枝；结果枝与预备枝的比为树冠上部 2∶1；树冠中部 1∶1；树冠下部 1∶2。

修剪方法如下。

盛果期主枝延长枝的修剪：延长枝粗度保持在 1 cm，剪留长度为 25～30 cm；树冠停止扩大后，缩剪到 2～3 年生枝上，使其萌发出一年生的新枝头，2～3 年再次缩剪，放缩交替使用，保持骨干枝延长枝的生长势及树冠的大小；侧枝延长枝粗度保持在 0.7 cm，修剪要上部侧枝重短截，剪留粗长比为 1∶20；下部侧枝轻短截，剪留粗长比为 1∶25。保持侧枝角度 70°～90°。

盛果期对枝组的修剪：以培养更新为主，当枝组出现发枝力弱，基部多细弱枝、短枝和花束状枝或结果部位远离骨干枝时，即需要更新。回缩并疏除基部过弱的小枝组。膛内大中枝组出现过高或上强下弱时，轻度缩剪，保持高度 50 cm 以下，以果枝当头限制其扩展。枝组不弱又不过高时，只疏强枝；侧面和外围生长的大中枝组截、缩原则与侧枝修剪相同，弱时缩、壮时放，放缩结合，维持结果空间。

盛果期对结果枝修剪：长果枝剪留长度为 15～30 cm，中果枝 8～15 cm（芽节位偏高、果枝节间较长、成熟期早、果形偏小、落果重、易受冻害的品种或罐藏加工品种长留）。长果枝保留 5～10 节，中果枝保留 3～5 节好花芽为宜。短果枝不宜随便短截，疏除过密花束状果枝。角度按枝的侧方向培养成 45°～70°。

结果枝在结果后成枝力减弱，需要及时更新。方法有二：一为单枝更新，对果枝短截适当加重，使既能结果又能发生新梢作为来年结果枝。二是双枝更新：冬剪时在母枝上部的果枝长留，次年用以结果，在其附近或着生在母枝下部的果枝重截（弱枝留 1～2 节，壮枝留 3～5 节），翌年不结果，使其抽生壮实新梢，预备下一年结果，被重截的果枝即为"预备枝"。下年冬剪时将已结过果的果枝剪除，预备枝上所发生的新梢留一个作结果枝，另一个重截，作预备枝。采用双枝更新修剪的同时，配合上扭梢、拿枝等措施，压低结果枝的部位，使预备枝转变到顶端位置上。

（3）衰老期

更新复壮、恢复树势、延长其结果年限。利用内膛徒长枝更新树冠，主干枝缩剪加重，依衰弱程度缩到 3 ～ 5 年生部位，缩剪骨干枝时保持主侧枝间的从属关系。对衰弱的骨干枝可利用位置适当的大枝组代替。加强枝组的回缩更新，多留预备枝，疏除细弱枝，养分集中于有效果枝。

（三）花果管理

疏花：当花量大时需进行疏花，在授粉不良、低温冻害或阴雨天时不宜疏花，以免造成产量下降。一般在盛花后进行，疏花对象为畸形花、密簇花以及发育不良的多柱头花等。

疏果：在落花后一个月至桃果硬核前进行。根据叶幕分布状况和枝条生长势头留果，坚持弱枝少留，强枝多留，叶幕层浓厚的多留，长果枝可留 3 ～ 4 个，中短果枝留 2 ～ 3 个，副梢果枝留 1 ～ 2 个，弱枝弱序可全枝全序疏除。疏果的对象主要是小果、畸形果、病虫果、机械伤果以及过密果等，选留果枝两侧和向下生长的果。疏果时，要用果剪或枝剪，注意保护所留桃果和枝梢不受损伤。

套袋：是防治病虫害和提高果实品质的主要措施之一，时间应紧接定果或生理落果后，一定要在吸果夜蛾大量发生前对桃果进行套袋。

采收：果面呈粉红色或带红晕，果实达可采成熟度时，即可采摘。在阴天或晴天露水干后实行"一果两剪法"采果。采摘时从外围、上部先采，不要伤果蒂，轻拿轻放，更不能抛掷和倾倒；阴面或着色差的果实可后采摘。

四、病虫害防治

主要病害有细菌性穿孔病、缩叶病、流胶病、褐腐病等，主要虫害有桃蚜、红颈天牛等。防治主要是改善果园生态环境，保护利用天敌，进行综合防治。

1. 病害

（1）桃炭疽病

防治方法：清洁田园、清除僵果和病枝，清除病原。注意桃园排水。药剂防治于早春芽萌动前喷 5°Bé 石硫合剂一次消灭越冬病原，落花后每隔 10 天左右，喷一次 500 倍的 50% 托布津，25% 多菌灵，50% 退菌特或代森锌等共喷 3～4 次均有较好的防治效果。

（2）桃干腐病

防治方法：桃腐烂病只能从伤口或皮孔入侵，故加强肥水管理，增强树势，防治虫害和减少人为伤口，都有防治作用。药剂防治，于萌芽前喷布 5°Bè 石硫合剂，或退菌特、托布津等，用法同桃炭疽病。对已染病的病斑涂石硫合剂渣等也有防治效果。

（3）细菌性根瘤

防治方法：不使用老桃园、老苗圃以及有根瘤发生的土地育苗。加强检疫工作，销毁病苗。苗木消毒，用 K84 浸根 5 分钟，浸泡范围为接口以下部位。在已发生根瘤地区，对有病苗木可剪去病瘤烧毁，再用 K84，加水稀释 30 倍，浸根 5 分钟，加强地下害虫的防治，减少根部伤口，都有防治的效果。

（4）细菌性穿孔病

主要发生在叶片上，也能危害新梢和果实。发病初期叶片上呈半透明水渍状小斑点，扩大后为圆形或不整圆形，直径 1～5 mm 的褐色或紫褐色病斑，边缘有黄绿色晕环，病斑逐渐干枯，周边形成裂缝，仅有一小部分与叶片相连，脱落后形成穿孔。

冬季剪除病枝集中烧毁，消灭越冬菌源。萌芽前喷 5°Bè 石硫合剂，5～6 月份，喷 500 倍代森锌液 1～2 次，有良好防治效果。

（5）桃树流胶病

此病分为两种，即流胶病和疣皮病，其区别是流胶病始发生在主干和主枝上，疣皮病始发生在 1～2 年枝。

① 流胶病在干枝上均可发生。多年生枝干上染病后呈 1～2 cm 的水泡状隆起，一年生新梢常以皮孔为中心，呈突起状。染病部位渗出透明柔软的胶液，与空气接触后变成茶褐色的胶块，导致枝干溃疡，树势衰弱，严重时枝干枯死；② 疣皮病的发病初期在 1～2 年生枝的皮孔上发生疣状小突起，渐发展成约 4 cm 直径疣状病斑，表面散生小黑点（分生

孢子）。第二年春夏病斑扩大，破裂，溢出树脂，枝条变粗糙而黑，严重时枝条皮层坏死而干枯。

防治方法：春季发芽前用 5°Bé 石硫合剂或 100 倍 402 抗菌剂涂抹病枝干，在病高发季喷布抗菌类药物，防治蛀枝干害虫减少伤口。冬季用石灰乳对主干进行涂白保护。

2. 虫害

（1）蚜虫

危害桃树的蚜虫主要有 3 种，即桃蚜、桃粉蚜和桃瘤蚜。

防治方法：清园除尽杂草及剪下枝条；消灭越冬虫、卵。展叶前后用吡虫啉、菊酯类农药效果好，1 000 倍杀螟松等都有较好的效果。喷药次数根据虫情而定，一般如喷药及时细致，1～2 次即可控制。另外，利用天敌如瓢虫、草蛉、蚜茧蜂等。天敌防治是今后发展的方向。

（2）红蜘蛛

防治方法：深翻地，早春刮树皮消灭越冬成虫。防治红蜘蛛的药剂很多，阿维菌素对红蜘蛛效果较好；萌芽前用石硫合剂可有效减少红蜘蛛基数，萌芽期用 1°～3°Bé，生长期用 0.3°Bé，50% 的三硫磷乳剂 3 000～4 000 倍，杀虫都有良好效果。

（3）梨小食心虫，又名桃折梢虫

防治措施：剪虫梢，摘虫果，集中焚毁。

关键时间喷药，喷药时期：① 花前，花后；② 蛀果前；③ 各代成虫高峰期过后。因害虫蛀食枝或果肉，喷药一定要适时，掌握在未蛀入之前才能收到好的效果。毒死蜱系列农药防治效果较好，如：40% 毒死蜱、40% 安民乐、48% 乐斯本等。甲维盐系列农药，如：1.5% 华戊 2 号、2% 杀蛾妙、1% 威克达、0.5% 金色甲维盐等。生物制剂：10% 福先（10% 呋喃虫酰肼）。

（4）桃潜叶蛾

防治方法：由于该虫潜入叶内危害，在防治上主要应抓住越冬期及成虫期防治。在冬季清扫落叶集中烧毁消灭越冬的蛹。4 月中下旬成虫第二代羽化期及时喷布灭幼脲效果较好，可有效的消灭越冬第一代成虫。生长季视成虫羽化盛期进行喷药防治。

（5）桑白蚧壳虫

以雌成虫和若虫群集固着在2年生以上枝条上，2～3年生枝上数量最多，吸食枝上养分。严重时整个枝条为虫覆盖，甚至重叠成层，其分泌的白色蜡质物覆满枝条。此虫北方发生2代。以受精的雌虫在枝干上越冬。

防治方法：在个别枝上初发现，立即剪去枝条烧毁，刮除成虫集中烧毁，用10%碱水刷危害枝干也可。药剂防治喷杀幼虫，必须严格掌握在幼虫出壳，尚未分泌毛蜡的一周内才有效，但一旦幼虫分泌毛蜡后就难于杀死。另外，保护红点唇瓢虫，日本方头甲寄生蜂等天敌也有防治效果。

五、周年管理历

桃树周年管理历见表2-4。

表2-4　桃树周年管理历

时间	作业项目	主要工作内容
1～2月份	制定年度桃园管理计划	
	冬季整形和修剪	
	树林保护与清园	涂伤口保护剂：伤口直径在1 cm以上的剪锯口要涂保护剂 清园：剪除病虫枝，刮老粗皮，清除果园中的残枝落叶，消灭越冬病虫源
	检查沙藏砧木种子	适时翻动，防止温度过高并拣出霉烂种子
	苗木剪砧	

（续表）

时间	作业项目	主要工作内容
3月	建新园	
	冬季整形修剪	3月上旬前做完
	发芽前追肥	以速效氮肥为主，追肥后立即浇水
	果园防霜	霜前灌水、熏烟等
	树体保护与清园	清园、刮老皮、保护伤口要在3月中旬前完成，3月下旬解除幼树防寒纸
	育苗播种	
4月	疏花疏果	疏花以花前复剪为主，剪除无叶花枝，短截冬季长留的长、中果枝和细弱枝；大蕾时开始疏，先从坐果率高的品种开始，短、中、长果枝分别留2个、3个、4个花蕾，徒长性果枝留5～6个花蕾。疏果在落花后幼果能分出大小时进行第一次疏果 疏果指标：长果枝：大果型1～2，中果型2～3，小果型4～5；中果枝：大果型1，中果型1～2，小果型2～3；短果枝：大果型1（2～3枝），中果型1（1枝），小果型1～2（1枝；花束状果枝不留果；副梢果枝可留1～3个果）
	修剪	抹除新栽幼树整形带以下的萌芽，整形带内留6～9个新梢，一个节上有双芽或三芽，只留一个新梢；抹除大树枝头上、内膛主、侧枝背上的双芽、三芽留单芽
	中耕	雨后或灌水后土壤不黏时进行，深度5～10 cm
	根部追肥	花后一周施入，以速氮为主，大树施尿素0.5～1.5 kg，或用硫铵1.5～2.5 kg，追肥后及时灌水湿透50 cm土层
	播种绿肥与翻压绿肥	
	病虫害防治	萌芽前喷5° Bè石硫合剂，萌芽后喷3° Bè石硫合剂；扒开根部土壤，晾根并检查有无根腐病并刮治；挖除红颈天牛幼虫；花前喷药防治蚜虫和卷叶虫
	苗木及砧木苗的管理	及时灌水松土，苗木生长过程中追化肥，每公顷施用硫铵150～225 kg

（续表）

时间	作业项目	主要工作内容
5月	定果	在硬核期前完成；长果枝留果1～2个，中果枝留1个果，短果枝和花束状果枝少留果。南方品种群上、中、下部叶果比为22、30和37；北方品种群平均叶果比为50
	夏季修剪	幼树：进行两次月底前完成，第一次修剪：选定主侧枝，对方位、角度不适宜的要用支或拉进行调整，其多余副芽枝进行抹除或控制。第二次修剪：选留主枝、侧枝、控制竞争枝；外侧枝选在主枝背斜侧，角度为70°～80°；竞争枝长达25 cm时，剪留15～20 cm，过密则疏除。成龄树：5月下旬开始第一次夏剪，调节主、侧枝生长势，控制旺长，扩大枝叶面积，疏除过密和防止树势不平衡；内膛旺梢有空间时，留1～2个副梢，其余剪除，培养为枝组
	硬核期追肥与灌水	以钾、氮为主，大树施尿素0.75～1 kg/株或骨粉1.5～2.0 kg/株；硬核期是需水敏感期，定果后及时灌水
	浅耕除草	化学除草药剂，作杂草叶面喷布
	病虫害防治	5月上旬落花后喷药防治蚜虫、茶翅蝽、褐腐病等病虫害
	砧木苗管理	
6月	夏季修剪	幼树第三次夏剪：控制竞争枝和其他旺枝，培养主、侧枝；主、侧枝梢长达1 m左右时，将主梢摘心，利用副梢扩大角度。对竞争枝和旺枝继续控制，修剪时，留1～2个副梢将其余副梢剪除。成龄树第二次夏剪：控制旺枝生长，控制副梢；旺枝生长有空间，留1～2个副梢其余剪除；枝组和果枝剪口芽萌发的旺枝与果实争养分，在叶面积够用时，留下1～2个副梢，剪去上部或对旺枝进行扭梢。对负荷重的大枝和枝组进行吊枝
	采收	早熟品种开始采收
	土肥水管理	（同5月份）采前15天成龄树追施氮磷钾复合肥1.2 kg/株
	病虫害防治	6月上旬防治红蜘蛛、梨小食心虫、球坚蚧等可喷螨克2 000倍加1 500倍的1605

（续表）

时间	作业项目	主要工作内容
7 月	采收	7 月下旬中熟品种分批采收
	夏季修剪	幼树第四次夏季修剪：平衡树势，充实枝条，通风透光，有利于花芽分化；对于粗度 1 cm 以上的旺枝，经过两次修剪仍控制不住的，从基部疏除；粗度在 0.6～0.8 cm 的仍按上次修剪法，转弱结果，对长旺枝进行拉枝和扭梢。成龄树第三次夏剪：（目的同幼树）内膛过多、过长、未停止生长的长果枝剪去 1/4～1/3；新长出的二三次副梢，生长幼嫩疏除
	土肥水管理	只除草不松土；中晚熟品种采前 15 天进行根部和根外肥；做好雨季排水工作
	生长期病虫害防治	7 月上旬防红蜘蛛、梨小食心虫，中晚熟品种可喷来福灵 2 000 倍加敌杀死 3 000 倍液。7 月下旬晚熟品种再喷 1 次菊马乳油 2 000 倍液
	砧木苗管理	剪除砧木苗干上近地面 30 cm 以内的副梢；及时追肥
8 月	采收	8 月下旬晚熟品种开始分批采收
	夏季修剪	幼树第五次夏剪：（8 月上中旬）减少营养消耗，改善通风透光条件，有利于充实枝条与花芽；内膛 60 cm 以上的旺枝剪去 1/4～1/3，疏除过密枝，利用拿枝开张角度。成龄树第四次夏剪：方法同幼树第五次夏剪
	采收后追肥	以追施氮肥为主
	病虫害防治	8 月中旬在树干束草诱集越冬梨小幼虫，8 月中下旬两次用灭幼脲 3 号 1 500 倍防治桃潜叶蛾
	苗木嫁接	
9 月	采收	
	剪嫩梢	将枝条的嫩梢部分剪除，增加营养积累，充实枝条，提高树体抗寒能力
	深翻与培土	

（续表）

时间	作业项目	主要工作内容
9 月	施基肥	
	灌水	
	病虫害的防治	9 月份雌叶螨越冬前主枝上绑草把诱集；刮治腐烂病，刮后涂腐必清
	果实贮藏	
10 月	采收	
	深翻改土、培土	
	施基肥	
	灌冻水	
	清园	
	防治病虫害	
	枝干涂白、缠纸	涂白剂是由生石灰 1 kg、水 3 ～ 5 kg、食盐 2 汤匙配成，刷涂树干上
	苗木出圃与调运	
11 月	土肥水管理	
	防寒	
	总结全年工作与技术培训	
12 月	开始冬季修剪	
	清园与树体保护	
	砧木种子沙藏	
	做好农业生产资料等各项准备工作	

第三节
葡　萄

一、主要品种

（一）鲜食葡萄品种

北京地区栽植面积较多的葡萄主要有以下几种。

1. 早玛瑙

欧亚种，北京市林果所育成。果穗中等大，平均重 338 g，圆锥形，中等紧密。果粒大，平均重 4.2 g，长椭圆形，紫红色，果粉中等；果皮薄；肉脆，味甜，含可溶性固形物 126.3%，每果粒有种子 2～4 粒。果枝率 8% 左右，每果枝平均 1.5～1.7 穗。在北京市果实于 8 月上旬成熟，从萌芽至果实充分成熟约需 113 天，为早熟品种。树势中庸。早玛瑙果粒大，肉脆味甜，品质上，外观美丽，产量较高，是优良的早熟鲜食品种。

2. 凤凰 51 号

欧亚种，大连农科所育成，果穗中等或大，平均重 350～420 g，圆锥形，极紧密。果粒大，平均重 6.6～8.7 g，红色，近圆于扁圆形，果面有 3～4 条沟纹；果皮中厚；肉稍脆，汁多，含糖量 13%～18%，含酸量 0.6% 左右，味甜酸。每果枝平均 1.5～2 穗。果粒大，成熟早，品质良好，是优良的早熟鲜食品种。

3. 乍娜

欧亚种，果穗大，平均重 360～850 g，最大穗可达 1 100 g，圆锥形，常带副穗，中等紧密或桦散。果粒大至极大，平均重 4.5～10.2 g，最大粒重 17 g，圆形或椭圆形，粉红色，果粉薄；果皮中等厚；肉脆，味淡，稍有清香味，可溶性固形物 13%～18%，含酸量 0.65% 左右，味酸甜，品质中上。每果实有种子 1 ～ 4 粒，以 2 粒较多，果枝率 50% ～ 80%。每果枝平均 1.2 ～ 18 穗大，粒大，外观美丽，成熟早，产量较高，但易裂果，不抗白粉病和黑痘病。负载量过大时，易落果，果穗松散，越冬性弱。

4. 京玉

欧亚种，中国科学院北京植物园育成。果穗大至极大，平均重 600 g，圆锥形，中等紧密。果粒大，平均重 6.5 g，椭圆形或长圆形，黄绿色；果皮薄；肉脆，含可溶性固形物 14%，含酸量 0.53%，味酸甜，品质佳。树势中庸，较丰产。在北京地区果实于 8 月上旬成熟，为早熟品种。抗病力较强。

5. 玫瑰香

欧亚种，原产英国。果穗中等大或较大，平均重 150 ～ 350 g，圆锥形或分枝形，中等紧密或松散。果粒大，平均重 5 g 左右，紫红色，果粉厚，果皮中等厚；肉多汁中，汁无色，玫瑰香味浓；含可溶性固因形物 15% ～ 19%，含量酸 0.6% ～ 0.7%，味甜酸。每果枝平均 1.5 穗左右，果实在山东济南于 8 月底，在陕西关中于 8 月 20 日左右成熟。由萌芽至果实充分成熟需要 140 ～ 150 天，为中晚熟品种，树势中庸。果粒大，品质极优，在良好管理条件下很丰产，因而是全世界著名的优良鲜食葡萄品种。

6. 龙眼

欧亚种，为原产我国的古老品种。果穗大，平均重 600 ～ 800 g，最大穗重 1 500 g 圆锥或双肩圆锥形，中等紧密。果粒大，平均重 5 ～ 6 g，近圆形或椭圆形，紫红色，果粉厚；果皮中等厚；果肉多汁，汁无色；可溶性固形物 15% ～ 20%，含酸量 0.6% ～ 1.0%，味酸甜。每果枝平均 1.2 ～ 1.3 穗。由萌芽至果实充分成熟需 150 ～ 160 天以上，为晚熟鲜食及酿酒品种。树势极强。龙眼果穗、果粒大，耐贮运，鲜食品质中上，棚架整形极丰产，抗寒、抗旱、耐盐碱能力较强，但易感黑痘病。

7. 巨峰

欧美杂种，原产日本。果穗大，平均重 300 ～ 430 g，圆锥形，松散或中等紧密。果粒极大平均重 9 ～ 12 g，椭圆形，紫红色，果粉中等厚；果皮厚；肉软多汁的黄绿色，不肉囊，稍肯美洲种味，皮、种子均易分离；含可溶性固形物 14%～16%，含酸量 0.6%～0.7%，味甜酸。每果枝平均 1.3～1.8 穗。副梢结实力强，由萌芽到果实充分成熟约需 130～140 天，为中熟品种。树势强。巨峰果粒特大，外观美丽，品质中上，丰产，适应性强，甚受栽培者与消费者欢迎，是当前我国栽培地区最广、面积最大的鲜食葡萄品种。如管理不当，落花果严重；结果过多，易使树势早衰，影响以后产量。

8. 藤稔

欧美杂交种，原产日本。果穗中等或大，平均重 340～600 g，圆锥形，中紧或紧密。果粒极大，在浙江省平均重 18 g，最大粒重 32 g，近圆形，紫黑色；果皮厚；肉厚，含糖量 16%～18%，味甜，有草莓香味。品质中上等。为中早熟品种。该品种果粒最大，裂果轻，抗病力强，有很大发展前景。

9. 高墨

欧美杂交种，原产日本。叶与巨峰相似。果穗大，平均重 300～400 g，圆锥形，中紧或紧密。果粒极大，平均重 9～13 g，椭圆形，紫红色；果皮厚；果肉厚，多汁，易与种子分离，味酸甜，有草莓香味；成熟期比巨峰早经 10 天，为早熟品种。

高墨落花落果较轻，果穗整齐美观，抗逆性强，生产性能表现良好。

10. 红瑞宝

欧美杂种。果穗中或大，平均重 200～500 g，分枝或圆锥形，中等紧密。果粒极大，平均重 8～10 g，椭圆形，浅红色；果皮中厚，肉软多汁；含可溶性固形物 15%～21%，含酸量 0.5%，味甜，草莓香中等。每果枝平均 1.4～1.7 穗。为中晚熟品种，树势强。

11. 龙宝

欧美杂交种，原产日本。果穗大，平均重 470～510 g，椭圆形，红钯；果皮中厚；肉软多汁，含可溶性固形物 14.7%～16.5%，含酸量 0.68%，味甜，草莓香味浓，品质好，果实成熟期均与巨峰相似，为中熟品种。龙宝丰产、稳产、品质好，与其姐妹系品种红瑞宝、红富士比较，抗炭疽病能力强，裂果轻。

12. 黑奥林

欧美杂种，原产日本。果穗中等或大，平均重 510 g，圆锥形，中等紧密，成熟度较一致。果粒极大，平均重 9～13 g，近圆形或椭圆形，紫黑色，果粉中等厚；果皮厚；果肉较脆，多汁，微具草莓香味，含可溶性固形物 13%～16%，含酸量 0.5% 左右，味甜；每果枝 1～2 穗，副梢结实力强。中晚熟品种。树势强。果粒极大，品质中上。落花落果较少，产量高，抗病力较强。

13. 吉香

欧美杂交种。枝蔓粗壮，果穗圆锥形，紧密，平均穗重 918 g，最大 1 900 g。果粒短椭圆或近圆形，平均粒重 9.2 g，最大 12.9 g。果眼黄绿色，较薄，果粉厚。果肉易与种子分离。每粒果平均有种子 1.4 粒。果肉汁多，味甜，含糖 15%～18%，有香蕉味。品质中上等。抗寒、抗湿力较强，易管理。对霜霉病、炭疽病抗性较强。但易得日灼病，采收无裂果、落粒现象。

14. 超康美

属欧美杂交种。树势强，嫩枝绿色。果穗圆锥形，果粒着生紧密，平均穗重 366.5 g，最大重 595 g。果粒圆形，整齐，平均粒重 10 g，最大 13.5 g，比大粒康拜尔平均粒重多 2.2 g。果皮厚，蓝黑色，果粉多。果肉稍硬，多汁味甜。含可溶性固形物 14%，含酸 0.6%。有浓郁美洲种香味。果实成熟一致，无落粒、裂果现象。品质中等，是制汁鲜食兼用品种之一。

15. 国宝

属欧美杂交种，由日本引进。果穗大，圆锥形，果粒紫色，椭圆形，着色好，肉质柔软，含糖 17%。无裂果和脱粒现象。树势中等健壮，花芽易形成，结果性能良好，落花少，易丰产。抗病性强，其成熟期比巨峰早两周。生长期要加强对黑痘病的防治。

16. 紫珍香

欧美杂交种。果穗短，圆锥形，中大，平均粒重9 g；果皮深紫黑色，果粉多；果肉较软、多汁，具玫瑰香味、品质上等。固形物含量为14%，种子与果肉易分离，无肉囊。外观美丽诱人。树势强，抗病抗寒，适应性强。比巨峰早熟20天。

17. 红伊豆和三泽红伊豆

红伊豆为欧美杂交种。系红富士芽变，穗平均重650 g，大穗800 g。果粒椭圆形，粒重平均13 g，大粒17 g。果皮成紫红色，美观。果实风味佳，高糖度和香味均受到消费者的好评。果肉稍紧，无裂果。树势生长旺盛，抗病性强，容易栽培，结果枝率高，丰产性能良好，但负载量过高时上色受到影响。

三泽系红伊豆是红伊豆的变异，果粒椭圆形，重16 g左右，果穗重600～800 g，外形鲜红色，风味浓郁。树势强健，生长旺盛，抗病性强，不落花，容易栽培，丰产稳产。果肉软，须轻产。由于该品种风味浓郁，丰产性好，可在城效区试种。

18. 大宝

原产日本，为欧美杂种。果穗平均重538 g，圆锥或圆柱形，中紧。果粒平均重8.3 g，椭圆形，紫红色，有肉囊，品质较佳。含糖量15%，含酸量0.88%。汁多味甜，具草莓香味。树势强，丰产。抗病性强，不裂果。极晚熟。

19. 奥山红宝石

欧亚杂交种。树势中等，枝梢生长较粗壮。果穗大，多为长圆锥形，果粒着长整齐，紧密度中等，平均穗重600～630 g；果粒为椭圆形或短椭圆形，果粒平均重11～12 g；果皮为紫红色，果粉少，外观美丽，果皮薄韧性强；果肉为乳白色，皮与肉不易分离。果枝与果肉着生牢固，耐拉力强，不易脱粒，极耐贮运。

20. 楼都蓓蕾

欧美杂交种，原产日本。树势中强，产量中等，抗病力强。果穗较大，圆锥形，果粒椭圆形，平均重10 g，鲜红色，外观极美，肉厚而脆，味甜，有草莓香味，含糖 19% 左右，品质上等。不裂果，不落耐贮运。中熟，适于华北、西北、东北地区栽培，我国南方亦可试栽。

21. 日向

巨峰系品种，属欧美杂交种，原产日本。树势强健，丰产，较抗病。果穗圆锥形，果粒比巨峰略小，短圆形，果粒紫黑色，汁多，味甜，稍有狐臭味，含糖通常在 16% 以上。早熟，熟期比巨峰早 10 天，适于华北、西北、东北地区栽培，我国南方亦可试栽。

22. 京秀

欧亚种。果穗圆锥形重 400 ～ 500 g，大的 1 000 g 以上，果粒着生紧密，椭圆形，平均粒重 5 ～ 6 g，大的 7 g，玫瑰红色或鲜红色。肉脆，味甜，酸低，含糖 15% ～ 17.5%，含酸 0.46%，品质上等。种子小，一般 2 ～ 3 粒。生长势中强，结果枝率中等。抗病能力中等或较强。较丰产，不裂果，无日灼，落花轻，坐果好。果粒着生牢固，极耐运输。易栽培管理，篱架棚架均可栽培。比巨峰早熟 20 ～ 25 天，是新优早熟生食品种之一。

23. 晚红

欧亚种。是近年来我国北方栽培的特优品种，极有推广价值。果穗大，穗长 26 cm、宽 17 cm，重 800 g，最大可达 2 500 g，长圆锥形。果粒圆形或卵圆形，平均粒重 12 ～ 14 g，最大可达 22 g，果粒着生松紧适度。果皮中厚，暗紫红色，果肉硬脆，味甜，清香。含糖量 17%，品质极佳。果穗不易脱落，果粒着生牢固，特别耐贮藏和运输，在我国东北地区可窖藏至翌年 4 月，为高产做质、耐贮运的晚熟鲜食品种。

24. 皇帝

本品种引起人们诉是它的晚熟和诱人的外观，以及极耐贮运。大量果实被用于冷藏。

本品种穗大，长圆锥形，紧；果粒整齐粒大，长倒卵形或长椭圆形；果实红色或浅红紫色；果肉硬度适中，香味浓，皮厚；穗梗韧，果实固着非常牢。晚熟品种，生长势强，丰产。但本种抗病性和抗寒性不强，适合在干旱、半干旱区及排水良好的半潮湿区发展。

（二）酿酒葡萄品种

在北京地区栽植较多的有以下品种。

1. 雷司令

欧亚种。含糖量高，产量中等，在欧洲葡萄品种中抗寒性较强，但果皮薄，易感病。酿制的白葡萄酒浅黄绿色，澄清发亮，果香浓馥，醇和爽口，回味绵延，是酿制干白葡萄的优良品种。

2. 意斯林

欧亚种。果穗小或中等大，圆柱形，果粒中等大，为晚熟品种。意斯林适应性强，较抗寒，抗病力中等，产量中等至较高。酿造的白葡萄酒禾秆黄色，清香爽口，丰满完整，回味绵延，酒质优。又是酿制起泡葡萄酒和白兰地的质原料。

3. 霞多丽

欧亚种，原产法国。果穗小，果粒中小，为早熟品种。产量中等，在果实成熟过程中糖度增加较快，酸度降低较慢；果实抗黑痘病的白腐病能力中等。在沙城酿制的白葡萄酒黄绿色，澄清透亮，香气完整，味醇和协调，回味幽雅，酒质极佳。

4. 白玉霓

欧亚种。原产法国。目前丰产，抗寒、抗病性较强，除酿造较好的白葡萄酒外，更是加工白兰地的优质原料。

5. 米勒

欧亚种。果穗小，圆锥形，果粒小，椭圆形，黄白色；多汁，由萌芽到果实充分成熟需要 125～130 天，为早熟品种。抗寒性中等，果实成熟早，但易感染霜霉病和白腐病。所酿的葡萄酒黄色微带绿，澄清发亮，香气完整，味醇和柔细，为优质葡萄酒品种。

6. 赛美蓉

欧亚种，原产法国。果穗中等大，圆锥形，紧密。果粒大，圆形，黄绿色；肉软多汁，由萌芽至果实充分成熟需要 130～140 天，为中晚熟品种。树势中庸。该品种产量中等或较高，抗病性中等，酿制的葡萄酒黄绿色，澄清透明，果香及酒香深郁，味纯和协调、爽口，是生产干白葡萄酒和甜葡萄酒的优质品种。

7. 白羽

欧亚种。果穗中等大，圆柱或长圆形，有的呈分枝形，中等紧密。果粒中等大，椭圆形，黄绿色；果皮薄，出汁率75%～80%，由萌芽至果实充分成熟需要140～150天，为晚熟品种，树势中庸。白羽品种喜肥水，产量中等或较高；对盐碱、黑痘病抗性强，但易感霜霉病和白粉病。用白羽酿造的葡萄酒浅黄色，澄清发亮，清香悦人，味正爽口，回味良好。

8. 赤霞珠

欧亚种，原产法国。果穗中等大，圆形，紫黑色，果粉厚；果皮中厚；肉软多汁，由萌芽至果实充分成熟需要140～150天，为中晚熟品种。树势中庸。赤霞珠产量较低或中等，抗霜霉病、白腐病和炭疽病的能力较强。酿制的葡萄酒呈红宝石色，具独特风味，清香幽郁，醇和协调，酒质极佳，是优良酿酒品种。

9. 黑比诺

欧亚种。果穗小，圆锥形，有的具副穗，紧密或极紧密。果粒中等大，近圆形，紫黑色，果粉中厚；果皮薄，出汁率70%～75%，味酸甜，由萌芽至果实充分成熟需要130～135天，为早熟品种。树势中庸。该品种较抗炭疽病，但易感霜霉病，产量中等。酿制的干红和桃红葡萄酒，果味深，口味清爽柔和，回味优雅，是酿制香槟酒和起泡葡萄酒的优良品种。

10. 佳利酿

欧亚种。果粒中等大，椭圆形，紫黑色，极紧密，果粉中等；果皮中等厚；果肉多汁，出汁率81%～88%，由萌芽至果实充分成熟需要150～155天，为晚熟品种。树势强。适应性强，易栽培，极丰产。酿造的葡萄酒宝石红色，味纯正，回味良好，香气亦佳；去果皮发酵亦可酿造中档的白葡萄酒。但该品种易感黑痘病和蔓割病，果实成熟不一致，青粒较多，越冬性较差。

11. 北醇

欧亚杂种。果穗中等大，圆锥形，有时带副穗，中紧或松散。果粒中等大，近圆形，紫黑色；果皮中等厚，肉软，出汁率77%，汁浅红色，味酸甜。由萌芽至果实充分成熟需要140～105天，为中晚熟品种。树势强。抗寒、抗病力强，对土壤要求不严，产量高，易栽培，酿制的葡萄酒石红色，澄清回味良好，质量中等。

（三）无核与制汁品种

在北京地区栽植较多的主要有以下品种。

1. 京早晶

欧亚种。果穗大，平均重245～330 g，圆锥形，少数有副穗，中等密。果粒中等大（19.7 mm×16 mm），平均重2.1～2.6 g，卵圆形，黄绿色，充分成粒时琥珀色，略带红晕；果皮薄，肉脆，无种籽，汁少。可溶性固形的20%～22%，含酸量0.53%，味浓甜。果枝1～2穗。果实于8月下旬至9月上旬成熟。由萌芽至果实充分成熟需要110天左右，为极早熟品种。是品质极优的鲜食、制干品种，在活动积温3 200℃以上的干旱地区，可生产出优质葡萄干。

2. 无核紫

欧亚种。果穗大，平均重400～470 g，圆锥形，中等紧密。果粒中等，平均2.5～2.8 g，椭圆形，紫黑色；皮薄，肉脆，汁中多，含可溶性固形物20%～22%，含酸量0.5%，味酸甜，无种籽。在新疆吐鲁番地区，果实于7月下旬至8月成熟，为早熟品种，树势强。肉脆、味甜、无籽、质优，在新疆表现丰产，适应性强，不易落果，为优良的早熟鲜食品种。在夏秋多雨地区，产量低，不抗病。

3. 大无核白

欧亚种，果穗大至极大，平均重290～600 g，圆锥形或双肩圆形，中等紧密或紧密。果粒中大，平均重2.5～2.9 g，椭圆形，黄绿色。果皮薄，肉脆，味甜，含可溶性固形物25%左右，无种籽。树势强。

果枝率 10% ～ 36%，每果枝平均 1.1 穗。果实成熟期比无核白早 5 ～ 7 天。阴房晾制的葡萄干，粒大，饱满，黄绿色，味甜，品质极佳，但产量低。

4. 京可晶

欧亚种。果穗大，平均重 385 g，圆锥形，有副穗，紧密。果粒中大，平均重 2.2 g，卵圆或椭圆形，紫色；皮较薄，肉较脆，汁中多，无核。含糖量 18%，含酸量 0.65%，味甜。在北京果实于 7 月下旬成熟。为丰产、极早熟的优质鲜食兼制干品种。

5. 赫什无核

欧亚种，原产苏联，适合我国华北、西北和东北南部栽培。树势中等，果穗平均重 600 g，果粒平均重 4 g，皮薄，黄绿色，肉脆，无核，酸甜爽口，无香味，含糖 18.4%，品质上等。制干质量较好，黄色，干粒整齐，出干率 20.6%。制罐不易裂果，汁液澄清，粒大，浅黄色，外观美，品质风味优良，是鲜食、制干、制罐多用的大粒无核优良品种。

6. 红脸无核

欧亚种。果穗圆锥形，平均穗重 480 g，果粒卵圆形，平均粒重 3.9 g，果皮鲜红色，果肉细，稍软味甜，爽口，含糖 16%，品质上等。果粒着生牢固，很少裂果，耐运输和贮藏。适合华北、西北和东北南部地区栽培，是无核中较大的粒晚熟品种，又是鲜食、制干和制罐的优良品种。

7. 红宝石无核

欧亚种，果穗圆锥形，果粒着适度，平均穗重 450 g。果粒椭圆形，平均重 3.7 g。果皮黑紫色。果肉硬而脆，味甜。含糖 18%，酸甜适度，品质上等，是鲜食、制干及制罐的优良品种之一。

8. 金星无核

引自美国，果穗重 254 g，圆柱形，较紧，果粒平均重 4.1 g，近圆形，蓝黑色，有白色果粉。果肉柔软，无核，浆果内残留有空瘪的小种子，含糖量 14%，酸甜适度，品质中上。抗病性、抗寒性较强，早熟，丰产。

9. 日光无核

原产日本，无核，长椭圆形，红紫色，果皮厚，含糖量 17% ～ 18%，含酸少，无涩味，有香味。成熟晚，耐贮藏。

（四）砧木品种

1. 久洛

原产美国，叶小，光滑，扁圆形；枝条黄褐色，节间短。植株生长旺盛。抗根癌蚜砧木，也抗寒冷、干旱、霜霉病和白粉病。

2. 3309

原产法国，叶小，近圆形，光滑，植株生长中庸或较强。对葡萄根瘤蚜有极强的抗性，抗旱、抗根瘤病能力也较强。

3. 5BB

原产法国，叶大或极大，近圆形，上表面光滑，背面有稀疏刺毛，雌能花。果穗小；浆果小，圆形，黑色。植株生长旺盛，营养期较短，扦生根力弱，繁殖系数高。与欧亚种葡萄嫁接亲合力良好，抗根瘤蚜力极强，对线虫也有较强抗性。对土壤要求不严格。

4. SO4

原产德国，叶大近圆形，光滑，老熟枝条光滑，褐色，节间长。植株生长旺盛，扦插生根容易；与所有欧洲葡萄品种嫁接亲合力强；抗叶型根瘤蚜，抗虫和根瘤病能力强；对土壤适应广。

5. 420A

原产法国，叶中等大，近圆形，上表面有网纹状凸起，下表面有稀刺抟；枝条光滑，红褐色，节间长。雄花。植株生长旺盛，抗根瘤蚜和抗旱力强，对线虫有一定抗性，但扦插生根不好，繁殖困难。

6. 110R

原产法国。叶中等大，扁圆形，枝条光滑，深褐色，节间长。植株生长旺盛，抗旱和根瘤蚜，但不抗线虫。扦插生根力弱。

7. 101-14

原产法国，叶大，近圆形，光滑，果穗小。果粒小，近圆形，紫黑色。植株生长较旺，抗根瘤蚜，适宜于湿润肥沃土壤，扦插生根容易，与欧洲葡萄品种嫁接亲合良好。

8. 和谐

原产美国。叶中等大或中小，近圆或扁圆形，果穗小，紧密；果粒小，黑色。成熟枝条红褐色。植株生长中庸，扦插生根容易，嫁接亲合性良好，抗根瘤蚜和线虫能力较强，根系抗寒力中等。适宜作鲜食品种，特别是制干无核品种的砧木。

9. 335EM

原产法国，叶小，近圆形，枝条暗褐色，节间中等长。对根瘤蚜有一定抗性。

二、生态习性

（一）温度

当日平均气温达到 10℃ 左右时，欧亚种群的葡萄开始萌芽。随着气温的逐渐提高，新梢迅速生长。当气温达 28～32℃ 时，最适于新梢的生长和花芽的形成，这时新梢每昼夜生长可达 6～10 cm。气温低于14℃ 时，不利于开花授粉。浆果成熟期间，当气温在 28～32℃、土壤水分适当减少的情况下，有利于提高浆果的品质。气温高于 38℃ 以上对葡萄发育不利。低温对葡萄的生长发育是不利的。刚萌动的芽可忍受 −4～−3℃ 的低温，但嫩梢和幼叶在 −1℃ 时即受冻害，而花序在 0℃时就受冻害。在冬季休眠期间，欧亚种群品种的充实芽眼可忍受短时间 −20～−18℃ 的低温，充分成熟的新梢可忍受短时间的 −22℃ 的低温，多年生蔓在 −20℃ 左右即受冻害。根系更不耐低温，欧亚种群、欧美杂交种的一些品种的根系在 −6℃ 左右时受冻害，在 −10℃ 时即可冻死。因此，在北方栽培葡萄时，要特别注意对葡萄根系的越冬保护工作。

（二）光照

葡萄是喜光植物，对光照非常敏感。光照不足时，节间变得纤细而长，花序梗细弱，花蕾黄小，花器分化不良，落花落果严重，冬芽分化不好，不能形成花芽。同时叶片薄，黄化，甚至早期脱落，枝梢不能充分成熟，养分积累少，植株容易遭受冻寒或形成许多"瞎眼"，甚至全树死亡。所以建园时应选用光照良好的地方，并注意改善架面的通风透光条件，正确决定株行距、架向，采用正确的整枝修剪技术等。

（三）水分

葡萄根系发达，吸水力强，具有极强的抗旱性。春季，在萌芽、新梢生长期有充足的水分供应对花的形成和新梢生长有利。在开花期，阴雨或潮湿的天气则影响受精，引起落花落果。成熟时雨水过多，会加重病害，引起裂果，降低品质。在秋季多雨或水分过多，则新梢成熟不良，不利于越冬。

（四）土壤

葡萄对土壤的适应能力较强，除了极黏重的土壤、强盐碱土壤外，能在多种土壤上栽培，适应的 pH 值范围为 5～8。但以土质疏松、通气良好的砾质壤土和沙质壤土最好。欧洲葡萄喜富钙土壤，而美洲葡萄在含钙多的土壤上，易得失绿症，应选砾质壤土及排水好的沙质土。

三、栽培技术

（一）架式选择

1. 篱架

（1）单篱架

一般采用南北行向，行距 2.5～3 m，每行连成的架面与地面垂直，架高以行距而定，一般为 1.8～2 m，行内每隔 6～8 m 设一立杆，每行第一根立杆用倾斜的支柱或斜拉的铁丝固定。架面的第一道铁丝距地面60 cm，以上每隔 40～45 cm 拉一道。

（2）双篱架

分 "V" 形和 "T" 形两种架式。"V" 形架行距 3 m，架高 1.5～2 m，篱架基部两壁间距 40～60 cm，顶部间距 120 cm，其他结构行向与单篱架相同。"T"形架即在单立柱上由顶端向下每隔40～45 cm架设横梁，共设3～4道。最上横梁的长度为120 cm，以下按20 cm依次递减。在各横梁的两端拉设铁丝，形成倾斜的双篱壁形架面。

2. 棚架

（1）大棚架

架长8～10 m以上。架的后部（靠近植株基部）高约1 m，前部高2～2.5 m，葡萄在梯田上呈带状定植或零散栽植。

（2）小棚架

可采用南北行向向东爬或东西行向向南爬，行距为4～6 m，每行葡萄设两排立柱，全园立柱高度相同，均为1.9～2.2 m，按行向每隔5 m设一立柱，每行两边要下地锚用于固定边行立柱。行与行之间的立柱用8号或10号铅丝连接，以增加架面的承重能力。沿行向在立柱上每隔50 cm拉一道10～12号铅丝，将整个小区棚连结成一个水平面。

（3）棚篱架

基本结构与小棚架相同。架长为4～5 m，只是将架面后部（靠近植株根部）提高至1.5～1.6 m，架面高为2～2.2 m，植株不仅利用棚面，而且也利用篱面结果。

（二）土肥水管理

1. 土壤管理

（1）清耕法

每年在葡萄行间和株间多次中耕除草，能及时消灭杂草，增加土壤通气性。但长期清耕，会破坏土壤的物理性质，必须注意进行土壤改良。

（2）覆盖法

对葡萄根圈土壤表面进行覆盖（铺地膜或敷草），可防止土壤水分蒸发，减小土壤温度变化，有利于微生物活动，可免中耕除草，土壤不板结。

（3）生草法

葡萄园行间种草（人工或自然），生长季人工割草，地面保持有一定厚度的草皮，可增加土壤有机质，促其形成团粒结构，防止土壤侵蚀。对肥力过高的土壤，可采取生草消耗过剩的养分。夏季生草可防止土温过高，保持较稳定的地温。但长期生草，易受晚霜危害，高温、干燥期易受旱害。

（4）免耕法

不进行中耕除草，采取除草剂除草。适用于土层厚、土质肥沃的葡萄园。常用生长季除草剂有草甘膦等。也可以在春季杂草发芽前喷芽前除草剂，再覆盖地膜，可以保持一个较长时期地面不长杂草。

（5）深翻

以在秋季落叶期前后深翻为宜。秋季深翻，断根对植株的影响比较小，且易恢复，可以结合施基肥进行，对消灭越冬害虫和有害微生物，以及肥料的分解都有利。也可以在夏天雨季深翻晒土，可以减少一些土壤水分，有利于枝蔓成熟。

深翻方法因架势等有所不同。篱架栽培时，在距植株基部 50 cm 以外挖宽约 30 cm 的沟，深约 50 cm，幼龄园或土层浅或地下水位高的果园可相对浅些。可以采取隔行深翻，逐年挖沟，以后每年外移达到全园放通。

（6）中耕

中耕可以改善土壤表层的通气状况，促进土壤微生物的活动，同时可以防止杂草滋生，减少病虫危害。葡萄园在生长季节要进行多次中耕。一般中耕深度在 10 cm 左右。在北方早春地温低，土壤湿度小的地区，出土后立即灌溉，然后中耕，深度可稍深，10～15 cm，雨水多时宜浅耕。

2. 施肥

每增产 50 kg 浆果，需施氮 0.25～0.75 kg、磷 0.2～0.75 kg、钾 0.13～0.63 kg。

（1）基肥

宜在果实采收后至新梢充分成熟的 9 月底 10 月初进行。基肥以迟效肥料如腐熟的人粪尿或厩肥、禽粪、绿肥与磷肥（过磷酸钙）混合施用。施肥方法可在距植株约 1 m 处挖环状沟施入，深度约 40 cm。

（2）追肥

追肥宜浅些，以免伤根过多。一般在花前十余天追施速效性氮肥如腐熟的人粪尿、饼肥等；幼果期和浆果成熟期喷 1% ～ 3% 的过磷酸钙溶液，可以增加产量和提高品质；花前喷 0.05% ～ 0.1% 的硼酸溶液，能提高坐果率；坐果期与果实生长期喷 0.02% 的钾盐溶液，或 3% 草木灰浸出液（喷施前一天浸泡），能提高浆果含糖量和产量。

3. 水分管理

树液流动至开花前，要注意保持土壤湿润。开花期除非土壤过于干燥，否则不宜浇水。坐果后至果实着色前，需要大量水分，可根据天气每隔 7 ～ 10 天浇 1 次水。果粒着色，开始变软后，减少浇水。休眠期间，土壤过干不利越冬，过湿易造成芽眼霉烂，一般在采收后结合秋季施肥灌一次透水。

（三）整形修剪

1. 整形

（1）多主蔓扇形

实行篱架栽培的地方，多采用无主干的多主蔓扇形。所有枝蔓在架面上呈扇形分布。即植株在地面上不具明显的主干，每株有 3 ～ 5 个或 7 ～ 8 个主蔓，因单篱架或双篱架而异。每一主蔓上可着生 2 ～ 4 个或更多的结果枝组。

无主干多主蔓自然扇形：植株在定植当年剪留 2 ～ 4 芽，长出的新梢成为未来的主蔓；当主蔓数目尚未达到预定要求时，再对 1 个或部分一年生枝留 2 ～ 3 芽短剪，以形成较多的主蔓。每一主蔓大都在第一道铅丝高度附近短截，以分生侧蔓，顶端一枝继续向上延伸，至第二道铅丝附近再行短截，形成分枝。这样，在一个主蔓上可形成 1 ～ 3 个侧蔓，每一侧蔓上可有 2 ～ 3 个结果母枝。结果母枝根据品种强弱不同剪留

4～10个或更多的芽，在主蔓和侧蔓的中部和下部剪留2～3个预备枝；当主、侧蔓延长过度时，可逐步回缩或更新。这种树形目前应用较普遍，修剪灵活，易于调节负载量，是一种丰产树形。

无主干多主蔓规则扇形：与自然扇形不同之处在于，规则扇形要求配置较严格的结果枝组。选留优良的结果母枝，剪留长度为8～10节，因枝条强弱和植株负载量大小而异。在结果母枝的下方，选强健的一年生枝剪留2～3芽作为替换短枝。结果母枝的枝条结果后，冬剪时原则上都要剪去，而由替换短枝上长出的枝条形成新的长短梢枝组，在篱架栽培下，每株可留3～8个主蔓，以留4～6个主蔓较好。每个主蔓可只留一个长短梢结果枝组。结果母枝绑缚于第一道和第二道铅丝上。

（2）龙干形

龙干形主要用于棚架栽培。龙干长为4～10 m或更长，视棚架行距大小而定。在龙干上均匀分布许多的结果单位，每年由龙爪上生出结果枝结果，龙爪上的所有枝条在冬剪时均短梢修剪；只有龙干先端的一年生枝剪留较长（6～8个芽或更长）。

无论是一条龙、两条龙或多条龙，植株均有一主干长为0.5～1 m，从其上分出两条、三条或多条龙干。另外，要注意龙干在棚面上的分布，使龙干与龙干之间保持合理的间距。短梢修剪的龙干之间的距离约50 cm，如肥水条件很好，植株生长势很强，则龙干间距需增加到60～70 cm或更大。

在培养龙干时，为了埋土、出土的方便，要注意龙干由地面倾斜分出，特别是基部长30 cm左右这一段与地面的夹角宜小些（约在20°以下），这样可减少龙干基部折断的危险，龙干基部的倾斜方向宜与埋土方向一致。

大棚面上龙干分布间距较大时，或在肥水条件很好需要增加植株负载量时，也可对龙形植株在基本实行短梢修剪的同时，将少部分一年生枝适当长留，剪成中梢（4～9芽），结果后立即疏去。在保持植株负载量相对稳定的条件下，也可以试行在龙干上配置长短梢结果枝组，这样可以淘汰一部分衰弱的枝组，并更多地利用优良的结果母枝。

2. 修剪

（1）冬季修剪

修剪时期一般在葡萄落叶后至埋土防寒之前进行。北京地区冬季修剪的最佳时期为 10 月中旬至 11 月上旬。

结果枝组修剪方法：适用于篱架的扇形和棚架的龙干形整形。在预备枝的基部选留健壮的一年生枝剪留 2～3 节作为下一年的预备枝，在上部选取健壮的一年生枝剪留 5～8 节作为结果母枝，当年的结果枝从基部疏除。如预备枝上仅抽生出一个健壮枝，则留 2～3 节短截，选取结果母枝上基部健壮枝条剪留 5～8 节作为结果母枝而形成结果枝组。

单枝更新技术：在春季将结果母枝水平或弓形引缚，促进枝条基部芽眼的萌发和生长。在冬季修剪时将结果母枝回缩至基部第一新梢处，所留新梢剪留 5～8 节。

短梢修剪：要求在夏季新梢引缚时采用水平或弓形引缚，促进新梢基部芽眼的发育。在冬季修剪时选取健壮的一年生枝剪留 2～3 节，多余和过密的枝条疏除。此种修剪方法多用于棚架的龙干形修剪。

（2）夏季修剪

抹芽、除梢：进入结果期的葡萄，须抹除主蔓基部 40 cm 以下的新梢和萌蘖枝，以减少病虫害的发生和营养消耗。结果部位新梢的确定应根据新梢所在部位、植株生长势、预期产量、架式等因素每平方米架面保留 8～12 个新梢，结果枝和预备枝的比例为 1∶1～2∶1。

复剪：复剪一般在萌芽以后（4 月下旬）结合抹芽进行。复剪分为 3 种情况。第一种，主枝头新梢生长健壮，在新梢前 1 cm 处剪截；第二种，主枝头生长弱，在下部找一个健壮新梢，在此新梢前 1 cm 处剪截，培养成新的延长头；第三种，枝蔓中部芽眼未萌发，上下两端新梢间隔较长，在下部新梢前 1 cm 处剪截。同时还要注意剪除出土碰伤的枝蔓，去掉干橛，清除架上的残枝卷须等。

新梢摘心和副梢处理：新梢摘心时间在开花前 5～7 天至初花期为

宜，欧美杂交种如巨峰等坐果率较低的品种需重摘心、早摘心，花序以上留 4～5 片叶摘心；欧亚种及坐果率较高的品种如红提、京秀，花序以上可留 8～10 片叶摘心。副梢处理可采用留 1～2 片叶反复摘心，或采用留单叶绝后的副梢处理方法。顶部延长副梢可留 3～5 片叶。

（3）修剪的技术规则

应选留生长健壮、成熟良好的一年生枝作为结果母枝。成熟好的隐芽枝和副梢在必要时也可留作结果母枝。根据枝条粗细的不同，修剪时应注意剪口下枝条的粗度，一般应在 0.8～1 cm。枝条粗的适当长留，弱的应短留。但对于采用短梢修剪的植株，则枝条皆多数留 1～3 芽短剪。对长短枝组中的结果母枝，一般进行中梢修剪（留 5～9 个芽）或长梢修剪（留 10 个芽以上）。对替换短枝一律留 2～3 芽短剪。

剪截一年生枝时，剪口宜高出枝条节部 3～4 cm，剪口向芽的对面略倾斜。剪口也可在节部破芽剪截。通常，带有卷须或果穗的节部，有较发达的横膈，在节部剪截，对枝条内部组织的保护作用更好。

在疏除一年生枝及老蔓时，应从基部彻底去掉，勿留短桩。同时要注意伤口勿过大，以免影响母枝的生长。

剪口要平整、光滑，尽量使修枝剪的窄刀面朝向被剪去的部分，宽刀面朝向枝条留下的部分。

去除老蔓时，锯口应削平，以利愈合。不同年份的修剪伤口，尽量留在主蔓的同一侧，避免造成对伤口。

修剪长梢结果枝组时，对已经结过果的长梢结果母枝（二年生枝），原则上应全部剪除，而将位于其下方的替换短枝上长出的一两个一年生枝，剪留成新的长梢结果枝组。

为使长梢结果母枝疏除后的伤口位于老蔓的同侧，替换短枝基部第一个好芽应朝向枝组的外侧，在其上再留一个好芽后剪截，替换短枝应当由生长健壮的一年生枝短剪后形成。

对肥水条件好、生长势强的植株，也可适当剪留，加强枝组形成，即枝组中留两个长梢结果母枝和 1 个替换短枝。替换短枝可适当长留为

3～4芽。

（四）埋土、出土、绑蔓和绑梢

1.埋土

埋土防寒时间：埋土防寒在土壤上冻以前进行，北京地区在11月中旬以前完成。

埋土防寒的方法：将葡萄苗放倒，为了防止苗木根部折断，先在根茎部周围填土，垫成土枕，然后放平枝蔓、覆土。为了使根系不受到影响，要在行中间取土。土壤要打碎，填土要严实，植株两侧及上部覆土厚度均要达到20～25 cm。

2.出土

葡萄出土应在春季平均气温上升到10℃以上后及时进行，北京地区可在清明节前后（4月上旬）完成。在出土前（3月下旬）将架面上残留的枝条、绑条清除，减少病源菌。然后，将架面的铁丝拉紧，整理架面。防寒土可以一次撤除，也可分两次进行。

3年以上的大树出土后要及时剥除枝蔓上的老皮，并集中烧毁或深埋。喷5°石硫合剂，杀死越冬虫、卵及病菌，喷药时要细致周到，不漏喷，喷完后枝条呈灰白色。出土后将枝蔓平放于地面3～5天，等到枝条基部的芽开始膨大后再上架，以利枝条萌芽均匀。

3.上架绑蔓

植株出土后应即时上架绑蔓。要注意使枝蔓在架面上均匀分布，将各主蔓尽量按原来生长方向绑缚于架上，保持各枝蔓间距离大致相等。

结果母枝的绑缚要予以特别注意，除了分布要均匀外，还要避免垂直引缚，以缓和枝条生长的极性，一般可呈45°角引缚，长而强壮的结果母枝可偏向水平或呈弧形。

葡萄枝蔓可用塑料绳、麻绳、稻草、柳条等多种材料绑缚，缚蔓时要注意给枝条加粗生长留有余地，又要在架上牢固附着。通常采用"∞"形引缚，使枝条不直接紧靠铅丝，留有增粗的余地。

4. 新梢引缚

当萌芽后新梢生长达 40～50 cm 时进行第一次引缚，这时篱架植株新梢已长过第二道铅丝，且新梢基部已开始木质化。当新梢长至 70～80 cm，超过第三道铅丝时，可进行第二次引缚。根据副梢生长的强弱，特别对顶端延长副梢，可再引缚 1 次。发育较晚的短梢，可任其自由生长。

（五）花果管理

1. 疏花疏果及花序整形

单株保留花序量可根据植株生长势、栽植密度、果穗大小以及目标产量决定。开花前后掐除穗尖的 1/4～1/3，去除副穗，以利于提高坐果率。坐果完成后及时疏果，根据果形大小，每穗果可保留 50～100 粒果，有利于提高果实品质。

2. 果穗套袋

葡萄套袋在第一次果穗整理后进行。套袋前可先在果穗上喷一次杀菌剂如波尔多液或甲基托布津，待药液晾干后即可开始套袋。袋子可用报纸或质地略好的纸制作，也可购置专门供葡萄用的商品纸袋。葡萄纸袋的长度为 35～40 cm，宽 20～25 cm，具体长度、宽度按所套品种果穗成熟时的长度和宽度而定，但一定要大于其长宽。袋子除上口外其他三面要密封或粘合，套袋时将纸袋吹涨，小心地将果穗套进袋内，袋口可绑在穗柄所着生的结果枝上。

3. 果实采收

（1）采收时期的确定

鲜食葡萄要求在最佳食用成熟期采收，具体鉴别标准如下：① 白色品种绿色变绿黄或黄绿或白色；有色品种果皮叶绿素逐渐分解，底色花青素、类胡萝卜素等色彩变得鲜明，并出现果粉；② 浆果果肉变软，富有弹性；③ 结果新梢基部变褐或红褐色（个别品种变黄褐色、淡褐色），果穗梗木质化；④ 已具有本品种固有的风味，种子暗棕色。

如果是酿酒、制汁、制干用，除上述形态成熟标准外，最好用折光仪测定含糖量，要求含糖量高于18%。如果制糖水葡萄罐头，则采收期提前到果实八九分成熟时，有利于除皮、蒸煮和装罐等工艺操作。

（2）采收方法

采收前十天须停止浇水，采摘时间应在果面露水已干开始，中午气温过高时停采。剪下后要注意轻拿轻放，保护好果粉，采后放在阴凉处或立即进保鲜库进行预冷。并注意以下几点：① 采摘应选择晴朗天气，待露水蒸发后进行，阴雨、大雾及雨后不能采收；② 采摘时一手握剪刀，一手抓住穗梗，在贴近母枝处剪下，保留一段穗梗，采后直接剪掉果穗中烂、瘪、脱、绿、干、病的果粒，加工后的果穗直接放入箱、筐或内衬塑料保鲜袋的箱内，最好不要再倒箱，不要异地加工；③ 采收、装箱、搬运要小心操作，严防人为落粒、破粒。尽量避免机械伤口，减少病原微生物入侵之门；④ 采收后应及时运往冷库，做到不在产地过夜，以保持果柄新鲜；⑤ 分期采收。同一棵葡萄上的果穗成熟度不同，为了保证葡萄的品质和入库后葡萄快速降温，应分期分批采收。

四、病虫害防治

（一）病害

1. 黑痘病

及时剪除病枝、病叶、病果深埋，冬季修剪时剪除病枝烧毁或深埋，减少病源；萌芽前芽膨大时喷5°石硫合剂；生长期间（开花前和开花后各1次）喷波尔多液，按硫酸铜0.5 kg、生石灰0.25 kg、水80～100 kg比例配成。

2. 霜霉病

从雨季起喷200倍波尔多液4～5次。

3. 炭疽病

及时剪除病枝，消灭病源；6月中旬以后每隔半月喷1次600～800倍退菌特液。

4. 白粉病

保持架面通风透光；烧毁剪下的病枝和病叶；萌芽前喷 5 度石硫合剂，5 月中旬喷 1 次 0.2° ～ 0.3° 石硫合剂。

5. 水罐子病

又名葡萄水红粒。通过适当留枝、疏穗或掐穗尖调节结果量；加强施肥，增加树体营养，适当施钾肥，可减少本病发生。

（二）虫害

1. 葡萄二星叶蝉

又名葡萄二点浮尘子。喷 50% 敌敌畏或 90% 敌百虫或 40% 乐果 800 ～ 1 000 倍液有效。

2. 葡萄红蜘蛛

冬季剥去枝喷上老皮烧毁，以消灭越冬成虫；喷石硫合剂，萌芽时 3 度，生长季节喷 0.2° ～ 0.3° 即可。

3. 坚蚧

又名坚介壳虫，可喷 50% 敌敌畏 1 000 倍液防治。

五、周年管理历

葡萄周年管理历见表 2-5。

表 2-5　北京葡萄周年管理历

时间	作业项目	工作内容和要求
3 月，萌芽前	紧铁丝	葡萄出土前，将松动下垂的铁丝用紧线器将葡萄架上的铁丝拉紧，并将歪斜的支柱扶正
3 月底至 4 月初，萌芽期	撤除防寒土	3 月底将覆盖在葡萄植株上的防寒土撤除。撤土时必须细心，不要碰伤枝芽。葡萄出土工作应在 4 月 5 日以前完成
	修整畦埂	修畦要使畦面平整，并培好畦埂。同时要修好灌水用的沟渠，保持畅通

（续表）

时间	作业项目	工作内容和要求
4月上旬 树液流动期 萌芽期	上架	葡萄出土后，趁枝蔓柔软的时候，尽早上架。枝蔓在架面上应摆得均匀，多主蔓扇形主蔓之间最好间隔 40～50 cm。枝蔓应该斜绑，生长势强的结果母枝倾斜角度应更大一些，以减轻极性现象
	灌水追肥	葡萄上架后，在发芽前应灌 1 次透水，如果冬季雪少，土壤很干燥，最好连着灌 2 次透水。基肥少的葡萄园结合灌水，可施入尿素、硫铵等氮肥
4月中旬 萌芽期 展叶期	中耕	灌水后，待渗下后，应及时中耕，中耕深度径约 10 cm。中耕时要将土块打碎耙细
	喷药	当芽的鳞片裂开膨大成绒球状时，喷 3°～5° Bè 石硫合剂或 50% 多菌灵可湿性粉剂 800～1 000 倍液，铲除越冬的病虫害，如黑痘病、白腐病、白粉病、蔓割病等，以及红蜘蛛、锈壁虱葡萄粉蛾、葡萄粉蚧等害虫喷石硫合剂必须适时，喷得过早效果不好喷得过晚有药害，同进要使所有枝蔓都喷上药
4月下旬 展叶期	灌水中耕	春旱土壤干燥时，应灌 1 次水。灌后中耕，深度在 10 cm 以内
	抹芽	展叶初期进行第一次抹芽。抹去老蔓上萌发的隐芽，结果枝基部的弱枝和副芽萌发枝。从地面发出的萌蘖枝除留作更新用的以外，都要除去
5月上旬 开花期	抹芽除梢	新梢长到 10～20 cm，展叶 5～6 片时，进行第二次抹芽。这时已可看出新梢的生长势和花序好坏，这次应抹去生长弱枝、徒长枝、自然封顶枝、部分过密的发育枝，要着重留下生长势整齐均衡的新梢。除易徒长落花的巨峰品种外，一般品种在这次抹芽除梢后，留大致接近目标的新梢数
5月上中旬 开花期	绑梢	新梢长到 40 cm 左右时要把新梢绑到架上，以免被风吹折或被铁丝靡伤。绑时要把新梢均匀排开，新梢间距离以 10 cm 左右为宜，除整形需要的新梢可垂直绑缚外，一般新梢都应倾斜绑缚。以后随着新梢的伸长，要及时绑缚
	定枝	结合这次绑梢进行定枝，调整到预定的留梢数。巨峰旺树容易落花，定枝工作可推迟到落花后进行

（续表）

时间	作业项目	工作内容和要求
5月中旬 开花期 坐果期	灌水追肥	为了使开花顺利，在花前应灌1次水，使土壤和大气保持湿润。为了提高坐果率，在灌水前施入追肥，施入复合肥，或结合灌水施入腐熟人粪尿，水渗入后及时中耕除草
5月中旬 坐果期	喷药	为了预防黑痘病，开花前喷1次波尔多液（硫酸铜1 kg：生石灰0.5 kg：水200～400 kg）。巨峰品种群和新玫瑰抗铜能力弱，波尔多液浓度不能太高，也可用80%代森锰锌可湿性粉剂600～800倍液代替
5月中旬 坐果期	结果枝摘心	为了提高坐果率，减少新梢对花序争夺养分，对容易落花落果的品种，玫瑰香、巨峰等的结果枝需要在花前摘心，一般在开花前4～7天进行，去新梢顶端幼嫩部分，对果穗紧密的品种，如黑汉、佳利酿等结果枝，前不要摘心，落花后再开始摘心
5月下旬 结果期	副梢处理	对副梢也应进行处理，以保持架面透光。一般将果穗以下的副梢从基部去，生长强的新梢，果穗以上4～5节的副梢也可从基部去掉，再往副梢留1～2叶摘心，新梢摘心处附近的2个副梢，可留3～4片叶反复摘，注意在新梢上保留必要的叶面积
	疏花序	为了保持适当的留果量和提高果实品质，观察树势，如发现花序过多，可疏去部分过多的花序，弱枝上的花序一般可以先疏，较弱枝的双序可疏去1个花序
	掐穗尖	在花前3～5天掐去花序末端1/5～1/4，并剪掉歧肩和副穗，对容易落花，并易出现大小粒的品种玫瑰香、巨峰等更为重要
	喷硼	硼肥能促进受精，提高坐果率，可在花前3～5天喷0.2%～0.3%硼砂液，对硼敏感的玫瑰香、新玫瑰等，效果更为明显
	喷药	落花坐果后，应立即喷1次1：0.5：200倍波尔多液，防止幼果感染黑痘病

（续表）

时间	作业项目	工作内容和要求
6月上旬 幼果期	追肥灌水	落花后10天左右，幼果迅速生长期，可施入复合肥，施肥后灌水或结灌水施入腐熟人粪尿。灌水后中耕，深度5 cm左右，并将杂草除净
	摘心	此时新梢和副梢旺盛生长，对花前摘心保留的副梢应及时摘心，保持6月中旬架面通透光。对发育枝留12～15片叶摘心，下部副梢从基部除去，顶端2个副梢可留2片叶反复摘心
6月下旬 幼果膨大期	灌水	如果雨水少土壤干燥时，应灌水，灌水后及时中耕除草。特别是巨峰葡萄怕旱，应及时灌水
	喷药	喷200倍石灰半量式波尔多液（即1:0.5:200）以防治霜霉病、白腐病、褐斑病等，如二星叶蝉危害重，可加粉锈宁乳油或硫酸悬剂等药剂。白腐病危害重的葡萄园，最好波尔多液和退菌特交替使用，即喷波尔多液15天后用600～800倍退菌特或多菌灵600～800倍液，10天后再喷波尔多液
7月上中旬 果实硬粒期	灌水喷药	天旱时仍应灌水，保持土壤湿润，并及时中耕除草。喷药内容和要求与6月下旬相同，在喷药时可加1%～3%的磷酸二氢钾或微量元素肥料，进行追肥
7月下旬 果实膨大期	摘心	对发育枝、预备枝、所留萌蘖枝都要进行摘心，并对副梢也进行摘心，促进新梢成熟并生长充实
	喷药	喷药内容和要求同6月下旬。如发现霜霉病普遍发生和蔓延，应喷瑞毒霉或乙磷铝锰锌可湿性粉剂抑制。退菌特等农药应采收前15～20天停止使用
	追肥	追施磷钾肥，如骨粉、草木灰、硫酸钾或者在喷药时结合喷1%～3%磷酸二氢钾和光合微肥或多元复合肥，提高果实品质和促进新梢成熟
8月上中旬 果实着色期	排水	进入雨季，地势低洼的葡萄园要注意及时排水
	除草	要及时除草，不使发生草荒加重病虫危害
	摘老叶	为了改善果实透光条件，提高果实着色度，在果实开始着色后，将贴近果穗遮光的老叶摘去些。这个措施对果实着色需要直射光线的玫瑰香、粉红葡萄和红富士等品种，更为必要

（续表）

时间	作业项目	工作内容和要求
8月下旬至9月上旬，成熟期	采收	如果市场需要，巨峰、玫瑰香等鲜食葡萄在果实达八成熟时即可采收上市
9月中旬采后管理期	施秋肥	果实采收以后，为了恢复树势，特别是高产园应施秋肥。以鸡粪作为秋肥最为理想。施肥后如土壤干燥，应灌水并及时中耕除草
10月中下旬落叶期	施基肥	施基肥应距离植株根部50 cm以外施入，避免损伤粗根。基肥应以有机肥为主，过磷酸钙和硫酸钾及硫酸亚铁也同时施入，并施入少量氮肥
10月下旬，休眠期	灌冻水	施入基肥后，灌足封冻水，以有利于防寒取土，并可防止冬季冻害和旱害
	冬季修剪	冬季修剪工作要求在10月下旬至11月上旬葡萄埋土防寒之间完成在修剪前应对全园植株生长情况进行观察，根据植株状况和今年实际产量，预定出明年的产量和今年的冬季修剪强度，即确定每株平均留芽量
11月上旬，休眠期	下架绑蔓	冬剪后，将枝蔓从架上取下来，并顺势将枝蔓入向植株两旁地上，用稻草捆好
	埋土防寒	应在土壤封冻以前完成。在根部1.2 m以外的行间取土，土块必须拍碎，将土放在地上的蔓上，埋土应分2次，第一次埋土厚度为10cm左右，在将封冻前再埋第二次，厚度15 cm左右成为垄状。埋土后要将土拍实，不能留有空隙

第四节
梨

一、主要品种

（一）北京传统优良品种

1. 京白梨

原产于北京门头沟东山村，有 200 多年的栽培历史，为秋子梨系统优良品种。

果实中大，平均单果重 110 g，大果重可达 200 g 以上，扁圆形。果皮黄绿色，贮藏后转为黄色，果面平滑有蜡质光泽，果点小而稀；果肉黄白色，肉质中粗而脆，石细胞少；果心大；经后熟，果肉变细软多汁，易溶于口，香气宜人。可溶性固形物含量 13%，品质上等。北京地区 8 月下旬果实成熟，不耐贮运，果皮磨伤易变黑。

树势中庸，枝条纤细，萌芽率高、成枝力强，成年树以短果枝结果为主，较丰产稳产。抗寒性强，喜冷凉栽培环境。黑星病和梨圆蚧危害较重。

2. 鸭梨

原产河北省，为最古老的白梨系统优良品种之一。

果实中等大，平均单果重 160 g，果实倒卵形，果肩一侧常有突起且有锈斑；果皮底色绿黄，贮藏后转为黄色，果面光滑，有蜡质；果心小，果肉白色，质细脆，汁液极多，味甜微香；可溶性固形物含量 12.0%，品质上等。北京地区 9 月中旬果实成熟。

树势较强，萌芽率高，成枝力弱。苗木定植后 3 年开始结果，以短果枝结果为主，丰产。抗寒力中等，抗黑星病和食心虫能力较弱。

3. 雪花梨

产于河北定县，主产区为，河北赵县、晋县，为白梨系统优良品种。

果实特大，平均单果重 300 g，最大果重可达 1 500 g 以上，果实多为长卵圆形或长椭圆形；果皮绿黄色，果面较粗糙，果点小而密，具蜡质，贮藏后变黄色；果心极小，果肉白色，肉质细脆，果汁较少，味甚甜，有香气；可溶性固形物含量 14%，品质中上或上等。北京地区 9 月下旬果实成熟。果实耐贮藏。

树势中庸，枝条粗硬，进入丰产期较晚。苗木定植后 3 ～ 4 年开始结果。萌芽率高，成枝力中等，主要以中、短果枝结果为主，短果枝寿命短，连续结果能力差。喜肥水，树体易早衰。抗寒力中等，较抗黑星病，易感轮纹病，抗风力弱。

4. 五九香

中国农业科学院果树研究所 1959 年以鸭梨为母本，巴梨为父本杂交育成。

果实大，平均单果重 271 g，大果重 1 000 g，果实呈粗颈葫芦形；果面平滑，有棱状突起，果皮绿黄色，肩部果梗附近有明显片锈，果点小而多，不明显；果心中大，果心线外石细胞多。果肉淡黄色，肉质中粗。果实采收后即可食用，经后熟肉质变软，汁液中多，味酸甜，具微香；可溶性固形物含量 13%，品质中上等。北京地区 8 月下旬果实成熟。

植株生长势较强，萌芽率高，成枝力中等。苗木定植后 3 ～ 4 年开始结果，以短果枝结果为主，幼果自疏能力强，多数花序坐单果。丰产稳产。抗寒性较强，抗腐烂病能力较西洋梨强，果实易受食心虫危害。

（二）近年发展的优新品种

1. 雪青

浙江大学园艺系以雪花梨为母本，新世纪为父本杂交育成。

果实大，平均单果重 300 g，圆形或长圆形；果皮绿色，果面光洁有光泽；果心小，果肉洁白，细脆多汁，味甜；可溶性固形物含量 12.5%，品质上等。北京地区 8 月中旬果实成熟。

树势强，萌芽率高，成枝力中等。以中短果枝结果为主，果台枝连续结果能力强。早果性强。抗轮纹病和黑星病。适于我国长江流域和黄河流域栽培。

2. 黄冠

河北省农科学院石家庄果树研究所以雪花梨为母本，新世纪为父本杂交培育而成。

果实大，平均单果重235 g，近圆形或卵圆形；果皮黄色，果面光洁，无锈斑，果点小，中密；果心小，果肉白色，肉质细，松脆，汁液多，酸甜适口，有香气；可溶性固形物含量11.4%，品质上等。北京地区8月下旬果实成熟。

树势强，萌芽率高，成枝力中等。嫁接苗定植后3年开始结果，以短果枝结果为主，有较强的自花结实能力。高抗梨黑星病。套袋果易感"鸡爪状"褐斑病。

3. 玉露香

山西省农科院果树所以库尔勒香梨为母本，雪花梨为父本杂交选育而成。

果实大，平均单果重236.8 g，大果重550 g，果实椭圆或扁圆形；果皮黄绿色，阳面有红晕或暗红色条纹，果面光洁细腻具蜡质，果皮极薄；果心小，果肉水白色，肉质细嫩酥脆酥脆，石细胞极少，汁液特多，味甜具清香，口感极佳；可溶性固形物含量12.%～14.0%，品质上等。北京地区果实8月下旬成熟。

幼树生长强，大量结果后树势中庸。萌芽率高，成枝力中等。初结果树以中长果枝结果为主，大量结果后以短枝为主。适应性较强，抗寒能力中等，抗腐烂病、褐斑病中等，抗白粉能力较强。果实耐贮藏，在自然土窑洞内可贮存5～6个月。

4. 红香酥

中国农业科学院郑州果树研究所以库尔勒香梨为母本，郑州鹅梨为父本杂交育成。

果实大，平均单果重220 g，果实卵圆形或纺锤形；果皮光滑，蜡质厚，果皮绿黄色，阳面有红晕；果心小，果肉白色，酥脆多汁；可溶性固形物含量 13% ～ 14%，品质上等。北京地区 9 月中旬果实成熟。耐贮藏，常温下可贮存 2 个月。

树势强，萌芽率高，成枝力中等，嫁接苗定植后第三年开始结果，以短果枝结果为主，花序坐果率高，有采前落果现象。高抗梨黑星病，不抗梨木虱和食心虫。

5. 早红考蜜斯

美国品种。果实中大，平均单果重 185 g，大者可达 270 g，细颈葫芦形；果实黄绿色，果面紫红色、光滑，向阳面果点小、中密、蜡质厚，阴面果点大且密、蜡质薄；果肉雪白色，半透明，肉质细，石细胞少，果心中大，可食率高。经后熟，则果肉变得柔软细嫩，汁液多，具芳香，风味酸甜，口感很好；采收时可溶性固形物含量为 12%，经后熟 1 周后可达 14%，品质上等。北京地区果实 8 月中旬成熟。果实常温下可贮存 15 天，在 1 ～ 5℃条件下可贮存 3 个月。

树体健壮，萌芽率高，成枝力强，易形成花芽，早实性强。结果能力强。进入结果期后，以短果枝结果为主，部分中长果枝及腋花芽也易结果，丰产稳产。该品种抗性强，适应性广，抗旱，抗寒，耐盐碱。抗干腐病，较抗轮纹病，病虫害较少。

6. 康佛伦斯

英国品种。果实大，平均单果重 200 g，细颈葫芦形；果皮绿黄色，阳面有淡红晕。果面平滑，有光泽；果肉白色，肉质细而致密，经后熟变柔软，汁液多，味甜，有香气，果心较小；可溶性固形物含量 14.2%，品质极上。北京地区果实 9 月中旬成熟。

植株生长势中等，萌芽率高，成枝力强。幼树结果较晚，高接树第 3 年开始结果。成年树丰产稳产。适应能力强，抗寒抗旱，抗腐烂病、黑星病和梨木虱。是目前引进西洋梨中适应性最强的品种。但偶有冻花现象。

7. 圆黄

韩国品种。果实大，平均单果重 350 g，最大 630 g，圆形，端正；果皮褐色，果面光滑，果点小而稀；果心小，果肉乳白色，肉质细嫩酥脆，汁多味甜，香味浓；可溶性固形物含量14%，品质上等。北京地区果实8月下旬成熟。果个整齐，不同气候年份对果实膨大生长影响小。果实较耐贮藏。

树势生长较强，树姿半开张，萌芽率高，发枝力强。结果较早，以中、短果枝结果为主，丰产稳产。全树中枝发生多，果台副梢抽枝能力也强。抗黑星病能力强，栽培管理容易。花粉多，可作良好的授粉树，秋后中长枝有早落叶现象。

8. 丰水

日本育成。果实大，平均单果重300 g，圆形或长圆形；果皮黄褐色，果点大而多，果面有纵沟且略显粗糙。果心小，果肉乳白色，肉质细嫩，汁液特多，适口性好；含可溶性固形物13%，品质上等。北京地区8月下旬果实成熟。

幼树生长势强，结果后树势中庸。萌芽率高，成枝力中等。幼树以中长果枝结果为主，盛果期以短果枝结果为主。对黑斑病、轮纹病抗性强。缺点是果个均匀度差，果实不耐贮藏，果肉易发绵。

9. 黄金梨

韩国育成。果实大，平均单果重250 g，大果重500 g，圆形或扁圆形；果皮黄绿色，套袋后果皮金黄色，皮薄，果点小而稀；果心极小，果肉白色，细嫩，果汁多，石细胞极少，味甜且有香气；品质极佳，可溶性固形物含量14%。北京地区果实9月中旬成熟。

树势强健，萌芽率高，成枝力低。成花容易，一年生新梢易成腋花芽，腋花芽坐果率高。需实施套袋栽培，以套两次袋为好。枝条柔软，果实及叶片抗黑斑病、黑星病。该品种是目前抗病、丰产、果品质量、商品价值都较好的中晚熟品种。缺点是果皮娇嫩，果锈较重。果实萼端易患"黄头病"。要求高肥水，树体发长枝少易早衰。弱树结果小，商品率低。花粉少，注意配置双授粉树。

10. 新高

日本品种。果实大，平均单果重385 g，最大果重1 000 g，圆形或圆锥形，果形端正；果皮黄褐色，皮薄，果面光滑。果实套袋后果皮淡橘红色，果点大，密度中等；果心较大，果肉白色，肉质细嫩酥脆，多汁，味甜；可溶性固形物含量14%，品质上等。该品种采前落果轻，适当延迟采收能提高果实含糖量。北京地区果实10月上旬成熟，可以延迟到10月中下旬采收，果实极耐贮存，贮存到春节前后风味更佳。

树势较强，枝条粗壮，以短果枝和腋花芽结果为主，中果枝也能结果，极易形成花芽，早果丰产。抗黑斑病，较抗黑星病。花粉少，不宜作授粉树。

二、生态习性

1. 温度

梨树喜温，生长期间需要较高的温度，休眠期则需要一定的低温。梨树开花需要10℃以上的气温，14℃以上时开花较快。梨树的花粉发芽也需要10℃以上的气温，24℃左右时花粉管的伸长最快，4～5℃时花粉管即受冻害。花粉自发芽到达子房受精一般需要16℃的气温条件下44小时，这一时期遇到低温，可影响受精坐果。果实在成熟过程中，昼夜温差大，夜间温度低，有利于同化作用，有利于着色和糖分积累。

2. 光照

梨树喜光，年日照在1 600～1 700小时以上的地区生长结实良好。一天内一般要求有3小时以上的直射光较好。

3. 水分

梨的需水量在353～564 ml，砂梨的需水量最多，在降雨量为1 000～1 800 mm地区，仍然能正常生长。白梨、西洋梨主要产在500～900 mm降雨量的地区，秋子梨最耐旱，对水分不敏感。在地下水位高，排水不良，孔隙率小的黏土中，根系生长不良。久旱、久雨都对梨树生长不利，在生产上要及时旱灌涝排，尽量避免土壤水分的剧烈变化。若梨园水分不稳定，久旱遇大雨，可以造成结果园大量裂果，损失巨大。

4. 土壤

梨树对土壤条件要求不是很严，沙土、壤土、黏土都可以栽培，但是仍以土层深厚、土质疏松、给排水良好的沙壤土为好。梨树最适宜生长的土壤含水量标准是田间最大持水量的 60% ～ 80%。

三、栽培技术

（一）土肥水管理

1. 土壤管理

（1）果园深翻

以秋季为宜。深翻一般在果实采收后至土壤封冻前结合施基肥进行。缺水山地果园可以在雨季到来之前进行。注意避免断大根。

深翻方法有以下 3 种：① 扩穴深翻。在幼园中应用，即由定植穴的边缘开始，每年或隔年向外扩展，挖宽 50 ～ 100 cm，深 60 ～ 100 cm 的环状沟，掏出沟中沙石，填好土，一直到相邻两株之间深翻沟相接为止；② 株间深翻，行间间作。一般在幼树栽植后 4 年内在行间间作。待间作物收获，土壤休闲期将果树株间深翻 30 ～ 50 cm；③ 全园深翻。可在成年果园中应用，全园撒施基肥后，将其翻入土壤内。深翻深度 30 ～ 50 cm，靠近树干的地方粗根多，应浅些。以上 3 种深翻方法要与施基肥一起进行。

（2）间作与生草

注意事项如下：① 果园禁止间作高秆作物和需水量多的秋菜。间作应以大豆、花生、绿肥或芸豆、红小豆为宜；② 幼树要留足树盘，树盘直径应与树冠大小相一致；③ 种植绿肥和行间生草：行间提倡间作三叶草、毛叶苕子、扁叶黄芪等绿肥作物，通过翻压、覆盖和沤制等方法将其转变为梨园有机肥。有灌溉条件的梨园提倡行间生草制；④ 中耕除草与覆盖：清耕区内经常中耕除草，保持土壤疏松无杂草，中耕深度 5 ～ 10 cm。树盘内提倡秸秆覆盖，以利保湿、保温、抑制杂草生长、增加土壤有机质含量。

2. 施肥

（1）基肥

秋季果实采收后施入，以农家肥为主。混加少量氮素化肥。施肥量按 1 kg 梨施 1 ～ 1.5 kg 优质农家肥计算，一般盛果期梨园每亩施 3 000 ～ 5 000 kg 有机肥。施用方法以沟施为主，施肥部位在树冠投影范围内。沟施为挖放射状沟或在树冠外围挖环状沟，沟深 60 ～ 80 cm；撒施为将肥料均匀地撒于树冠下，并翻深 20 cm。

（2）追肥

土壤追肥：每年 3 次，第一次在萌芽前后，以氮肥为主；第二次在花芽分化及果实膨大期，以磷钾肥为主。氮磷钾混合使用；第三次在果实生长后期，以钾肥为主。施肥量以当地的土壤条件和品种需肥特点确定。结果树一般每生产 100 kg 梨需追施纯氮 1 kg、纯磷（P_2O_5）0.5 kg、纯钾（K_2O）1.0 kg。施肥方法是树冠下开沟，沟深 15 ～ 20 cm，追肥后及时灌水。最后一次追肥在距果实采收期 30 天以前进行。

叶面喷肥：全年 4 ～ 5 次，一般生长前期 2 次，以氮肥为主；后期 2 ～ 3 次，以磷、钾肥为主，可补施果树生长发育所需的微量元素。常用肥料浓度：尿素 0.3% ～ 0.5%，磷酸二氢钾 0.2% ～ 0.3%，硼砂 0.1% ～ 0.3%。最后一次叶面喷肥在距果实采收期 20 天以前进行。

3. 灌水与排水

灌水以抓两头（开春到收麦，采收到封冻）控中间为原则。春季的花前水在果树萌动前 15 天进行。第二遍水在梨的小果花萼脱落时进行。以上两遍水都应渗入土壤 70 cm 深。施基肥后和封冻前都应灌足水。

旱地果园实行穴贮肥水。即早春时，在树冠投影内 0.3 ～ 0.5 m 处，均匀挖 4 ～ 5 个深 50 cm，直径 30 cm 的小穴，内埋作物秸秆或长 40 cm 粗 25 cm 的杂草草把。适时在草把上施化肥、浇水。酌情浇水 7 ～ 8 次，每次每穴 4 kg；施化肥 4 次，每次每穴 50 g。树盘须覆盖地膜或草，覆草厚度不能小于 20 cm。

（二）整形修剪

1. 整形

（1）主干疏层形

又称疏散分层形，是大冠稀植的主要树形。采用该树形的梨园，一般株距在 4 m 以上，行距 5～6 m，每亩栽植 22～33 株。树体结构见图 2-1。

图 2-1　主干疏层形树体结构

整形技术如下：

中干和主枝：定植当年，在距地面约 90 cm 处定干，剪口下一般要求有 8 个左右的饱满芽。第一年冬剪时，选直立的、顶端生长较旺的枝条作中干，在约 60 cm 处短截，并重截中干下的竞争枝。在整形带内选留 3 个方位好的枝条作为主枝，长于 60 cm 以上的枝在 50 cm 处短截，剪口芽选外侧饱满芽。如当年选不出 3 个主枝，可在 2 年内完成。其他的枝条尽量缓放。第二年冬剪，对中干在 50～60 cm 饱满芽处短截，疏除竞争枝或将其压弯培养为辅养枝。第一层主枝在延长枝 50～60 cm 外侧饱满芽处短截，促其扩冠。同时注意在主枝上选留侧枝，并在约 50 cm 处短截。其余的枝条尽量不动剪，留作辅养枝或培养为结果枝组。第三年以后每年冬剪时，对中干延长枝继续在 50 ～ 60 cm 处短截，直至达到要求。短截时剪口芽要选在上年剪口芽的反方向，以保证第四至第六主枝的方位互相错开排列。随着中心干的生长，分别选留第二、第三层主枝。主枝延长枝留 50 ～ 60 cm 短截，侧枝留适当长度短截。密生枝、徒长枝根据情况疏除或重短截。其他枝条一般长放不剪。生长季注意拉枝开角，及时疏除萌蘖枝、徒长枝等。主干疏层形的整形过程一般需要 5 ～ 6 年。

侧枝：主干疏层形下部的三个主枝上一般各培养 2 ～ 3 个侧枝，其上直接着生结果枝组。第一侧枝距中央干 50 cm 左右，第二侧枝着生在与第一侧枝相对的一侧，两者相距 60 cm 左右，第三侧枝着生在与第二侧枝相反的方向，两者相距约 50 cm，第一至第二侧枝要选留背斜侧枝。侧枝上培养的枝组不要向主枝方向伸展，主枝与侧枝的夹角部位不要留枝组。

辅养枝：辅养枝是指树冠中起辅养树体生长、补充树体结构空间和增加结果部位的枝，一般为临时性的枝。辅养枝的大小、多少、寿命视具体情况而定，以不影响骨干枝生长为原则。当辅养枝影响到主、侧枝生长及冠内光照时，应及时回缩或疏除。

（2）纺锤形

该树形适于密植梨园。一般行距 4 m，株距 2 ～ 2.5 m。树林结构见图 2-2。

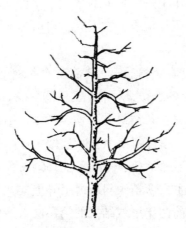

图 2-2　纺锤形树体结构

整形技术如下：定植当年定干高度 80 cm 左右，中心干直立生长。第一年不抹芽，在中心干 60 cm 以上选 2～4 个方位较好、长度在 50 cm 以上的新梢，新梢停止生长时对长度 1 m 的枝进行拉枝，一般拉成 70～80 度角，将其培养成大型枝组。冬剪时，中干延长枝剪留 50～60 cm。第二年以后仍然按第一年的方法继续培养大型枝组。冬剪时中干延长枝剪留长度要比第一年短，一般为 40～50 cm。经过 4～5 年，该树形基本成形，中干的延长枝不再短截。当大型枝组枝已经选够时，就可以落头开心。为保持 2.5～3 m 的树高，每年可以用弱枝换头，维持良好的树势，并注意更新复壮。前 4 年冬剪时一般不对小枝进行修剪，其延长枝可根据平衡树势的原则进行轻短截。对达到 1 m 长的大型枝组拉枝开角。未达到 1 m 长的枝不拉枝。延伸过长、过大的大型枝组应及时回缩，限制其加粗生长，使其不得超过着生部位中心干粗度的 1/2。5 年生以上的大型枝组，如果过粗时，有条件的可以回缩到后部分枝处，无分枝的可预先在粗枝基部刻伤促发分枝，或在主干上选定备用枝后在基部疏除。及时疏除中干上的竞争枝及内膛的徒长枝、密生枝、重叠枝，以维持树势稳定，保证通风透光，为提高梨果实品质打下基础。

（3）水平棚架形

棚架栽培是近几年引进的新的栽培技术。由于具有果品质量高、管理容易、投产早、抗风等优点，在大兴、房山等区县已成规模。生产中主要应用日式水平棚架。

棚架的整形修剪 在定植的第一年将苗木在 80 cm 处定干，定干后萌发 3～4 个新梢，当年冬季修剪对中干延长枝留 60 cm 短截，重截竞争枝，其他枝甩放不剪，甩放枝条结果并可辅养树体。第二年中干延长枝又可萌发 3～4 个新梢，冬季选留 3 个强壮枝做主枝修剪，对过渡层的枝进行去强留弱的修剪。第三年春季树体高达 150 cm 左右时，开始架设棚架并对选留的 3～4 个主枝新梢倾斜绑缚引导上架。冬季修剪时，将前两年甩放结果的时，将前两年甩放结果的第一层水平枝进行疏除，使结果的重点转移到水平架面上。第四年后，冬剪继续对骨干枝延长枝进行剪截，注意培养侧生结果枝组，疏除背上直立强枝，回缩交叉枝组，剪截中长果枝调节枝组长势。架面上主枝间的水平距离要保持在 1.5 ～ 2.0 m 左右。主枝间距大的，可选留 1 个侧枝；主枝间距小的可直接着生长放枝组。枝组与骨干枝的水平夹角为 90°。剪截骨干枝延长枝时，要看好 2 ～ 3 芽的方向，以有目的的选留大型枝组。为促进骨干枝延伸生长，各延长枝头不要水平绑缚在架面上，应使其向上保持 50° 角延伸。当各骨枝两侧的新梢长到 60 cm 长时，自新梢基部拿枝开角 90°，然后水平引缚在架面上，形成大型结果枝组（图 2-3）。

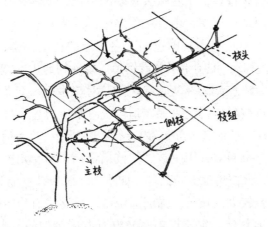

图 2-3　水平棚架形示意图

2. 各树龄时期的修剪

（1）幼树及初果期树的修剪

此期梨树修剪的目的主要是整形和以提前结果。幼树要"以果压树"，控制营养生长和树冠过大。砂梨（如黄金、水晶、新高等）一般在定植后的第二年结果，3 ～ 4 年形成产量，5 ～ 6 年达到盛果期。其他的梨品种一般 3 ～ 4 年结果，5 ～ 6 年形成产量，7 ～ 8 年达到盛果期。对梨树的幼树要及时进行拉枝、环剥、目伤、摘心等一系列措施。要因树因地整形修剪，不宜要求一致；要随枝随树作形，不要强树作形。另一条原则是一定要轻剪，总的修剪量要轻，尽量增加前期全树的枝叶量。

尽可能地增加短截的数量，使之多发枝，并加强肥水管理。

（2）盛果期树的修剪

梨树进入盛果期以后，修剪的任务是调节营养生长与生殖生长的矛盾，控制结果量，保持一定的新梢数量，维持一定的长枝、中枝、短枝的比例，以及发育枝和结果枝的比例，维持结果枝组的稳定性，调节主枝的角度和数量。

在盛果期，主枝、侧枝的延长枝向上生长，易造成外强内弱。修剪时要对其延长枝重剪或用背后枝换头，以控制其延长枝的上翘和旺盛生长。如果外围枝条过多，则宜疏去过多的枝条，尤其是旺枝、背上枝和直立枝。若外围结果过多，则宜疏除多余的结果枝和花芽，并留主枝延长枝的上芽，以防止树体外围过弱。主枝上的背上枝组，要适当控制，防止成为"树上树"，控制不了的就锯掉。疏除树膛内的徒长枝，回缩辅养枝，辅养枝无法控制的要从基部疏除。对轮生枝、交叉枝、重叠枝的处理要适当，可按具体情况来加以适当的处理。分枝角度小的品种（新高、水晶、秋黄、早生黄金等），内膛较大的枝干，当有碍于主枝、侧枝的生长时，可行重回缩；当主枝、侧枝大量结果后，角度稳定后，再疏除保留的部分。分枝角度大的品种（如华山、圆黄、黄金等），可从基部直接锯除在内膛较大的枝干。强弱适中的，可剪去有碍主侧枝发育的部分，使之成为辅养枝。生长较弱而又没有发展余地的，则从基部疏除。当侧枝交叉、对生、重叠和齐头并进的时候，要及时处理。

盛果期树，对于生产能力强的枝组，要按正常处理使它继续结果。对于生长弱的，分枝多的，结果能力下降的枝组，要在有分枝的地方及时回缩复壮。对于衰老、结果能力下降的枝组，要及时疏除。结果枝组修剪的总体原则是"轮换结果，截缩结合；以截促壮，以缩更新"。在具体修剪时应注意结果枝、发育枝、预备枝的"三套枝"搭配，做到年年有花、有果而不发生大小年，真正达到丰产、稳产的生产目的。合理配置大中型结果枝组、圆满紧凑枝组和两侧枝组，保证树体的通风透光条件。若树势较强，结果枝组有发展余地的时候，就应留延长枝让其逐年扩大。在扩大枝组的时候，还应注意前后的长势，前部较强时就应抑前促后，即用弱枝带头，疏去较强的枝条。前部较弱时应促前控后，用强枝带头，疏去较弱的枝条。若树势较弱时，应对枝组采取回缩更新的方法，来进一步调控树势，稳定枝组结构。进入盛果期以后，梨树很容易形成花芽，所以一定要根据树势来确定留花的数量，多余的要破芽修剪或疏除、回缩，并短截中、长果枝。容易形成腋花芽的品种，若短果枝较多，花芽量也足，周转也够，就不应留着生腋花芽的中、长果枝，进行不留花短截或将花芽剥离。特别是延长枝，一定要剥离花芽，并短截。

（3）衰老期树的修剪

梨树生长结果到一定的年限后，必然会出现衰老。衰老期修剪的基本原则是衰弱到哪里，就缩到哪里。注意抬高枝干和枝条的生长角度，回缩时应用背上枝换头。对结果枝组，要用利用强枝带头，强枝要留用壮芽。回缩时要分期、分批地轮换进行，不可一次回缩得太急、太快。在进行回缩前，通过减少负载量来改善树体的营养状况，使其生长势转强。对回缩后枝组的延长枝一定要短截，相临和后部的分枝也要回缩和短截。全树更新后要通过增施有机肥和配方施肥来加强树势，并认真防治病虫害，同时也要注意控制树势的返旺，待树势变稳后，再按正常结果树来进行修剪。

（三）花果管理

保花保果：花期放养蜜蜂或人工授粉，盛花期喷施 0.2% 硼酸，加叶面营养肥，提高坐果率。

"三疏"（疏花芽、疏花蕾、疏果）：冬季修剪疏除过多过密花芽，每 10 ～ 15 cm 留一个花芽；花蕾露白至初花期疏除过多过密花蕾，一般每花序留中间 2 朵花；谢花 15 天后开始疏果，20 ～ 25 cm 留一个果，达到叶果比（25 ～ 30）:1。

套袋：根据品种和市场需要选择合适的专用果袋，于 5 月底完成套袋，套袋前必须及时周到喷布杀虫、杀菌剂，果面干燥即可套袋，喷一片套一片。

采收：根据果实成熟度和市场需求综合确定采收时间，成熟度应在

8～9成。分批采收，轻采轻放，防止果实碰伤，分级包装出售。通过冷藏保鲜可延长上市销售时间。

四、病虫害防治

（一）病害

1. 梨黑星病

（1）症状

梨黑星病能危害梨树的所有绿色组织，包括芽鳞、花序、叶片、果实、果柄、新梢等。受害处先生出黄色斑，逐渐扩大后在病斑叶背面生出黑色霉层。

（2）侵染及发病规律

以菌丝和分生孢子在病组织中越冬，也可以菌丝团或子囊壳在落叶中过冬。其发生及流行与降雨次数和降雨量有密切关系，温度也有一定影响。

（3）防治措施

① 冬、春季清园；② 发芽前喷 50% 代森胺杀死菌源；③ 病芽梢初现期，及时剪除病芽梢；④ 生长季喷药防治，药剂有 40% 福星乳油、10% 世高水分散粒剂等。

2. 梨轮纹病

（1）症状

主要危害枝干及果实，叶片很少受害。枝干上发病多以皮孔为中心，产生褐色病斑，略突起。第二年病瘤上产生黑色小突起（病菌的分生孢子器）。病果很快腐烂，但仍保持果形不变，失水干缩后变成僵果。

（2）侵染及发病规律

此病以菌丝体和分生孢子器在病残组织中越冬，4～6月形成分生孢子，7～8月分生孢子大量散发，借风雨传播，从皮孔及虫伤口侵入枝干及果实，病菌自幼果期至采收期均可侵入，至果实迅速膨大和糖分转化期开始发病。干旱年份发病较少，温暖多雨年份发病严重。

（3）防治措施

① 刮病皮清除菌源，而后涂抹腐必清 2～3 倍液，或 12% 843 康复剂 5～10 倍液等；② 喷药保护果实。5～8 月喷 50% 多菌灵、40% 福星乳油等。

3. 梨黑斑病

（1）症状

主要危害砂梨系果实、叶片和新梢。叶片开始发病时为圆形、黑色斑点，后扩大为圆形或不规则形病斑，有时微现轮纹。潮湿时病斑遍生黑霉。果实受害初期产生黑色小斑点，后扩大成近圆形或椭圆形。病斑略凹陷，表面遍生黑霉。

（2）侵染及发病规律

病菌以分生孢子及菌丝体在病叶、病果和病梢上越冬，翌年春天病部产生分生孢子，进行初次侵染。该病整个生长季均可发病。

（3）防治措施

① 秋季搞好清园工作；② 梨树发芽前喷一次 5°Bé 石硫合剂。生长季在花前、花后各喷一次杀菌剂，连续喷 3～5 次。选用 50% 扑海因可湿性粉剂、10% 多氧霉素可湿性粉剂、70% 代森锰锌或 1：2：240 倍波尔多液等。

4. 梨褐斑病

（1）症状

该病仅发生在叶片上，发病初期叶面产生圆形小斑点，边缘清晰，后期斑点中部呈灰白色，病斑中部产生黑色小粒点状突起，造成大量落叶。

（2）侵染及发病规律

病菌在落叶上过冬，春天产生分生孢子及子囊孢子，成熟后借风雨传播到梨树叶上进行初次侵染。在生长季，病叶上产生分生孢子行再侵染并蔓延危害。多雨水年份、肥力不足、阴湿地块发病较重。

（3）防治措施

① 秋后清除落叶，集中烧毁或深埋，减少越冬菌源；② 雨季到来前

喷 70% 甲基托布津可湿性粉剂，或用 50% 多菌灵可湿性粉剂，或用波尔多液 1 : 2 : 200 倍液。

5. 梨锈病

（1）症状

梨锈病又称赤星病，危害叶片、幼果和新梢。发病初期病斑为橙黄色圆形小点，逐渐扩大且叶正面病斑凹陷，后期病斑正面密生黑色颗粒状小点（性孢子器），最后变成黑色。病斑背面隆起，其上长出黄褐色毛管状物（锈孢子器），成熟后释放出大量锈孢子。

（2）侵染及发病规律

该病以多年生菌丝体在桧柏病组织中越冬，早春形成冬孢子堆，4～5 月遇雨吸水膨胀，形成胶质冬孢子角，并产生担孢子。担孢子随风雨传播，侵染嫩叶、新梢和幼果，萌发后 6～10 天即可产生病斑，并在病斑上产生性孢子器，溢出大量黏液，内含大量性孢子。由昆虫或雨水传到其他性孢子器上，结合形成锈孢子器，产生锈孢子。锈孢子不能再侵染梨，而是借风力传播到桧柏树上越夏、越冬。

（3）防治措施

① 清除转主寄主；② 早春喷 2°～3° 石硫合剂或波尔多液 160 倍液；③ 在发病严重的梨区，花前、花后各喷一次药以进行预防保护，可喷 25% 粉锈宁可湿性粉剂等。

（二）虫害

1. 中国梨木虱

（1）发生与危害

梨木虱的成虫、若虫均可危害，以若虫危害为主。若虫多在隐蔽处，并可分泌大量黏液。常使叶片粘在一起或粘在果实上，诱发煤污病。

（2）习性及发生规律

梨木虱以成虫在树皮裂缝、落叶、杂草内过冬，早春梨花芽萌动时开始出蛰危害，出蛰后先集中到枝芽上取食，而后交尾并产卵。此期将卵产在短果枝叶痕和芽基部，以后各代成虫将卵产在幼嫩组织的茸毛内、叶缘锯齿间和叶面主脉沟内或叶背主脉两侧。每年发生代数各地均不相同，北京发生 3～4 代。

（3）防治措施

① 保护和利用天敌。在天敌发生盛期尽量避免使用广谱性杀虫剂；② 在越冬成虫出蛰盛期至产卵前喷 3°～5° Bè 石硫合剂、人工捕杀成虫等；③ 在落花后第一代幼虫集中期喷 5% 高效氯氰菊酯，或用 30% 百磷3 号，或用阿维菌素等。

2. 梨小食心虫

（1）发生与危害

梨小食心虫危害桃嫩梢，蛀入梨果实心室内危害。幼虫在果内蛀食多有虫粪自虫孔排出，常使周围腐烂变褐。

（2）习性及发生规律

每年发生 3～7 代，因地区不同而差异较大。雨水多、湿度大的年份发生量大，危害重。

（3）防治措施

① 建园应避免梨桃混栽，减少梨小转移危害；② 结合清园刮除树上粗裂翘皮，消灭越冬幼虫；③ 用糖醋液和梨小性诱剂诱杀成虫；④ 在二三代成虫羽化盛期和产卵盛期喷药防治，药剂有 20% 灭扫利乳油、20% 氰戊菊酯乳油、5% 高效氯氰菊酯乳油等。

3. 梨黄粉蚜

（1）发生与危害

梨黄粉蚜又叫黄粉虫，在我国北方梨产区发生普遍，主要危害梨树果实、枝干和果台枝等，叶很少受害，以成虫、若虫危害，梨果受害处产生黄斑并稍下陷，黄斑周缘产生褐色晕圈，最后变为褐色斑，造成果实腐烂。

（2）习性及发生规律

每年发生 8～10 代，以卵在果台、树皮裂缝、翘皮下越冬。此虫多在避光的隐蔽处危害，成虫发育成熟后即产卵，卵往往在虫身体周围堆集，将成虫覆盖。卵期 5～6 天，孵化后幼虫爬行扩散，转至果实上危害。实行果实套袋的果园，袋内果实很易发生黄粉虫，幼虫从果柄上的袋口处潜入，则很难用药剂防治，易造成危害。

（3）防治措施

① 冬、春季刮树皮和翘皮消灭越冬卵，也可于梨树萌动前，喷 99% 机油乳剂 100 倍液杀灭越冬卵；② 转果危害期喷药防治，药剂有 10% 烟碱乳油、2.5% 扑虱蚜可湿性粉剂、10% 蚜虱净可湿性粉剂等；③ 套袋栽培使用防虫药袋，并于套袋前喷一次杀蚜剂。

4. 山楂叶螨

（1）发生与危害

又叫山楂红蜘蛛，叶片受害后叶面出现许多细小失绿斑点，严重时全叶焦枯变褐，叶片变硬变脆，引起早期落叶。

（2）习性及发生规律

一年发生 6～9 代。以受精后的雌成螨在树皮缝内及树干周围的土壤缝隙中潜伏越冬，当花芽膨大时出蛰活动，梨落花期为出蛰盛期，是防治的关键时期。展叶后转到叶片上危害，并产卵繁殖。每年 7～8 月份发生量最大，危害也最严重。山楂红蜘蛛一般喜在叶背面危害，并有拉丝结网习性，卵多产在叶背面的丝网上。高温干旱的天气适合其繁殖发育。

（3）防治措施

① 刮除粗裂翘皮、树皮，消灭越冬成螨；② 保护利用天敌，在药剂防治时，尽量选择对天敌无杀伤作用的选择性杀螨剂；③ 抓越冬成螨出蛰盛期和第一代卵孵化盛期喷药防治，药剂有硫悬浮剂及 0.5°Bé 石硫合剂。生长季可选用药剂有 20% 螨死净乳油、5% 尼索朗乳油、5% 卡死克乳油等。

五、周年管理历

梨园周年管理历见表 2-6。

表 2-6　梨园周年管理历

时间	作业项目	主要工作内容
11 月至翌年 3 月上旬	清扫果园	把落叶、枯枝、病虫果清扫干净，集中烧毁
	灌冻水	11 月上中旬必须灌水完毕，水量以接上底墒为准
	冬季修剪	按照确定的树形，本着适期结果丰产稳产的原则。幼树尽早成形；结果树维持中庸树势，枝组细致修剪。防止"大小年"的出现
11 月至翌年 3 月上旬	刮树皮、喷药	每年或隔年修剪后，给主干、主枝、骨干枝刮粗皮、病疤处烂皮，残屑应带出园外销毁，清除虫枝和虫芽，清除田间落叶落果，集中销毁。剪锯口可涂农抗 120 康复剂原液。勿用梨、苹果、杨树作支棍。山地梨树在主干上围塑料膜，膜上涂凡士林油或 99.1% 加德土敌死虫乳油，阻止草履介上树，喷布腐必清、农抗 120、菌毒清或 3° ～ 5° 石硫合剂（兼治越冬的叶螨和蚜类） 越冬梨木虱每株达 10 头以上时，喷两次 30% 桃小灵乳油 2 500 倍，或用 2.5% 功夫乳油 2 000 ～ 3 000 倍，如果梨木虱很少，可只喷 30 ～ 40 倍石灰水 +1% 食盐，防治产卵喷 5% 柴油乳剂或 3 度石硫合剂，消灭梨木虱、蚜虫等
	物资准备	备足肥料、农药、维修农机具
3 月中下旬	修整水土保持工程	3 月上旬完成，有灌水条件的要修好渠道
	追肥灌水	全年梨幼树追纯氮每株 0.045 ～ 0.09 kg，纯氮、纯磷、纯钾的比例为 1 : 0.5 : 1，可 1 次施入。结果树全年按每产果 50 kg 施用纯氮 0.25 kg，纯氮、纯磷、纯钾的比例为 1 : 0.5 : 1，此次应在去秋施基肥的基础上施用全年氮肥量的 1/3。基肥末混入磷肥，应将全年的磷肥一次施入。施肥后灌水并中耕保墒

（续表）

时间	作业项目	主要工作内容
3月中下旬	喷药	继续剥除病斑和病瘤，并涂腐必清或农抗 120 等消毒，喷布多菌灵或甲基托布津加 10% 吡虫啉，喷福星或 15% 粉锈宁加乐斯本或蚜灭多 1 次。喷药后及时堵塞沟缝，用黄泥或涂墙用的大白，加适量纤维素加水调成糊状，再加 1/1 000 的吡虫啉，把锯口缝、嫁接处伤疤填满抹平，消灭其内黄粉蚜、二斑叶螨
	补植	缺株、缺授粉树的梨园，应在此时补栽
	高接换优	品种低劣或缺授粉树的梨园，可在此时进行高接换优，增加授粉品种树
4月份	喷药	防治梨木虱、红蜘蛛：检查梨木虱的产卵量，如果产卵量大，可加喷 0.4° ～ 0.5° 石硫合剂。4 月中下旬，盛花后 4 天喷 10% 吡虫啉 4 000 倍，如果在花序分离到开花降过 10 mm 以上的雨，则加 800 倍多菌灵防治金龟子、梨象甲、梨实蜂。花前地面撒 50% 辛硫磷乳油每公顷 3.0 ～ 6.0 kg+ 细土 450 ～ 600 kg，也可地面喷辛硫磷 500 ～ 600 倍液，花期敲击树干枝振落害虫
	灌水防冻	在临近开花期时灌 1 次水，以减轻霜冻危害
	疏花	在花序伸出时进行，留花量占总生长点的 37% ～ 45%。中小型果品种平均 16cm 留 1 花序，大型果品种 20 ～ 30 cm 留 1 花序
	授粉	提早制作花粉。一般一株树上有 60% 的花开放期为最佳授粉期。可采用人工授粉或放蜂进行传粉，放蜂时切忌喷农药。蜂箱应提前 3 ～ 5 天移入果园，遇不良天气应人工补授

（续表）

时间	作业项目	主要工作内容
5月份	喷药	谢花后两周，喷70%哒满灵400倍液或5%尼索朗1 500～2 000倍。利用天敌防治蚜虫或喷布吡虫啉或喷布灭幼脲3号悬乳剂1 000～2 000倍液或10%阿维菌素5 000倍液，或用1%苦参碱醇水剂1 000倍，或苏云菌杆菌可湿性粉剂500～1 000倍液防天幕毛虫、梨食芽蛾
	疏果	有果枝要达到总生长点的30%。疏果应在幼果脱去花萼后进行，一律留单果，留花序位低的果
	套袋	疏果的同时即可套袋，套袋必须在落花后40天内完成。套袋前应喷布防病虫药剂
	施肥、灌水	结果的大树，5月下旬应追施全年计划施氮肥量的2/3。并施用钾肥，如钾肥为草木灰，应与氮素化肥分开施。施肥后灌水、松土。5月下旬开始，每25～20天进行1次叶面喷施（尿素0.3%～0.4%，磷酸二氢钾0.2%～0.3%，连续喷3次
6月份	喷药	挂频振式杀虫灯或糖醋液诱杀梨小食心虫，捕杀天牛、金龟子。6月中旬麦收前套袋后，防治梨木虱、梨蚜、茶翅蝽、白飞虱、轮纹病、黑星病、褐斑病，喷多菌灵可湿性粉剂＋阿维菌素或三唑锡＋除虫菊酯
	灌水中耕	根据天气情况灌1～2次水，灌水后中耕除草
	覆草	结合清除树盘杂草和麦收，进行树盘覆草，覆草厚度不能小于20cm。并且要注意防火
7月份	喷药	7月上旬果实迅速膨大开始期，喷吡虫啉＋毒死蜱＋代森锰锌＋苯醚甲环唑，防治红蜘蛛、梨木虱、梨蚜、梨小食心虫、褐斑病、黑星病；7月下旬果实第二速长期，喷代森锰锌＋戊唑醇＋吡虫啉＋除虫菊酯，防治黑星病、轮纹病、梨木虱、梨蚜、白斑金龟子、梨小食心虫

（续表）

时间	作业项目	主要工作内容
7月份	吊枝、撑枝	对于结果多的大枝，尤其是密植条件下，开张角度大的结果枝，要进行支撑，以防压折。对新植幼树，要进行拉枝，开张角度
	除草、压肥	沤制绿肥。尤其是山区新开垦、明春要定植的果园在雨季之前平整地后，应在此时将定植穴或沟中进行填草，以保证明春的栽植
8月上中旬	喷药	①8月上中旬果实迅速膨大期，喷灭扫利＋多菌灵＋苯醚甲环唑，防治梨小食心虫、红蜘蛛、黑星病、褐斑病、梨蚜、茶翅蝽、白斑、金龟子；②树干绑草，诱杀梨木虱、黄粉虫、食心虫等
	采收准备	采收前，做好果场的消毒、维修，果棚的整修工作，并准备好采收工具、纸箱及运输工具等
	采收	陆续采收、入库
8月下旬至9月	施基肥	采收后至11月上旬施完，幼树每株施有机肥25～50 kg或压绿肥75 kg；结果大树根据每公斤果施有机肥2 kg
10月份	深翻	结合施基肥行。尤其是沙石较多的地方，需进行扩大深翻，更应做好此项工作，以保稳产。深翻时应注意勿伤大根

第三章
其他果树栽培技术

第一节
板　栗

一、主要品种

1. 华丰板栗

山东省果树研究所从野杂 12（野板栗 × 板栗）× 板栗的杂交后代中选育的新品种。9 月中旬成熟。坚果大小整齐、美观，果肉细糯香甜，含水 46.92%，糖 19.66%，淀粉 42.29%，脂肪 3.33%，蛋白质 8.5%。适于炒食，耐贮藏。幼树生长旺盛，雌花形成容易，1 ～ 2 年生苗定植后当年嫁接，翌年即可结果，接后 2 ～ 4 年平均每公顷 2 674.5 kg，第 7 年 6 405 kg，3 ～ 7 年平均 4 650 kg。

2. 华光板栗

山东省果树研究所以野杂 12× 板栗杂交育成。9 月中旬成熟。坚果大小整齐、光亮，果肉细糯香甜，含水 45.73%，糖 20.1%，淀粉 48.95%，脂肪 3.35%，蛋白质 8%。适于炒食，耐贮藏。幼树生长旺盛，大量结果后生长势缓和，结果枝粗壮，雌花形成容易，结果早、丰产、稳产。苗砧嫁接后第 3 年平均每公顷产量 2 506 kg，第七年 5 055 kg，3 ～ 7 年平均 4 080 kg。

3. 红栗 1 号

山东省果树研究所从红栗 × 泰安薄壳杂交后代中筛选而成。为我国首次通过人工杂交选育成的生产兼风景绿化的新品种。9 月 20 日左右成熟。坚果大小整齐、饱满、光亮，果肉黄色，质地细糯香甜，含水 54%，糖 31%，淀粉 51%，脂肪 2.7%。在常温下沙藏 5 个月，腐败率仅 2%。树体健壮，雌花形成容易，早果丰产。嫁接后 2 ～ 4 年平均株产 8.2 kg，亩产量 421.6 kg，最高 560 kg。适应范围广，抗逆性强，在山区、丘陵和河滩地栽培，树体生长发育均良好，结果正常。

4. 郯城 3 号

从实生栗树中选出的新品种。9 月下旬成熟。单粒重 12 g，含水 55%，糖 29%，淀粉 53%，脂肪 2.7%。为早实丰产、品质优良的炒食栗新品种。

5. 石丰板栗

山东省海阳县从实生栗中选出。9 月下旬成熟。坚果红褐色，整齐美观，果肉细糯香甜，含水 54.3%，糖 15.8%，淀粉 63.3%，脂肪 3.3%，蛋白质 10.1%。较耐贮藏。树势稳定，冠内结果能力强。树体较矮小，适宜密植，早果丰产性好。抗逆性强，适应范围广。

6. 红光栗

由山东省莱西市店埠乡从实生栗树中选出。10 月上旬成熟。单粒重 9.5 g 左右，坚果红褐色，大小整齐美观，果肉质地糯性，含水 50.8%，糖 15.4%，淀粉 64.2%，脂肪 3.06%，蛋白质 9.2%。耐贮藏。

7. 早丰板栗

河北昌黎果树所从实生栗中选出。坚果扁圆形，大小整齐，褐色，茸毛较多，单果重 7.6 g，果肉质地细腻，含糖量 19.7%，味香甜。该品种适应性、抗逆性较强，早实丰产性强。嫁接后第 2 年结果，3 ～ 4 年生亩单产 224 kg。

8. 燕奎板栗

河北省昌黎果树所由实生栗中选出。坚果近圆形，平均重 8.6 g，整齐均匀，棕褐色，具光泽，含糖 21.1%，质地细糯，味香甜。高产，稳产，抗干旱，耐瘠薄。为优质中熟品种。

9. 银丰板栗

北京市林果所从实生栗中选出。坚果圆形，平均重 7.1 g，褐色，具光泽，大小整齐美观，果肉质地细糯，含糖量 21.2%，品质上等。耐贮藏。嫁接后 2 年结果，3 ～ 4 年丰产，平均亩单产 191 kg。为优良晚熟品种。

10. 尖顶油栗

江苏省植物所从实生栗中选出。果皮紫红色，富光泽，大小整齐，单果重 8.2 g，肉质细糯，味香甜，品质优。嫁接后 2 年结果，盛果期密植园亩产 258 kg。晚熟，抗性强。

11. 燕山魁栗

河北省迁西县从实生栗树中选出。坚果椭圆形，棕褐色，具光泽，大小整齐一致，果肉质细糯，含糖 21.2%，适于炒食，品质佳。幼砧嫁接后 3 年结果，5 年生平均株产 2.60 kg，适应性强，丰产、稳产。

二、生态习性

1. 温度

板栗适于在年均温 10 ～ 17℃的范围内生长。生长期（4 ～ 10 月）的日均温为 10 ～ 20℃，冬季温度在 –25℃以下，开花期适温为 17 ～ 27℃，低于 15℃或高于 27℃均将影响授粉受精和坐果。8 ～ 9 月间果实增大期，20℃以上的平均气温可促使坚果生长。

2. 水分

栗树不耐涝，连续积水 1 ～ 2 个月，根系就开始腐烂，树体死亡。因此在排水不良的地方，应加强排水管理。板栗生长的不同物候期对水分的要求和反应不同，特别是秋季板栗灌浆期，如水分充足，有利于坚果的充实生长和产量的提高。

3. 光照

板栗为喜光性较强的树种，生育期间要求充足的光照。特别是花芽分化要求较高的光照条件。光照差，只能形成雄花而不能形成雌花，这也是板栗树外围结果的主要原因。日均光照时间不足 6 小时的沟谷地带，树体生长直立，叶薄枝细，产量低，品质差。因此在园址的选择、栽种密度的确立、整形修剪的方式以及其他栽培管理方面，应根据板栗喜光性强这一特点来考虑。

4. 土壤

板栗适宜在含有机质较多通气良好的沙壤土上生长，有利于根系的生长和产生大量的菌根。在黏重、通气性差，雨季排水不良（易积水）的土壤上生长不良。板栗对土壤酸碱度敏感，适宜的土壤 pH 值范围为 4 ～ 7，最适宜 pH 值为 5 ～ 6 的微酸性土壤。石灰岩山区风化土壤多为碱性，不适宜发展板栗。花岗岩、片麻岩风化的土壤为微酸性，且通气良好，适于板栗生长。

三、栽培技术

（一）土肥水管理

1. 土壤管理

（1）扩堰压肥

每年的雨季在树冠投影边缘挖一条宽 40 cm、深 60 cm 的环形沟，如果是山地可沿水平方向分别在上方、下方挖两条沟，压入青稞绿肥（荆条、杂草）50 ～ 100 kg，表土与底土倒置回填，同时做好水土保持工程，形成外高内低的梯田面。为了加快绿肥的腐熟和分解，每棵树可同时施入碳铵或尿素 2.5 kg，如果是空蓬率高的树，可结合板栗雨季施硼同时进行。

（2）中耕除草

每年进行 2 ～ 3 次。土壤解冻后，应及时中耕，夏季松土除草，及时扩树盘蓄水，同时除草压肥。

（3）地面覆盖

采果后松土保墒，可进行树盘覆盖。树盘覆盖就是利用秸秆、杂草等有机物粉碎后，均匀覆盖在树盘内，厚度 15～20 cm，覆盖物上再盖 5 cm 的土，这样既起到除草灭荒、增肥改土的效果，又起到蓄水保墒、稳定地温的作用，从而达到壮树增产目的。

（4）幼树间作

栗园郁闭前可合理间作矮秆豆科作物。

2. 施肥

（1）基肥

在 10 月中旬或板栗采收后施有机肥以每亩 2 m³ 为宜，可采用条状沟施、环状沟施，也可采用全园撒施在树下，结合松土翻入地下。开沟宽 40 cm，深 60 cm。

（2）追肥

山地没有水浇条件的以雨季（7 月中旬至 8 月中旬）结合扩堰压肥进行追肥，以氮肥为主，每株 2 kg 左右，施肥深度 20～40 cm。如有条件最好使用板栗专用肥。有水浇条件的板栗园追肥可分二次进行：第一次在新梢开始生长期，也是雌花分化期，以氮肥为主，可增加雌花量和促进枝叶生长；第二次在果实膨大期，追施复合肥或板栗专用肥，可使果实饱满，增加产量。施肥后必须结合灌水。施肥量要根据密度、产量的不同来确定，一般第一次每亩施尿素 20 kg，第二次每亩施复合肥 40 kg。

土壤施硼可降低板栗空蓬率，提高产量，1 次土壤施硼，效果可持续 3 年。

（3）叶面喷肥

5 月下旬、6 月中旬各喷 1 次 0.3% 的尿素；8 月中旬、8 月下旬各喷 1 次 5 000 倍的灭菌肥或腐殖酸高效喷淋肥；板栗采收后在喷一次 0.3% 的尿素。在花期喷 0.3% 的硼砂对防治板栗空蓬也有一定效果，需连年喷施。

3. 灌水与排水

水浇地栗园春季萌芽前浇 1 次水生长季节如降水不足各浇水 1 次；

采收后浇水 1 次。无水浇条件的栗园雨季在树下覆草（秸秆、杂草等）保墒，覆草厚度 10 ～ 15 cm。

（二）整形修剪

1. 整形

（1）开心形

没有中心干，干高 50 ～ 60 cm，全树 3 ～ 5 个主枝，各主枝在主干上相距 25 cm 左右。主枝开张角度 45°～ 50°，每主枝选留 2 ～ 3 个侧枝。

修剪方法：定干高 50 ～ 60 cm，从剪口下选出生长势强的新梢 3 个，培育成主枝，各主枝间方位错开，有一定间距，其余新梢剪除。当选留新梢长到 70 cm 左右时，就及时摘心，促发二次枝培养侧枝，以后每年继续培养主枝及侧枝。主枝开张角度 45°～ 50°，对影响主、侧枝生长的枝及时剪除。

（2）变则主干形

干高 60 ～ 70 cm，全树主枝 4 个，每层 1 个主枝，每个主枝的方位不同，主枝间隔 60 ～ 70 cm，主枝开张角 45°，每主枝两侧选留 1 ～ 2 个侧枝。

修剪方法：定干高 60 ～ 70 cm，首先从剪口下选直立的强旺枝为中心主枝延长枝，其次选择角度大，生长健壮的枝为第一主枝延长枝，并短截。第二年从中心主枝上选留与第一主枝方向相反相距 50 ～ 60 cm 的壮枝为第二主枝。以后修剪每年选留一个主枝，各主枝的方位彼此错开，保持一定距离和角度，在各主枝的外斜侧，选留第一、第二侧枝，方位彼此错开，间距 40 ～ 60 cm。第四至第五年主侧枝基本形成，即可剪除中心延长枝。

（3）主干疏层延迟开心形

干高 60 ～ 80 cm，全树留 5 个主枝。第一层 3 个主枝，主枝间距 25 cm，开张角度 45°～ 50°。第二层 2 个主枝，间距 50 cm，开张角度 30°～ 40°，层间距 80 ～ 100 cm。每个主枝选留 1 ～ 2 个侧枝，第一侧枝距主干 70 ～ 80 cm，第二侧枝距第一侧枝 40 ～ 60 cm。

修剪方法：定干 60 ～ 80 cm，第二年春选直立壮枝作为中心延长枝，在饱满芽处短截，同时选分布均匀的第一层三个主枝，并在饱满处短截。第三年春，对中心延长枝短截，留 40 ～ 50 cm 长。在距第一层主枝 80 cm处，选留 1 ～ 2 个方位适宜的壮枝，作为第二层主枝。两层主枝方位要上下互相错开，每个主枝要选留 1 ～ 2 个侧枝，第一层主枝的第一侧枝距主干 70 cm，第二侧枝距第一侧枝 40 cm 左右。第四年为防止树势上强，将强旺的第一芽延长枝自基部重截或拉平使其结果，利用第二芽枝做延长枝，并适当短截。在距第二层主枝 60 cm 左右处，选壮枝作为第三主枝。对其余细弱枝、重叠枝、交叉枝等都疏除。第五年后进入盛果期，保留五个主枝及其侧枝，应及时除掉中心枝，落头开心。

2.不同类型树体修剪

（1）幼树修剪

选留不同方位的 3 ～ 4 个主枝延长枝。

嫁接成活初期要及时除去砧木上的萌蘖，以免竞争养分和水分。对嫁接后未成活的树，除选留砧木上分枝角度、方位理想的旺盛萌蘖枝，来年再补接外，其余萌蘖一律去除。

夏季及时摘心。一般是在新梢生长至 30 cm 左右时，摘除先端 3 ～ 5 cm长的嫩梢，摘心后新梢先端 3 ～ 5 芽再次萌发生长，或单芽萌发单轴延工。摘心处形成轮痕，轮痕以下 3 ～ 5 芽是第二次新梢萌发生长以前营养分配的中心，可形成数个大芽，结果早的品种甚至可以形成花芽。

（2）密植园板栗修剪

解决光照：对于在内膛中心部分抽生并形成"树上长小树"的较大枝，要及时从根疏除，保证密植园栗树多主枝不规则自然开 树形，只要中心无大枝挡光，密植园树体光照合同，就是密植丰产、稳产的基础。

结果母枝的修剪：由同一枝上抽生的结果母枝一般为 2 ～ 3 个，生长势强的可达到 5 个。对于三叉枝可以疏除细弱母枝，集中营养；重短截健壮枝，为第二年结果做准备；缓放（或轻短截）中庸枝。对于分枝较多的同组结果母枝，也可应用以上原则，短截其中 1 ～ 2 条壮枝，疏除细弱枝，对中庸枝留 3～4 个大芽轻短截。

回缩：当部分枝条顶端生长势开始减弱、结果能力稍差时，应适时分年分批地回缩，降低到有分枝的低级次位置上，密植栗树的回缩应常年进行，降低结果部位，延缓结果外移的空间。

内膛结果枝的培养和处理：对内膛细弱枝，应从基部疏除。对挡光严重的徒长枝，若周围不空，可以从基部去除；而对光秃内膛陷芽产生的徒长性壮旺枝，可以重短截，或在夏季摘心，促生分枝，培养健壮的结果母枝。

（3）过度密植园改造

缩伐：对于每亩超过 110 株的栗园，当覆盖率达到 80% 时，则应采取隔行、隔株间伐。即在树冠交接前确定永久树及缩伐树，缩伐树为永久树让路。缩伐的树采用回缩修剪方法控制树冠，当两树冠密接时，对间伐树先行回缩，妨碍多少回缩多少，回缩后两树枝头应保持 0.6 m 的间距。逐年回缩直到间伐为止。对于间伐树，以回缩修剪促其结果为主。

过密树移栽：对于生产上目前株距低于 2 m 的栗园，可以采取移走栽植的方法。

品种改造：对于已交接郁闭，但种植密度低于 80 株的栗园，可以结合树体改造高接适宜密植的优良品种，利用多头高接，高接后第二年结果，3 年即可达到一定产量，很快便见效。改造时可以部分树改造，或整园进行改造。

改造树体结构：改造成"自然开心形"，改造后的栗树，控制结果部位外移，配备好结果母枝和预备枝，达到连年稳产的栽培目的。树干及主枝上光秃时，可以采取腹接技术，使树冠内的枝在各方位均匀排布。个别骨干枝距地面太高时，可以在 50 cm 左右处锯掉，锯口切平，再行嫁接。若骨干枝距地面距离合适，但骨干枝上光秃严重，也可将骨干枝留一定长度锯去，再嫁接。这种处理方法也可以结合品种换优进行。

（4）放任生长的老栗树修剪

① 先落头压缩中干，再逐年疏除重叠、并生、交叉大枝；② 对萌发

的旺枝、徒长枝，在冬剪时，采用重中短截，促发分枝，结合夏剪，摘心 2～3 次；③ 疏除过密枝、交叉枝、细弱枝；适当回缩冗长枝、光秃枝，促发基部隐芽萌发新梢，对新梢生成的壮枝，采用重、中短截并结合夏季多次摘心培养结果枝组。

3. 修剪量的确定

幼年结果树结果母枝应控制在 4～8 个 $/m^2$；成年结果树结果母枝应控制在 8～14 个 $/m^2$。

（三）花果管理

1. 提高板栗雌花数

板栗属雌雄异花植物，雌花较难分化。雌花量不足是限制板栗直产的主要因素。丰产园与低产栗园相比，前者土壤中氮、磷含量均高于后者，但以磷的差异较明显。通过增施磷混有机肥，树体磷素营养提高，栗树雌花枝量增，雄花枝减少，每果枝平均结苞数增多，产量得以显著提高。土壤中速效磷含量不应低于 12 mg/kg。需要注意的是，磷肥在充足氮肥的基础上，才能充分发挥其作用。磷素过量，则易发生缺铁、铜症。

增施磷肥，尤其是秋季施磷混有机肥或早春施磷肥对促进板栗雌花分化、增加雌花量有显著的促进作用。

2. 除雄技术

过去多采用人工去雄，即当雄花序不足 2 cm 时，除将新梢最上端的 3～5 个花序（可能是混合花序）保留外，其余全部疏除。除雄可以明显地增加雌花数量。减少雌花因营养不良而发生的败育。板栗雄花消耗大量的树体营养，早期人工疏除 95% 的雄花，平均可以增产 47% 左右，是有效的增产技术之一。采用化学疏雄技术也可达到同样的效果。

3. 花期施硼减少空蓬率

初花期和盛花期喷 0.2%～0.3% 硼酸 + 0.2% 磷酸二氢钾 + 0.2%～0.3% 尿素 + 微肥，花后则着重喷尿素和磷钾肥。花期喷肥可以降低空苞率，还可以促进栗蓬发育，减少因营养不良而造成的落果。

4. 疏除二次花

秋季板栗壮树容易形成二次花，消耗树的营养，因此，应该疏除二次花，以免影响第二年产量。

5. 果实采收

栗果成熟的标志是总苞变成黄绿褐色，苞口裂开，露出坚果，坚果皮色变为赤褐或棕褐色，完熟的坚果自然脱落即可采收。

目前，板栗采收方法主要有两种：① 拾栗。待树上的总苞完全成熟，自然开裂，坚果落地拾取。一般每天早晚拣,1 次，以免损失；② 打栗。大部分产区采用打栗方法。即在全园有总苞近一半成熟开裂时用竹竿 1 次全部打落，拣拾总苞和落栗。打下的总苞堆放在通风高燥的地方，60～80 cm 厚，上盖席箔，每 3～5 天洒 1 次水，10 天左右总苞自然开裂，然后取出坚果，及时贮藏。

四、病虫害防治

（一）病害

1. 粗皮病

粗皮病多发生在 3～4 月份多雨、气温时高时低温差较大的情况下，一般发生在幼树嫁接的伤口愈合差的部位土壤贫瘠生长势较弱的栗树，以 10 年以下栗树发病最为严重。发病轻者生长不良或不发叶，重者枝条枯死，甚至整株死亡。

防治方法：① 修剪：对感病树轻病轻剪，重病重剪。清除病枝、枯死枝或枯死的整株，集中烧毁；② 药物灌根：用 40% 多菌灵 100 g、硼砂 100 g、ABT 生根粉 1 g 对水 50 kg 灌根，在树冠沿滴水线挖 2～3 m 长、20 cm 深、50 cm 宽的环形沟，将配好的混合液每株施 3.5～5 kg，然后覆土填平；③ 涂干：用 5% 的烧碱液涂干；④ 喷叶：在 5～7 月份，用 40% 多菌灵 500 倍液、ABT 生根粉 15 L/μl、2% 硼砂、叶面宝、井岗霉素

500 倍液、福美胂 80 ～ 100 倍液、腐烂敌 80 ～ 100 倍液，每隔 10 ～ 15 天在叶面、枝干喷洒 1 次；⑤注意用肥：少施速效肥，多施有机肥；⑥施硼：在感病栗园可每亩施硼砂 0.5 ～ 1 kg。

2. 膏药病

膏药病易发生在栗树密闭、通风透光条件差的栗树枝干上，长出灰色至灰褐色菌膜。

防治方法：用煤油或柴油与硫磺粉 1 : 0.5，或用 3° ～ 5°Bé 石硫合剂涂刷病部。

3. 白粉病

白粉病主要发生在幼树和栗树苗木嫩叶和新梢，感病部位产生白色粉状物。

防治方法：①剪除病梢，减少病菌侵染来源；②发病严重的栗树，在开花前和落花后喷 2 次 25% 粉锈灵可湿性粉剂 1 500 ～ 2 000 倍液，或喷 50% 硫悬浮剂 300 ～ 400 倍液。

4. 栗仁褐变病

栗仁褐变病即栗仁部分有绿色、黑色或粉红色霉状物，栗仁霉烂或硬化。

防治方法：①在 6 ～ 7 月给栗园增施钙（石灰每亩 4 ～ 5 kg）；②等栗仁充分成熟时采收。

5. 栗疫病

又名板栗胴枯病。病症主要发生在树干和主枝上。病部略微凹陷，病斑有呈水肿状隆起的橙黄色小粒点，内部湿腐，有酒味，干燥后树皮纵裂。

防治方法：①加强栽培管理，增施肥水，培养壮树，及时治虫和防寒，保护嫁接口以及避免一切机械损伤，对伤口涂抹多菌灵可湿性粉剂，100 倍液或 50% 甲基托布津 100 倍液，可抑制病菌侵入；②及时拔除病株和剪除病枝，并集中烧毁。剪除病枝时，须从患部以下带健康枝段剪掉，并涂药保护伤口；③将病斑刮除后用 40% 的福美砷可湿性粉剂 50

倍液加 2% 平均加，或用 50% 多菌灵可湿性粉剂 100 倍液，涂抹消毒，结合使用"腐必清"，能防止病斑重犯，并能促进伤疤愈合；④ 从 4 月中下旬开始，用抗菌素"401""402"200 倍液加 1% 平平加，在病部（先刮去病部的粗皮）每隔 15 天涂药 1 次，共涂 5 次。

（二）虫害

1. 栗实象

栗实象幼虫在栗实内取食，形成坑道。

防治方法：① 冬季搞好栗园深翻，消灭越冬幼虫；② 成虫密度在的栗园，在 6～7 月分成虫出土期，在地面喷洒 5% 辛硫磷粉剂，2% 甲氨磷粉剂；③ 成虫出土后，向树冠喷 40% 久效磷乳剂 1 500 倍液或 40% 乐果乳剂 1 000 倍液，或用 50% 滴滴畏乳剂 800 倍液。

2. 金龟子

金龟子幼虫冬季在土壤中越冬，一般于 4 月下旬至 5 月上旬化蛹，5 月下旬成虫危害多种植物。6 月中下旬，特别是在麦收后，大量转移到板栗幼树上危害嫩叶，重者全株嫩叶食光。

防治方法：① 利用金龟子成虫假死性，采取震落，人工捕杀；② 利用成虫趋光性，用灯光诱杀；③ 右每年 10 月上旬或次年 4 月对栗园进行深翻，消灭越冬幼虫；④ 在 6 月上中旬成虫出土期往地面喷洒 50% 辛硫磷乳油 300 倍液；⑤ 成虫发生期可往树叶上喷洒 50% 对硫磷乳油 1 500～2 000 倍液或辛硫磷乳油 1 000 倍液。

3. 栗剪枝象甲

又名剪枝象鼻虫。成虫咬食嫩果枝及嫩刺苞，造成果枝被咬断和大量栗苞落地。

防治方法：① 在栗园中及时拾净落地的果枝、栗苞，集中烧毁；② 在成虫出土前（5 月底至 6 月上旬），用 75% 的辛硫磷 500～1 000 倍液喷洒地面，杀死刚出土的成虫；③ 在成虫发生盛期（6 月下旬），利用其假死性，摇动树枝，震落后消灭。或向树冠下部喷 75% 的辛硫磷 2 000

倍液。

4. 栗大蚜

又名大黑蚜虫，主要危害嫩枝，引起树势衰弱。

防治方法：① 人工防治：冬、春刮树皮或刷除越冬密集的卵块；② 药剂防治：向板栗嫩梢栗大蚜集中的地方，喷 50% 的敌敌畏 1 500 ～ 2 000 倍液，40% 的乐果 2 000 倍液，或用灭扫利 2 500 ～ 3 000 倍液。

5. 栗链蚧

栗链蚧成虫介壳略成圆形，以成虫和若虫群集在树干、枝条和叶片上刺吸树汁液。

防治方法：① 在 3 月上旬到 4 月上旬和 7 月中旬到 8 月中旬 2 次成虫发生期，用 80% 敌敌畏乳油或 40% 乐果乳剂 1 000 倍液喷洒树枝干叶和虫体杀灭；② 剪去越冬虫枝烧毁；③ 冬季对受害树附近喷洒 1° ～ 3° 石硫合剂，杀灭越冬成虫、若虫。

6. 栗瘿蜂

又名栗瘤蜂，在板栗产区均有发生。主要危害栗芽，在抽生的新枝周围形成小枣大小的瘤子，虫子躲在瘤子内。瘤子的部位一般在弱枝、叶柄、叶脉上，常引起枝条枯死。

防治方法：① 保护和利用寄生蜂：栗瘿蜂的天敌有十几种，主要是跳小蜂。它能寄生在栗瘿蜂的幼虫中，在瘤子内越冬。冬季修剪后，保存被害的干枯瘤，4 ～ 5 月份再放到栗园中去，使寄生蜂羽化后，飞出去再产卵寄生；② 疏除细弱枝，消灭芽内幼虫：栗瘿蜂主要在树冠内膛郁闭的细弱枝的芽上产卵危害，因此在修剪时，进行清膛修剪，将细弱枝清除，消灭越冬幼虫；③ 药剂防治：在成虫出瘤期（6 月中旬左右），喷 50% 的杀螟松 1 000 ～ 2 000 倍液或 50% 的"1605"2 500 ～ 3 000 倍液。

7. 桃蛀螟

又名桃斑螟，幼虫期危害果实，常在总苞和幼果之间蛀食，大都在果实成熟期侵入，将栗果蛀成孔道，甚至蛀空，并有大量虫粪和丝状物，因而失去食用价值。

防治方法：① 采收后及时脱粒可减轻危害；② 在幼虫发生期，向树冠喷洒50%的杀螟松800%～1 000%倍液或50%的"1605"2 500～3 000倍液；③ 清理越冬场所，及是烧掉板栗刺苞，杀死越冬幼虫。

8. 栗实象鼻虫

又称象鼻甲。主要蛀食果实，栗果内有虫道，粪便排于虫道内，而不排出果外，这种习性区别于桃蛀螟。

防治方法：① 适时采收，防止种子落地后幼虫入土越冬；② 利用成虫的假死性，于8月上旬，在早晨露水未干时，轻击树枝，兜杀成虫；③ 成虫羽化后（8月上旬至9月上中旬），向树冠喷洒50%的甲基对硫磷乳油（甲基1605）1 500倍液，或用50%的对硫磷2 000～2 500倍液，或用50%的杀螟松乳油500倍液（2～3次）。

9. 栗天牛

主要是云斑天牛。幼虫在树干内做纵横道危害，致使树势衰弱甚至死亡。成虫啃食嫩枝。

防治方法：① 5～7月，用小型喷雾器从虫道注入80%的敌敌畏100～300倍液5～10 ml，然后用泥或塑料袋堵注虫孔，杀死虫道内的幼虫；② 在栗园周围配置樟树（香樟），或在栗园内挂樟叶包；③ 从虫道插入"天牛净毒签"，3～7天后，云斑天牛、桑天牛等蛀干害虫幼虫致死率在98%以上。其有效期长，使用安全、方便，节省投入。

10. 樟蚕

食叶害虫，严重时可将叶片吃光，影响树木生长。

防治方法：① 利用成虫的强趋光性，在成虫羽化盛期，用杀虫灯诱杀；② 对幼虫喷无公害绿色农药25%阿维菌素·灭幼脲3号悬浮剂，使用浓度为1 500～2 500倍液，一般施药24小时后开始中毒死亡。使用前务必将瓶下部沉淀摇起，混匀后再使用。本剂对蚕有毒，养蚕区不宜使用；③ 人工刮除卵块，或在老熟幼虫下树时捕杀。

五、周年管理历

板栗周年管理历见表3-1。

表 3-1 北京板栗周年管理历

时期	栽培管理工作	备注
12月上旬 3月上旬 休眠期	（1）冬季修剪 （2）结果树要精细修剪，留好结果母枝及预备枝 （3）采集接穗 （4）防治栗瘿蜂、栗大蚜	采集的接穗要及时贮藏 病虫害防治要点： （1）结合冬剪，除掉细弱枝、病虫枝 （2）刮除透翅蛾虫疤，减少越冬虫基数 （3）刮树皮或刷除栗大蚜越冬卵块
3月中旬 至3月 下旬 芽萌动期	（1）追速效性生物速效肥 （2）施硼肥 （3）用惠满丰或生物速效肥喷全树枝干 （4）采穗圃采接穗，并及时封蜡 （5）中耕保墒 （6）防栗大蚜、栗疫病	山地土壤解冻时追肥。水浇地，施后浇水。施硼肥后，一定浇水。 病虫害防治要点： （1）萌芽前喷3°石硫合剂；卵孵化后喷1 000倍"烟百素"防治栗大蚜 （2）用25%灭幼脲3号悬浮剂1 000～2 000倍，涂透翅蛾虫疤 （3）引入苗木要严格检疫栗疫病 （4）对已发生疫病树要多施肥，增强树势，对剪口、伤口要涂保护剂；检查病斑刮治，然后涂腐必清
4月 芽萌发期	（1）幼树撤防寒土，并浇水 （2）建园栽树 （3）苗圃嫁接育苗；大树高接换优 （4）防栗大蚜，栗透翅蛾	抗旱保墒，山地幼树要浇水 病虫害防治要点： （1）用0.3%苦参碱水剂800～1 000倍或"烟百素"1 000倍全树喷洒防栗大蚜 （2）继续防治栗透翅蛾
5月 新梢 速长期	（1）济阳霉素防治红蜘蛛 （2）叶面喷生物速效肥或惠满丰 （3）全树喷"烟百素"1 000倍液，防治红蜘蛛及栗大蚜	叶面喷肥浓度为0.3% 病虫害防治要点： （1）用1%阿维菌素乳油5 000倍液或5%尼索朗乳油2 000倍液或10%济阳霉素乳油1 000倍液，防治红蜘蛛 （2）剪除栗瘿蜂虫瘤 （3）继续防治栗透翅蛾

（续表）

时期	栽培管理工作	备注
6月 营养 生长期 花期	（1）除雄花序（注意物候期） （2）防治红蜘蛛；刮栗疫病病斑，然后涂石硫合剂液 （3）高接大树除砧木萌蘖及新梢摘心 （4）圃内嫁接苗要除萌蘖，浇水追肥 （5）叶面喷肥 （6）做好水土保持工作，整修梯田，修树盘，水浇地要浇水	人工除雄花序时，严格按说明书操作。喷生物速效肥和硼 病虫害防治要点： （1）通过夏剪，除去栗瘿蜂虫瘤 （2）在栗树花期防第一代栗皮夜蛾，喷25%灭幼脲3号悬浮剂1 000～2 000倍
7月 营养 生长期 幼果 发育期	（1）扩树盘，修整梯田，蓄水保墒 （2）压绿肥，追速效肥 （3）施硼肥 （4）高接大树除萌蘖，新梢摘心 （5）防木橑尺蠖，栗皮夜蛾	施硼肥要根据大小树施不同的数量 病虫害防治要点： （1）在栗瘿蜂成虫羽化期（约7月上旬），全树喷50%马拉硫磷乳油1 000倍或99.1%加德士敌死虫乳油200～300倍 （2）7～8月防第二代栗皮夜蛾，打杀虫剂。喷25%灭幼脲3号悬浮剂1 000～2 000倍 （3）7月下旬防木橑尺蠖
8月 果实 生长期	（1）叶面喷磷酸二氢钾或尿素 （2）继续压绿肥 （3）防治栗实象甲、栗皮夜蛾、桃蛀螟 （4）浇水追肥	叶面喷浓度为0.3% 病虫害防治要点： （1）栗食象甲发生期，及时喷渗透性强的杀虫剂 （2）防三代栗皮夜蛾及木橑尺蠖 （3）防治桃蛀螟，用50%马拉硫磷乳油1000倍，全树喷洒

（续表）

时期	栽培管理工作	备注
9月 果实 采收期	（1）树下中耕除草、整平、做好采收准备 （2）准备地沟，清理冷库、地窖消毒 （3）每天拾栗子，及时贮藏 （4）采收完毕，叶面喷生物速效肥，树下用秸秆、杂草覆盖保墒 （5）喷杀虫剂或熏蒸栗果防治桃蛀螟、栗皮夜蛾	喷生物速效肥浓度为0.5％。树下覆草后要压土，防风，防火 病虫害防治要点： （1）采收前桃蛀螟、栗皮夜蛾的防治同8月份 （2）采收后，对堆放的栗苞可喷50％马拉硫磷乳油1000倍液，或把栗果密封仓库内，用二硫化碳或溴甲烷或磷化铝熏蒸
10月 落叶期	（1）施基肥，有条件灌水，应及时浇水 （2）清理堆放栗苞、栗果场所，防治越冬虫害	将存放栗苞、栗果场所喷杀虫剂
11月 落叶期	（1）幼树埋土防寒 （2）刮树皮涂白 （3）检查贮藏的栗果	把栗苞、栗果残体及堆放场所杂物烧掉

第二节

枣

一、主要品种

（一）鲜食品种

1.冬枣

别名冻枣、苹果枣，果皮薄而脆，赭红色，不裂果。果肉质地细嫩，味甜多汁，品质极上。鲜枣含可溶性固形物38％～42％，可食率96.9％。

果实生长期约 125 天，10 月上旬成熟。该品种适应性较强，较耐盐碱。丰富稳产，是很发展前途的鲜食晚熟品种。

2. 朵朵枣（gugu）

果实两端钝尖而光圆，形似一种儿童玩具朵儿，两头尖，中间大，因而得名朵朵枣，也称朵枣，为鲜食名贵品种之一。果皮薄，紫红色。果肉质细而脆嫩，甜而微酸，汁多，鲜果含全糖 29.91%、含酸 0.56%，含维生素 C 189.1 mg/100 g，品质上等。果实 9 月上旬成熟。早期丰产和丰产稳产性极佳，但易裂果。

3. 马牙白枣

又称白马牙，北京地方品种，各地均有栽培。果个大小较均匀。果肉淡绿色，细嫩多汁，风味甜，可食部分占全果重的 92.94%，鲜果含全糖 35.3%、含酸 0.67%，含维生素 C 332.86 mg/100 g，品质上等。8 月下旬果实成熟。早果丰产性极佳，适应性较强，对土壤条件要求不严格。容易裂果是不足。

4. 郎家园枣

原产北京朝阳区郎家园一带。果实小，长圆形，平均单果重 5.63g，果面平滑、具光泽，果皮薄脆、深红色。果肉质地酥脆多汁，甜味浓，稍有香气，可食率 95.7%，品质极上等，鲜果含糖 31% ～ 35%。果实生长期 90 ～ 95 天，9 月上旬成熟，产量不高，采前裂果较轻。

5. 长辛店白枣

北京地方品种，果型大，平均单果重 14.3 g，皮薄，肉脆，汁多，味甜，鲜果含可溶性固形物 29.6%。可滴定酸 0.26%，维生素 C 375 mg/100 g。品质极上等，9 月中旬果熟。丰产性极佳，采前裂果较重，不耐贮运。

6. 怀柔脆枣

也称红螺脆枣。怀柔西三村一带栽培较多，栽培历史悠久。该品种属优质鲜食大枣类型，果实大，平均果重 21.8 g，果皮薄，深红色，有光泽。果肉淡绿色，质地脆，汁液较多，味酸甜。鲜枣含总糖总糖 16.92%、总酸 0.474%，维生素 C 281.47 mg/100 g，鲜食品质上等。9 月中旬成熟。

7. 北京鸡蛋枣

果个大，形似鸡蛋，因而得名，散见于北京居民庭院。平均单果重 20.3 g，果皮暗红色，有光泽；果肉白绿色，松脆多汁，味甜；鲜枣含糖 18.52%，含酸 0.47%，含维生素 C 202.7 mg/100 g，可食率达 98.69%，品质上等；9 月中旬成熟，易裂果。

8. 京枣 39

北京市农林科学院林果研究所选育的鲜食大枣品种，平均单果重 28.3g，果皮薄，全熟时果皮深红色，果面较平整，果肉绿白色，质地酥脆，汁液多，味酸甜，总糖达 21.7%，可溶性固形物 25.4%，酸 0.36%，维生素 C 276 mg/100 g，鲜食性好，风味佳，品质极上等。该品种早实性强且丰产性好，但易裂果。

9. 大老虎眼枣

北京地区地方品种，平均单果重 12.9 g，果皮赭红色，果面光滑，果肉脆熟期浅绿色，果肉致密、酥脆，汁液中多，风味浓酸。略有甜味，甜酸适口，鲜食品质上等。可溶性固形物 24.80%，可食率 96.2%。早果丰产，坐果率很高，裂果、生理落果极轻微，不发生采前落果。果实成熟早，8 月中旬成熟。

（二）鲜食与制干兼用品种

1. 赞皇大枣

原产河北赞皇，平均果重 17.3 g，大小整齐，果面平整，果皮深红褐色，不裂果，果肉致密质细，汁液中等，味甜略酸，含可溶性固形物 30.5%，可食率 96.0%，制干率 47.8%，果实生长期 110 天左右，产地 9 月下旬成熟。该品种适应性较强，耐瘠耐旱，坐果稳定，产量较高。果实品质优良，适于制干枣和蜜枣，也宜鲜食，用途广泛。适于北方日照充足，夏季气候温热的地区发展。

2. 骏枣

主产于山西交城的边山一带，果大，圆柱形，有"八个一尺，十个一斤"之说，平均果重 22.9 g，大小不均匀。果面光滑，果皮薄，深红色。果肉质地松脆，汁液中等。含糖量 28.7%，酸 0.45%，维生素 C 432 mg/100 g，可食率 96.3%，品质上等。果实生长期 100 天左右，产地 9 月中旬进入脆熟期。生食、加工、制干均可，制作醉枣品质甚优。

3. 苏子峪大枣

原产于平谷区大华山乡苏子峪，也称苏子峪蜜枣。果实特点：果实较大。果皮薄，果肉致密而脆，果汁中等多，味甜而稍酸。核稍大。果实 9 月上中旬成熟。枣头黄褐色。生长旺盛。树势较旺，较丰产。适应性强，山地、半山地都可栽植。抗病力弱，食心虫危害较重，枣疯病严重。果实品质上等，可干鲜两用。丰产性能好，抗逆性强，是很有发展前途的北京枣品种。

（三）制干品种

1. 金丝小枣

原产山东、河北交界地带，果实较小，平均单果重 5 g。果皮薄，鲜红色，光亮美观，果肉质地致密细脆，汁液中等多，味甘甜微酸。含可溶性固形物 34%～38%，维生素 C 56 mg/100 g，可食率 95%～97%，制干率 55%～58%，果实生长期 100 天左右，产地 9 月下旬成熟。金丝小枣是我国较为优良的红枣品种，盛果期产量高而稳定。

2. 无核小枣

又名空心枣、虚心枣，产于山东乐陵、庆云及河北盐山、沧县等地，是稀有干制良种。果实多为扁圆柱形，中部略细，大小不均匀，单果重 3.9 g。果皮薄，鲜红色，有光泽，富韧性。果肉质地细腻，稍脆，汁液较少，味甚甜，含可溶性固形物 33.3%，可食率 98%～100%，制干率 53.8%，鲜食品质中上。干制红枣含糖 75%～70%，含酸 10.0%，贮运性能优良，品质上等，果核退化成薄膜质不能当作种子。果实生长 95 天左右，9 月中旬采收。

3. 密云金丝小枣

以产地命名，北京密云县西田各庄乡为其主产区。枣果实为卵圆形，两边对称，平均重 5.5 g；果皮红色，果肉脆甜；鲜枣含糖 30.52%，含酸 0.46%，每百克含维生素 C 185.9 mg，可食率 92.73%，品质上等；9 月下旬成熟。此品种最适于晒制干枣，出干率在 60% 以上，干枣肉厚而富有弹性，剥开果肉可拉出很长的金黄色糖丝，故有金丝小枣之称。不抗枣疯病是其不足之处。

4. 西峰山小枣

北京昌平区西峰山一带原产，枣果实为卵圆形，平均单果重 4.47 g。果皮橙红色，薄而平滑；果肉厚，脆而多汁，味甜；鲜枣含糖 31.19%，含酸 0.27%，含维生素 C 177.0 mg/100 g，可食率 96.4%，干鲜两用，品质上等；9 月下旬成熟。鲜果耐贮性较好，晒制干枣肉厚而有金丝，制干率可达 60%。

5. 泡泡红大枣

北京地方品种，主要分布在房山区南尚乐一带。个较大，果皮厚而硬。果肉硬而紧密，汁液少，味甜。果实 9 月上旬成熟。树势强健，丰产，适应性强，抗逆性强，对土壤要求不严格，是北京地区制干的优良品种。

（四）加工品种

1. 义乌大枣

原产于浙江义乌、东阳等地。果实大，平均果重 15.4 g，大小均匀，果面不很平整。果皮较薄，赭红色，少光泽，稍有粗糙感。果肉厚，质地稍松，汁液少，鲜食味淡，适宜制作蜜枣，品质上等。白熟果生长期95 天左右，在浙江义乌果实 8 月下旬进入白熟期。成熟期遇雨不裂果。该品种耐旱涝，要求土壤肥沃，并配植授粉品种以提高产量。

2. 宣城尖枣

原产于安徽宣城的水东。果形大，平均重 22.5 g，大小整齐。果皮红色，果面光滑，加工期采收时乳黄色，很少裂果。汁液少，甜，味淡，可食率 97%，栽植地以壤或沙壤土为好，耐旱、不耐涝，抗风性差，不抗枣疯病。果实在产地 8 月下旬进入白熟期。品质上等，素有"金丝琥珀蜜枣"之称，多用于出口，畅销国际市场。

3.大糠枣

产于北京大兴等地。果实大，果皮稍厚，红色，果肉质软绵，汁液较少，味淡，加工蜜枣品质上好。树体较大，树势强旺，适应性强，在沙壤质、黏壤质的平原或山坡地，都能较好生长。在产地果实生长期90～95天，于8月中下旬果白熟期采摘加工蜜枣，是优良的加工枣品种。

（五）观赏品种

1.龙爪枣

别名龙枣、龙须枣、蟠龙枣、曲枝枣。果实不适食用，然其树体矮小、树形、枝形、果形美观奇特，是难得的观赏品种，可庭院栽培或制作盆景。

2.磨盘枣

别名葫芦枣、药葫枣，多庭院栽植用于观赏和晒制干枣。北京地区果实9月中下旬成熟，果实生长期100天左右。果形奇特美观、属枣的珍贵品种，深受观赏栽培者喜爱，最适于绿化栽培，也可盆栽。

3.胎里红

别名老来变。产于河南镇平一带，幼果为紫红色，以后渐减退，至白熟期转变为绿白色，略具红晕，随果实成熟度色泽又渐加深，至完熟期，转为红色。可制作蜜枣。在河南镇平9月上旬成熟。果生长期100天左右。该品种适应性强，早产丰产性好，因其枝、花特别是幼果均呈红色，有很高的观赏价值。

二、生态习性

（一）温度

枣树是喜温果树，在落叶果树中萌芽最晚，落叶最早。春季当气温上升到13～15℃时枣芽开始萌动；日平均温度在20℃以上时进入始花期，22～25℃达盛花期，果实生长期要求24℃以上的温度，到果实成熟期需要 100 天左右，温度低的地区成熟期相对推迟。当秋季气温下降到 15℃时开始落叶。枣休眠期对低温的抵抗力较强，在 -32.9℃的严寒条件下，仍能安全越冬。

（二）水分

枣树对土壤湿度适应范围广。在年降雨量 400～600 mm 的地区，均能正常生长。枣授粉受精要求一定的空气的湿度，湿度不足影响授粉受精，落花落果严重。在果实着色至采收以及晾晒过程中雨量过多，易引起裂果和烂果。与其他落叶果树相比，枣树的抗旱、耐涝能力强。

（三）光照

枣为喜光树种，生长在阳坡和光照充足地方的枣树，树体健壮，产量高，品质好。光照不足，影响花芽分化开花结果。

（四）土壤

枣树对土壤适应性强，耐旱、耐瘠薄、耐盐碱。不论沙质或黏质土壤均能生长。但以肥沃的中性沙壤土或轻质黏土为好。

三、栽培技术

（一）土肥水管理

1. 土壤管理

（1）耕翻土壤

早春和秋末耕翻枣园，疏松土壤，幼树深翻 20～30 cm，大树 30～50 cm，自树干向外由浅到深。

（2）清除杂草

除进行人工锄草外，还可推广化学除草：① 25% 敌草隆粉剂或 10% 水剂 100 倍液，在草高 30 cm 时喷布，亩用液 40 kg，有效期 60 天，可通过内吸传导作用清除多种杂草；② 50% 扑草净粉剂 400 倍液，亩用液

12 kg，有效期 30 ～ 50 天，可通过内吸作用清除双子叶杂草；③ 10% 草甘膦、20% 百草枯和 90% 茅草枯 100 倍液，在杂草高低于 15 cm 时喷布，亩用液 150 kg，可通过触杀作用清除多年生茅草和芦苇等；④ 50% 西玛津粉剂或 40% 胶悬剂 400 倍液，在杂草出土前地面喷布，通过内吸传导作用杀死多种杂草。若土壤湿度较大，稀释液中添加适量展着剂效果更好。

（3）改良土壤

夏、秋两季枣园增施草木栖、沙打旺、紫穗槐等绿肥，每株 25 ～ 50 kg，改善土壤结构和理化性质。使用多元有机冲施精可防止土壤板结，节水增效，健树抗衰。

（4）保持水土

山地枣园修筑水平沟和鱼鳞坑蓄水保土，减少养分流失，实现以土蓄水，以水养树，以树保土的良性循环。平地枣园可在雨后和浇水后，用盖土、覆膜和压草等办法蓄水保墒。

2. 合理施肥

（1）基肥

春季土壤解冻后和秋季果实采收后，施人畜粪等农家肥，幼树每株 25 ～ 50 kg，大树 50 ～ 100 kg；每株若加入棟素生物复合肥 0.1 kg 效果更好。或施入硅钙镁钾复合肥、博帝森有机肥或赛众 28 肥，每株 1 ～ 2 kg。方法是在树冠外围挖环状沟或距树干 30 ～ 50 cm 处向外围挖放射沟施入，宽度 30 ～ 50 cm，深度 30 ～ 40 cm。亦可全园或树盘撒施，然后深翻 20 ～ 30 cm，将肥料施入土中，有条件的随即灌水溶解。

（2）追肥

① 4 月上中旬每株施碳酸氢铵 0.25 ～ 0.75 kg，促进枣芽萌发，新梢生长；② 5 月中下旬每株施红枣专用肥 0.25 ～ 0.5 kg，促进花芽分化，减少落花落果；③ 6 月下旬至 7 月初株施尿素 0.4 ～ 0.5 kg 和钙镁磷钾肥或"赛众 28"肥，每株 1 ～ 2 kg，促进果实膨大；④ 花后 1 月和花后 2 月各施 1 次沼肥，每次每株施沼渣 20 kg 或沼液 50 kg，加复合肥 100 kg，更有利壮果。

（3）叶面喷肥

6月下旬幼果期和7月下旬膨果期，分别喷布0.4%～0.5%尿素、0.3%磷酸二氢钾、2%过磷酸钙、叶面宝8 000倍液。还可喷布新型的氨基酸微肥、氨基酸螯合钙和叶绿康等复合肥。叶面喷肥是通过叶片的气孔和角质层吸收养分，喷后15分钟至2小时可被吸收利用，比土壤施肥增效3～5倍。叶面喷肥的最适气温为18～25℃，夏季喷肥最好在晴天无风的上午10点前或下午16点后进行，此时可避免高温使肥液浓缩而发挥肥效，但有露水和雾气的早晨也不宜喷布，以免降低浓度，影响效果。

3. 及时灌水

（1）催芽水

4月中旬枣树发芽前灌水，促进根系生长，枣芽萌发和花器发育。

（2）促花水

5月下旬初花期灌水，增加土壤和空气湿度，有利花粉萌发，增加坐果量。

（3）膨果水

7月上旬幼果生长期灌水，促进果实生长膨大。在干旱季节每株施PAMN保水剂120～160 g，在根系集中分布区施于20～40 cm的土层处，可有效提高土壤含水量。

（4）封冻水

于土壤封冻前浇水，可增强枣树的越冬抗寒能力。

（二）整形修剪

1. 主要树形

枣树的整形修剪，在增加枝叶量，促进坐果的同时，要注意随时整形，为丰产稳产建立牢固的树体骨架。适宜枣树采用的树形主要有以下几种。

（1）疏散分层形

主枝6～8个，分2～3层。第一层主枝3～4个，第二层主枝2～3个，第三层主枝1～2个。每主枝配备侧枝1～3个。第一、第二层间距离 70～100 cm，第二、第三层间距离 40～60 cm。该树形适合栽培密度较小的稀植枣园。成形快，产量高。

（2）开心形

树干上部着生 3～4 个主枝，主枝以 50° 角左右向四周伸展，不留中心干，呈开心形。每主枝的外侧着生侧枝 3～4 个，结果枝组均匀地分布在主侧枝的前后左右。密植、稀植枣园均适用。前期产量高。

（3）多主枝自然圆头形

有主枝 6～8 个，交错排列在中心干上、不重叠、不分层；主枝上着生 2～3 个侧枝。适用于生长势较强的品种和稀植枣园。结果早，宜丰产。

（4）扇形

主枝 4～5 个，分向两个相反方向生长，主枝层间距 1 m 左右。早期产量高，果实品质好。适于密植枣园的整形。

2. 不同年龄时期枣树的修剪

（1）幼树的修剪

枣树幼树期生长旺盛，幼树修剪应以整形为主，提高发枝力，加大生长量，迅速形成树冠。枣树成枝力弱，枝条较稀疏，不利光合产物的形成和积累，树冠形成时间长，前期产量上升缓慢，因而增加幼树期枝量是此期修剪的中心任务，对于骨干枝上萌发的 1～2 年生枣头，据空间大小对枣头一次枝和二次枝摘心，培养健壮结果枝。

幼树修剪原则是轻剪为主，夏剪为主，增强树势，加速分枝，迅速形成结果能力强，逐年提高早期产量。在生长季，对于生长较旺的枝梢，根据间大小，对新梢及时摘心，抑制生长，促使形成健壮枝。尽量少疏枝，要多留枝，促使树冠的形成。开花前对当年萌发的发育枝进行摘心，以促使花芽分化和开花结果。对于多余无用芽在萌芽后应及时抹除，对于生长过旺的植株和枝，在花期环割，以提高坐果率。具体整形修剪方法如下：

树形培养：定植后当年或定植后的第二年定干，定干时间应在早春发芽前进行，定干后应将剪口下的第一个二次枝从基部剪除，以利于主干上的主芽萌发的枣头培养成中心领导枝。接下来选择 3～4 个二次枝各留 1～2 节进行短截，促其萌发枣头，培养第一层主枝。对第一层主枝以下的二次枝应全部剪除，以节约养分消耗，加速幼树的生长发育。定干高度一般为 40～80 cm。

主、侧枝的培养：枣树定干后的第二年，应选一生长直立强壮的枣头做中心领导枝，在其下部选 3～4 个方位好，角度适宜的作为第 1 层主枝，其余的可剪去。第三年，中心领导枝在 60～80 cm 高处进行短接并剪除剪口以下第一个二次枝，利用主干主芽抽生新的枣头，继续做中心领导枝。接着再选和第一层错落着生的 2～3 个二次枝粗度为，各留 2～3 个芽短截，培养第二层主枝。以后，以同样的方法培养第三层以上主枝。形成主干疏散形树冠。

结果枝组的培养：结果枝组的培养总的要求是枝组群体左右不拥挤，个体上下之间不重叠，并均匀地分布各级主、侧枝上。随着主、侧枝的延长，以培养主枝的同样手法，促使主枝和侧枝萌生枣头。再依据空间大小，枝势强弱来决定结果枝组的大小和密。一般主、侧枝的中下部，枣头延伸空间大，可培养大型结果枝组，当枣头达到一定长度之后，及时摘心，使其下部二次枝加长加粗生长。生长势弱，达不到要求的枣头，可缓放 1 年进行。主、侧枝的中上部，枣头延伸空间小，为保证通风透光条件，层次清晰，应培养中型枝组。生长弱的枣头，可培养成 3～4 个二次枝的小型枝组，安插在大、中型枝组间。多余的枣头，应从其部剪除，以节约养分，防止互相干扰。以后随着树龄的增大，主、侧枝生长，仍按上述方法培养不同类型的结果枝组。

（2）结果初期枣树的修剪

此期树冠继续扩大，仍以营养生长为主，但产量逐年增加。这一时期修剪的目的是调节生长和结果的关系，使生长和结果兼顾，并逐渐转向以结果为主。此期修剪应以疏枝、回缩、短截和培养为主，按照"四留五不留"原则进行修剪。"四留"即外围的枣头要留；骨干枝上的枣头要留；健壮充实有发展前途的枣头要留；具有大量二次枝和枣股、结果能力强的枣头要留。"五不留"指下垂枝和衰弱枝不留，细弱的斜生枝和重叠枝不留，病虫枝和枯死枝不留，位置不当和不充实的徒长枝不留，轮生枝、交叉枝、并生枝及徒长枝不留。此期要继续培养各类结果枝组，在冠径没有达到最大之前，继续对骨干枝枣头短截，促发新枝，增加骨干枝的生长量，继续扩大树冠；当树冠已达到要求，对骨干枝的延长枝进行摘心，控制其延长生长，并适时开甲，实现全树结果。初果期还要继续培养大型、中型、小型种类结果枝组，搞好结果枝组在树冠内的合理配置。要及时进行开甲，使全树结果，做到生长结果两不误。

（3）盛果期枣树的修剪

盛果期树冠已经形成，以营养生长为主转向结果期，此期生长势减弱，枝组稳定，树冠基本稳定，结果能力达到最强。在这一阶段的后期骨干枝先端逐渐弯曲下垂，内膛枝出现枯死，结果部位开始外移。修剪的任务是通风透光，更新枝组，集中树体营养，大力促进结果，以稳定产量，增强树势，提高果实品质。修剪宜采用疏缩结合的方式，打开光路，引光入膛，培养内膛枝，防止内部枝条枯死和结果部位外移，注意结果枝组的培养和更新，延提高叶片的光合效能，长结果年限。具体修剪方法是：

间伐：对株间临时性植株和高密度栽植光照条件恶化的枣园，要采取间伐的办法打开光路，才能保证结果良好。

疏枝：随着结果负载量的增加和树树龄的增长，主、侧枝和结果枝组枝组先端下垂，再加上外围常萌生许多细小枝条，形成局部枝条过密，相互拥挤重叠，光照不良，导致枣树枝条大量死亡和衰亡。所以，在冬季或夏季修剪时，应及早疏除密大枝，保证大枝稀、小枝密，枝枝见光，内外结果，立体结果；对层间直立枝、交叉枝、重叠枝、枯死枝、徒长枝、细弱枝等，凡无位置、无利用价值者均应疏除，以打开层次，疏通光路，减少消耗。

回缩：主干回缩防止上强下弱，结果外移，产量下降；有位置的交叉枝、直立枝、徒长枝等回缩培养结果枝组；主枝、枝组回缩更新复壮，培养新主枝、枝组，集中养分供给，促使所留枝健壮生长，保证旺盛结果能力。二次枝大量死亡，骨干枝出现光秃，枣吊细弱，产量下降的树体，要进行重回缩，利用潜伏芽寿命长的特点，促其萌发成枝，提高产量。

（4）衰老枣树的修剪

老枣树随着树龄的增大，骨干枝逐渐回枯，树冠变小，生长明显变弱，枣头生长量小，枣吊短，结果能力显著下降。对这种老树需进行更新修剪，复壮树势。

回缩更新：修剪衰老枣树要注意对焦梢，残缺少枝的骨干枝，回缩更新。可采取先缩后养方法，更新程度要按有效枣股的数量多少，锯掉骨干枝总长度 1/2～2/3，促其后部萌生新枣头，培养成新的骨干枝；也可采取先养后缩的方法，即在衰老骨干枝的中部或后部进行刻伤，有计划地培养 1～2 个健壮的新生枣头，然后回缩老的骨干枝，达到更新的目的。

调整新生枣头：骨干枝更新后，往往萌生很多枣头，如不注意调整，树冠就会很快郁蔽，枝条丛生，光照不良，影响新生骨干枝枣头的延长生长，达不到预期的目的。因此，对新生枣头必需加以调整，去弱留强，去直立留平斜，防止延长性的枣头过多地消耗营养，扰乱树形。同时，用摘心、支、拉等方法开张主枝角度，尽快利用更新枣头形成新的树冠。

3. 放任树的修剪

枣树放任树是指管理粗放，从不修剪或很少修剪而自然生长的枣树。这类树大多树冠枝条紊乱，通风透光不良，骨干枝主侧不分，从属不明，先端下垂，内部光秃，结果部位外移，花多果少，产量低、品质差。

对放任树进行修剪，要坚持"因树修剪，随枝作形"的原则，不强求树形。主要任务是疏除过密枝，打开层间距，引光入膛。对于背上枝，如有空间，将其培养成结果枝组，否则把它疏除掉，增强骨干枝延长枝的生长势，使主侧枝从属分明。对于先端已下垂的骨干枝，要适当回缩，抬高枝头角度。对于病虫枝、细弱枝、枯死枝要及时疏除。

（三）花果管理

1. 疏花疏果

以吊定果。定果时强调 1 果 1 吊，中庸树 1 果 2 吊，弱树 1 果 3 吊。也应根据实际管理水平和树体情况，果形大小等加以调节。

2. 保花保果

（1）加强肥水管理

叶面喷肥能及时补充树体急需养分，明显减少落花落果现象。花期喷微量元素硼、铁、镁、锌等也能有效提高坐果率。

（2）修剪措施

断根：断根即通过土壤深翻和深施有机肥断根，可减缓幼树、旺树营养生长。促进坐果。

抹芽：春季枣树萌芽后，对各级主侧枝、结果枝组间萌发出的新枣头。如不做延长枝和结果枝组培养，都可以从基部抹掉。这可极大节省营养生长所消耗的养分。明显促进坐果。如不及时抹除，任其生长会造成巨大营养消耗，严重落花落果。

摘心：包括一次枝、二次枝，枣吊 3 种方式。一次枝摘心即剪掉枣头顶端的芽。摘心后枣头停止生长。减少了幼嫩枝叶进一步发生对养分的消耗，营养集中供给二次枝及枣吊生长。有利于花芽分化及提高开花质量摘心处理能提高坐果 33% ～ 45%，一次枝摘心后，二次枝生长明显加快，及时行二次枝摘心，能显著促进枣吊生长。早开花、早坐果，多坐果效果明显。枣吊摘心，又能明显促进开花坐果。

疏枝：对位置不当，影响通风透光，冬剪没有疏掉的枝条和春季萌发抽生的新生枝条都应及时疏除。"枝条疏散，红枣满串，枝吊拥挤，吊吊空闲"。

拉枝：对生长直立的枣头，花前及花期用绳将其拉平，会迅速减缓枝条营养生长，促进花芽分化，提早开花，提高坐果。

环剥：也称开甲、嫁树等。通过环剥，切断韧皮组织中养分运转通道。使叶片光合产物一时不能下运，集中于树冠部分，供给花及果。提高花果的营养条件，达到开花好，坐果好，成熟早，品质高的良好效果。环剥适期在盛花初期，即全树大部分结果枝已开花5～8朵，正值花质最好的"头蓬花"盛开之际。环剥过早、效果降低，越早，降低幅度越大。环割也能达到提高坐果的目的。环剥宽度，干径4～10 cm的幼树剥口宽0.3～0.5 cm，干径10 cm以上的为0.5～0.7 cm。要求深达木质部。又不伤及木质部。剥口应及时喷涂1～2次杀虫剂防治虫蛀。

（3）花期喷水

枣花授粉需要较高的空气湿度，相对湿度75%～85%，但北方枣花开放时，通常因空气干燥而造成"焦花"影响坐果。枣产区有"干旱燥风枣焦花，小雨即晴果满挂"，之说。一天中喷水时间以傍晚为好，因傍晚空湿度较高，喷水能维持较长时间高湿状态。喷水效果与当年花期干旱程度及喷水量有关，空气干旱严重，大面积、大水量喷布，坐果必然会大幅度提高。

（4）枣园放蜂、增加授粉媒介，促花坐果

一般情况下，枣花需授粉，才能结果，在花期放蜂。增加授粉媒介。可以提高坐果率。蜂群间距以小于300 m为宜，最大不超过700 m。

（5）喷洒植物激素，促花坐果

枣树盛花中期末期喷洒植物激素，能明显减少落果，提高坐果率。

3. 果实采收

（1）采收时期

白熟期最适于加工蜜枣，是加工品种的采收期。脆熟期是鲜食品种的采收适期。完熟期是干制品种的采收时期。

（2）采前准备

一般在采前先做好估产工作，然后根据产量多少和采收任务的大小，拟订采收工作计划，合理组织劳动力，准备必要的采收用具和材料；并搭设适当面积的采收棚，以便临时存放果实和分级、包装。

（3）采收方法

手采法：鲜食枣果采收时应用手采摘。采摘时注意轻拿轻放，防止出现机械伤，先摘外围果，后摘冠内果，先摘下层果再摘上层果。采收时要通过合理掌握用力大小和方位等技巧使枣果带完整的果柄。

打落法：树体过于高大或枣果用做加工时也可用打落法采收。打枣时为减少果实因跌落到地面引起破伤和拾枣用工，用杆震枝时，可在树下撑布单接枣。

机械法：枣果用做加工时也可使用机械采收。机械采收是用一个器械夹夹住树干、用振动器将其振落，下面有收集架，将振落的枣果接住，并用滚筒集中到箱子。

四、病虫害防治

（一）病害

1.枣锈病

该病主要危害叶片，有时也侵害果实。受害叶片背面散生淡绿色小点，后渐变淡灰褐色，最后病斑变黄褐色，产生突起的夏孢子堆。在叶片正面对着夏孢子堆的地方，出现不规则的褐绿色小斑点，逐渐失去光泽变为黄褐色角斑。病菌多在病叶上越冬。6月下旬降雨后，越冬的孢子开始萌芽侵入叶片，7月中旬开始发病，8～9月份病菌不断进行再侵染，受害严重叶片开始大量落叶。多雨、高湿是枣锈病发生流行的主要条件。

防治措施：① 加强栽培管理，增施有机肥，使树体生长健壮，提高树体抗病力；② 在冬季休眠期，通过合理整形修剪，使园内保持良好的通风透光条件，彻底扫除病落叶，集中烧掉，减少越冬病菌；③ 喷药防治：6月下旬，病菌开始侵入前，喷药保护，每隔15～20天喷1次，连喷3～5次。常用药剂有50%多菌灵800～1 000倍、200倍倍量式波尔多液、50%退菌特600倍液、25%粉锈宁可湿性粉剂1 000～1 500倍液等交替使用，效果较好。

2. 枣炭疽病

该病主要危害枣果，也能危害叶片。果实受害，最初出现褐色水渍状小斑点，扩大后，成近圆形的凹陷病斑，病斑扩大密生灰色至黑色的小粒点，引起落果，病果味苦不堪食用，叶片受害会变黄脱落。多雨时会加重发病。

防治措施：① 加强肥水管理，改良土壤，做到旱能浇，涝能排，增施有机肥，促进树体健壮生长，提高树体抗病能力；② 清洁果园：落叶后将园内所有的落叶及落果集中烧掉或深埋；③ 药剂防治：枣树萌芽前，喷 1 次 5° 石硫合剂。6 月上中旬喷布 1 次 200 倍石灰倍量式波尔多液。7 月中下旬和 8 月上旬各喷 1 次杀菌剂，常用药剂有 65% 代森锌 500 倍液，50% 多菌灵 800 ～ 1 000 倍液，75% 百菌清可湿性粉剂 600 倍液，200 倍石灰倍量式波尔多液等。

3. 枣疯病

该病主要危害枣树和野生酸枣树，是枣树的毁灭性病害。枣树染病后，地上部分和地下部分都表现不正常的生育状态。地上部分表现在花变叶，芽不正常发育和生长所引起的枝叶丛生，以及嫩叶黄化、卷曲呈匙状等。地下部分则主要表现在根蘖丛生。幼树发病 1 ～ 2 次就会枯死，大树染病，3 ～ 6 年逐渐干枯死亡。枣树疯病通过嫁接传染或田间叶蝉类害虫刺吸传播。

防治措施：① 铲除病株和带病的根蘖，以防传染；② 选用无病的接穗，嫁接繁育苗木；③ 选择抗病性强的品种，加强栽培管理，促进树体健壮生长；④ 防治传病媒介害虫，喷布 20% 杀虫菊酯 3 000 倍液或 10% 吡虫啉 3 000 倍液。

（二）主要虫害

1. 桃小食心虫

在我国北方地区每年发生 1 ～ 2 代。

防治措施：① 树盘培土或覆膜，在幼虫出土前，在树干四周 1 m 范围内培土并压紧，阻止幼虫出土。覆膜前，用 5% 辛硫磷颗粒剂撒施于地下，然后浅锄；② 适期用药。当卵果率达 1% ～ 2% 时，开始喷药防治。连续喷 2 ～ 3 次，每 15 天喷 1 次，常用药剂有 20% 杀灭菊酯 2 000 ～ 3 000 倍液，30% 桃小灵乳油 1 500 倍液，喷药时要仔细周到。

2. 枣尺蠖

幼虫危害枣的嫩芽，叶片及花蕾，每年发生 1 代。

防治措施：① 在冬季结合深耕土壤，捡除并杀死越冬虫蛹；② 3 月上旬在树干基部距地面 20 ～ 25 cm 处绑扎 10 cm 左右宽的薄膜阻止雌成虫上树产卵，每天早晨、晚上在树下人工捕杀成虫，或在树干周围喷布菊酯类农药，杀死孵化的小幼虫；③ 树上喷药防治，如果树下未防治彻底，仍有上树危害的，可以喷布药剂，用 25% 灭幼脲 2 000 倍液防治。

3. 枣黏虫

又名包叶虫，以幼虫危害叶片、花、果实，并将枣树小枝吐丝粘在一起把叶片卷成饺子状在其中危害，或由果柄蛀入果内蛀食果肉，造成被害果早落。该虫 1 年发生 3 代。

防治措施：① 在 9 月上旬开始在树干上绑草把，诱集幼虫在其上化蛹越冬，到冬季收集草把，烧掉或深埋；② 在冬季刮除老翘皮，以减少越冬虫源；③ 喷药防治，狠抓第一代幼虫防治，在幼虫发生期及时喷药防治，用 90% 敌百虫 1 000 倍液、20% 杀灭菊酯 3 000 倍液交替使用，效果较好。

五、周年管理历

枣的周年管理历见表 3-2。

表 3-2 北京枣周年管理历

时期	栽培管理工作	备注
1～3月 休眠期	（1）制定全年生产管理计划 （2）新枣园的规划设计 （3）交流技术经验，培训技术人员 （4）备足农药、肥料，积肥运肥，检修农机具、药械，兴修水利 （5）整形修剪 （6）清园 （7）刨树盘 （8）病虫防治 （9）枣树栽植 （10）结合冬剪收集接穗，随收集随蜡封，随时贮藏	幼树整形，结果树修剪。因树修剪，随枝作形。调整树体结构，合理安排各类骨干枝。落头控高，疏除过密枝、细弱枝、交叉枝、重叠枝等，回缩下垂枝、冗长枝。老树回缩骨
4～5月 萌芽、枝条 生长及花芽 分化期	（1）施肥灌水 （2）播种育苗 （3）嫁接 （4）根外追肥 （5）病虫防治 （6）及时抹芽、摘心、拉枝，进行夏剪 （7）发现枣疯病株，及时处理、烧毁	于5月初开始每隔2～3周喷0.3%～0.5%尿素和0.2%～0.3%的磷酸二氢钾以及其他微量元素。病虫防治：及时防治枣尺蠖、食芽象甲、金龟子、枣瘿蚊等害虫。可用阿维菌素乳油、苦参碱水剂、吡虫啉可湿性粉剂等杀虫剂防治
6月 开花期	（1）在盛花期对强壮树开甲 （2）花期喷水、喷肥和植物激素等，提高坐果率 （3）花期放蜂提高坐果率 （4）喷杀虫剂防治枣尺蠖、龟蜡蚧、枣黏虫、红蜘蛛等害虫。依枣桃小测报，进行地面用药或培土压茧 （5）摘心、抹芽、拉枝等 （6）苗圃地及时追施速效氮磷肥 （7）开始喷"枣铁皮净"，防治铁皮病	追施速效氮磷肥，每亩施尿素8～10 kg，过磷酸钙25～30 kg

233

（续表）

时期	栽培管理工作	备注
7月 小暑至大暑 幼果期	（1）追肥、除草 （2）喷杀虫剂防治桃小食心虫、龟蜡蚧壳虫、红蜘蛛、枣黏虫等。喷15%粉锈宁乳油1 500～2 000倍液、180～200倍波尔多液预防枣锈病。继续喷"枣铁皮净"，防治铁皮病 （3）夏剪 （4）深翻树盘：雨季到来前深翻树盘	夏剪：疏除无用的枣头，进行摘心、扭梢、抹芽，控制枣头生长，以节约养分促进坐果
8月 果实发育期	（1）中耕除草、刨翻树盘 （2）追施磷、钾肥 （3）继续防治枣粘虫、桃小食心虫、铁皮病等。喷粉锈宁乳油或波尔多液防治枣锈病 （4）拣拾枣桃小落果，集中处理 （5）采摘	追施磷、钾肥。每隔2周喷1次0.3%～0.5%的尿素或0.3%的磷酸二氢钾。8月份枣已进入白熟期，可人工采摘鲜枣，加工蜜枣
9月 果实采收期	（1）按不同用途适期采收，加工，鲜食或干制 （2）施基肥：采收后，环状或沟状施农家肥，可掺入适量速效氮、磷肥，施肥后灌足水 （3）树干绑草	9月上旬在树干周围绑草把，诱杀越冬害虫，冬季解下烧毁
10月 落叶期	（1）树干涂白 （2）喷药防治大青叶蝉产卵 （3）晚熟枣采摘 （4）苗木出土与调运 （5）施基肥：上月未施完的，继续进行 （6）晾晒红枣，妥善保存，销售 （7）灌冻水 （8）秋季栽植建园	
11～12月 休眠期	（1）种子沙藏：层积处理酸枣种子，为育苗打好基础 （2）全年工作总结 （3）开始冬季修剪	

第三节
柿

一、主要品种

柿子品种根据柿子在树上软熟前能否完全脱涩可分为：甜柿和涩柿。甜柿是在树上软熟前能完全脱涩，涩柿是在树上软熟前不能完全脱涩，采后必须经过人工脱涩或后熟作用，才可食用。我国多数品种为涩柿，现将适合北京种植的主要涩本砧品种介绍如下。

1. 磨盘柿

别名盖柿、盒柿、腰带柿等。树势强健，树冠半开张、圆锥形，丰产。果实极大，平均果重 250 g，最大果重 500 g。缢痕明显，位于果腰，将果肉分成上下两部分，形似磨盘。果皮橙黄色，皮厚而脆，果肉橙黄色，软后水质，汁特多，味甜，无核，易脱涩鲜食，耐贮运。10月中下旬成熟。喜肥沃土壤，单性结实力强，生理落果少，较抗旱、抗寒。

2. 火晶柿

产于陕西关中地区，以临潼最多。树势强健，树冠自然半圆形，丰产稳产。果实扁圆形，平均果重 70 g，横断面略方。果皮橙红色，软后朱红色，艳丽美观。皮薄而韧，果肉致密，纤维少，汁中多，味浓甜，含糖量 19% ～ 20%，无核，品质上等。在临潼10月上旬成熟，易软化，最易以软柿供应市场，耐贮藏。对土壤要求不严，黏土或砂砾土均能生长。较抗旱。

3. 托柿

别名莲花柿、萼子。产于河北、山东等地。树势强健，树姿开张，树冠圆头形，丰产稳产。果实短圆柱形，果顶平，十字纹稍显，果肩部有较薄而浅或不完整的缢痕。平均果重 150 g。果皮橙黄色，皮薄，肉质橙红色，汁多，味甜，品质上等。10月中旬成熟，易脱涩脆食，也可制柿饼。

4. 眉县牛心柿

别名水柿、帽盔柿。产于陕西眉县一带。树势强健，树冠圆头形，适应性强，丰产稳产。果实方心脏形，纵沟无或浅。平均果重 180 g。果皮橙红色，肉质细软，纤维少，汁特多，味甜，含糖量 18%，无核，品质上等。在眉县 10 月中下旬成熟，易软食，也可制柿饼，但出饼率低，柿饼质优。果实不耐贮运。

5. 镜面柿

产于山东菏泽。树势强健，树姿开张，抗旱、丰产。但抗病虫力差。果实扁圆形，果顶平，横断面略方。平均果重 120 ～ 150 g。果皮橙红色，肉质松脆，汁多，味甜，无核，品质上等。在山东菏泽选出了三种熟期不同的类型：早熟的称八月黄，9 月中下旬成熟，果较大，较抗炭疽病；中熟的称二糙柿，10 月上旬成熟，含糖量高达 24% ～ 26%，品质极上；晚熟的称九月青，10 月中旬成熟。晚熟的以制柿饼为主，也可生食。制成的柿饼质细、透明、味甜、霜厚，以"曹州耿饼"驰名中外。

二、生态习性

1. 温度

柿树原产我国长江流域，喜温暖气候，在年平均气温 10 ～ 21.5℃的地方都可栽培，以年均温 13 ～ 19℃的地方最适。涩柿在冬季休眠期温度在 -16℃时不发生冻害，能耐短期 -20 ～ -18℃的低温。甜柿耐寒力比涩柿稍弱，冬季 -15℃时会发生冻害。要求年平均温度 13℃以上，生长季 17℃以上，果实成熟期温度低则不能在树上自然脱涩，且着色不良。

2. 水分

柿树喜欢湿润的气候条件，但耐旱力也较强。一般年降雨量在 500 ～ 700 mm 的地方，无灌溉条件，生长结果良好。但开花坐果期，发生干旱容易造成大量落花落果。雨量过多，易造成枝叶徒长，不利于花芽形成。

3.光照

柿树为喜光树种，在光照充足的地方，生长发育好，果实品质优。甜柿生长期要求日照时数在 1 400 小时以上。果实成熟期晴朗干燥的气候，有利于糖分的积累和甜柿自然脱涩。光照不足时，有机营养积累少，枝条细而不充实，花芽分化不良，坐果率低，内膛光秃，结果部位外移，产量低，品质差。

4.土壤

柿树对土壤要求不严格，不论是山地、丘陵、平地、河滩都能生长。但在土层深厚、地下水位在 1 m 以下、保水保肥力强、通透性好的壤土上栽培最好。土壤 pH 值的适应范围为 6 ～ 7.5。含盐量在 0.3% 以上的强盐碱地不易栽培。

三、栽培技术

（一）土肥水管理

1.土壤管理

柿树多栽植在立地条件差的山地或荒滩，土壤瘠薄，保水保肥力差，为使柿树生长良好，必须加强土壤管理，做好水土保持工作，进行深翻，扩大树盘，结合施有机肥，改良土壤。成年树秋季深翻，深度一般 40 ～ 60 cm，深翻时注意避免损伤大根。据报道，深翻扩穴能增加中、深层发根量，使单株产量明显增加。在北方干旱地区应推广，树盘下覆盖地膜或覆草，减少水分蒸发，保持土壤水分，稳定地温，增加土壤有机质，促进根系生长。

2.施肥

柿树的需肥特点：① 柿树根系的细胞渗透压低，因此施肥时浓度要低，最好分次少施，每次浓度应在 10 mg/kg 以下，浓度高易受害；② 柿树需氮肥和钾肥多，幼树期应偏重氮肥，促进生长，结果后注意钾肥的施用，促进果实膨大和丰产。一年中，柿树在 7 月以后对钾的吸收比氮、磷显著增多，果实近成熟时更甚，因此，前期以氮肥为主，后期增加磷、钾肥的用量，尤其注意施钾肥；③ 柿树需磷肥较少，施磷效果较小，适量即可。

（1）基肥

一般在采果前后结合深翻或秋耕施入。施肥方法采用条沟施、放射沟施，也可 2～3 年进行 1 次全园撒施。追肥一年进行多次。根据树势和结果情况，在枝叶停长至开花前、果实迅速生长期及果实着色前追肥。生长前期以氮肥为主，后期施磷、钾肥。

（2）根外追肥

一般在花期及生理落果期，每隔 15～20 天喷 1 次 0.3%～0.5% 尿素，生长后期喷 0.3%～0.5% 的磷酸二氢钾，也可喷 0.5%～1% 的硫酸钾或氯化钾。

3. 灌水

柿树需水量较多。生长期内，需水量较多的时期是新梢生长期、幼果膨大期和着色后的果实膨大期，根据土壤墒情及时灌水。土壤上冻前浇封冻水。

（二）整形修剪

1. 整形

（1）主干疏散分层形

大多数柿树品种，可以整成这种树形。柿树行间需长期间种作物时，定干高度可适当高些，一般以 1.5 m 以上为宜。这种树形的整形过程是：幼苗定植后，如果当年达不到定干高度时，可不进行修剪，任其自然生长；当达到定干高度并定干以后，再根据品种特性、发枝数量和长势强弱等，选留先端直立的枝条为中央领导枝，并剪去 1/4～1/3。再从其他枝条中，选留长势健壮，方位和角度都比较适宜的 3 个枝条，作为第一层主枝，一般可不短截，但如长度过大，也可适当短截。对其余枝条，在不发生竞争，也不影响整形的前提下，应尽量予以保留，作为辅养枝用，以增加全树枝量，加大营养面积，迅速扩大树冠，为提早结果创造条件。第三年和第四年，继续培养中央领导枝，并在中央领导枝上的适宜部位，选留 2 个枝条，作为第二层主枝。第二层主枝，应与第一层主枝插空排列。第一、第二层主枝间的层间距离，应保持在 100 cm 以上，以利于保持树冠内膛的良好光照条件，为高产、稳产打好基础。第五年和第六年，除继续培养中央领导枝外，还要在中央领导枝上，选留 1～2 个枝条，作为第三层主枝，第二、第三层的层间距离，应保持在 80 cm 以上。在选留和培养主枝的同时，可在每个主枝上选留 3～4 个侧枝，第一、第二两侧枝间的距离，应保持 50～60 cm；并在主、侧枝上，根据空间大小，培养适宜的结果枝组。这样经过 7～8 年整形，便可构成坚强的树体骨架，形成圆满的树冠。选用这种树形时，要注意各骨干枝间的从属关系，并使各骨干枝长势保持相对平衡，防止上强下弱现象的发生。在土层深厚，土质较好，管理水平较高的地方，栽培层性明显，长势强旺的品种，如莲花柿、绵柿等，可采用这种树形，以充分发挥其增产潜力。

（2）自然开心形

幼苗定植后，在 80～100 cm 处定干。定植后的 2～3 年，要暂时保留直立的中心领导枝，促使各主枝向外开展延伸，扩大树冠，避免出现抱头生长的现象。对保留的中心领导枝，每年都要进行短截，一般留 30～40 cm，控制过度延伸，以防影响下部各主枝的生长。到树冠基本形成，有 3～5 个主枝时，再将中心领导枝从基部疏除。与此同时，要注意培养侧枝。每个主枝上，可选留 2～3 个侧枝，使其相互错落。适用于长势较弱，树冠开张的品种，如磨盘柿、火柿等。

（3）自然圆头形

有些分枝多、树冠开张的品种，如镜面柿、八月黄、小枣子、小面糊等，可选用自然圆头形。这种树形的特点是：干高 1.0～1.5 m，选留 3 个大主枝约呈 40° 向斜上方延伸；各主枝上再选留 2～3 个侧枝，侧枝以外再分生小侧枝，或分生结果母枝和枝组，用于结果。

2. 不同年龄树的修剪

（1）幼树期修剪

定干：定植后第一年一般不剪截定干，任其自然抽生枝条，第二年根据品种特性和枝条生长情况，选留中干和主枝。

中干和主侧枝的修剪：中干一般生长较强，为防生长过高，应剪去全长的 1/4 或 1/3，去掉壮芽。中干达第二层高度时，夏季要摘心或冬季应短截，以促发强壮分枝作第二层主枝。其主侧枝一般不短截，为平衡骨干枝的生长，对强主侧枝可剪去一部分，以减缓生长势。在其开始结果后，为促发分枝、防止结果部位外移，可选壮芽留 30 cm 左右短截。可根据具体情况适当短截部分中骨干枝以外的枝条，疏除重叠、交叉、密挤枝及内膛萌发的徒长枝，以利通风透光；短截部分中庸发育枝及弱枝，促生分枝，培养结果枝组。

（2）盛果期修剪

结果枝的修剪：柿树以壮枝结果为主，结果园枝越粗壮，抽生的结果枝数量越多，坐果数也越多，应注意保留。结果园枝密聚一起时，应进行疏剪，去弱留壮，保持一定距离。过多的结果园枝可短截，作预备枝。对过密的结果园枝，除适当疏去一部分外，还要适当短截一部分，以供来年抽生结果园枝，并防止大小年，且坐果率高，果大品质好。如果枝下有较好的发育枝或落花落果枝，可逐年向下更新缩剪。

发育枝的修剪：将内膛或大枝上着生的细弱发育枝疏去，以利通风透光，减少养分消耗；对健壮发育枝，如部位适当又有空间，可适当短截（留 20 ～ 30 cm），以促生分枝，培养枝组；生长中庸的发育枝极易转化为结果园枝，可甩放不剪。

更新枝的修剪：对于徒长更新枝除过密者适当疏除外，一般应改造利用，并有计划有目的促发更新枝。改造方法一般对其适度短截，促其抽生结果园枝。此外，对于一部分二年生枝段下部生长细弱的枝群及密挤枝、交叉枝、丛生枝、病虫枯枝要疏去，以利通风透光。

骨架枝的调整：结果盛期后的骨干枝，前端极易下垂。对于弯曲下垂的大枝，在弯曲部位常能发出生机旺盛的新枝，可缩去下垂部分，抬高角度，但不可一次回缩过多。

（3）衰老期更新修剪

树势极端衰弱，枯枝逐年增加，只开花而不坐果，产量极低时，应进行更新复壮，促其重新形成树冠，恢复树势，延长结果年限。

轮换更新：在全树各主枝中，每年选一部分大枝回缩，2～4年完成。一般可在5～7年生留枝回缩8～10 cm粗的部位锯断，先缩直立枝，后缩平生枝。

全树更新：在一年内将全树各主枝都在5～7年生部位锯除，刺缴发生新枝，夏季及时抹芽和疏枝，培养新的结果部位。

3. 夏季修剪

（1）抹芽

大枝回缩后，锯口附进常会出现丛生枝，可留1～2个进行培养，其余的全部抹除，另外粗枝弯曲处也常会产生萌芽枝，除留少数补空外，其余也全部抹除。

（2）摘心

对有利用价值的徒长枝，在已达20～30 cm时进行摘心，控制生长，促使发生二次枝，到秋天，二次枝顶端多数能形成花芽，成为结果园枝。对于更新修剪后萌发的新梢，可在适当部位摘心，促使发生二三次梢，使其早日形成树冠。

（3）花期环剥

健壮幼树或生长旺盛不易结果的柿树，开花期进行环剥，可促花芽分化，提早结果尤其是防止生理落果，提高坐果率效果非常明显。其方法是：用刀在树干或大枝上将树皮切去0.5cm宽，切口呈双丰圆错口的环形或螺旋形。

（三）花果管理

1. 保花保果

保花保果的措施。深翻改土，合理水肥；防治病虫害，保护叶片，加强营养积累；单性结实力差的品种，配置授粉树或进行人工授粉；盛花期喷 20 ～ 200 mg/L 赤霉素；花期环剥；幼果期喷 0.3% ～ 0.5% 尿素，均能减少落果，提高坐果率。

2. 疏花疏果

当花量多时，于开花前后，将部分花蕾或幼果疏除。柿树落花落果严重，疏果时期不宜太早，一般在生理落果即将结束时（花后 35 ～ 45 天），先疏除病虫果、枝磨叶磨果、畸形果、迟花果及易日灼的果，保留个大、萼片大而完整的侧生和向下着生果实。留果的原则是一个结果枝留 1 ～ 2 个果，或 15 ～ 18 片叶留一个果。

3. 果实采收

采收时间应根据品种和用途而定。鲜食涩柿品种在果实由绿变黄尚未变红时即可采收，脱涩后果肉硬脆爽口，便于运输。制饼用果实在果皮黄色减退呈橘红色时采收为宜。早采含糖量低，饼质不佳，柿霜少；过晚则软烂，不易去皮。甜柿应在充分成熟、完全脱涩、果皮由黄变红、果肉尚未软化时采收。

果实采收方法有折枝法和摘果法两种。用折枝法采收，是用手、挠钩等把柿果和结果枝一并折下，再摘果实。此法折损枝条太多，影响下年产量。摘果法是用手或采摘器将柿果逐个摘下。此法不伤果，较折枝法好。

四、病虫害防治

（一）病害

1. 柿圆斑病

又称柿子杵或柿子烘。

（1）症状

此病危害柿树叶片，病斑初呈现叶为褐色小斑，边缘不明显，逐渐扩大，呈圆形，深褐色，边缘黑褐色，直径 1.5 ～ 4 mm，一般为 2 ～ 3 mm。病叶渐变红色，随后在病斑周围发生黄绿色晕环，一片叶上病斑可多达200 余个，从出现病斑到叶片变红脱落最短仅 5 ～ 7 天。生长势较弱的树叶片变红脱落较快，生长势强的树叶脱落时不变色，病叶脱落果实迅速变红变软、脱落。

（2）发生规律

圆斑病菌以成熟的子囊壳在病叶中越冬，至第二年子囊壳成熟，孢子传播受当年降雨影响，5月下旬至6月中旬为子囊孢子飞散高峰期，经叶背气孔入。潜伏50～100天。8月中旬至9月上旬开始发病，9月下旬叶片大量出现病斑，10月中旬以后渐停止发病。一年内仅有1次侵染，不发生重复侵染。当年发病早晚与5～6月降雨有密切关系，5～6月降雨偏大则当年发病早；反之则晚，柿园土壤瘠薄，施肥不足，树势衰弱时病害也较重。

（3）防治措施

① 秋末冬初清扫落叶，全面彻底、集中深埋或烧毁，压低病原菌越冬基数；② 5月中下旬柿落花后，在孢子大量飞散前喷波尔多液。保护叶片，10～15天后再喷1次。注意喷药时要均匀喷布叶背；③ 增施有机肥，对生长衰弱树要加强肥水管理，增加树势。

2.柿角斑病

（1）症状

柿角斑病菌侵害柿树的叶片和果实蒂部。在叶上病斑开始出现时，叶正面呈黄绿色，形状不规则，叶脉变黑色。病斑颜色逐渐加深，10余天后呈浅黑色，再经5～10天，病斑中部褪为淡褐色并出现黑色小粒点。病斑自出现至定型约需30天。发生严重时，提早1个月落叶，造成大量落果，同时枝条生长不充实，越冬易冻而枯死。

（2）发生规律

角斑菌以菌丝在病叶病蒂上越冬至翌年6～7月，在一定温度条件下，产生新的分生孢子进行初次侵染。直至9月间越冬的病残体可陆续产生分生孢子。树上残留的病蒂是主要的侵染源和传播中心，在侵染循环中占有重要地位。病菌在病蒂上可留活3年以上。分生孢子借雨水传播，自叶背侵入，潜育期25～28天，当年发病的病斑上陆续地存在着分生孢子。只要条件适合，分生孢子即可连续侵入寄生。北京地区8月份开始发生，9月份大量落叶、落果，以后继续落果。发病和落叶迟早，与雨季早、晚和雨量多少有密切关系，5～8月降雨大，降雨月多，10月实部分植株全部落叶，如降雨少，并集中在5～8月，则至8月下旬开始发病，10月下旬部分树叶落光，柿果变软，影响产量。

（3）防治措施

① 清除枯叶和病蒂。早春发芽前除枯枝，摘病蒂，减少侵染源；② 5月下旬至6月上旬喷波尔多液1～2次，可收到良好效果。

3. 柿炭疽病

（1）症状

此病主要危害果实和枝条，叶片上很少发生。果实主要在近蒂处发病。在新梢上发生的病斑，多呈椭圆形，黑色或黑褐色，表面略凹陷而开裂。上面散生小点（孢子层）。病斑环绕新梢一周时，因输导组织遭受破坏，病斑上部的枝条即干枯，引起落叶。

（2）发生规律　枝条一般在6月上旬开始发病，果实发病较晚，一般在6月下旬、7月上旬或8月下旬至9月上旬，发病初期果面出现小黑点，逐渐扩大呈圆形或椭圆形，略凹陷，病斑直径约1 cm。病斑中央有黑点，其上有黑灰色的黏状物（分生孢子）着生。被害果实容易软化脱落，或发酸变质。

病菌在病枝和病果上越冬，气温在9～36℃都能活动，但以25℃最适宜此菌的繁殖和发展。当果实或枝条有伤口时更易侵入。

（3）防治方法：

① 收集烧毁病枝和病果；② 选择抗性强的品种；③ 严格选择苗木和接穗，防止此病传播；④ 萌芽前喷一次5°Bè石硫合剂；⑤ 6月以后喷波尔多液；⑥ 营养期不宜多施氮肥，防止枝叶徒长。

4. 柿白粉病

（1）症状

此病危害叶子，引起早期落叶，偶乐也危害新梢和果实。发病初期（5～6月），在叶面上出现密集的针尖大的小黑点，病斑直径1～2 cm，以后扩展县全叶，这与一般白粉病特征不同，往往不易识别。秋后在叶背出现白色粉状的菌丝及分生孢子，10月在菌丛中散生黄色至暗红色象红蜘蛛一般的小粒点，即病菌的子囊壳。以后囊壳呈黑红色。

（2）发生规律

白粉病菌以子囊壳在落叶上越冬。翌年4月上旬，柿叶展开后，从子囊壳飞散出子囊孢子落于叶背，发芽后从气孔侵入。病菌发育最适宜的温度为15～20℃，26℃以上发育几乎停止，15℃以下便产生了囊壳。

（3）防治方法

① 及早清扫落叶，集中烧毁；② 冬季深翻果园，将子囊壳埋入土中；③ 4月下旬至5月上旬喷0.2°石硫合剂，杀死发芽的孢子，预防侵染；④ 6月中旬在叶背喷1:2～5:600倍波尔多液，抑制菌丝蔓延。

5. 柿疯病

（1）症状

病树春季发芽晚，生长迟缓，叶脉黑色，枝干木质部变为黑褐色，严重的扩及韧皮部组织，枝条丛生或直立、徒长或枯枝、梢焦，结果少且果实提早变软后脱落，严重的不结果或整株死亡。

（2）防治措施

① 休眠期改良土壤，冬季修剪；② 生长期新梢生长期，盛花期喷钙、硼各1次；③ 加强检疫，预防角斑病、圆斑的发生，防止早期落叶的发生，注意防治媒介昆虫斑农蜡蝉、血斑叶蝉；④ 轻病时可在主干基部钻孔，深达主干直径2/3，成年树每株注射1 000 mg/kg春雷霉素2～5 L，病重时及时挖除。

（二）虫害

1. 柿绵介壳虫

（1）症状

柿绵介壳虫又名柿毛囊蚧、柿粉蚧，俗称"斑""树虱子"（图3-1）。以若虫和成虫危害柿果、嫩叶和叶片，受害严重的果实早期变黄，软腐脱落，甚至绝产；枝条受害后可使1～2年生枝死亡；主干受害可形成

"爆皮"，即粗皮层翘起，对树势影响极大。

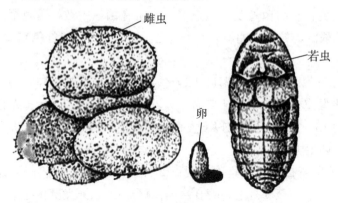

图 3-1　柿棉蚧

（2）发生规律及习性

此虫在北京地区 1 年发生 5 代，各代发生不整齐，基本每月发生 1 代，各代若虫发生期为第一代 6 月上旬至 7 月上旬；第二代 7 月中旬至 8 月中旬至 9 月上旬；第四代为 9 月下旬至 10 月下旬；越冬代若虫 10 月下旬孵化，11 月初开始越冬。

（3）防治措施

应抓紧前期冬代出蛰及第一代若虫孵化期的防治。① 早春刮树皮，每年 2 月中旬以后，对主干老翘皮要彻底刮除，同时在柿树发芽前，即 3 月底至 4 月初，全树喷 3°～5° 石硫合剂或 5% 柴油乳剂，消灭越冬若虫。② 4 月下至 5 月上若虫出蛰高峰期喷布 40% 氧化乐果 1 500 倍液，50% 敌敌畏 1 000 倍液，40% 水胺硫磷 2 000 倍液，50% 对硫磷 1 500～2 000 倍液或 0.5°～0.8° 石硫合剂，均能收到良好效果；③ 6 月中旬第一代若虫孵化高峰期，进行树上药剂防治，用药同前；④ 主干纵刻涂内吸剂。各代若虫发生高峰期均可应用。方法是在主干 1 m 高处刮除粗皮宽 30 cm，间隔 3 cm 划纵刻深达木质部；之后涂药，配比是柴油∶氧化乐果 = 1∶（10～20），涂第一次后稍干再涂 1 次，用塑料布扎涂待 1 周后取下。此方法对披蜡的虫体仍有较好防治作用，同时可保护天敌。

2.柿蒂虫

（1）危害症状

柿蒂虫（图3-2）又叫柿实虫、柿食蛾等。此虫以幼虫蛀食柿蒂，第一代危害后柿果变褐，多不脱落；第二代受害后，果实提前脱落，造成严重减产。

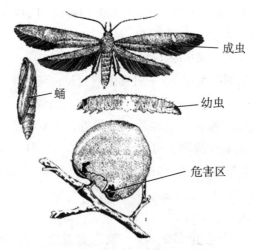

图3-2 柿蒂虫

（2）发生规律及习性

在北京地区一年发生2代，第一代幼虫5月下旬开始害果。幼虫孵化后先吐丝将果柄、柿蒂缠住，不让柿果落地，将果柄吃成环状或果柄皮下钻入果心，粪便排于果外。一个幼虫能连续危害柿果5～6个。6月下旬至7月上旬幼虫老熟，一部分在被害果内，一部分在树皮下结茧化蛹。在被害果内作茧的，羽化孔从外观看似白线头，极易识别；在君迁子上化蛹的羽化孔多在萼片下。第一代若虫羽化盛期在7月中旬左右。成虫发生期近两个月，第一代幼虫危害期在8月上旬至9月下旬，8月下旬以后幼虫陆续老熟。第二代幼虫从柿蒂蛀入果内危害，被害果由绿变黄、变红，大量脱落。

（3）防治措施

① 早春刮树皮：2月中旬以后对树干、主枝的老翘皮彻底刮除，结合堵树洞、培土堆，压低越冬基数。堵树洞要求用黄土：石灰 = 3 : 1；培

土堆要求在树干根基方圆 60 cm 地面培土高约 20 cm，土堆可于 6 月中旬以后去除，在以上措施基础上，全树喷布 1605 乳油 1 000 倍液，减少越冬虫量；② 树上喷药：在 5 月中下旬、7 月下旬至 8 月上旬幼虫发生高峰期，各喷药两次，每次药间隔 10 ～ 15 天。发生量大时可考虑每代幼虫发生期喷药 3 次，用药剂为 20% 菊马乳油 2 500 倍液；20% 灭扫利 2 500 ～ 3 000 倍液；50% 1605 乳油 1 000 ～ 1 500 倍液，着重喷果实、果梗、柿蒂；③ 人工摘除虫果 从 6 月中旬至 7 月中旬，8 月中至 9 月上旬。每 3 天人工采摘虫果 1 次，深埋，压低虫量。7 月中下旬至 8 月上旬（具体时间以测报为准），一般发生期较长，又是雨季，以打 2 次药为宜，并在药中加入 0.1% ～ 0.2% 107 胶或农用展着剂，抗雨水冲刷。另外，利用越冬代幼虫喜在幼果内化蛹的习性，在 6 月 20 日至 7 月 10 日期间，摘除树上僵果并深埋，可以大量压低第一代发生量；④ 8 月中下旬树干扎草绳诱杀越冬幼虫，冬季取下烧毁。

3. 秋千毛虫

（1）危害症状

秋千毛虫俗称柿毛虫（图 3-3），又名舞毒蛾。主要危害柿、杨树、苹果、桃、杏、梅、柑橘、核桃、栗、柳、栎、落地松等。严重发生时，可将全株叶片吃光，影响树体正常生长。

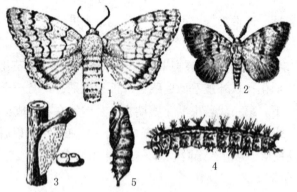

1. 雌成虫；2. 雄成虫；3. 卵块及卵；4. 幼虫；5. 蛹

图 3-3　柿毛虫（舞毒蛾）

（2）发生规律及习性

每年发生1代，以卵块在树干背阴面及梯田石缝中越冬，翌年3月底至4月上开始孵化。3龄以后幼虫白天多下树潜伏。5月中旬幼虫进入4龄后，取食量增大，称"暴食期"，严重的几天内可将叶片全部吃光。雌虫一生共7龄，雄虫6龄，6月中旬开始化蛹，6月底至7月初成虫羽化。

（3）防治方法

① 收集卵块：从12月份以后至3月中旬以前，人工收集卵块，集中深埋或烧毁，可以保护天敌；② 树干涂药：3月底至4月初，幼虫初卵期，使用柴油或水与菊脂类农药，在树主干1 m左右便于操作的部位，喷15～20 cm的带环，阻隔上、下树的幼虫。一般虫龄越低效果越好，但要注意清除树上卵块，山区要注意"搭桥树"的防治；③ 树上喷药：幼虫大量上树危害时，可全株喷布50%辛硫磷1 000～1 500倍液；50%敌敌畏1 000倍液；速灭丁3 000倍液，触杀幼虫；④ 成虫羽化盛期，用黑光灯诱杀成虫。

4. 柿斑叶蝉

（1）症状

柿斑叶蝉又名柿血斑小叶蝉，柿水浮尘子，血斑浮尘子以成虫。若虫在柿、枣、桃、李、葡萄、桑的叶背面刺吸汁液，破坏叶绿素的形成。柿树受害严重时能造成早期落叶。

（2）发生规律及习性

一年发生2代，以卵在当年生枝梢皮层内越冬，越冬卵翌年4月下旬开始孵化。若虫孵化后，集中在叶背面中脉附近吸食汁液，不甚活跃，严重发生时，被害叶正面呈褪绿斑点，甚至全叶呈苍白色，提早脱落。第一代成虫产卵叶背近中脉处，成虫和老龄若虫性均活跃，成虫受惊后即起飞。

（3）防治措施

在若虫盛发期即4月中旬至5月上旬，喷施40%氧化乐果1 500倍液和50%马拉硫磷1 500倍液，效果较好。

5. 柿梢鹰夜蛾（图3-4）

（1）危害症状

主要以幼虫危害苗木，蚕食刚萌发的嫩芽和嫩梢，使幼苗不能正常生长。

1. 成虫；2. 幼虫；3. 卵

图3-4　柿梢鹰夜蛾

（2）发生规律及习性

1年发生两代，5月下旬孵化后蛀入芽内或新梢顶端，叶丝将顶端嫩叶粘连，潜身在内，蚕食嫩叶。幼虫受惊后，摇头摆尾，进退迅速，非常活泼，经1个月后入土化蛹。6月下旬至7月上旬发生第二代幼虫，8月中旬以前入土化蛹开始越冬。

（3）防治方法

① 发生数量不多时，可用人工捕杀幼虫；② 发现大量幼虫危害时，可用50%敌敌畏2 000倍液喷洒。

五、周年管理历

柿树周年管理历见表3-3。

表 3-3 柿树周年管理历

时间	主要生产管理内容	具体操作方法
12 月	搞好果树冬季修剪	结合修剪，剪除病虫枝梢、僵果，集中烧毁
	清理果园工作	彻底清扫果园，将枯枝、落叶集中烧毁或深埋
	做好春播种子的层积处理	选一地势高燥、背阴的地方挖沟，沟深 60 cm，长宽以种子多少而定。层积时沟底先铺一层湿砂，厚约 10 cm，然后使种子与湿沙相间层积，1 份种子 3～5 份湿沙
1～2 月	继续进行冬剪和清园工作	杂草、枯叶、落叶
	挖除并清理病死植株	
	完成砧木种子层积工作	
	完成冬剪工作	
	耙耱保墒	
	防治病虫害	① 剪除刺蛾虫茧；② 焚烧树干绑草，杀灭草把中越冬的柿蒂虫幼虫；③ 树体喷布 5° 石硫合剂
	检查层积种子	注意检查其温度、湿度。如果温度过高，可将覆土减薄，温度太低要加厚覆土。如果湿度过大，种子有腐烂现象，要将腐坏的种子拣出，并进行翻搅，必要时将种子取出摊晾，以减低湿度；湿度过小时可适当洒水
	做好苗圃地的施肥、撒药、和平整圃地	
	下旬对上年芽接苗剪砧	
	刮老树皮、涂白	将主干涂白。刮除老皮，用以压低柿蒂虫、柿绵介等害虫越冬基数

（续表）

时间	主要生产管理内容	具体操作方法
3 月	防治病虫害	① 对主干主枝刮粗皮，主干基部方圆 60 cm 内堆土，堆高 20 cm 左右；② 发芽前，在树干地面上环状刮粗皮，刮宽 20 cm 左右，然后涂 3 ～ 5 倍 40% 乐果和 50% 甲胺磷混合液；③ 发芽前喷 5 度石硫合剂、5% 柴油乳剂；④ 发芽时，沿树干周围 0.5 ～ 0.8 m 以外土施辛硫磷
	完成空缺苗补栽工作	
	萌芽前追肥、浇水、松土、保墒	
	播种育苗	
4 月	防治病虫害	喷 0.2° 石硫合剂；喷 0.5% ～ 0.6% 石灰倍量式波尔多液或 70% 大生 1 500 倍液，剪除柿黑星病病梢、病叶、病果
	嫁接及高接换种	4 月上旬至 5 月下旬进行带木质部芽接成活率较高。嫁接成活后无论是芽接或枝接均要及时解除捆绑物，否则，捆绑处易发生缢痕而风折
	干旱时灌水	
	播种绿肥或间作	
	苗圃地进行间苗、移苗、补苗	需及时除去砧木萌发出的嫩芽，并加强松土、除草、灌溉、施肥等田间管理，待苗长至 1 m 左右便可摘心定干，并将整形带内的萌芽抹去（4 月苗能长 1 m，整形带内抹芽）
5 月	叶面喷肥	花前或初花期喷 0.2% ～ 0.4% 硼砂和 0.3% 尿素

（续表）

时间	主要生产管理内容	具体操作方法
5月	夏剪开始进行	对冬季剪口附近或弯弓的大枝背上等处的徒长枝，有用的进行选留，并进行摘心或剪截。控制在 30 ～ 40 cm；无用的从基部抹掉
	搞好高接树的抹芽和枝干绑护工作	
	疏花和人工授粉	
	中耕除草、垒树盘、压绿肥	
	苗圃地追肥、浇水、松土、除草	苗期根系浅，不耐干旱，在春末夏初的"卡脖旱"时期或久旱不雨时，应及时浇水抗旱
	防治病虫害	喷 2.5% 敌杀死 4 000 倍液，防治柿小叶蝉，柿蒂虫；喷 1 500 倍 70% 大生 M-45，抑制白粉病、炭疽病
6月	叶面喷肥	结合喷药叶面喷洒 0.5% 的生物速效肥，每隔半月 1 次，直到 8 月中旬
	防治病虫害	① 除去树干基部的堆土；② 摘除树上虫果；③ 喷 2.5% 敌杀死 4 000 倍液杀死柿小叶蝉，喷 50% 辛硫磷 600 倍液 +20 号石油乳剂 120 倍液，防柿绵蚧。喷 1∶2 ～ 5∶600 波尔多液，防治柿圆斑病、角斑病、白粉病
	夏剪继续	
	松土、保墒	
	播种夏绿肥	
	搞好苗圃地追肥、浇水、松土工作	幼苗长至一定高度后可进行摘心，促使幼苗加粗

（续表）

时间	主要生产管理内容	具体操作方法
7月	防治病虫害	喷布 20% 灭扫利 2 500 倍液或 2.5% 敌杀死 4 000 倍液，摘除柿蒂虫危害果；② 喷波尔多液
	夏剪继续	及时抹除环割、开角后的萌芽
	追肥	柿粮间作地，继续进行"穴贮肥水"。7月中旬后多施钾肥。可结合病虫害防治与农药混合喷布，但要注意药肥的配比。追肥时间最好选择在早、晚或阴天进行，此时可以减少叶面的蒸发，有利于叶面的充分吸收
	普遍做好树盘覆草保墒工作	覆盖厚度不得小于 10 cm
	果园浇水、中耕、除草	
	继续做好树盘压绿肥，施化肥工作	
	嫁接	嫁接成活后及时剪除砧木萌蘖，保证嫁接成活后接穗迅速生长
	苗圃地进行追肥浇水、除草，及时进行芽接	
8月	防治病虫害	① 摘除柿蒂虫危害果；刮掉粗皮，绑草把，诱集柿蒂虫越冬幼虫；② 加强对柿绵蚧的防治
	夏剪继续	
	继续进行芽接，并及时解除绑缚物、除萌	
	果园松土、除草	中耕除草，雨季盛草季节，可采用化学除草，省工、省时，低成本，效果好

（续表）

时间	主要生产管理内容	具体操作方法
8 月	苗圃地进行浇水、除草	
	树干捆绑草把	8 月下旬，树干主枝以下，捆草把 2 道，捆绑要紧实，用以诱杀下树越冬的柿蒂虫，待进入休眠期后，取下集中烧毁，压低越冬虫口密度
	防治病虫害	摘除柿蒂虫危害果，喷辛硫磷杀灭柿蒂虫，喷波尔多液防炭疽病
	夏剪继续	
9 月	叶面喷肥	叶面喷肥，9 月上旬开始每 10 ～ 15 天喷 1 次 0.3% 生物速效肥，连喷 3 次，保护叶片，提高光合作用效率，推迟落叶期。喷肥时特别要注意溶液中的尿素充分溶解，浓度均匀，否则容易发生肥害烧毁叶片
	吊枝	吊枝，保护树体。柿树枝条硬而脆，结果多的树，一般可采取吊枝的方法，以免折伤枝干。吊枝时期，以枝条将要下垂时为适期
	果实采收前多施基肥并浇水	对晚熟品种可在采收前追施钾肥和施基肥相结合
	中耕除草	中耕除草，雨季盛草季节，可采用化学除草，省工、省时，低成本，效果好
	安排播种秋绿肥	
	苗圃地检查补接未成活植株，继续解栓、除萌	
10 月	防治病虫害	喷 50% 辛硫磷 +20 号柴油乳剂 120 倍液

（续表）

时间	主要生产管理内容	具体操作方法
10 月	注意适时采收	柿子采收期因用途不同而异。如作硬柿用则采收较早而软柿较晚
	清园	将枯枝、落叶、杂草等清除出果园并集中烧毁或深埋
	采后进行秋耕	秋耕树行，消灭杂草，以利秋季保水、保墒，深翻深度 30 cm 左右，耕时要将大土块打碎
	施肥	① 果实采收后，每隔 10 ～ 15 天喷洒 0.5% 磷酸二氢钾 2 ～ 3 次；② 待秋季落叶后，应进行施基肥（绿肥、厩肥均可），平均每株 150 kg 左右
	柿果采后加工处理	果实采收后，需加工柿饼的要翻晒
	下旬灌冻水	为了保证柿树安全越冬，本月要在深翻改土和秋施基肥的基础上，全园灌足越冬水
11 月	冬剪开始	按照已定树形制定适宜的整形修剪方案。注意摘除僵果、剪除枯枝
	修整梯田	要求梯田田面里低外高，加固边埂，提高蓄水保水性能和水土保持能力
	继续清园	继续将有可能隐藏越冬病菌和虫害的枯枝、落叶、修剪残枝等清除出果园并集中烧毁或深埋
	修复树盘	深刨树盘，消灭在土壤中越冬的害虫。为了防治冻伤柿树根系，应及时回填土壤。落叶、杂草、间作物茎叶挖穴埋入柿树周围
	苗木出圃，并注意越冬假植	
	防治病虫害	清除落叶杂草，病虫果。刮除老翘皮

第四节
核　桃

一、主要品种

（一）早实核桃

1. 辽宁1号

由辽宁省经济林研究所杂交育成。坚果圆形，果基部平或圆，果顶略呈肩形。坚果重9.4 g。核壳面较光滑，色浅。缝合线微隆起，壳厚0.9 mm，内褶壁退化，可取整仁，出仁率59.6%。结果早，种仁饱满。长势强，枝条粗壮，果枝率高，丰产。适应性强，耐旱、比较耐寒，抗病性强。

2. 中林5号

中国林业科学院杂交育成。坚果方圆形，壳面光滑，坚果重13.2g。壳厚1.26 mm，横隔膜质，易取仁，出仁率60%。种仁饱满色浅，品质上。树势中庸，枝条粗节间短，短果枝结果为主。雌花先开。适应性强，抗病力、抗寒力和耐旱性较强。此品种属短枝型。适宜密植栽培。丰产性强，结果多时果实变小，注意严格进行疏果和加强土肥水管理。

3. 扎343

新疆林业科学院从实生早实核桃中选育而成。坚果椭圆形，核壳面光滑。单果重15.5 g，壳厚1.2 mm，出仁率52%～56%，仁色浅黄。树势旺盛，树姿半开张。雄先型。丰产、稳产，适于密植。抗病、耐旱、耐寒适应性强。加强土肥水管理，合理负载，避免早衰。

4. 香玲

由王钧毅等杂交育成。坚果卵圆形，基部平，果顶微尖。坚果重12.2 g 左右。壳面刻沟浅。浅黄色，缝合线较窄而平，壳厚0.9 mm，内褶壁退化，可取整仁，出仁率 65.4% 左右。种仁充实饱满，色浅黄，味香而不涩。雄先型。树势较旺，树姿较直立，分枝力较强。丰产、适应性强。

5. 元丰

由山东省果树研究所杂交育成。果实椭圆形，坚果单重 13.5 g 左右，壳面光滑，网纹浅，缝合线紧，不易开裂。壳厚 1.3 ～ 1.4 mm，取仁容易，种仁充实饱满，深黄色，味香，肉质脆，出仁率 50.9% 左右。雄先型。树势较旺，树姿开张，结果早，丰产，抗病、抗寒性较强。

（二）晚实核桃

1. 晋龙 1 号

由山西省林业科学院杂交育成。坚果近圆形，果基微凹，果顶平，坚果重 14.85 g。壳面光滑，有小麻点，缝合线窄平，结合紧密，壳厚 1.09 mm，内褶壁退化，易取整仁，出仁率 61%。种仁饱满，味香甜。雄先型。适应性强，抗病力、抗寒力和耐旱性较强。适宜在华北、西北地区栽培。

2. 礼品 2 号

由刘万生等从实生核桃园中选出。坚果长圆形，果基圆，果顶圆微尖，坚果重 13.5 g。壳面光滑，缝合线窄平，结合较紧密，壳厚 0.7 mm，内褶壁退化，极易取整仁，出仁率 67.4%。种仁饱满，色浅，风味佳。雌先型品种。树势中庸，树姿半开张，分枝力较强。适应性强，丰产抗病，适宜我国北方栽培区。

3. 清香

日本品种，现已在河北省等地大量栽培。坚果近圆锥形，坚果重 12.4 g。壳面光滑淡褐色，缝合线结合紧密。壳厚 1.0 mm，内褶壁退化，易取整仁，出仁率 53%。种仁饱满，浅黄色，风味极佳。雄先型品种。幼时生长较旺，结果后树势稳定，树姿半开张。适应性强，丰产性好。此品种抗寒、抗晚霜、抗病性均强。

二、生态习性

（一）温度

核桃属喜温果树，适宜生长的年平均温 9 ～ 16℃、极端最低温度 –32 ～ –25℃、极端最高温度 38℃以下、无霜期 150 ～ 240 天的地区。核桃幼树休眠期气温低于 –20℃时易发生冻害，成年树低于 –26℃时，枝条、雄花芽及叶芽均易受冻害。开花展叶后，如气温降到 –4 ～ –2℃，新梢冻坏，花期、幼果期，气温降到 –2 ～ –1℃时就会减产。夏季气温超过 38℃，核桃果实易出现日灼、核仁发育不良。铁核桃只适应亚热带气候，耐湿热、不耐干冷，适宜生长的温度为 12.7 ～ 16.9℃，极端最低温 –5.8℃。

（二）水分

核桃对空气湿度适应性强，能耐干燥的空气，但对土壤水分较敏感，过干过湿均不利核桃生长结果。

（三）光照

核桃喜光，适宜的光照强度为 60 000 lx，结果期的核桃树要求全年日照不少于 2 000 小时，低于 1 000 小时则核壳核仁发育不良。

（四）土壤

核桃为深根性果树，对土壤的适应性强，不论是山地、丘陵、平原都能生长。在土质疏松、土层深厚、排水良好、含钙的微碱土壤上生长最佳。适宜的 pH 值范围 6.5 ～ 7.5，土壤含盐量应在 0.25% 以下，稍微超过即会影响生长结实。

三、栽培技术

（一）土肥水管理

1. 土壤管理

扩大树盘，耕翻熟化，防治水土流失。

2. 施肥

结果前，年施肥量为氮肥 50 kg/m²，磷钾肥各 10 kg/m²，并增肥农家肥 5 kg/m²。结果后年施肥量为氮肥为氮肥 50 kg/m²，磷钾肥各 20 kg/m²，并增肥农家肥 5 kg/m²。随着产量的增加，适当增加施肥量。

3. 灌水

一般年降水量为 600 ～ 800 mm，且分布比较均匀的地区，基本上不需要灌水。需灌水的地区灌水时间：一是在 3 ～ 4 月份萌芽前后，萌芽，抽枝，展叶和开花等生长发育过程；二是开花后和花芽分化前 5 ～ 6 月份，果实速生期，其生长量约占全年生长量的 80%。到 6 月下旬，雌花芽开始分化，在硬核期（花后 6 周）前，应灌 1 次透水，以确保核仁饱满；三是采收后，10 月末至 11 月初落叶前，可结合秋季施基肥灌 1 次水。

（二）整形修剪

1. 整形

晚实类型多用疏散分层形，早实核桃多用自然开心形。密植核桃园还可采用自由纺锤形和细长纺锤形。

（1）疏层分散形

定干高度 1.5 ～ 2.5 m，主枝间的距离 1 ～ 1.5 m，不能过近，基部三主枝的第一侧枝距主干 1.5 m 左右。要注意保持中心领导枝的生长优势。在一般情况下，不能轻易换头，这是不同于其他果树修剪的重要特点。

（2）自然开心形

可采用夏剪和秋剪的方法，促进较多的侧芽抽生新枝。夏剪在断枝生长即将结束时，将 50cm 以上的发育枝剪去顶部 2 ～ 3 个芽，以促进侧芽的发芽和枝条充实，增加来年的发枝数量，秋剪是在落叶前进行，剪口在中上部充实饱满的外芽上，使期逐年扩大树冠和抽生较多的发育枝。对于过密的 1 年生细弱枝条可适当剪去。

2. 修剪时期

核桃修剪要避开伤流期，适宜修剪时期应在采收后至叶片变黄以前。

核桃的修剪时期与一般的果树不同，在果实采取后，叶未变黄前进行，在华北地区以"白露"至"寒露"间修剪最好。这时候修剪，气温虽低，伤口愈合慢，但养分损失少。幼树因未结果，可提早修剪，在"处暑"节气即可开始，春季修剪一般在"立夏"前后进行，过晚则因枝叶过大，消耗养分过多，不利树木生长。

3. 不同年龄时期树的修剪

（1）幼树

核桃幼树生长缓慢，定植 2～3 年不可修剪，待有一定分枝时选留直立向上的壮枝做中心干，并在整形带内选方向好、垂直角度合适、邻近、长势相近的 3 个壮枝作为第 1 层枝。其余分枝在不影响主枝生长情况下保留，并用控制枝势的方法使之提早结果和辅养树体。栽后 5 年左右选留第二层主枝，以后再留第三层主枝。各层主枝要插空选留，防止上下重叠。同时要注意选留和培养侧枝。侧枝一般选用向外斜向生长的枝条，背后枝不宜做侧枝。

（2）结果树

各级骨干枝外围枝的修剪：主干疏散分层形到一定高度后，可利用三叉枝逐年落头去顶，最上层主枝代替树头。盛果初期，各主枝还继续扩大生长，仍需培养各级骨干枝，及时处理背后枝，保持枝头长势。当相邻树头相碰时，可疏剪外围，转枝换头。先端衰弱下垂时，应及早从基部疏除。

结果枝的培养和修剪：一般采用先放后缩的方法培养结果枝组，即在树冠的适当部位选健壮枝条长放，并将其周围弱枝疏除，待保留的枝条分枝后进行回缩，促使加粗并向横向扩展，增加枝量，使其结果叨结果枝组的位置应选在主侧枝的背斜侧和背上部，一般不用背后枝。培养结果枝组要大、中、小配备适当、分布均匀。每 100 cm 左右留 1 个大型结果枝组，60 cm 左右留 1 个中型枝组，40 cm 左右留 1 个小型枝组。盛果期大树的大、中型结果枝组多数由骨干枝上的大型辅养枝改造而成，中、小结果枝组多数由有分枝的壮枝经发育枝去强留弱、去直留平培养而成。结果枝修剪，是对影响光照、生长密挤的枝条进行回缩或疏除，对连续多年结果、长势变弱的枝组采取去弱留强、去老留新、去下垂留斜生的方法维持其健壮长势。大、中型结果枝组，要控制其长势，限制过度延伸，在下部培养预备枝，前部变弱后及时回缩，使其更新复壮。

下垂枝、徒长枝的修剪：生长旺盛的下垂枝可从基部剪除或剪去下垂枝上的强枝，以削弱生长势；生长中庸的下垂枝如有饱满花芽，可暂时保留，并改造成结果枝组；生长衰弱下垂枝可回缩，抬高角度，使之复壮；特别弱者要疏除。徒长枝应改变其生长方向、采用夏季摘心和秋季于春梢环痕处戴帽剪截方法，促发分枝，缓和生长。生长中庸的徒长枝可以用先放后缩的方法培养成结果枝组。

背后枝的修剪：核桃的背后枝，果农称之为"倒拉枝"，修剪时如果背后枝已超过原头，而且角度合适，可取而代之；若背后枝长势弱，并已形成花芽，可保留结果，逐步改为枝组；二者长势相似，应及早疏除背后枝。

延长枝的修剪：对 15 ～ 30 年生的盛果期树，树冠外围各组主枝顶部抽生的 1 年生延长枝，可在顶芽下 2 ～ 3 芽处进行短截，如顶部枝条不充实，可向在饱满芽处剪截，以扩大树冠和增加结果部位。

徒长枝的修剪：徒长枝大多由内膛骨干枝上的隐芽萌发形成，在生长旺盛的成年树和衰老树上发生较多，过去多从基部剪去，称为"清膛"，近年来开始利用徒长枝结果。内膛空虚部分的徒长枝，可依着生位置和长势强弱，在 1/3 ～ 1/2 有饱满芽处短截，剪后 2 ～ 3 年即可形成结果枝，增补空隙，扩大结果范围，达到立体结果的目的。

（3）衰老树

小更新：是在大枝中上部选方位好、角度好的健壮枝或徒长枝加以培养，回缩各级骨干枝，当更新枝强于原头时逐步锯除原头。结果枝组回缩，抬高角度，使其复壮。这种方法修剪量轻，树势恢复快，也不会造成产量大幅度下降。

大更新：极度衰弱出现严重焦梢的老树应进行大更新，即在骨干枝中下部有良好分枝处回缩，使之重新形成树冠。

4. 放任树的整形修剪

一般放任生长的核桃树大枝多、中心干弱，可以改造成多主枝自然开心形。选留的大枝要分布均匀，互不影响，有侧枝。大枝分期分批的疏除。大枝上的中型枝，也要进行适当的疏间或回缩，以打开层次，引光入膛，促使内膛萌生新枝。树冠外围的下垂枝、焦梢和细弱枝要在有良好分枝处回缩，抬高角度，增强树势，同时要疏除细弱枝、病虫枝、过密枝和干枯枝。被改造的核桃大树，膛内萌生的徒长枝要有计划地改造培养成结果枝组。

（三）花果管理

1. 人工授粉

核桃存在雌雄异熟的现象，花期不遇造成授粉不良，因此人工授粉可明显提高坐果率。在雄花序散粉时采集花粉。授粉的最佳时期是雌花柱头裂开成倒八字形张开时，如果柱头干缩变色，授粉效果差。授粉方法用喷粉器或纱布袋。花粉用干淀粉或干细滑石粉稀释 10～15 倍，随配随用。

2. 人工疏雄

实践证明，人工疏雄可增产 10%～48%。因为疏除多余的雄花序可以减少树体水分和养分的消耗，将节省的水分和养分用于雌花和剩余雄花的发育，从而改善了雌花和果实的营养条件，从而提高坐果率和产量。疏雄的最佳时期是雄花开始膨大期，用手掰除或用木钩钩除雄花序。疏除 90%～95% 的雄花为宜。

3. 果实采收和处理

核桃采收适期为果皮由绿色变成黄色，部分果皮顶部出现裂纹。目前我国多以人工采收为主。国外多用机械采收，即在采前 10～20 天树冠喷布 500 ～ 2 000 mg/kg 乙烯利催熟，采收时用机械振落果实。

果实采收后，及时脱去青皮、漂白处理。脱青皮主要有堆沤和乙烯利脱皮两种方法。

堆沤脱青皮是我国传统的核桃脱皮方法，在阴凉处或室内，将采收的核桃堆成 50 cm 厚。上面盖 10 cm 厚的干草、树叶，保持堆内温湿度、促进后 熟。一般经过 3 ～ 5 天青皮即可离壳。堆沤时切忌青皮变黑乃至腐烂时再脱皮，以免降低坚果品质。乙烯利脱皮，具体做法是将刚采回的核桃用 3 000 ～ 5 000 mg/kg 乙烯利浸泡 30 秒，再按 50 cm 的厚度堆积，堆上覆盖 10 cm 厚的秸秆，2 ～ 3 天即可自然脱皮。脱青皮后应及时洗去残留在坚果面上的烂皮、泥土等污染物，然后进行漂白。漂白的方法是，将次氯酸钠（含次氯酸钠 80%）溶于 4 ～ 6 倍的清水中，制成漂白液，将清洗过的坚果浸泡在漂白液中 5 ～ 8 分钟，并随时搅拌。当核壳变白时捞出，用清水冲洗摊开晾干。作种子用的坚果不能漂白，否则会影响种子出苗率。

四、病虫害防治

（一）病害

1. 核桃枝枯病

（1）症状

主要危害枝条，尤其是 1 ～ 2 年生枝条易受害。枝条染病先侵入顶梢嫩枝，后向下蔓延至枝条和主干。枝条皮层初呈暗灰褐色，后变成浅红褐色或深灰色，并在病部形成很多黑色小粒点，即病原菌分生孢子盘。染病枝条上的叶片逐渐变黄后脱落，湿度大时，从分生孢子盘上涌出大量黑色短柱状分生孢子，如遇湿度增高则形成长 圆形黑色孢子团块，内含大量孢子。

（2）传播途径和发病条件

病原菌主要以分生孢子盘或菌丝体在枝条、树干病部越冬，翌年条件适宜时，产生的分生孢子借风雨或昆虫传播蔓延，从伤口侵入。该菌属弱性寄生菌，生长衰弱的核桃树或枝条易染病，春旱或遭冻害年份发病重。

（3）防治方法

① 加强核桃园管理，及时剪除病枝，深埋或烧毁，以减少菌源。增施有机肥，增强树势，提高抗病力；② 北方注意防寒，预防树体受冻。及时防治核桃树害虫，避免造成虫伤或其他机械伤；③ 主干发病时应及时刮除病部，并用1%硫酸铜或40%福美胂可湿性粉剂50倍液消毒再涂抹煤焦油保护。

2. 核桃炭疽病

（1）症状

主要危害果实。叶片、芽及嫩梢上时有发生。一般病果率20%～40%，严重时高达90%。果实染病 先在绿色的外果皮上产生圆形至近圆形黑褐色病斑，后扩展并深入果皮，中央凹陷，内生许多黑色小点，散生或排列成轮纹状，雨后或湿度大时，黑点上溢出粉红色 黏质状物，即病菌分生孢子盘和分生孢子。叶片染病产生黄褐色近圆形病斑，上生小黑粒。

（2）传播途径和发病条件

病菌以菌丝、分生孢子在病果、病叶或芽鳞中越冬，翌年产生分生孢子借风雨或昆虫传播，从伤口或自然孔口侵入，发病后产生孢子团借雨水溅射传播，进行多次再侵染。

（3）防治方法

① 注意清除病僵果、病枝叶，集中深埋或烧毁，可减少菌源；② 选用丰产抗病品种。种植新疆核桃时，株行距要适当，不可过密，保持良好通风；③ 6～7月发现病果及时摘除并喷洒1:2:200倍式波尔多液，发病重的核桃园于开花后喷洒25%炭特灵可湿性粉剂500倍液或50%使百克可湿性粉剂800倍液、50%施保功可湿性粉剂1 000倍液，隔10～15天1次，连续防治2～3次。

3. 核桃黑斑病

又名黑腐病。核桃发病后造成幼果腐烂核早期落果，不脱落的被害果，核仁出油率低，对产量影响很大。

（1）症状

主要危害幼果和叶片，也可危害嫩枝及花器，首先在叶脉处出现圆形及多角形的小褐斑，严重时相互愈合，病斑外围有以水渍状晕圈，中央灰褐色部分有时脱落，形成穿孔。枝梢上病斑长形，褐色，稍凹陷，严重时因病斑扩展保卫枝条而使上段枯死。幼果受害时，果面发生黑色小斑点，无明显边缘，以后逐渐扩大成片变黑，并深入果肉，使整个果实连同核仁全部变黑腐烂脱落。花序受侵后，产生黑褐色水渍状病斑。

（2）发病规律

病原细菌在病枝梢的病斑中或病芽里越冬，第二年春季细菌借风雨飞溅传播到叶、果及嫩枝上危害，病菌可以侵染花序（器），因此，花粉也能传带病菌。昆虫也是传带病菌的媒介。病菌由气孔、皮孔、蜜腺及各种伤口侵入。在足够的湿度条件下，温度在 4～30℃范围内都可侵染叶片，在 5～27℃时可侵染果实。

（3）病害控制

① 清除病叶、病果，注意林地卫生：核桃采收后，脱下的果皮应与处理，结合修剪，剪除病枝梢及病果，并收拾地面落果等，集中烧毁，以减少病菌来源；② 加强管理，增强树势，提高树体抗病性：注意采收时尽量少采用棍棒敲击，减少树体伤口，在虫害严重发生的地区，特别是核桃举肢蛾发生严重的地区，应及时防治害虫；③ 药剂防治：黑斑病发生严重的核桃园，可分别在展叶（雌花出现之前），落花后以及幼果早期各喷 1 次 1∶0.5～1∶200 波尔多液。此外，也可以喷 72% 农用链霉素、65% 代森锰锌等，可达到较好的防治效果。

4. 核桃白粉病

（1）症状

叶表面产生白粉层，引起叶片提早脱落。

（2）传播途径和发病条件

两种白粉菌均以闭囊壳在病落叶上越冬。翌春遇雨放射出子囊孢子，侵染发病后病斑产生大量分生孢子，借气流传播，进行多次再侵染，5～6月进入发病盛期，7月以后该病逐渐停滞下来。春旱年份或管理不善、树势衰弱发病重。

（3）防治方法

① 秋末清除病落叶、病枝，集中销毁；② 加强管理，合理灌水施肥，控制氮肥用量，增强树体抗性；③ 发芽前喷布 1°Bé 石硫合剂，减少菌源。发病初期喷洒 50％ 可灭丹（苯菌灵）可湿性粉剂 800 倍液或 20％ 三唑酮乳油 1 000 倍液、20％ 三唑酮硫磺悬浮剂 1 000 倍液、12.5％ 腈菌唑乳油或 30％ 特富灵可湿必粉剂 3 000 倍液。

5. 核桃褐斑病

（1）症状

主要危害叶片和嫩梢。叶片染病表现为灰褐色圆形至不规则形病斑，后期病部生出黑色小点，即病菌分生孢子盘和分生孢子。发病重的叶片枯焦，提早落叶。嫩梢染病表现为病斑黑褐色，长椭圆形略凹陷。苗木染病常形成枯梢。

（2）传播途径和发病条件

病菌以菌丝、分生孢子在病叶或病梢上越冬，翌年6月，分生孢子借风雨传播，从叶片侵入，发病后病部又形成分生孢子进行多次再侵染，7～9月进入发病盛期，雨水多、高温高湿条件有利于该病的流行。

（3）防治方法

① 秋后注意清除病叶枯梢，集中烧毁，可减少菌源；② 开花前后各喷 1 次 1∶2∶200 倍波尔多液或 50％甲基硫菌灵·硫磺悬浮剂 800 倍液。

6. 核桃楸毛毡病

（1）症状

又称山胡桃丛毛病、疥子、痂疤。主要危害核桃楸叶片。病斑颜色逐渐变深，多呈圆形至不规则形，痂疤状；叶背面对应处现浅黄褐色细毛丛，严重时病叶干枯脱落。

（2）传播途径和发病条件

胡桃绒毛瘿螨秋末潜入芽鳞内越冬，翌年温度适宜时潜出危害。通过潜伏在叶背面凹陷处之绒毛丛中隐蔽活动，在高温干燥条件下，繁殖较快，活动能力也较强。

（3）防治方法：

① 加强管理，及时剪除有螨枝条和叶片，集中烧毁或深埋；② 药剂防治。芽萌动前，对发病较重的林木喷洒45％晶体石硫合剂30倍液及克螨特等杀螨剂。发病期，6月初至8月中下旬，每15天喷洒1次45％晶体石硫合剂300倍液或喷撒硫磺粉，共喷3～4次。

7. 核桃圆斑病

（1）症状

又称核桃灰斑病。主要危害叶片。生圆形病斑，初浅绿色，后变成褐色，最后变为灰白色，后期病斑上生出黑色小粒点，即病原菌分生孢子器。病情严重时，造成早期落叶。

（2）传播途径和发病条件

病菌以菌丝和分生孢子器在枝梢上越冬。翌年5～6月产生分生孢子，借风雨传播，引起发病，雨季进入发病盛期，降雨多且早的年份发病重。管理粗放、枝叶过密、树势衰弱易发病。

（3）防治方法

① 加强管理，防止枝叶过密，注意降低核桃园湿度，可减少侵染；② 发病初期喷洒50％可灭丹（苯菌灵）可湿性粉剂800倍液或50％甲基硫菌灵·硫磺悬浮剂900倍液。

8. 核桃根结线虫病

（1）症状

该病属线虫引起的病害，主要危害核桃苗根部幼嫩部分，严重时，苗木凋萎枯死。苗根部受害后，先在须根及根尖处形成小米或绿豆大小的瘤状物，随后侧根也出现大小不等、表面粗糙的圆形瘤状物，褐色至深褐色，瘤块内有白色粉状物即线虫雌 虫、梨形。发病轻时地上部症状不明显，重时根部根结量增多，瘤块变大，发黑，腐烂，使根量明显减少，须根不发达，影响其吸收机理，地上部叶黄枯，乃至整株死亡。

（2）传播途径及发病条件

成虫在土温 25～30℃、土壤湿度 40% 左右时，生长发育最快，幼虫一般在 10℃ 以下即停止活动，一年可侵染数次。感病作物连作期越长，根结线虫越多，发病越重。

（3）防治方法

① 严格进行苗木检疫，拔掉病株并烧毁。选用无线虫土壤育苗，轮作不感染此病的树种 1～2 年，避免在种过花生、芝麻、楸树的地块上育苗。深翻或浸水淹没地块约 2 个月可减轻病情；② 用溴甲烷、氯化苦或甲醛喷洒土壤或熏蒸土壤，施用 80% 二溴氯丙烷乳剂、二溴乙烷、50% 壮棉氮、克线磷、呋喃丹等农药均有一定防治效果，可采用穴施、沟施等方法。

9. 核桃腐烂病

（1）症状

主要危害枝、干。幼树主干或侧枝染病，病斑初近梭形，暗灰色水渍状稍肿起，用手按压流有泡沫状液体，病皮变褐有酒糟味，后病皮失水下凹，病斑上散生许多小黑点即病菌分生孢子器。湿度大时从小黑点上涌出橘红色胶质物，即病菌孢子角。病斑扩展致皮层纵裂流出黑水。大树主干染病初期，症状隐蔽在韧皮部，外表不易看出，当看出症状时皮下病部也扩展 20～30 cm 以上，流有黏稠状黑水，常糊在树干上。

（2）传播途径和发病条件

病菌以菌丝体或子座及分生孢子器在病部越冬。翌春核桃树液流动后，遇有适宜发病条件，产出分生孢子，分生孢子通过风雨或昆虫传播，从嫁接口、剪锯口、伤口等处侵入，病害发生后逐渐扩展，直到越冬前才停止，孢子器成熟后涌出孢子角。生长期内可发生多次侵染。4～5 月是发病盛期。核桃园管理粗放、受冻害、盐碱害等发病重。

（3）防治方法

① 改良土壤，加强栽培管理，增施有机肥，合理修剪、增强树势，提高抗病力；② 早春及生长期及时刮治病斑，刮后用50%甲基硫菌灵可湿性粉剂50倍液或45%晶体石硫合剂21～30倍液、50%可灭丹可湿性粉剂800倍液消毒；③ 树干涂白防冻，冬季日照长的地区，应在冬前先刮净病斑，然后涂白涂剂防止树干受冻，预防该病发生和蔓延。

（二）虫害

1. 核桃举肢蛾

核桃举肢蛾，又名核桃黑（图3-5）。幼虫钻入核桃果内蛀食，受害果逐渐变黑而凹陷皱缩。该虫一年发生1～2代。虫害发生时，核桃果实变黑，充满黑色虫粪，幼虫暗红色有足。

果实初期被害状

果实中期被害状

后期被害状：剥开果皮虫粪及幼虫

图3-5 核桃举肢蛾

防治方法：① 在采收前，即核桃举肢蛾幼虫未脱果以前，集中拾烧虫果，消灭越冬虫源；② 采用性诱剂诱捕雄成虫，减少交配，降低子代虫口密度；③ 冬季翻耕树盘，对减轻危害有很好的效果，将越冬幼虫翻于2～4 cm厚的土下，成虫即不能出土而死。一般农耕地比非农耕地虫茧少，黑果率也低；④ 5～6月挂杀虫灯诱杀成虫；⑤ 药剂防治：幼虫初孵期（一般在 6 月上旬至 7 月下旬），每 10 ～ 15 天喷每毫升含孢子量 2 亿～ 4 亿白僵菌液或青虫菌或 "7216" 杀螟杆菌（每克 100 亿孢子）1 000 倍液（阴雨天不喷，若喷后下大雨，雨后要补喷）。也可采用 40% 硫酸烟碱 800 ～ 1 000 倍液，使用时混入 0.3% 肥皂或洗衣粉可增加杀虫效果。提倡少用化学药剂。

2. 金龟子类

常见的有铜绿金龟子，暗黑金龟子等（图 3-6）。成虫危害期 3 月下旬至 5 月下旬，常早、晚活动，取食核桃嫩芽、嫩叶和花柄等，以核桃萌芽期危害最重。

防治方法：① 成虫发生期（3 月下旬至 5 月上旬），用堆火或黑光灯或挂频振式杀虫灯诱杀；② 利用其假死习性，每天清晨或傍晚，人工振落捕杀；③ 发生严重时，可以喷施：1% 绿色威雷 2 号微胶囊水悬剂 200 倍液；25% 灭幼脲Ⅲ号胶悬剂 1 500 倍液；烟·参碱 1 000 倍液。

图 3-6　金龟子成虫

3. 草履蚧壳虫

若虫喜欢在隐蔽处群集危害，尤其喜欢在嫩枝、芽等处吸食汁液（图3-7）。该虫1年发生1代。以卵在树冠下土块和裂缝以及烂草中越冬。一般2月上中旬开始孵化为若虫，上树危害，雄虫老熟后即下树，潜伏在土块、裂缝中化蛹。雌虫在树上继续危害到5～6月，待雄虫羽化后飞到树上交配，交配完成后雄虫死亡，雌虫下树钻入土中或裂缝以及烂草中产卵，而后逐渐干缩死亡。

图3-7　草履蚧壳虫

防治方法：① 若虫上树前（一般在2月上旬），在树干的基部（离地50 cm左右）将翘皮刮除（高度在20 cm左右），并在刮皮处缠上宽胶带，在胶带上涂10～15 cm宽的黏胶剂，防止若虫上树危害，树下根茎部表土喷6％的柴油乳剂；② 萌芽前树上喷3°～5°的石硫合剂；若虫上树初期，喷0.5％果圣水剂（苦参碱和烟碱为主的多种生物碱复配而成的广谱、高效杀虫杀螨剂）或1.1％烟百素乳油（烟碱、百部碱和楝素复配剂），也能收到一定效果；③ 保护好黑缘红瓢虫、暗红瓢虫等天敌。

4. 大青叶蝉

晚秋成虫产卵于树干和枝条的皮层内，造成许多新月型伤疤，致使枝条失水，抗冻及抗病力下降。1年3代。以卵在枝干的皮层下越冬，4月孵化，若虫及成虫以杂草为食。10月上旬至中旬降霜后开始产卵（图3-8）。

图 3-8　大青叶蝉危害枝条

防治方法：① 清洁果园及附近的杂草，以减少虫量；② 产卵前树干涂白；③ 10 月份霜降前喷 4.5% 高效氯氰菊脂 1 500 倍液。

5. 蚜虫

蚜虫喜欢在叶背面吸食汁液（图 3-9），叶上常有蜜露分泌物。1 年发生 10 多代。以卵在芽腋和树皮的裂缝处越冬。核桃萌芽时开始孵化。产生无翅胎生雌蚜，群集叶背面吸汁危害。5～6 月危害较重。5 月出现有翅蚜，迁移到其他作物或杂草上，秋季迁回，产生两性蚜，交配，产卵越冬。

图 3-9　蚜虫危害

防治方法：① 保护瓢虫、草蛉等天敌；② 清洁果园，萌芽前树上喷 3°～5° 的石硫合剂；③ 发生期药剂防治，药剂可选用 25% 吡虫啉可湿性粉剂 3 500 倍液，50% 抗蚜威 2 000 倍液，或用 50% 溴氰菊酯 3 000 倍液（其他药剂参考说明书使用），7～10 天 1 次，一般用药 1～2 次即可控制危害。

6. 其他害虫

其他害虫如：核桃缀叶螟、核桃舞毒蛾等，可参考核桃举肢蛾防治，量少不造成危害，可不治，利用天敌实现生态防治。若有危害，可在幼虫期见虫喷施药剂，成虫期挂杀虫灯。

五、周年管理历

核桃的周年管理历见表 3-4。

表 3-4　核桃周年管理历

时期	作业内容	技术要求
3 月萌芽前	整地、施肥、灌水	整地，秋季未施基肥的园片补施基肥，对土壤瘠薄的地块可适量补充化肥。修树盘，浇萌芽水（对干旱缺水的地块可覆盖地膜保水）
	栽植	新栽园片要做好栽植前的准备工作，如挖定植穴（80 mm 见方），苗木的准备，肥料的准备等。栽植时要严格按照技术规程操作，注意栽植后苗木的管理等
	对防寒的幼树解除防寒	
	播种	播种时床土要细，要和墒，种子要催芽
	剪砧	夏季准备芽接的播种苗要进行剪砧（冬季越冬良好的地区可不进行）
	病虫害防治	① 萌芽前喷 3°～5°Bé 石硫合剂，可有效防治核桃黑斑病、核桃腐烂病、螨类、草履介壳虫等病虫害的发生，对全年病虫害的防治起到至关重要的作用；② 树干涂粘胶环：在树干涂约 10 cm 宽的粘虫带，粘住并杀死树上的草履介壳虫小若虫。注意涂前要将树干刮平，绑上 1 块塑料布

（续表）

时期	作业内容	技术要求
4月 萌芽 开花 展叶	修剪	萌芽前，幼树整形修剪，早实密植园树形可采用开心形（无中央领导干，四周选留3～4个主枝）、小冠疏层形（有中央领导干，分2～3层，四周均匀选留5～7个主枝）、变则主干形（有中央领导干，不分层，四周均匀选留5～7个主枝）。对已成型的幼树，整形要根据具体情况因树作形，通过拉枝缓和长势，短截增强长势，也可通过疏果来调节长势，尽量使四周和上下的树势均衡。在保证内外有足够枝量的情况下疏除过密枝，使每个枝组有充分的生长空间，每个部位有良好的通风透光条件
	枝接苗木和高接换优	苗木枝接和大树高接均用插皮舌接法，接穗要充实健壮。要做好接后的管理工作
	疏雄	雄花芽膨大期，可疏除80%～90%的雄花芽（中下部可多疏，上部可少疏），节约树体养分，增强树势，提高产量
	防霜冻	注意收听天气预报，在霜冻来临之前晚24时四周点火熏烟
	病虫害防治	① 春季是腐烂病的发病高峰，也是其防治关键时期，病斑应及早发现，及时治疗，清除病菌来源。病斑最好刮成菱形，刮口应光滑、平整，以利愈合。病斑刮除范围应超出变色坏死组织1 cm左右。要求做到"刮早、刮小、刮了"，刮下的病屑要集中烧毁。刮后病疤用50%甲基托布津可湿性粉剂50倍液，或50%退菌特可湿性粉剂50倍液，或用5°Bé石硫合剂，或用1%硫酸铜液进行涂抹消毒；② 人工或黑光灯或安放糖醋盆诱杀金龟子，有条件的园片应安装频振式杀虫灯；树冠喷洒忌避剂：硫酸铜1 kg、生石灰2～3 kg、水160 kg；发病严重大的园片要进行药剂防治：成虫羽化盛期和产卵高峰，地面喷洒杀虫星500～800倍液或1%绿色威雷2号微胶囊水悬剂200倍液；③ 草履介壳虫发病严重的地区，树下根茎部表土喷6%的柴油乳剂或若虫上树初期，用0.5%果圣水剂（苦参碱和烟碱为主的多种生物碱复配而成的广谱、高效杀虫杀蜡剂）或用1.1%烟百素乳油（烟碱、百部碱和楝素复配剂），也能收到一定效果，同时要保护好黑缘红瓢虫、暗红瓢虫等天敌；④ 核桃黑斑病等病害防治：雌花开花前和幼果期喷50%的甲基托布津800～1 000倍液1～2次

（续表）

时期	作业内容	技术要求
5月 果实膨 大期	苗圃管理，高接 后管理	高接树除萌、放风
	施肥、灌水	根据土壤墒情，有灌溉条件的地方应普灌1次。5月中旬后可进行叶面喷肥，0.3%尿素或专用叶面微肥
	中耕除草	进行中耕除草要求"除早、除小、除了"，并保证土壤疏松透气
	夏剪	5月中旬开始夏剪，疏除过密枝，短剪旺盛发育枝（增加枝量，培养结果枝组，但对夏剪幼树的当年枝和新生二次枝一定要做好防寒），幼树枝头不短剪，继续延长生长，扩大树冠，可通过疏果来调整长势
	病虫害防治	① 核桃蚜虫的防治：核桃新梢生长期，易受蚜虫危害，严重园片应进行药剂防治，可用毗虫琳药剂防治；② 核桃举肢蛾的防治：可用性引诱剂检测举肢蛾的发生。树盘覆土防治成虫羽化出土
6月 花芽分 化和硬 核期	芽接	6月份是芽接的黄金季节.芽接采用方块芽接，接穗要随采随用，避免长距离运输，接后留1～2片复叶
	高接树管理	高接树绑支架，除土袋
	中耕除草	中耕除草，用草覆盖树盘或反压地下
	追肥	花芽分化前追肥，也可叶面喷肥
	病虫害防治	夏季进入高温、高湿的季节，是各种病虫的高发期，注意核桃举肢蛾、木撩尺蠖、刺蛾类、核桃瘤蛾、桃蛀螟、核桃小吉丁虫和核桃、揭斑病、核桃炭疽病等病害的防治。应注意检测，及时进行防治，此期主要采用灯光诱杀各种成虫和药剂防治的方法，喷药的时期要根据各种病虫害的发生发展规律抓好关键防治期进行喷药，不用高毒、高残留和国家禁用农药，尽量采用各种低毒和生物、矿物和植物源类农药，不能随意降低药品的使用浓度
7月 种仁充 实期	芽接后的管理	芽接后及时进行除萌蘖、及时解绑
	中耕除草	中耕除草（同6月）。对水源条件较差的地块，要修树盘，覆草，以便蓄雨水，保墒情
	病虫害防治	捡拾落果、采摘虫果及时烧毁或深埋；树干绑草诱杀核桃瘤蛾；黑光灯诱杀成虫；药剂防治各种病害（同6月）

（续表）

时期	作业内容	技术要求
8月成熟前期	排水	8月份雨水多，对低洼地容易积水的地方，应挖排水沟进行排水
	叶面喷肥	0.3%磷酸二氢钾1～2次，促进树体充实
9月果实采收期	适时采收，采后加工处理	果皮有绿变黄，部分青皮开裂时采收，避免过早采收。采收后及时脱青皮，一般情况果实不需漂白，只用清水冲洗干净即可。洗后及时凉晒
	修剪	采果后进行修剪，对初果和盛果期树：培养主、侧枝，调整主、侧枝数量和方向，使树势均衡；疏除过密枝，达到外不挤，内不空，使内外通风透光良好，枝组健壮，立体结果。对放任树和衰老树：剪除干枯枝、病虫枝，回缩衰老枝，使树体及时更新复壮，维持树势
	施基肥	采果后进行，以有机肥为主，在树冠外围内侧环状挖沟（穴），或放射状沟，深50 cm，每株结果大树可施腐熟鸡粪20～50 kg表土混匀施入，也可与秸秆混施，或粗肥100～200 kg肥部位每2～3年轮换1次，根据土壤条件，可适当间歇
	病虫害防治	① 结合修剪，剪除枯枝或叶片枯黄枝或落叶枝及病果集中销毁；② 注意腐烂病的秋季防治。方法同春季
10月落叶前期	修剪和施基肥。	9月份未完成施肥和修剪工作的园片要继续进行，方法同前
	树干涂白防冻	
	注意大青叶蝉的防治	大青叶蝉于10月上旬至中旬霜降前后开始在核桃枝干上产卵越冬，防治上应注意：① 产卵前树干涂白；② 10月份霜降前喷4.5%高效氯氰菊酯1 500倍液
11月落叶后期	秋耕	将树盘下的土壤进行深翻20～30 cm，有利于根系生长和消灭越冬虫茧
	清园	清扫枯枝、落叶，集中烧毁或沤肥
	浇防冻水	土壤上冻前浇防冻水

（续表）

时期	作业内容	技术要求
12月至翌年2月休眠期	幼树防寒	上冻后对幼树进行防寒。可采用埋土法或缠裹法
	继续清园	继续进行清园工作，刮除粗老树皮，清理树皮缝隙
	种子沙藏	来年育苗播种的要进行种子沙藏
	采集贮藏接穗	采集树冠外围发育枝，采后封蜡，再在山洞或地窖中湿沙埋住
	其他工作	总结1年工作，交流经验；检修农机具，准备来年的生产资料

第五节
大樱桃

一、主要品种

1. 龙冠

中国农业科学院郑州果树研究所育成。果实宽心形，平均单果重6.8 g，果面呈宝石红色，有光泽。果肉及果汁均为紫红色，汁液多，质地较硬，酸甜适口，黏核。可溶性固形物13%～16%，耐贮运。树势强健，树姿直立，自花结实率可达25%以上，花芽抗冻能力强，适合在全国樱桃产区栽培。果实发育期40天左右，在河北昌黎地区5月下旬成熟。

2. 红灯

辽宁省大连市农业科学研究院育成。果实肾形，果柄短粗，果个整齐，平均单果重9.6 g，最大果重12 g。果皮紫红色，有光泽。果肉淡黄，肥厚，质地较硬，果汁多，酸甜适口，可溶性固形物17.1%，品质上等。

核小，半离核，较耐贮运。果实成熟期较早，在河北昌黎地区，5月下旬成熟。树势强健，生长旺盛，枝条粗壮，萌芽率高，成枝力强，丰产性较好。该品种早熟，果个大。适宜的授粉品种有大紫、那翁、滨库等。

3. 芝罘红

原称烟台樱桃，是山东烟台农林局樱桃资源调查时发现的一自然实生种。果个大，整齐均匀，平均单果重 8.1 g，最大果重 9.5 g，果实圆球形，梗洼处缝合线有短深沟，果梗长而粗，不易与果实分离，采前落果较轻。果面鲜红，有光泽。果肉浅红色，果汁多，质地较硬，酸甜适口，可食率为 91.4%，可溶性固形物 15%，品质上。果实成熟期较早，在河北昌黎地区 6 月上旬成熟。该品种适应性强、抗病。树势健壮，枝条粗壮，直立。萌芽率高，成枝力强。进入盛果期后以短果枝结果为主，各类果枝均有较强的结果能力，丰产性较好。为异花结实，建园时需配置红灯、那翁、滨库等品种作授粉树。

4. 巨红

辽宁省大连市农业科学研究院育成。果实宽心脏形，平均单果重 10.13 g。果皮浅黄色，向阳面有鲜红色晕。有光泽。果肉浅黄白色，肥厚，肉质较脆，果汁多，酸甜适口，可溶性固形物 19.1%，黏核，果核中大，耐贮运。在河北昌黎地区果实 6 月下旬成熟。树势强健，生长旺盛，幼树期多直立生长，盛果期后，逐渐开张。萌芽率高，成枝力强，枝条粗壮。适宜的授粉品种有红灯、佳红等。

5. 雷尼

原产美国，1983 年引入我国。果实大，平均单果重 8 g，最大 12 g，果实心脏形，果皮底色黄色，向阳面有鲜红色晕，在光照好的部位全面着红色。果肉白色，肉质较硬，甜酸适口，风味佳，可溶性固形物含量 15%～17%。耐贮运，抗裂果。在山东半岛 6 月中旬成熟。树势强健，树冠较紧凑，枝条粗壮直立，节间短，分枝力弱，以短果枝和花束状果枝结果为主。自花不实，需配置授粉树。

6. 先锋

加拿大哥伦比亚省培育的品种，1983 年从美国引入我国。果实个大，平均单果重 8.5 g，最大果重 10.8 g，果实圆球形至短心脏形，果顶平，果面鲜红色至紫红色，光泽艳丽。果皮厚而韧，果肉玫瑰红色，肉质肥厚，硬脆多汁，酸甜可口，可溶性固形物 14.5%。品质佳，很少裂果。果柄短粗为该品种的突出特点，在河北昌黎地区 6 月中旬成熟。树势强，结果早，连续结果能力强，抗寒性强，适栽范围广，自花不实，需要配置授粉品种，其早果性、丰产性好，是目前主要推广品种之一。

7. 红艳

辽宁省大连市农业科学研究所育成。果实宽心脏形，平均果重 8g，最大果重 10 g，果皮底色浅黄，阳面着鲜红色，色泽艳丽，有光泽。果肉细腻，质地脆，果汁多，酸甜适口，风味浓郁，品质上等。北京地区 5 月下旬成熟，比红灯略晚。

树势强健，树冠半开张，萌芽率和成枝力较强，坐果率高，早期丰产性好。有一定自花结实能力（图 3-10）。

图 3-10　红艳樱桃

8. 早大果

乌克兰农业科学院灌溉园艺科学研究所育成。果实扁园形，大而整齐，平均单果重 11 ～ 12 g；果皮紫红色，果肉较硬，果汁红色；果核大、圆形、半离核；可溶性固形物 16% ～ 17%，口味甜酸，品质佳；果柄中等长度。果实成熟期一致，比红灯早 3 ～ 4 天，北京地区 5 月中旬成熟。

树体健壮，树势自然开张，树冠圆球形，以花束状果枝和一年生果枝结果为主，幼树成花早，早期丰产性好（图3-11）。

图3-11 早大果樱桃

9. 拉宾斯

加拿大太平洋农业与食物研究中心育成的自花结实品种。果实极大，平均单果重11.5 g，近圆形或卵圆形。果面紫红色，具艳丽光泽，果点细。果肉肥厚多汁，质硬且脆，口味甜酸，可溶性固形物含量16%，品质上等。成熟期比伯兰特晚25～28天，北京地区6月上中旬成熟。

树势强健，树姿开张，树冠中大，幼树生长快，半开张，新梢直立粗壮。幼树结果早，以中、长枝上的花束、花簇状果枝结果为主。连续结果能力极强，产量高而且可连续。花芽较大而饱满，开花较早，花粉量多，自交亲合，并可为同花期品种授粉。抗裂果。秋天落叶较早，枝条充实，抗寒较强。

二、生态习性

1. 温度

樱桃喜温，耐寒力弱，适合在年平均气温10～12℃以上的地区栽培。一年中，要求日均温10℃以上的时间在150～200天以上。中国樱桃在日均温7～8℃，欧洲甜樱桃在日均温10℃以上开始萌动，15℃以上时开花，20～25℃果实成熟。冬季低温是限制樱桃向北发展的重要因素，冬季 –20℃时易发生冻害，花蕾期气温 –5.5～1.7℃，开花期和幼果期 –2.8～–1.1℃即可受冻害。如花期气温降至 –5℃时，樱桃的雌蕊、花瓣、花萼等受冻变褐，严重时导致绝产。

2. 水分

樱桃既不抗旱，也不耐涝。适于年降水量600～800 mm的地区栽培。甜樱桃的需水量比酸樱桃要高一些。年周期中果实发育期对水分状况很敏感。樱桃根系呼吸的需氧量高，介于桃和苹果之间，水分过多会引起徒长，不利结果，也会发生涝害。樱桃果实发育的第三个时期，春旱时偶尔降雨，往往造成裂果。干旱不但会造成树势衰弱，更重要的是引起落果，以致大量减产。

3. 光照

樱桃是喜光树种，甜樱桃喜光最强，其次为酸樱桃和毛樱桃，中国樱桃较耐阴。在良好的光照条件下，树体健壮，果枝寿命长，花芽充实，坐果率高，着色好，品质优。

4. 土壤

樱桃对土壤的要求因种类和砧木而异。一般说。除酸樱桃能适应黏土外，其他种类樱桃则生长不良，特别是用马哈利樱桃作砧木最忌黏重土壤。酸樱桃对土壤盐渍化适应性稍强。欧洲甜樱桃要求土层厚，通气好，有机质丰富的沙质壤土和砾质壤土。土壤适宜的 pH 值为 6.0～7.5。

三、栽培技术

（一）土肥水管理

1. 土壤管理

土壤管理首先在栽植前要打好基础，在栽植后还需不断改良土壤。

扩穴深翻：方法是从定植穴的边缘开始，每年或隔年向外扩展，挖一宽约 50 cm、深 60 cm 的环状沟，直到两棵之间深翻沟相接。深翻的时间可在落叶后结合秋冬施肥进行。

中耕松土：中耕松土是樱桃生长期土壤管理的一项措施，通常在灌水后及下雨后进行。中耕松土的深度为 5 cm 左右，以防损伤粗根。

果园间作：间作物要种矮秆类，有利于提高土壤肥力的作物，间作时要留足树盘，间作时间一般 1 ～ 2 年。

树盘覆盖：将割下的杂草或作物秸秆、稻草等物在雨季之前覆盖于树下土壤表面，数量一般为每亩 2 000 ～ 3 000 kg。土质黏重的平地果园及涝洼地不提倡覆草。

2. 合理施肥

（1）基肥

以秋施为好，最佳时期为 9 ～ 10 月份。要以农家肥、猪、牛厩粪等有机肥料为主，加入适量的复合肥或磷肥和已知缺少的某种元素。

（2）追肥

花前追肥：此期追肥可以追施尿素或果树专用肥，或氮、磷、钾三元复合肥等速效性含多元素的化肥。过磷酸钙和尿素每次施肥量为幼树 0.1 ～ 1 kg/ 株；果树专用肥或三元复合肥盛果期树每次施 1 ～ 1.5 kg/ 株。大树采用放射沟施肥，小树采用条沟施肥，有覆盖物的果园可用点施。

花期追肥：土壤追施速效性氮肥，或在盛花期喷施 0.3% 尿素 + 0.2% 硼砂 + 600 倍磷酸二氢钾液。

采果后追肥：樱桃采果后追施人粪尿、猪粪尿、豆饼水、复合肥等含元素的速效性肥料。

落叶期追肥：在樱桃即将落叶的前 1 周叶面喷施 5% 的尿素。

3. 灌水与排水

灌水时期和方法：灌水时期应当根据土壤墒情而定，通常包括花前水、硬核水、采后水、封冻水 4 次灌水。灌水后及时松土，还提倡作物秸秆等覆盖树盘，以利保墒。常用沟灌、穴灌，提倡采用滴灌、渗灌、微喷等节水灌溉措施。

排水：当果园出现积水时，要利用沟渠及时排水。

（二）整形修剪

1. 整形

根据栽培形式、立地条件、品种特性及管理要求的不同，樱桃树树形采用如下几种。

（1）自然开心形

定植后定干高度 50 cm，生长期选留 3～4 个不同方向生长的壮枝留为主枝，当其生长到 40～50 cm 时摘心，分生出侧枝；当年冬剪时选定主枝和侧枝留 40 cm 短截。第二年生长季每个侧枝除延长头外的枝，留 15 cm 摘心，形成果枝。第三年春季萌芽前再调整主侧枝角度。将侧枝数量不够的主枝短截。夏季通过连续摘心培养结果枝组。

（2）主干疏层形

定干高度为 65～70 cm，生长期选留第一层方向不同的 3～4 个壮枝为第一层主枝，通过摘心培养侧枝；通过冬剪选留第二、第三层主枝，层间距为 80 cm。生长季主枝摘心培养侧枝，中心干上适当位置可选留辅养枝，主、侧枝上通过短截培养枝组。树高 250～300 cm。

（3）主干纺锤形

第一年定干 60～65 cm，可发出 3～5 个发育枝，选出方向较好的 2～3 个枝做第一层主枝，中心干新梢长到 70 cm 以上时，留 50～60 cm 摘心，分枝形成第二层主枝，其余枝条留 40～50 cm 摘心，开张角度到 50°。第一年冬剪时中心干延长枝留 50～60 cm 进行短截，其余枝留 40～50 cm 短截。第二年中心干发出 3～4 个新梢，形成第三层骨干枝。主侧枝通过短截促发 2～3 个新梢，夏季新梢生长到 70 cm 时，中心干及各主枝摘心，增加枝量。中心干延长枝剪留 50～60 cm，当年发出的新枝为第四层主枝。主枝留 40～50 cm，侧生枝留 30～40 cm，背上枝留 20 cm 摘心。辅养枝也相应摘心培养结果枝组。秋季拉枝整形，主枝角度保持 50°～60° 侧生枝 60°～70°，辅养枝 60°～70°，中心干上的第四层主枝为 70°～80°。冬前时进行树体封顶，中心干剪留 60 cm，主枝留 40～50 cm，侧生枝留 30～40 cm。辅养枝轻剪，剪除 1/6～1/5。

2. 不同年龄时期修剪

（1）幼树期

樱桃幼树主要是建立牢固的骨架和培养结果枝组。定植 1 年后的幼树，适度短截以后，枝条上部的芽多萌发为长枝，中下部的芽多萌发为中短枝。除按整形要求对主枝延长枝进行适度短截、促生分枝、扩大树冠以外，对中下部的中短枝，除过密、交叉和重叠枝外，一般不疏枝，以增加枝叶量，提早结果。

（2）盛果期

樱桃进入盛果期以后，花束状短果枝逐年增多，树势逐年减弱，应对着生花束状短果枝的 2～3 年生枝段，适时进行回缩，以加强营养生长和促生新结果枝。防止结果部位外移和控制树冠高度。对生长旺盛的一年生枝，可适当进行短截，以利形成新的果枝；对长势中庸的一年生枝可不短截；对混合枝可根据花芽着生情况，在花芽前 3～4 节处短截，以便上部抽枝，下部结果。

（3）衰老期

樱桃树进入衰老期以后，应注意培养和利用徒长枝进行树冠更新。大枝更新时，其伤口往往发生流胶而不易愈合。在采果后立即疏枝，则伤口愈合快. 且不易流胶。

（三）花果管理

1. 保花保果

为提高坐果率，建园时配置授粉树，花期做好人工辅助授粉、放蜂，注意花期预防晚霜危害。人工辅助授粉从开花当天至花后 4 天，此时甜樱桃柱头接受花粉的能力最强。可进行人工点授或用喷粉器喷粉。壁蜂授粉，一般在开花前 5～7 天，在果园内放置蜂茧，每亩放 80～200 头。预防霜冻可采用早春灌水推迟花期，避开晚霜；晚霜来临时熏烟，调节果园内小气候。

2. 疏花疏果

疏花芽：樱桃萌芽时进行花前复剪，疏除多余花芽。

疏花：在开花前进行，疏除果枝上的小花蕾，疏晚花弱花。花束状果枝上保留 2～3 个饱满花蕾。

疏果：一般在生理落果后进行，疏果程度，依树势和坐果情况确定。一般花束状果枝留 3～4 个果，疏果时应先疏除小果、畸形果，保留正常果。

3. 预防裂果

预防裂果措施：① 选用抗裂果品种；② 果实生长的第三阶段树盘覆盖秸秆或地膜，稳定土壤水分；③ 果实成熟期雨水过多则要架设防雨蓬；④ 采前喷钙盐等技术措施。

4. 促进果实着色

促进着色的方法有：① 加强夏季修剪，使树体通风透光。疏除剪锯口处的萌蘖枝，对直立旺长新梢拿枝或摘心；② 摘叶，果实着色期摘叶，并用橡皮筋将留下的叶片绑在一起，目的是尽可能多留叶片，又能使果实见光，果实采收后及时解绑；③ 果实采收前 10～15 天，在树冠下铺反光膜，增强光照，促进果实着色。

5. 采收

樱桃成熟期确定：通过摘取少量样品鉴定该品种的风味、大小和着色情况来确定。采摘在果实八到九成熟时开始进行。采摘根据果实成熟度分 2～3 次进行，第一、第二次按成熟情况采摘，第三次清园。

采摘方法：用拇指与食指捏住樱桃果柄，连果柄一起摘下，不可将果柄留在树上，也不可将果枝带下。盛果篮宜小，以 5 kg 装为宜，要坚固，且用纸铺好，以防碰伤果皮。高处果实采摘利用采果梯，不可上树采摘。

存放：采摘下的樱桃要存放在园中干净阴凉处，避免强光照射。在园中进行初选，将病、僵果，虫蛀果及过熟的霉烂果等剔除后运包装场进行分选包装。不宜长时间贮藏，短期贮藏宜放于气调库中，长途运输要采用 –1～1℃低温保鲜措施。

四、病虫害防治

（一）主要病害

1. 病毒病

（1）发病症状

樱桃坏死环斑病：甜樱桃老树感染该病后症状不明显，感染数年后，只是春季末展开的少数叶片上表现症状。感染该病后的前 1 ～ 2 年内表现为冲击型症状，叶面整个坏死。强毒株系侵染症状严重时，仅会残留叶脉，并且可以使幼树致死。慢性症状表现为在叶片上出现黄绿色或浅绿色环纹或带纹，环内有褐色坏死斑点，后期脱落，形成穿孔。

樱桃褪绿环斑病：侵染该病后的 1 ～ 2 年症状明显。春季形成的叶片出现黄绿色环斑或带纹。冲击型症状仅在感染当年短期内出现，慢性症状呈潜伏侵染，仅在部分幼树枝条的叶背叶脉角隅处出现深绿色小耳突。

樱桃环花叶病：叶片产生淡绿色或黄绿色不同大小的环纹、不完整环或带纹斑。幼树和老树上均会出现叶片症状，老树多集中在树冠下部和较老叶片上。

樱桃黄花叶病：在结果树上呈潜伏侵染，仅在野生樱桃实生苗和幼树上表现症状。染病叶片产生亮黄色透明组织和黄色环纹斑，叶片扭曲。

樱桃褪绿—坏死环斑病：春季未充分展开的叶片上产生褪绿环纹或坏死斑点，脱落后形成穿孔。幼树下部叶片沿着中脉与侧脉角隅处出现深绿色耳突。

樱桃环斑驳病：叶片产生淡绿色斑点和环纹斑驳。

樱桃黄斑驳病：叶片产生黄绿色或黄色线、环的斑驳。

樱桃小果病：感染该病的植株，生长季节开始时，果实发育正常，但临近采收时，病果大小仅为正常果的 1/3 ～ 1/2，颜色变淡，成熟期延后或不能正常发育成熟，糖度降低，风味不佳。叶片上的症状为叶缘轻微上卷，晚夏至初秋叶色由绿变红，首先在叶背的叶缘发生，随后迅速发展到叶脉间，而近主脉处仍然保持绿色。叶片变色首先从新梢基部开始，而后扩展到整株的叶片。在9～10月份症状尤为明显。

（2）传播途径

病毒可以通过带毒的繁殖材料如接穗、砧木、种子、花粉等进行传播，也可以通过芽接、枝接等嫁接方式进行传播。通过花粉传播病毒是病毒病传播速度最快的方式。蚜虫、地下线虫等害虫在带毒植株和健康植株上迁移危害，也是传播病毒病的主要途径之一。樱桃小果病毒可以通过根蘖传播，还可以通过叶跳蝉和苹果粉蚧等传播。此外，观赏樱花是樱桃小果病的中间寄主，甜樱桃园附近最好不要种植樱花。

（3）防治方法

① 隔离病原和中间寄主：发现病株要铲除，以免传染。对于野生寄主也要一并铲除。观赏的樱花是小果病毒的中间寄主，在甜樱桃栽培区也不要种植；② 要防治和控制传毒媒介：一是要避免用带病毒的砧木和接穗来嫁接繁殖苗木，防止嫁接传毒。二是不要用染毒树上的花粉来进行授粉。三是不要用种子来培育实生砧，因为种子也可能带毒。四是要防治传毒的昆虫、线虫等，如苹果粉蚧、某些叶螨、各类线虫等；③ 栽植无病毒苗木：通过组织培养，利用茎尖繁殖、微体嫁接可以得到脱毒苗，要建立隔离区发展无病毒苗木，建成原原种、原种和良种圃繁殖体系，发展优质的无病毒苗木。

2. 流胶病

（1）症状

流胶病是甜樱桃枝干上的一种重要的非侵染性病害。病害发生极为普遍，发病原因复杂，规律难以掌握。染病后树势衰弱，抗旱、抗寒性减弱，影响花芽分化及产量，重者造成死树。

流胶病在不同树龄上的发病症状和发病程度明显不同，一般幼树及健壮的树发病较轻，老树及残、弱树发病较重。在主枝、主干以及当年生新梢上均可发生，以皮孔为中心发病，在树皮的伤口、皮孔、裂缝、芽基部流出无色半透明稀薄的胶质物，很黏。干后变黄褐色，质地变硬，结晶状，有的呈琥珀状胶块，有的能拉成胶状丝。果实上也常因虫蛀、雹伤流出乳白色半透明的胶质物，有的拉长成丝状。潜伏在枝干中的病菌，在适宜的条件下继续蔓延，一旦病菌侵入木质部或皮层后，形成环状病斑，造成枝干枯死。病菌侵入多年生枝干后，皮层先呈水泡状隆起，造成皮层组织分离，然后逐渐扩大并渗出胶液。病菌在枝干内继续蔓延危害，并且不断渗出胶液，使皮层逐渐木栓化，形成溃疡型病斑。

（2）传播途径

引起流胶的原因较复杂，多数人认为是一种生理性病害，但从症状表现及发病情况分析，在一定程度上已经超越了生理病害的范围。近些年报道流胶是一种真菌危害造成的。甜樱桃流胶病在整个生长季节均可以发生，与温、湿度的关系密切。春季随温度的上升和雨季的来临开始发病，且病情日趋严重。在降雨期间，发病较重，特别在连续阴雨天气，病部渗出大量的胶液。随着气温的降低和降雨量的减少，病势发展缓慢，逐渐减轻和停止。

（3）防治方法

加强栽培管理，改良土壤，抓好病虫害防治是防治流胶病的根本方法。合理修剪，增强树势，保证植株健壮生长，提高抗性。增施有机肥，改良土壤结构，增强土壤通透性，控制氮肥用量。雨季及时排水，防止园内积水。尽量避免机械性损伤、冻害、日灼伤等，修剪造成的较大伤口涂保护剂。此外，也可以用药剂防治。在施药前将坏死病部刮除，然后均匀涂抹一层药剂。在冬春季用生石灰混合液、200 倍 50% 的多菌灵、300 倍 70% 的甲基托布津或 5° 的石硫合剂均有一定的效果。在生长季节，对发病部位及时刮治，用甲紫溶液或 100 倍 50% 的多菌灵加维生素 B_6 涂抹病斑，然后用塑料薄膜包扎密封。

3.根瘤病

（1）症状

根瘤病又名根癌病、冠瘿病、根头癌肿病等，主要发生在根茎部，主根、侧根也有发生。初生瘤乳白色，渐变浅褐至深褐色，表面粗糙不平。鲜瘤横剖面核心部坚硬为木质化，乳白色，瘤皮厚 1 ~ 2 mm，皮和核心部间有空隙，老瘤核心变褐色。有的瘤似数瘤连体。

（2）传播途径

根癌是细菌性病害，地下害虫和线虫传播，伤口侵入，苗木带菌可远距离传播。育苗地重茬发病多，前茬为甘薯的地尤其严重。严重地块病株率达90％以上。根癌病菌在肿瘤组织的皮层内越冬，或当肿瘤组织腐烂破裂时，病菌混入土中，土壤中的癌肿病菌亦能存活1年以上。由于根癌病菌的寄主范围广，土壤带菌是病害主要来源。病菌主要通过雨水和灌溉流水传播；此外，地下害虫如蝼蛄和土壤线虫等也可以传播；而苗木带菌则是病害远距离传播的主要途径。病菌通过伤口侵入寄主，虫伤、耕作时造成的机械伤、插条的剪口、嫁接口，以及其他损伤等，都可成为病菌侵入的途径。土壤湿度大，利于病菌侵染和发病；土温22℃时最适于癌肿的形成，超过30℃的土温，几乎不能形成肿瘤。土壤酸度亦与发病有关，碱性土利于发病，酸性土壤病害较少，土质黏重、地势低洼、排水不良的果园发病较重。此外，耕作管理粗放，地下害虫和土壤线虫多，以及各种机械损伤多的果园，发病较重；插条假植时伤口愈合不好的，育成的苗木发病较多。

（3）防治方法

① 严格检疫和苗木消毒：因此，建园时应避免从病区引进苗木或接穗；如苗木发现病株应彻底剔除烧毁；对可能带病的苗木和接穗，应进行消毒，可用1％的硫酸铜液浸5分钟，或用2％石灰液浸1～2分钟，苗木消毒后再定植。此外，切忌引进2年生以上老头苗，老苗移栽时多易受到病菌侵染；② 加强果园管理：适于根癌发生的中性或微碱性土壤，应增施有机肥，提高土壤酸度，改善土壤结构；土壤耕作及田间操作时应尽可能避免伤根或损伤茎蔓基部；注意防治地下害虫和土壤线虫，减少虫伤；平时注意雨后排水，降低土壤湿度。加强肥水管理增强树势，提高抗病力；③ 刮除病瘤或清除病株：发现园中有个别病株时应扒开根周围土壤，用锋利小刀将肿瘤彻底切除，直至露出无病的木质部。刮除的病残组织应集中烧毁并涂以高浓度石硫合剂或波尔多液保护伤口，以免再受感染。对无法治疗的重病株应及早拔除并彻底收拾残根，集中烧

毁，移植前应挖除可能带菌的土壤，换上无病、肥沃新土后再定植。

4. 穿孔病

（1）症状

细菌性穿孔病是一种危害叶片的主要细菌性病害，同时也危害枝梢和果实。初为水渍状半透明淡褐色小病斑，后扩大成为圆形、多边形或不规则形状，为深褐色或黑褐色，周围有淡黄色晕圈的病斑，边缘发生裂纹。天气潮湿时，在病斑背面常溢出黄白色黏质状的菌脓。病斑脱落后形成穿孔或一部分与叶片相连。褐斑穿孔病的叶片初发病时，有针头大的紫色小斑点，以后扩大并相互联合成为圆形褐色病斑，直径 $1 \sim 5$ mm。病斑两面都能产生灰褐色霉状物，最后病斑干缩，病部脱落后形成穿孔。褐斑穿孔病也可以危害新梢和果实，新梢和果实上的病斑与叶片上的病斑类似，空气湿度大时，病部也产生灰褐色霉状物。

（2）传播途径

细菌性穿孔病的病菌主要在落叶和枝梢上越冬，春季抽梢展叶时细菌溢出，通过雨水传播，经叶片的气孔、枝条及果实的皮孔侵入。一般在 $5 \sim 6$ 月间发病，雨季为发病盛期。春季气温高、降雨多、空气湿度大，发病早。夏季雨水多时，可造成大量晚期侵染。褐斑穿孔病一般通过子囊壳在被害叶片上越冬，$5 \sim 6$ 月发病，$8 \sim 9$ 月为发病高峰。病菌孢子借风雨传播，侵染叶片、新梢和果实。发病严重时，可以引起早期落叶，影响花芽分化，削弱树势，影响来年产量。发病的程度与树势、空气湿度、立地条件等有关。弱树、湿度大发病较重；反之，较轻。病菌发育的适温为 $25 \sim 28℃$，因此，低温多雨有利于病害的发生和流行。

（3）防治方法

冬季结合修剪，彻底清除枯枝落叶及落果，减少越冬菌源；容易积水，树势偏旺的果园要注意排水；修剪时疏除密生枝、下垂枝、拖地枝，改善通风透光条件；加强栽培管理，增施有机肥料，避免偏施氮肥，增强树势，提高抗病能力。果树发芽前，喷施 $4° \sim 5°Bé$ 石硫合剂；对细菌性穿孔病，可在 $5 \sim 6$ 月份喷洒 60% 代森锰锌 500 倍液；对真菌性霉斑穿孔病，可用 70% 甲基托布津可湿性粉剂 1 000 倍液，或用 50% 多菌灵可湿性粉剂 800 倍液防治。发病严重的果园要以防为主，可在展叶后喷 1 ～ 2 次 70% 代森锰锌 600 倍液或 75% 百菌清 500 ～ 800 倍液。

5. 褐斑病

（1）症状

该病主要危害叶片，也危害叶柄和果实。叶片发病初期在叶片正面叶脉间产生紫色或褐色的坏死斑点，同时在斑点的背面形成粉红色霉状物，后期随着斑点的扩大，数斑联合使叶片大部分枯死。有时叶片也形成穿孔现象，造成叶片早期脱落。

（2）传播途径

甜樱桃叶斑病是由真菌引起的，一般在落叶上越冬，春季开花期间随风雨传播，侵染幼叶。病菌侵入幼叶后，有 1 ～ 2 周的潜伏期，之后出现发病症状。发病高峰在高温、多雨季节的 7 ～ 8 月份。

（3）防治方法

① 加强栽培管理，增强树势，提高树体抗病能力；② 秋季彻底清除病枝、病叶，集中烧毁或深埋，减少越冬病菌数。或者在发芽前喷 3 ～ 5 度石硫合剂；③ 谢花后至采果前，喷 1 ～ 2 次 70% 代森锰锌 600 倍液或 75% 百菌清 500 ～ 600 倍液，每隔半月喷 1 次。

6. 褐腐病

（1）症状

主要危害花和果实，引起花腐和果腐（图 3-12），也可以危害叶和枝。发病初期，先在花柱和花冠上出现斑点，以后延伸至萼片和花柄，花器渐变成褐色，直至干枯，后期病部形成一层灰褐色粉状物。从落花后 10 天幼果开始发病，果面上形成浅褐色圆形小斑点，逐渐扩大为黑褐色病斑，幼果不软腐；成熟果发病，初期在果面产生浅褐色小斑点，迅速扩大，引起全果软腐。病果少数脱落，大部分腐烂失水，干缩成褐色僵果悬挂在树上。嫩叶受害后变褐色萎蔫，枝条受害一般由病花柄、叶柄蔓延到枝条发病，病斑发生溃疡，灰褐色，边缘绿紫褐色，初期易流胶。病斑绕枝条腐烂 1 周后，枝条枯死。

图 3-12 樱桃褐腐病

（2）传播途径

该病是一种真菌病害，一般在僵果和枝条的病部组织上越冬，春季借助风雨和昆虫进行传播，由气孔、皮孔、伤口处侵入。花期遇阴雨天气，容易产生花腐；果实成熟期多雨，发病严重。晚秋季节容易在枝条上发生溃疡。自开花到成熟期间都能发病。

（3）防治方法

果实采收后，彻底清洁果园，将落叶、落果和树上残留的病果深埋或烧毁，同时剪除病枝及时烧掉。合理修剪，使树冠具有良好的通风透光条件。发芽前喷 1 次 3°～5°Bé 石硫合剂；生长季每隔 10～15 天喷 1 次药，共喷 4～6 次，药剂可用 70% 代森锰锌 600 倍液或 50% 甲基托布津 600～800 倍液，均可有效防治褐腐病。

7.黑腐病

（1）症状

致病菌通过切口、裂隙和伤口入侵。黑腐病（图 3-13）发病果实组织坚硬、呈褐色或黑色，稍湿。病情进一步恶化，果实表面会覆盖橄榄绿色的孢子及白色的霉。病斑呈圆形或椭圆形，病斑面积通常为果实的 1/3～1/2。

图 3-13　樱桃黑腐病

（2）传播途径

孢子囊梗上附着大量菌丝体，孢囊梗被灰黑色的孢子囊覆盖，腐烂组织因此而呈灰色。孢子囊极易破裂，向空气中释放出大量孢子，侵染周围的果实。

（3）防治方法

黑腐病的防治首先是保持树体健壮，负载合理，不郁闭。防止裂果、冰雹伤等果实伤口，并及时喷施波尔多液保护，去除病果。果实发育期也可以喷施药剂可用 70% 代森锰锌 600 倍液或 50% 甲基托布津 600～800 倍液防治。

8. 枝干干腐病

（1）症状

樱桃枝干干腐病是一种重要的枝干病害。中国樱桃发病率较低，甜樱桃发病率高。以中国小樱桃作砧木的甜樱桃主要在嫁接部位发病，多发生在主干及主枝上。发病初期，病斑暗褐色，不规则形，病皮坚硬，常渗出茶褐色黏液，以后病部干缩凹陷，周缘开裂，表面密生小黑点。严重时引起主枝或全树死亡。

（2）传播途径

枝干干腐病也是一种真菌病害，病菌以菌丝、分生孢子器和子囊壳在病部越冬，春季恢复活动，继续侵害枝干。分生孢子器成熟后，遇雨水或空气潮湿时，涌出灰白色孢子团，孢子随风雨传播，经伤口、皮孔、死芽侵入。5～10月份均可发病，春、秋干旱季节发病较多，雨季病情明显减少。

（3）防治方法

枝干干腐病的防治首先是加强栽培管理措施，增施有机肥，尽量不施或少施化肥，萌芽前灌足水，保持树势健壮。萌芽前用20%移栽灵（植物抗逆诱导剂）2 000倍液灌1次根，可增强树体抗病、抗寒力，有效控制干腐病的发生。认真检查，及时刮除病斑，并用消毒剂消毒。加强树体保护，尽量减少机械伤口、冻伤和虫伤。早春萌芽前喷5°石硫合剂，生长季节在枝干涂腐比清10倍液可有效防治枝干干腐病。

（二）主要虫害

1. 红颈天牛

（1）症状

以幼虫蛀食皮层和木质相接的部分皮层的木质，造成树干中空，输导组织被破坏。虫道弯弯曲曲塞满粪便，有的也排出大量粪便，虫量大时树干基部有大堆的粪便，排粪处也有流胶现象。削弱树势，枝干死亡，严重时造成全株死亡。果园严重被害株率可达60%～70%。

（2）发生规律及习性

红颈天牛2～3年完成1代，以幼虫在虫道内越冬，每年6～7月成虫出现1次。成虫羽化后，停留2～3天才钻出活动，取食补充营养并在树冠间或枝干上交配，雌雄可多次交配，交尾后4～5天即开始产卵，卵散产，每雌虫产卵100余粒，一般在地表以上100 cm左右的主干、主枝皮缝内产卵。老树树皮裂缝多粗糙处产卵多，受害严重，幼树和主干皮光滑的品种受害较轻。幼虫在皮层木质间蛀食，虫道弯曲纵横但很少交叉，幼虫到3龄以后向木质部深层蛀食，老幼虫深入木质部内层。幼虫期很长，一般600～700天，长者千余天。幼虫老熟后在虫道顶端作一蛹室，内壁光滑，并作羽化孔，用细木屑封住孔口。蛹期20～25

天。6～7月间出成虫，成虫寿命15～30天，卵期8～10天，成虫发生期可持续30～50天。

（3）防治方法

① 成虫大量出现时，在中午成虫活跃时人工捕杀成虫；② 用塑料薄膜密封包扎树干，基部用土压住，上部扎住口，在其内放磷化铝片2～3片可以熏杀皮下幼虫；③ 检查枝干上有无产卵伤口和粪便排除，如发现可用铁丝钩出虫道内虫粪，在其内塞入磷化铝片，每处一小片而后用泥封孔，可熏杀幼虫；④ 成虫发生期前，用10份生石灰、1份硫磺粉、40份水配制成涂白剂往主干和大枝上涂白，可以有效地防止产卵。

2.桑白蚧

（1）症状

其成虫、若虫、幼虫以刺吸式口器危害枝条和枝干（图3-14）。枝条被害生长势减弱、衰弱萎缩，严重时枝条表面布满虫体，灰白色介壳将树皮覆盖，虫体危害处稍凹陷，枝上芽子尖瘦，叶小而黄，严重树枝干衰弱枯死，整株或全园半死不活。

图3-14　樱桃桑白蚧

（2）发生规律及习性

北方多发生2代以受精雌成虫在枝条上越冬，4月下旬开始产卵，

5月上旬为产卵盛期。孵化盛期在5月下旬，初孵仔虫，即从雌虫壳下钻出爬行扩散，6月上旬至中旬雌雄介壳即产生区别。雌雄产配后雄虫死亡，雌虫7月份发育成熟。

（3）防治方法

① 保护利用天敌。天敌种类很多，寄生性的寄生蜂10余种，捕食性的红点唇瓢虫，方头甲等多种，注意保护利用；② 抓仔虫孵化期、爬行扩散阶段喷药防治，可喷3 000倍20%杀灭菊酯或3 000倍2.5%溴氢菊酯，也可喷蜡蚧灵、速杀蚧、蚧蚜死等新混配剂型农药，每代仔虫期连喷药2次，华北多在5月下旬和8月下旬，每年早晚相差5～7天；③ 结合修剪、刮树皮等及时剪除受害严重的枝条，用硬毛刷清除大枝上的介壳。

3. 金龟子类

（1）症状

金龟子类危害甜樱桃的主要是苹毛丽金龟子、东方金龟子和铜绿金龟子，东方金龟子又名黑绒金龟子，主要以成虫啃食樱桃的芽、幼叶、花蕾、花和嫩枝。苹毛丽金龟子幼虫啃食树体的幼根。成虫在花蕾至盛花期危害最重，危害期约1周。

（2）发生规律及习性

上述金龟子类均为1年发生一代，以成虫或老熟幼虫于土中越冬，只是其出土时期、危害盛期略有差异。苹毛丽金龟子和东方金龟子的成虫均在4月中旬出土，4月下旬至5月上旬为出土高峰，成虫危害叶片。一般多为白天危害，日落则钻入土中或树下过夜。当气温升高时成虫活动最多。金龟子类成虫均有假死习性。铜绿金龟子，除上述习性外，还具有较强的趋光性。

（3）防治方法

① 在成虫大量发生时期，利用其假死习性，在早晨或傍晚时人工震动树枝、枝干，把落到地上的成虫集中起来，进行人工捕杀；② 铜绿金龟子成虫大量发生时，利用其趋光性，架设黑光灯诱杀成虫；③ 糖醋液诱杀：用红糖5份、醋20份、白酒2份、水80份，在金龟子成虫发生

期间，将配好的糖醋液装入罐头瓶内，每亩挂 10～15 只糖醋液瓶，诱引金龟子飞入瓶中，倒出集中杀灭；④ 水坑诱杀：在金龟子成虫发生期间，在树行间挖一个长 80 cm、宽 60 cm、深 30 cm 的坑，坑内铺上完整无漏水的塑料布，做成一个人工防渗水坑，坑内倒满清水。夜间坑里的清水光反射较为明亮，利用金龟子喜光的特性，引诱其飞入水坑中淹死。每亩地挖 6～8 个水坑即可。

4. 梨小食心虫

（1）症状

梨小食心虫简称"梨小"，又叫梨小蛀果蛾、东方蛀果蛾。第一至第二代幼虫钻蛀甜樱桃新梢顶端，多从嫩尖第 2～3 片叶柄基部蛀入髓部，往下蛀食至木质化部分然后转移。嫩尖凋萎下垂，很易识别。蛀孔处多流出晶莹透明的果胶，多呈条状，长约 1 cm，严重影响生长发育。

（2）发生规律及习性

华北每年发生 3～4 代，以老熟幼虫在树皮缝内结茧越冬。多数集中在根茎和主干分枝处，树下杂草、土石缝内也有越冬幼虫。有转主危害的习性，1～2 代多危害甜樱桃等核果类新梢，个别也危害苹果新梢，3～4 代多危害桃、李果实，后期集中危害梨或苹果的果实。华北第一代4～5 月，第二代 6～7 月，第三代 7～8 月，第四代 9～10 月。第一次蛀梢高峰在 4 月下旬至 5 月上旬，第二次在 6 月中下旬，第三次蛀梢在 7 月，后期多蛀果危害。成虫趋化性强，糖酯液和性诱剂对成虫诱捕力很强。

（3）防治方法

① 诱捕成虫。性诱剂诱捕效果很好，每 50～100 株设一诱捕器，每天清除成虫，诱捕器内放少量洗衣粉防成虫飞走。糖醋液（糖 5∶醋 20∶酒 5∶水 50）诱捕效果也很好；② 喷药防治幼虫。对刚蛀梢的幼虫可喷果虫灵 1 000 倍液或桃小灵 2 000 倍液可杀死刚蛀梢的幼虫；③ 成虫盛发期。当性诱捕器连续 3 天诱到成虫时即可喷药以杀死成虫和卵，可喷 2 000～3 000 倍甲氢菊酯类农药及其他菊酯类药剂。

5. 金缘吉丁虫

（1）症状

俗称串皮虫，幼虫于果树枝干皮层内、韧皮部与木质部间蛀食，被蛀部皮层组织颜色变深。随着虫龄增大深入到形成层串食，虫道迂回曲折，被害部位后期常常纵裂，枝干满布伤痕，树势衰弱。主干或侧枝若被蛀食一圈，可导致整个侧枝或全株枯死。

（2）发生规律及习性

金缘吉丁虫 1～2 年完成 1 代，每年发生的代数因地区而异。以大小不同龄期的幼虫在被害枝干的皮层下或木质部的蛀道内越冬，寄主萌芽时开始继续危害。老熟幼虫一般在 3 月开始活动，4 月开始化蛹，5 月中、下旬是成虫出现盛期。6 月下旬至 7 月上旬为幼虫孵化盛期，幼虫孵化后，即咬破卵壳而蛀入皮层，逐渐蛀入形成层后，沿形成层取食，虫道绕枝干 1 周后，常造成枝干枯死。8 月份以后多数幼虫蛀入木质部或在较深的虫道内越冬。

（3）防治方法

① 加强栽培管理措施。土壤贫瘠、管理粗放、树势衰弱的甜樱桃植株容易受害。因此，加强栽培管理，提高树势可以有效的抵抗金缘吉丁虫；② 休眠期刮粗翘皮，特别是主干、主枝的粗树皮，可消灭部分越冬幼虫；③ 生产实践中，及时清除死树死枝并烧掉，减少虫源；④ 成虫发生期，利用其假死性，清晨气温低时，振落捕杀成虫。或者利用黑光灯、糖醋液、性诱剂等设备诱杀成虫；⑤ 化学防治：成虫发生期可喷 20% 速灭杀丁 2 000 倍液进行防治。幼虫危害处易于识别，可用药剂涂抹被害处表皮，毒杀幼虫效果很好。

6. 舟形毛虫

（1）症状

舟形毛虫又称枇杷舟蛾、枇杷天社蛾、黑毛虫、举尾毛虫等。幼虫有群集性，先食先端叶片的背面，将叶肉吃光，而后群体分散，将叶片吃光仅剩主脉和叶柄，被害叶片呈网状。若防治不及时，常可将全树叶片吃光，轻则严重削弱树势，重则全株死亡。

（2）发生规律及习性

此虫一年发生一代，以蛹在土中越冬，于第二年7～8月羽化出成虫，7月中旬为羽化盛期。幼虫孵化后先群栖在产卵叶上危害，头皆向外整齐的排列成一排由叶边向内食叶，仅食叶肉，剩下表皮及叶脉，危害后的叶片成网状，幼虫长大后则分散危害。幼虫早晚取食，白天不活动。8月中旬至9月中旬幼虫逐渐老熟，入土化蛹越冬。

（3）防治方法

① 结合秋翻，春刨树盘，让越冬蛹暴露地面，经风吹日晒失水而死，或为鸟类所食；② 利用3龄前群集并振动吐丝下垂的习性，进行人工摘除群集的枝叶。也可振动被害枝，在幼虫下垂时，抓住虫丝将幼虫带下踩死；③ 大量产卵期，释放卵寄生蜂如赤眼蜂等，对卵的寄生效果较好。幼虫危害期可喷赤虫菌或杀螟杆菌（每克含孢子100亿个）800～1 000倍液，进行生物防治；④ 幼虫危害期可喷50%杀螟松乳油或辛硫磷乳油均为1 000倍液，也可喷20%速灭杀丁2 000倍液，或用2.5%溴氰菊酯1 000～3 000倍液，每隔5天1次，连续2～3次，效果较好。

7. 红蜘蛛

（1）症状

红蜘蛛有多种类型，危害甜樱桃的主要是山楂红蜘蛛，又名山楂叶螨、樱桃红蜘蛛。成、幼、若螨刺吸叶片组织、芽、果的汁液，被害叶初期呈现灰白色失绿小斑点，随后扩大连片。芽严重受害后不能继续萌发，变黄、干枯。严重时全叶苍白枯焦早落，常造成二次发芽开花，削弱树势，不仅当年果实不能成熟，还影响花芽形成和下年的产量。大量发生的年份，7～8月份常造成大量落叶，导致二次开花。

（2）发生规律及习性

北方每年发生5～13代，均以受精雌螨在树体各缝隙内及干基附近土缝里群集越冬。第一代卵落花后30余天达孵化盛期，此时各虫态同时存在，世代重叠。一般6月前温度低，完成1代需20余天，虫量增加缓慢，夏季高温干旱 9～15 天即可完成 1 代，卵期 4～6 天，麦收前后为全年发生的高峰期，严重者常早期落叶，由于食料不足营养恶化，常提前越冬。食料正常的情况下，进入雨季高湿，加之天敌数量的增长，致山楂叶螨虫口显著下降，至 9 月可再度上升，危害至 10 月陆续以末代受精雌螨潜伏越冬。成若幼螨喜在叶背群集危害，有吐丝结网习性。

（3）防治方法

① 保护和引放天敌。红蜘蛛的天敌有食螨瓢虫、小花蝽、食虫盲蝽、草蛉、蓟马、隐翅甲、捕食螨等数十种。尽量减少杀虫剂的使用次数或使用不杀伤天敌的药剂以保护天敌，特别花后大量天敌相继上树，如不喷药杀伤，往往可把害螨控制在经济允许水平以下，个别树严重，平均每叶达 5 头时应进行"挑治"，防止普治大量杀伤天敌；② 果树休眠期刮除老皮，重点是除主枝分叉以上老皮，主干可不刮皮以保护主干上越冬的天敌；③ 幼树山楂叶螨主要在树干基部土缝里越冬，可在树干基部培土拍实，防止越冬螨出蛰上树；④ 发芽前结合防治其他害虫可喷洒 5°Bé石硫合剂或 45% 晶体石硫合剂 20 倍液、含油量 3%～5% 的柴油乳剂，特别是刮皮后施药效果更好；⑤ 花前是进行药剂防治叶螨和多种害虫的最佳施药时期，在做好虫情测报的基础上，及时全面进行药剂防治，可控制在危害繁殖之前。可选用 0.3°～0.5°Bé 石硫合剂或 45% 晶体石硫合剂 300 倍液。

8. 黄刺蛾

（1）症状

别名刺蛾、八角虫、八角罐、洋辣子、羊蜡罐、白刺毛（图 3-15），以幼虫伏在叶背面啃食叶肉，使叶片残缺不全，严重时，只剩中间叶脉。幼虫体上的刺毛丛含有毒腺，与人体皮肤接触后，备感痒痛而红肿。

（2）发生规律及习性

东北及华北多年生 1 代，以老熟幼虫在枝干上的茧内越冬。第一代幼虫 6 月中旬至 7 月上中旬发生，第一代成虫 7 月中下旬始见，第二代幼虫危害盛期在 8 月上中旬，8 月下旬开始老熟结茧越冬。7～8 月高温干旱，黄刺蛾发生严重。

（3）防治方法

① 秋冬季结合修剪摘虫茧或敲碎树干上的虫茧，减少虫源；② 利用成虫的趋光性，用黑光灯诱杀成虫；③ 利用幼龄幼虫群集危害的习性，在7月上中旬及时检查，发现幼虫即人工捕杀，捕杀时注意幼虫毒毛；④生物防治。在成虫产卵盛期用，可采用赤眼蜂寄生卵粒，每亩地放蜂20万头，每隔5天放1次，3次放完，卵粒寄生率可达90%以上；⑤ 在幼虫盛发期喷洒50%辛硫磷乳油1 000～1 500倍液灭杀幼虫。

图3-15　黄刺蛾

9. 褐缘绿刺蛾

别名青刺蛾、四点刺蛾、曲纹绿刺蛾、洋辣子。

（1）症状

低龄幼虫取食下表皮和叶肉，留下上表皮，致叶片呈不规则黄色斑块，大龄幼虫食叶成平直的缺刻。

（2）发生规律及习性

北方年生1代，均以老熟幼虫蛹于茧内越冬，结茧场所于干基浅土层或枝干上。1代区5月中下旬开始化蛹，6月上中旬到7月中旬为成虫发生期，幼虫发生期6月下旬到9月，8月危害最重，8月下旬到9月下旬陆续老熟且多入土结茧越冬。

（3）防治方法

参考黄刺蛾的防治方法。

10. 大青叶蝉

大青叶蝉（图 3-16）又名大绿浮尘子、青叶蝉、大绿叶蝉等。

（1）发病症状

以成虫和若虫刺吸汁液，影响生长消弱树势，在北方产越冬卵于果树枝条皮下，刺破表皮致使枝条失水，造成枝干损伤，常引起冬、春抽条和幼树枯死，影响安全越冬。

（2）发生规律及习性

每年发生 3 代，以卵块在枝干皮下越冬。春季果树萌芽时孵化为若虫，第一代成虫发生于 5 月下旬，7 ～ 8 月为第二代成虫发生期，9 ～ 11 月出现第三代成虫。第一、第二代危害杂草或其他农作物，第三代在 9 ～ 10 月危害甜樱桃。

（3）防治方法

① 利用成虫趋光性，夏季夜晚灯光诱杀成虫，杜绝上树产卵，可以明显减少来年的发生数量；② 1 ～ 2 年生幼树，在成虫产越冬卵前用塑料薄膜袋套住树干，或用涂白剂进行树干涂白，阻止成虫产卵；③ 加强栽培管理措施，及时清除园内杂草，幼树园和苗圃地附近最好不种秋菜；④ 若虫发生期喷药防治，种类及浓度：2.5% 溴氰菊酯等菊酯类 1 500 ～ 2 000 倍液，或用 50% 辛硫磷乳油 1 500 倍液杀死若虫。

图 3-16 大青叶蝉

11. 桃潜叶蛾

（1）症状

主要以幼虫潜食叶肉组织，在叶中纵横窜食，形成弯弯曲曲的虫道，并将粪粒充塞其中，受害严重时叶片只剩上下表皮，甚至造成叶片提前脱落。若防治不及时，严重削弱树势，影响次年开花结果。

（2）发生规律及习性

每年发生约 7 代，以蛹在果园附近的树皮缝内、被害叶背及落叶、杂草、石块下结白色薄茧过冬。叶受害后枯死脱落。幼虫老熟后在叶内吐丝结白色薄茧化蛹。5 月上中旬发生第一代成虫，以后每月发生 1 代，最后 1 代发生在 11 月上旬。

（3）防治方法

① 消灭越冬虫体：冬季结合清园，刮除树干上的粗老翘皮，连同清理的叶片、杂草集中焚烧或深埋；② 运用性诱剂杀成虫：选一广口容器，盛水至边沿 1 cm 处，水中加少许洗衣粉，然后用细铁丝串上含有桃潜叶蛾成虫性外激素制剂的橡皮诱芯，固定在容器口中央，即成诱捕器。将制好的诱捕器挂于樱桃园中，高度距地面 1.5 m，每亩地挂 5 ～ 10 个，可以诱杀雄性成虫；③ 化学防治：化学防治的关键是掌握好用药时间和种类。在越冬代和第一代雄成虫出现高峰后的 3 ～ 7 天喷药，可获得理想效果。如果错过了上述防治期，那么只要在下一个成虫发生高峰后 3 ～ 7 天适时用药，亦能控制虫害发展。所用药物及其剂量为 2.5% 溴氰菊酯或功夫乳油 3 000 倍液、50% 杀螟松乳剂 1 000 倍液。

12. 苹小卷叶蛾

（1）症状

俗称舐皮虫。幼虫危害果树的芽、叶、花和果实。幼虫常将嫩叶边缘卷曲，以后吐丝缀合嫩叶；大幼虫常将 2 ～ 3 张叶片平贴，或将叶片食成孔洞或缺刻，或将叶片平贴果实上，将果实啃成许多不规则的小坑洼。

（2）发生规律及习性

一年发生 3 ～ 4 代，以幼龄幼虫在粗翘皮下、剪锯口周缘裂缝中结白色薄茧越冬，尤其在剪、锯口，越冬幼虫数量居多。第二年 3 ～ 4 月份出蛰，出蛰幼虫先在嫩芽、花蕾上，潜于其中危害。叶片伸展后，便吐丝缀叶危害，被害叶成为"虫苞"。长大后则多卷叶危害，老熟幼虫在卷叶中结茧化蛹。3代发生区，6月中旬越冬代成虫羽化，7月下旬第一代羽化，9月上旬第二代羽化；4代发生区，越冬代为5月下旬、第一代为6月末至7月初、第二代在8月上旬、第三代在9月中羽化。

（3）防治方法

① 生物防治：用糖醋、果醋或苹小卷叶蛾性信息素诱捕器以监测成虫发生期数量消长。自诱捕器中出现越冬成虫之日起，第四天开始释放赤眼蜂防治，一般每隔6天放蜂1次，连续放4～5次，每公顷放蜂约150万头，卵块寄生率可达85%左右，基本控制其危害；② 利用成虫的趋化性和趋光性：将酒、醋、水按5∶20∶80的比例配置，或用发酵豆腐水等，引诱成虫。也可以利用成虫的趋光性装置黑光灯诱杀成虫；③ 人工摘除虫苞：人工摘除虫苞至越冬代成虫出现时结束；④ 化学防治：在早春刮除树干、主侧枝的老皮、翘皮和剪锯口周缘的裂皮等后，用旧布或棉花包蘸敌百虫300～500倍液，涂刷剪锯口，杀死其中的越冬幼虫。

13. 梨花网蝽

（1）症状

别名梨网熔、梨军配虫。成虫和若虫栖居于寄主叶片背面刺吸危害。被害叶正面形成苍白斑点，叶片背面因此虫所排出的斑斑点点褐色粪便和产卵时留下的蝇粪状黑色，使整个叶背面呈现出锈黄色，易识别。受害严重时候，使叶片早期脱落，影响树势和产量。

（2）发生规律及习性

每年发生代数因地而异，北方果区3～4代。各地均以成虫在枯枝落叶、枝干翘皮裂缝、杂草及土、石缝中越冬。在北方果区次年4月上、中旬开始陆续活动，飞到寄主上取食危害。由于成虫出蛰期不整齐，5月中旬以后各虫态同时出现，世代重叠。1年中以7～8月危害最重。

（3）防治方法

① 人工防治：成虫春季出蛰活动前，彻底清除果园内及附近的杂草、

枯枝落叶，集中烧毁或深埋，消灭越冬成虫。9月间树干上束草，诱集越冬成虫，清理果园时一起处理；②化学防治：关键时期有2个，一个是越冬成虫出蛰至第一代若虫发生期，成虫产卵之前，以压低春季虫口密度；二是夏季大发生前喷药。农药可用90%晶体敌百虫1 000倍液、50%杀螟松乳剂1 000倍液、50%对硫磷乳剂1 500倍液、2.5%溴氰菊酯等菊酯类农药1 500～2 000倍液等，连喷两次，效果较好。

五、周年管理历

樱桃周年管理历见表3-5。

表3-5　樱桃周年管理历

时间	作业项目	主要工作内容
1月	制定全年生产计划	
	清园	
	准备生产资料	
	人员技术培训	
2月	冬季修剪	以整形为主，采取开张角度、轻剪、破顶等各项措施
	幼龄期修剪	以培养大中小各种类型结果枝组为主，修剪措施以甩放为主、短截为辅；扩大树冠，合理调整树体结构，疏除过密枝条
	结果初期修剪	稳定枝量和花芽数量，及时回缩过高过大的枝组，疏除旺枝，去强留弱，去直留平，抑制旺长，调整全树各类枝量比例，中长果枝占20%左右，短枝及花束状枝占80%左右
	盛果期修剪	维持树体结构的稳定，保持骨干枝开张角度，控制树体的大小，将果园覆盖率稳定在75%左右；维持结果枝组，和结果枝的良好生长能力和负载能力
	衰老期修剪	25年生以上的樱桃树进入衰老期，及时通过修剪更新复壮，充分利用潜伏芽萌发的徒长枝，培养恢复树冠，调整角度，延长结果年龄

（续表）

时间	作业项目	主要工作内容
2月	熬制石硫合剂	优质生石灰：细硫磺粉：水 = 1：1.4 ～ 1.5：13 石硫合剂波美度（°Bè）测定：石硫合剂原液可用波美比重计直接度量
	维修喷药机械及其他农机设备	
3月	继续完善冬剪工作	樱桃修剪应在本月 10 日前完成
	春灌	春季灌水越早越好，以浇顶冻水为好（是指早春土壤没解冻前全园浇 1 次透水）
	追肥	追肥以氮肥为主，幼树株施 0.2 ～ 0.5 kg，成年树株施 1 ～ 1.5 kg，追肥后立即浇水
	幼树除防寒物	根据湿度情况，幼树适时撤防寒土，解除枝干上所覆防寒物
	防治病虫害	在樱桃芽体萌动时，适时喷布 5° 石硫合剂，随芽体萌发降低度数，为全年防治病虫害打下基础
4月	花前复剪	樱桃花前复剪是对冬季修剪的一次补充修剪。对冬剪时因看不准而甩放过长的枝条适当回缩，对冬剪时所遗漏的枝条适当剪截
	疏花疏果	对坐果率高的品种适当疏花疏果，保证果品质量；对树势较弱的植株进行疏花疏果，恢复树势
	幼果期追肥	樱桃幼果期进行追肥，以 N、P、K 为主，成年树株施入 N、P、K 复合肥 5 ～ 8 kg，追肥后及时浇水
5月	采前灌水	樱桃采收前适时浇水，保持土壤湿度，以减轻樱桃采收前遇雨果实裂果程度
	幼树第一次修剪	5 月下旬至 6 月上旬对樱桃进行修剪。修剪时对主干延长枝剪留 50 ～ 60 cm，主枝留 40 ～ 50 cm，两侧枝留 30 ～ 40 cm，其余枝条适当摘心
	准备采收、贮运	准备采收工具、包装。樱桃包装规格在 0.5 ～ 5 kg 为宜。樱桃属鲜果，皮薄肉软多汁，过大规格包装易挤压，造成不必要损失，找好销售渠道

（续表）

时间	作业项目	主要工作内容
5 月	采收	樱桃采收时要轻拿轻放，采摘果实时拇指与食指顶住果梗基部轻掰动采下，不得碰掉果梗，以免果梗处受伤腐烂，降低质量，并不得掰掉果枝，影响来年产量。采收樱桃必须掌握好采摘成熟度，过早影响果实风味，过晚影响运输
6 月	采收	樱桃果实采收一般为 5 月中旬至 6 月下旬
	修剪	樱桃采收后，及时清理层间，疏除背上及剪锯口旺枝，回缩冗长枝，解决膛内光照
	病虫防治	樱桃采收后及时喷布杀虫、杀菌剂。此时主要害虫有：红蜘蛛、刺蛾，选择药剂可喷布 0.5% 虫螨灵 1 500～2 000 倍，5% 尼索朗 1 500～2 000 倍，20% 灭扫利乳油 2 000 倍。樱桃采收及修剪后造成的机械伤口，及樱桃早期斑点病，和其他枝叶病害，可选择喷布杀菌剂，有 50% 扑海因可湿性粉剂 1 500 倍，百菌清 300～500 倍，结合喷药进行叶面喷肥，如：灭菌肥 5 000 倍，0.3% 尿素、雷力 2 000 倍等液体肥料
7 月	修剪	本月下旬对上次生长量不够的枝条，及经上次修剪剪截后已达到一定生长量的枝条，再次进行剪截，修剪时剪截长度同第一次夏剪
	做好雨季排水	7～8 月是北京地区多雨季节，要做好全园排涝工作，做到沟沟相通，能灌能排，使全园大雨后无积水
	病虫防治	本月是红蜘蛛、毛虫、刺蛾等害虫及樱桃叶部病害的重点发生季节，要适时喷药防治，使用药剂同上。但不同种类杀虫、杀菌剂要交替使用，避免使其产生抗性
	施基肥	樱桃基肥要在雨季之前施用，这样一可使肥效早，二可减少灌水。樱桃施基肥一般成年树可株施入优质有机肥 50～100 kg
8 月	防涝	继续做好防涝工作

（续表）

时间	作业项目	主要工作内容
8 月	病虫防治	本月主要害虫有桑白介壳虫、刺蛾、毛虫、红蜘蛛、军配虫、潜叶蛾等害虫，选择药剂：速蚧克 1 500～2 000 倍，灭扫利 1 500～2 000 倍，虫螨灵 1 000～1 500 倍，护卫鸟 800～1 000 倍
	拉枝整形	4 月下至 8 月上旬是果树拉枝整形的最佳季节。此时，枝干柔软，利用这一特点调整各层各级骨干枝、辅养枝、侧枝、外围枝的方向角度
9 月	秋剪	8 月底至 9 月上旬对樱桃所有生长点进行摘心，使其枝条组织充实，增强抗寒力
	病虫防治	本月对刺蛾、军配虫、毛虫、潜叶蛾、浮尘子继续加强防治，对枝干及叶部病害适时喷布杀菌剂
	灌水	根据土壤墒性适时浇水
10 月	秋耕	对全园进行深耕，改良土壤
	平整土地	修畦整埝
	树体涂白	白涂剂配比：生石灰 5～8 kg＋水 20 kg＋石硫合剂原液 1 kg＋食盐 0.5～0.8 kg＋植物油 0.1 kg
	清园	彻底清除园内枯枝烂叶、杂草
11 月	幼树防寒	防寒措施，一是幼树枝干整体用宽 3 cm 左右薄塑料条依次裹紧包实；二是涂抹防冻油
	灌冻水	土壤上冻前全园灌 1 次透水，待土壤不粘时，及时松土保墒，继续清园
	做好其他越冬准备工作	
12 月	做好生产管理总结统计工作	
	整理病虫害监测防治记录	
	为下一年度做好准备	

第六节

李

一、主要品种

（一）早熟品种

1. 长李 15 号

吉林省长春市农业科学院园艺研究所育成。果实扁圆形，平均果重 40 g，最大果重 70 g，成熟时果实着色鲜红，果粉厚。果肉浅黄色，汁多味香，甜酸适口。半离核，鲜食品质上等，较耐贮运。树势较壮，萌芽力强，成枝力较差，以短果枝和花束状果枝结果为主。花期较晚，坐果率较高。该品种抗逆性、抗寒性强。栽植时需配授粉树，以绥棱红作授粉树较好。

2. 大石早生

原产日本，果实卵圆形，平均果重 50 g，最大果重 100 g，成熟时果实鲜红色，果粉多。果肉淡黄色，肉质细，柔软多汁，味酸甜，有微香，黏核，可溶性固形物含量 17%，鲜食品质上等。果实发育期 65 ～ 70 天，冀北地区 6 月底 7 月初成熟。该品种适应性强，抗旱、抗寒、抗病、耐瘠薄，是优良的极早熟品种。栽植时需配授粉树，以密斯李、盖县大李等品种作授粉树较好。

3. 莫尔特尼

美洲品种。果实中大，近圆形，平均单果重 74.29 g，风味酸甜，可溶性固形物含量 13.3%，黏核，成熟期为 6 月 20 日左右。在自然授粉条件下，全部坐单果，坐果率较高，需进行疏花疏果，栽培上可配置索瑞斯、密斯李等品种作为授粉树。该品种适应性广，抗寒、抗旱、耐瘠薄，对病虫害抗性强。栽培上应注意培养自然开张形或多主枝杯状形树形，生产中必须进行疏花疏果，一般每隔 10 cm 左右保留 1 个果，以保证果大质优。

4. 美丽李

又名盖县大李，原产美国。果实近圆形或心形，平均单果重 87.59 g，鲜红或紫红色，果肉黄色，质硬脆，充分成熟时变软，味酸甜，具浓香，可溶性固形物含量 12.5%，黏核或半离核，核小，可食率 98.7%，在常温下果实可贮放 5 天。自花不结实，需配置授粉树，适宜的授粉品种有大石早生、跃进李、绥李 3 号等。果实 6 月底至 7 月初成熟。抗旱、抗寒能力均较强，果实大，外观鲜丽，鲜食品质较好，是该品种的优点，缺点是抗病能力弱。

5. 绥棱红

又名北方 1 号，果实圆形，平均单果重 48.69 g，味甜酸，浓香，可溶性固形物 13.9%，黏核，核较小，可食率 97.5%。在常温下果实可贮放 3 天左右，最适宜的授粉品种有绥李 3 号和跃进李，果实 7 月上旬成熟。抗寒和抗旱能力强，枝干易染细菌性穿孔病，易遭蚜虫和蛀干害虫危害。是一个优良的鲜食品种，丰产性强，适应性广，成熟期早，对栽培技术要求不严格。

（二）中熟品种

1. 黑琥珀

原产美国。果实扁圆形，个大，平均果重 100 g，最大果重 150 g，果实紫黑色，果肉淡黄色，充分成熟时果肉红色，肉质松软，味酸甜，果汁多，离核，鲜食品质中上，耐贮运。异花授粉。果实发育期 110 天，冀北地区 8 月中下旬成熟。树势中庸，树姿直立，以短果枝和花束状果枝结果为主。该品种抗旱、抗寒能力强。果个大、丰产、耐贮、品质好，适合干旱地区发展。

2. 圣玫瑰

原产美国。果实中大，平均果重 100 ~ 150 g。果实卵圆形有光泽，成熟时果实皮底色黄绿，着色全面鲜红艳丽。果肉金黄色，味酸甜，有香气，肉质致密，硬溶质，汁液丰富，可溶性固形物含量12.6%～14%。果实发育期95天左右，泰安地区7月中旬成熟。耐贮运。树势中庸，以中、短果枝和花束状果枝结果为主。

3. 美国大李

原产美国。果实圆形，平均单果重70.89 g，紫黑色，果肉橙黄色，质致密，味甜酸，含可溶性固形物12.0%，离核，可食率98.1%，品质上等，常温下果实可贮放8天左右，果实于7月中下旬成熟，采前落果轻。抗寒和抗旱性较差，抗细菌性穿孔病能力较弱。该品种果实较大，外观美丽，是鲜食优良品种，也可加工制果脯或制罐头。开花期较晚，因此，需选择晚花品种为授粉树。

4. 北京晚红李

又名三变李，北京紫李。该品种属于中国李。树势强健，萌芽、成枝力均强。幼树生长旺，盛果期树以花束状果枝结果为主。果实圆形或长圆形，果顶稍尖，平均单果重57 g。果皮由从红色到暗红色或紫色。果梗较长，梗洼深，缝合线明显，果粉厚。可溶性固形物含量14.8%～17.6%。果肉，肉质细，品质上。核为椭圆形，黏核或半黏核，核小。该品种为北京地区的优良品种之一，7月中下旬成熟。抗寒，抗病能力强，适于在沙滩盐碱地栽培。结果早、丰产性稳定，经济效益好。但自花不实，栽植时需配置授粉树。

5. 玉皇李

是我国古老的品种。果实长圆形，平均单果重61.3g，最大果重70g。果皮黄绿色。果肉，硬脆，纤维少，汁多，风味甜酸，香味浓，品质上等。玉皇李不仅是生食良种，也是加工罐头的优良品种。在辽南8月上旬成熟。果实耐贮运，一般可存放1周左右。

（三）晚熟品种

1. 龙园秋李

又名晚红、龙园秋红，黑龙江省农业科学院育成。果实扁圆形，平均果重 75 g，最大果重 120 g，成熟时果实外表鲜红色，果肉橙黄色，汁多，味酸甜，微香。果实发育期 120 天，冀北地区 9 月上中旬成熟。树势强壮，萌芽率高，成枝力较弱，以短果枝和花束状果枝结果为主。该品种具有抗寒、抗病等优点。自花不结实，栽植时必须配置授粉树，以长李 15 号、绥棱红等品种作授粉树较好。

2. 安哥诺

原产美国，原代号为"布朗 3 号"。果实个大，平均果重 120 g，最大可达 250 g。果实扁圆形，成熟时果皮紫黑色，果肉淡黄色，味甜，有香气，不溶质，汁液丰富，贮存 15 ～ 20 天后果肉转为红色，可溶性固形物含量 15%。果实发育期 150 天左右，冀北地区 10 月上中旬成熟。常温下可贮存至元旦，冷库可贮藏至翌年 4 月份。树势强壮，萌芽率高，成枝力强，易成花，耐寒力强。

3. 大玫瑰

原产欧洲，属欧洲李的栽培品种，在我国栽培历史较久，现分布于山东、河北、辽宁等地。果实卵圆形，平均单果重 53.79 g，鲜红色，果肉黄色，过熟时有部分果实的果肉近核处有小部分变黄褐色，肉质致密，味酸甜，有香气，含可溶性固形物 12.85%，离核，核大，长圆形。可食率 97.7%，鲜食品质上乘，在常温下果实可贮放 7 ～ 10 天。适宜的授粉品种为晚黑和耶鲁尔，果实于 8 月底成熟，抗病性较强。丰产，晚熟，果实外形特殊，色泽艳丽，除鲜食外也是很好的加工品种。

4. 澳大利亚 14 号

原产美国。果实圆形，暗紫红色，果肉红色，肉质致密，味酸甜，微香，可溶性固形物含量 13.7%，核小，半离核，可食率 98.1%，鲜食品质中上，在常温下果实可贮放 20 ～ 30 天。自花授粉结实率可达 20.5%，异花授粉产量更高，适宜的授粉品种有黑琥珀。果实于 9 月上旬成熟，是极晚熟大果型优良品种，可明显推迟李果的供应期，又赶在国庆节前上市，果实耐贮运，货架寿命长，很有市场竞争力。由于该品种坐果率高，栽培中应严格控制产量。抗细菌性穿孔病的能力差。

二、生态习性

（一）温度

李树对温度的要求因种类和品种不同而异。中国李、欧洲李喜温暖湿润的环境，而美洲李比较耐寒。同是中国李，生长在我国北部寒冷地区的绥棱红、绥李 3 号等品种，可耐 –42 ～ –35℃的低温；而生长在南方的木隽李、芙蓉李等则对低温的适应性较差，冬季低于 –20℃就不能正常结果。

李树花期最适宜的温度为 12 ～ 16℃。不同发育阶段对低温的抵抗力不同，如花蕾期 –5.5 ～ –1.1℃就会受害；花期和幼果期为 –2.2 ～ –0.5℃。因此北方李树要注意花期防冻。

（二）水分

李树为浅根树种。因种类、砧木不同对水分要求有所不同。欧洲李喜湿润环境，中国李则适应性较强；毛桃砧一般抗旱性差，耐涝性较强，山桃耐涝性差抗旱性强，毛樱桃根系浅，不太抗旱。因此在较干旱地区栽培李树应有灌溉条件，在低洼黏重的土壤上种植李树要注意雨季排涝。

（三）土壤

对土壤的适应性以中国李最强，几乎各种土壤上李树均有较强的适应能力，欧洲李、美洲李适应性不如中国李。但所有李均以土层深厚的沙壤～中壤土栽培表现好。黏性土壤和沙性过强的土壤应加以改良。

（四）光照

李树为喜光树种，通风透光良好的果园和树体，果实着色好，糖分高，枝条粗壮，花芽饱满。阴坡和树膛内光照差的地方果实成熟晚，品质差，枝条细弱，叶片薄。因此，栽植李树应在光照较好的地方并修整成合理的树形，对李树的高产、优质十分必要。

三、栽培技术

（一）土肥水管理

李树在整个生长发育过程中，根系不断从土壤中吸收养分和水分，以满足生长与结果的需要。只有加强土肥水管理，才能为根系的生长、吸收创造良好的环境条件。

1.土壤管理

土壤管理的中心任务是将根系集中分布层改造成适宜根系活动的活土层。这是李树获得高产稳产的基础。具体土壤管理应注意以下几个方面。

（1）深翻熟化

在土壤不冻季节均可进行，深翻要结合施有机肥进行，通过深翻并同时施入有机肥可使土壤孔隙度增加，增加土壤通透性和蓄水保肥能力，增加土壤微生物的活动，提高土壤肥力，使根系分布层加深。深翻的时期在北京等北方地区以采果后秋翻结合施有机肥效果最好。此时深翻，正值根系第二次或第三次生长高峰，伤口容易愈合，且易发新根，利于越冬和促进第二年的生长发育。深翻的深度一般以 60 ～ 80 cm 为宜。方法有扩穴深翻、隔行深翻或隔株深翻、带状深翻以及全园深翻等。如有条件深翻后最好下层施入秸秆，杂草等有机质，中部填入表土及有机肥的混合物，心土撒于地表。深翻时要注意少伤粗根，并注意及时回填。

（2）李园耕作

有清耕法、生草法、覆盖法等。不间作的果园以"生草＋覆盖"效果最好。行间生草，行内覆草，行间杂草割后覆于树盘下，这样不破坏土壤结构，保持土壤水分，有利于土壤有机质的增加。第一次覆草厚度要在 15 ～ 20 cm，每年逐渐加草，保持在这个厚度，连续 3 ～ 4 年后，深耕翻 1 次。北方地区覆草，冬季干燥，必须注意防火，可在草上覆一层土来预防。另外长期覆盖易招致病虫害及鼠害，应采取相应的防治措施。生草李园要注意控制草的高度，一般大树行间草应控制在 30 cm 以下，小树应控制在 20 cm 以下，草过高影响树体通风透光。

化学除草在李园中要慎用，因李与其他核果类果树一样，对某些除草剂反应敏感，使用不当易出现药害，大面积生产上应用时一定要先做小面积试验。对用药种类、浓度、用药量、时期等摸清后，再用于生产。

（3）间作

定植 1～3 年的李园，行间可间作花生、豆类、薯类等矮秆作物，以短养长，增加前期经济效益，但要注意与幼树应有 1 米左右的距离，以免影响幼树生长。另外北方干寒地区不应种白菜、萝卜等秋菜。秋菜灌水多易引起幼树秋梢徒长，使树体不充实，而且易招致浮尘子产卵危害，而引起幼树越冬抽条。

2. 合理施肥

合理施肥是李树高产，优质的基础，只有合理增施有机肥，适时追施化学肥料，并配合叶面喷肥，才能使李树获得较高的产量和优质的果品。

（1）基肥

一般以早秋施为好。北京地区在 9 月上中旬为宜，结合深翻进行。将磷肥与有机肥一并施入。并加入少量氮肥，对李树当年根系的吸收，增加叶片同化能力有积极影响。数量依据树体大小，土壤肥力状况及结果多少而定。树体较大，土壤肥力差，结果多的树应适当多施。树体小，土壤肥力高，结果较少的树，适当少施。原则是每产 1 kg 果施入 1～2 kg 有机肥。方法可采用环状沟施、行间或株间沟施、放射状等。

（2）追肥

一般进行 3～5 次，前期以氮肥为主，后期 N、P、K 配合。花前或花后追施氮肥，幼树 100～200 g 尿素，成年树 500～1 000 g。弱树、果多树适当多施，旺树可不施；花芽分化前追肥，5 月中下以施 N、P、K 复合肥为好；硬核期和果实膨大期追肥，N、P、K 肥配合利于果实发育，也利于上色，增糖；采后追肥，结合深翻施基肥进行，N、P、K 配合为好，如基肥用鸡粪可只补些氮肥。追肥一般采用环沟施，放射状沟施等方法，也可用点施法，即每株树冠下挖 6～10 坑，坑深 5～10 cm 即可，将应施的肥均匀地分配到各坑中覆土埋严。

（3）叶面喷肥

7月份前以尿素为主，浓度 0.2% ～ 0.3% 的水溶液，8 ～ 9月以 P、K 肥为主，可使用磷酸二氢钾、氯化钾等，同样用 0.2% ～ 0.3% 的水溶液。对缺锌缺铁地区还应加 0.2% ～ 0.3% 硫酸锌和硫酸亚铁。叶面喷肥一个生长季喷 5 ～ 8 次，也可结合喷药进行。花期喷 0.2% 的硼酸和 0.1% 的尿素，有利于提高坐果率。

3. 合理排灌

在我国北方地区，降水多集中在 7 ～ 8 月，而春、秋和冬季均较干旱，在干旱季节必须有灌水条件，才能保证李树的正常生长和结果，要达高产优质，适时适量灌水是不可缺少的措施，但 7 ～ 8 月雨水集中，往往又造成涝害，此时还必须注意排涝。

（1）灌溉

从经验上看可通过看天、看地、看李树本身来决定是否需要灌溉。根据北京的气候特点，结合物候期，一般应考虑以下几次灌溉。

花前灌水：有利于李树开花，坐果和新梢生长，一般在 3 月下旬至 4 月上旬进行。

新梢旺长和幼果膨大期灌水：正是北京比较干旱的时期，也是李树需水临界期，此时必须注意灌水，以防影响新梢生长和果实发育。

果实硬核期和果实迅速膨大期灌水：此时也正值花芽分化期，结合追肥灌水，可提高果品产量，提高品质，并促进花芽分化。

采后灌水：采果后是李树树体积累养分阶段，此时结合施肥及时灌水，有利于根系的吸收和光合作用，促进树体营养物质的积累，提高抗冻性和抗抽条能力，利于第二年春的萌芽、开花和坐果。

冬前灌水：北京在 11 月上中旬灌溉 1 次，可增加土壤湿度，有利于树体越冬。灌溉的方法生产上以畦灌应用最多，还有沟灌、穴灌、喷灌、滴灌等，如有条件，应用滴灌最好，节水，灌水均匀。

（2）排水

在雨季来临之前首先要修好排水沟，连续大雨时要将地面明水排出园区。

（二）整形修剪

1. 主要树形及整形

（1）自然开心形

70 cm 左右定干，主干上留 3 个主枝，相距 10～15 cm 临近分布，主枝与主干的夹角 50°～60°。每个主枝上配置 2～3 个侧枝，侧枝留的距离及数量根据栽植株行距的大小而定。在主侧枝上配置大、中、小型结果枝组（图 3-17）。

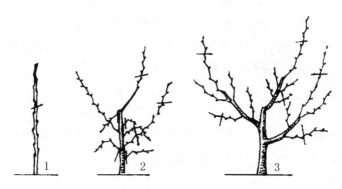

1. 苗木定植后定干状；2. 第二年冬剪状；3. 第三年冬剪状

图 3-17　李树自然开心形成型过程

（2）两层疏散开心形

干高 40～50 cm，有中心干，第一层 3 个主枝，层内距 15～20 cm，第二层两个主枝，与第一层主枝插空配置，距第一层主枝 60～80 cm。

（3）篱壁形

在经济较好的地区建园可以试用，树高 2 m 左右，全株选 6 个主枝，左右各 3 个分别缚在 3 条平行的篱架铁线上。此树形适宜在温室中使用，操作方便，通风透光好。

2. 不同年龄时期树的修剪

（1）幼树

以开心形为例：① 4 月下旬至 5 月上旬。对枝头较多的旺枝适当疏除，背上旺枝密枝疏除，削弱顶端优势，促进下部多发短枝；② 5 月下旬至 6 月上旬。对骨干枝需发枝的部位可短截促发分枝，对冬剪剪口下出的新梢过多者可疏除，枝头保持60°左右。其余枝条角度要大于枝头。背上枝可去除或拧平利用；③ 7 ～ 8 月。重点是处理内膛背上直立枝和枝头过密枝，促进通风透光；④ 9 月中下旬。对未停长的新梢全部摘心，促进枝条充分成熟，有利于安全越冬，也有利于第二年芽的萌发生长。无论是冬剪还是夏剪，均应注意平衡树势。对强旺枝重截后疏除多余枝，并压低枝角，对弱枝则轻剪长留，抬高枝角。可逐渐使枝势平衡。

（2）成龄树的修剪

对初进入盛果期的树应该以疏剪为主，短截为辅，适当回缩，在保持结果正常的条件下，要每年保证有一定量的壮枝新梢，只有这样才能保持树势，也才能保证每年有年轻的花束状果枝形成，保持旺盛的结果能力。

（3）衰老树的修剪

此时修剪的目的是恢复树势，维持产量，修剪以冬剪为主，促进更新。在加强地下肥水的基础上，适当重截，去弱留强，对弱枝头，及时回缩更新，促进复壮。

（三）花果管理

1. 保花保果

加强采后管理：采后合理施肥、修剪及保护好叶片，对花芽分化充实有重要作用，可减少下年落花落果的发生。

人工授粉：是提高坐果最有效的措施，注意采集花粉要从亲合力强的品种树上采。在授粉树缺乏时必须搞人工授粉，即使不缺授粉树，但遇上阴雨或低温等不良天气，传粉昆虫活动较少，也应搞人工辅助授粉。人工授粉最有效的办法是人工点授，但费工较多。也可采用人工抖粉。即在花粉中掺入 5 倍左右滑石粉等填充物，装入多层纱布口袋中，在李树花上部慢慢抖动。还可用掸授。即用鸡毛掸子在授粉树上滚动，后再在被授粉树上滚动。据浙江农大试验,用蜜李等花粉给木.李授粉,坐果率可达21.8%,套袋自交的仅5.4%,自然授粉的为12.2%。

花期喷硼:花期喷0.1%～0.2%的硼酸+0.1%的尿素也可促进花粉管的伸长,促进坐果,另外用0.2%的硼砂+0.2%磷酸二氢钾+30 mg/kg防落素也有利于坐果。

放蜂:花前1周左右在李园每1 hm² 放一箱蜂,可明显提高坐果率。

花前回缩及疏枝:对树势较弱树,对拖拉较长的果枝进行回缩,并疏去过密的细弱枝,一可集中养分,加强通风透光,二可疏去一部分花,减少营养消耗,有利于提高坐果且增大果个。

防治李实蜂:见病虫害防治。

2.疏果

疏果能适当增大李果果个,提高商品价值,还可保证连年丰产稳产。因此李树在坐果较好时必须进行疏果。疏果量的确定应根据品种特性,果个大小,肥水条件等综合因素加以考虑。对坐果率高的品种,应早疏,并一次性定果。如北京的晚红李,只要授粉品种配置合理,坐果率极高,且不易落果,必须疏果,否则果个偏小。晚红李的疏果应根据不同枝类,留果距离应有所区别。对背上强旺的1～2年生花束状枝可7～10 cm留1个果。对平斜的较壮花束状枝留10～15 cm,而对下垂的细弱枝则应15～20 cm留1个果,甚至不留果,待枝势转强时再留果。对果实大的品种应留稀些,反之留密一些;肥水条件好树势强健可适当多留,而肥水条件差,树势又弱的树一定少留。

3.果实采收

中国李成熟期不一致,一般应注意分批采收,可以提高商品质量。每次将适度成熟的及较大的果实采收,剩下的还可继续生长。如北京的晚红李一般在7月下旬采收,一直到8月中旬树上仍有果实,从采收开始到结束可达20余天。采收期的确定应根据不同用途来定,如当地鲜食,应成熟度稍高,采后1～2天可以出售;如远途运输,则应成熟度稍低些;如果加工用则根据加工需要成熟度采收。

四、主要病虫害及其防治

（一）主要病害

1. 褐腐病

又称果腐病，是桃、李、杏等果树果实的主要病害，在我国分布普遍。

（1）症状

褐腐病可危害花、叶、枝梢及果实等部位，果实常受害最重，花受害后变褐，枯死，常残留于枝上，长久不落。嫩叶受害，自叶缘开始变褐，很快扩展全叶。病菌通过花梗和叶柄向下蔓延到嫩枝，形成长圆形溃疡斑，常引发流胶。空气湿度大时，病斑上长出灰色霉丛。当病斑环绕枝条1周时，可引起枝梢枯死。果实自幼果至成熟期都能受侵染。但近成熟果受害较重。

（2）发病规律

病菌主要以菌丝体在僵果或枝梢溃疡斑病组织内越冬。第二年春产生大量分生孢子，借风雨，昆虫传播，通过病虫及机械伤口侵入。在适宜条件下，病部表面长出大量的分生孢子，引起再次侵染。在贮藏期间，病果与健果接触，能继续传染。花期低温多雨，易引起花腐，枝腐或叶腐。果熟期间高温多雨，空气湿度大，易引起果腐，伤口和裂果易加重褐腐病的发生。

（3）防治方法

消灭越冬菌原：冬季对树上树下病枝、病果、病叶应彻底清除，集中烧毁或深埋。喷药防护：在花腐病发生严重地区，于初花期喷布70%甲基托布津800～1 000倍液。无花腐发生园，于花后10天左右喷布65%代森锌500倍液，或用50%代森铵800～1 000倍液，70%甲基托布津800～1 000倍液。之后，每隔半个月左右再喷1～2次。果实成熟前1个月左右再喷1～2次。

2. 穿孔病

穿孔病是核果类果树（桃、李、杏、樱桃等）常见病害，分细菌性和真菌性两类。以细菌性穿孔病发生最普遍，严重时可引起早期落叶。真菌性穿孔病又分褐斑、霉斑及斑点3种。

（1）症状

细菌性穿孔病危害叶，新梢和果实。叶片受害初期，产生水浸状小斑点，后逐渐扩大为圆形或不规则形，潮湿天气病斑背面常溢出黄白色粘稠的菌浓。病斑脱落后形成穿孔或有一小部分与叶片相连。发病严重时，数个病斑互相愈合，使叶片焦枯脱落。枝梢上病斑有春季溃疡和夏季溃疡两种类型。春季溃疡斑多发生在上一年夏季生长的新梢上，产生暗褐色水浸状小疱疹，宽度不超过枝条直径的一半。夏季溃疡斑则生在当年新梢上，以皮孔为中心形成水浸状暗紫色病斑，圆形或椭圆形，稍凹陷，边缘呈水浸状，病斑形成后很快干枯。果实发病初起生褐色小斑点，后发展成为近圆形、暗紫色病斑。中央稍凹陷，边缘水浸状，干燥后病部发生裂纹。天气潮湿时，病斑出现黄白色菌脓。真菌性穿孔病，霉斑、褐斑穿孔病均危害叶、梢和果，斑点穿孔病则主要危害叶片。它们与细菌性穿孔病不同的是，在病斑上产生霉状物或黑色小粒点，而不是菌脓。

（2）发病规律

细菌性穿孔病病源细菌，主要在春季溃疡斑内越冬。在李树抽梢展叶时，细菌自溃疡病斑内溢出，通过雨水传播，经叶片的气孔、枝果的皮孔侵入，幼嫩的组织最易受侵染。5～6月开始发病，雨季为发病盛期。

（3）防治方法

加强栽培管理、清除病原：合理施肥、灌水和修剪，增强树势，提高树体抗病能力；生长季节和休眠期对病叶、病斑、病果及时清除，特别是冬剪时，彻底剪除病枝，清除落叶、落果，集中深埋或烧毁，消灭越冬菌源。药剂防治：在树体萌芽前刮除病斑后，涂25°～30°Bè石硫合剂，或全株喷布1∶1∶（100～200）波尔多液或4°～5°Bè石硫合剂。生长季节从5月上旬开始每隔15天左右喷药1次，连喷3～4次，可用50%代森铵700倍液，50%福美双可湿性粉剂500倍液。硫酸锌石灰液

（硫酸锌 0.5 kg，石灰 2 kg，水 120 kg），0.3°Bè 石硫合剂等。

3. 细菌性根癌病

细菌性根癌病又名根头癌肿病。受害植株生长缓慢，树势衰弱，缩短结果年限。

（1）发病症状

细菌性根癌病主要发生在李树的根茎部，嫁接口附近，有时也发生在侧根及须根上。病瘤形状为球形或扁球形，初生时为黄色，逐渐变为褐色到深褐色，老熟病瘤表面组织破裂，或从表面向中心腐烂。

（2）发病规律

细菌性根癌病病菌主要在病瘤组织内越冬，或在病瘤破裂、脱落时进入土中，在土壤中可存活 1 年以上。雨水、灌水、地下害虫、线虫等是田间传染的主要媒介，苗木带菌则是远距离传播的主要途径。细菌主要通过嫁接口，机械伤口侵入，也可通过气孔侵入。细菌侵入后，刺激周围细胞加速分裂，导致形成癌瘤。此病的潜伏期从几周到 1 年以上，以 5～8 月发病率最高。

（3）防治方法

① 繁殖无病苗木，选无根癌病的地块育苗，并严禁采集病园的接穗，如在苗圃刚定植时发现病苗应立即拨除。并清除残根集中烧毁，用 1% 硫酸铜液消毒土壤；② 苗木消毒：用 1% 硫酸铜液浸泡 1 分钟，或用 3% 次氯酸钠溶液浸根 3 分钟。杀死附着在根部的细菌；③ 刮治病瘤。早期发现病瘤，及时切除，用 30% DT 胶悬剂（琥珀酸铜）300 倍液消毒保护伤口。对刮下的病组织要集中烧毁。李树常见病害还有李红点病，桃树腐烂病（也侵染李、杏、樱桃等）、疮痂病等，防治上可参考褐腐病、穿孔病等进行。

（二）主要虫害

1. 桑白蚧，又称桑盾蚧

（1）症状

以若虫或雌成虫聚集固定在枝干上吸食汁液，随后密度逐渐增大。

虫体表面灰白或灰褐色，受害枝长势减弱，甚至枯死

（2）发生规律

北方果区一般1年发生2代，第二代受精雌成虫在枝干上越冬。第二年5月开始在壳下产卵，每一雌成虫可产卵40～60粒，产卵后死亡。第一代若虫在5月下旬至6月上旬孵化，孵化期较集中。7月中下至8月上旬，变成成虫又开始产卵，8月中下旬第二代若虫出现，雄若虫经拟蛹期羽化为成虫，交尾后即死去，留下受精雌成虫继续危害并在枝干上越冬。

（3）防治方法。

① 消灭越冬成虫，结合冬剪和刮树皮及时剪除、刮治被害枝，也可用硬毛刷刷除在枝干上的越冬雌成虫；② 药剂防治：重点抓住第一代若虫盛发期，未形成蜡壳时进行防治，目前效果较好的是速扑杀，其渗透力强，可杀死介壳下的虫体。

2. 蚜虫

危害李树的蚜虫主要有桃蚜、桃粉蚜和桃瘤蚜3种。

（1）症状

桃蚜危害使叶片不规则卷曲；瘤蚜则造成叶从边缘向背面纵卷，卷曲组织肥厚，凹凸不平；桃粉蚜危害使叶向背面对合纵卷且分泌白色蜡粉和蜜汁。

（2）发生规律

以卵在枝梢芽腋，小枝叉处及树皮裂缝中越冬，第二年芽萌动时开始孵化，群集在芽上危害。展叶后转至叶背危害，5月份繁殖最快，危害最重。蚜虫繁殖很快，桃蚜1年可达20～30代，6月份桃蚜产生有翅蚜，飞往其他果树及杂草上危害。10月份再回到李树上，产生有性蚜，交尾后产卵越冬。

（3）防治方法

① 消灭越冬卵，刮除老皮或萌芽前喷含油量55%的柴油乳剂；② 药剂涂干，50%久效磷乳油2～3倍液，在刮去老粗皮的树干上涂5～6 cm

宽的药环，外缚塑料薄膜。但此法要注意药液量不宜涂得过多，以免发生药害；③喷药：花后用 5% 的吡虫啉 3 000 倍液喷布 1～2 次。

3. 山楂红蜘蛛（山楂叶螨）

（1）危害症状

以成、幼、若螨刺吸叶片汁液进行危害。被害叶片初期呈现灰白色失绿小斑点，后扩大，致使全叶呈灰褐色，最后焦枯脱落。严重发生年份有的山楂园 7～8 月份树叶大部分脱落，造成二次开花。严重影响果品产量和品质并影响花芽形成和下年产量。

（2）发生规律

每年发生 5～9 代，以受精雌螨在枝干树皮裂缝内和老翘皮下，或靠近树干基部 3～4 cm 深的土缝内越冬。也有在落叶下、杂草根际及果实梗洼处越冬的。进入 6 月中旬后，气温增高，红蜘蛛发育加快，开始出现世代重叠，防治就比较困难，7～8 月份螨量达高峰，危害加重，但随着雨季来临，天敌数量相应增加对红蜘蛛有一定抑制作用。8～9 月逐渐出现越冬雌螨。

（3）防治方法

① 消灭越冬雌螨，结合防治其他虫害，刮除树干粗皮、翘皮，集中烧毁，在严重发生园片可树干束草把，诱集越冬雌螨，早春取下草把烧毁；② 喷药防治：花前在红蜘蛛出蛰盛期，喷 0.3°～0.5°Bé 石硫合剂，也可用杀螨利果、霸螨灵等防治；花后 1～2 周为第一代幼、若螨发生盛期。用 5% 尼索朗可湿性粉剂 2 000 倍液防治，效果甚佳。打药要细致周到，不要漏喷。

4. 卷叶虫类

以顶卷、黄斑卷和黑星麦蛾较多。

（1）危害症状

顶梢卷叶蛾主要危害梢顶，使新的生长点不能生长，对幼树生长危害极大，黑星麦蛾、黄斑卷叶蛾主要危害叶片，造成卷叶。

（2）发生规律

顶卷、黑星麦蛾 1 年多发生 3 代，黄斑卷 3～4 代，顶卷以小幼虫在顶梢卷叶内越冬。成虫有趋光性和趋糖醋性。黑星麦蛾以老熟幼虫化蛹，在杂草等处越冬，黄斑卷越冬型成虫在落叶、杂草及向阳土缝中越冬。

（3）防治方法

顶卷应采取人工剪除虫梢为主的防治策略，药剂防治则效果不佳。黄斑卷和黑星麦蛾一是可通过清洁田园消灭越冬成虫和蛹；二是可人工捏虫；三是药剂防治，在幼虫未卷叶时喷灭幼脲三号或触杀性药剂。

5. 李实蜂

（1）症状

幼虫蛀食花托和幼果，常将果核食空，果长到玉米粒大小时即停长，然后蛀果全部脱落。某些年份有的李园因其危害造成大量落果甚至绝产。

（2）发生规律。李实蜂每年发生1代，以老熟幼虫在土壤中结茧越夏、越冬。春季李萌芽时化蛹，花期成虫羽化出土。成虫习惯于白天飞花间，取食花蕾，并产卵于花萼表皮上，每处产卵1粒。幼虫孵化后，钻入花内蛀食花托、花萼和幼果，常将果核食空，虫粪堆积于果内。幼虫无转果习性，约30天左右成虫老熟脱果，落地后入土集中在距地表3～7cm处结茧越夏、越冬。

（3）防治方法

① 成虫羽化出土前，深翻树盘，将虫茧埋入深层，使成虫不能出土；② 成虫期喷药：在初花期成虫羽化盛期树冠、地面喷2.5%溴氰菊酯乳油2000倍液，可有效的消灭成虫；③ 在幼虫脱果入土前或成虫羽化出土前在李树树冠下撒2.5%敌百虫粉剂。每株结果大树撒0.25 kg；④ 摘除被害果并清除落地虫果集中烧毁。

五、周年管理历

李树的周年管理历见表3-6。

表 3-6 李树的周年管理历

时间	作业项目	主要工作内容
1 至 2 月中旬	（1）冬季修剪	（1）幼树的整形修剪：栽植后，定干高度 80 cm。当年冬季修剪时，根据主干上枝条的间隔、角度，留 3～5 个主枝；若是大果型的品种，如水果李，则留 3～4 个主枝；若是冠形小的品种，如小核李，一般留 4～5 个主枝。根据主枝的强弱，决定它的剪留长度，一般强旺的主枝可留 50 cm 以上，较弱的留 40 cm 左右。留有中心干的，中心干的剪留长度要比主枝长 10～15 cm。定植第二年，根据主枝的间隔距离，在每个主枝上确定 1～2 个二级分枝，其剪留长度为 50 cm 左右；在第一、第二级主枝上适当的地方选留侧枝，其剪留长度为 20 cm 左右。对其他发育枝，在不影响主枝、侧枝生长的情况下进行疏剪和短截。定植第三年，根据主枝延长枝的方向和角度，选留第三级主枝，其剪留长度为 50 cm 左右；上一年选定的侧枝的剪留长度为 35 cm 左右；剪截时要注意角度，以达到主从分明。因李树定植三年就开始见果，故此时对下部的辅养枝应适当缓放，以促使它提早多结果 （2）结果树的修剪：李树定植树 7～8 年即进入盛果期，对其主枝延长枝和永久性侧枝的修剪要注意方向、角度，要达到主从分明。对挂果多的树，要注意适当抬高其角度；对它的发育枝可以轻剪缓放，使其多结果，待结果后再及时回缩，以免树的下部光秃；还要注意培养侧枝上的枝组，除结果外，要在下部留预备枝，以控制或调节枝组的结果范围，也有利于更新。一般预备枝的剪留长度为 7～15 cm；内膛枝组的高度以 50 cm 左右为宜，生长 3 年修剪时应注意改变它的方向 （3）结果枝的修剪：李树有时一年生的枝条不能形成花芽，有时有花但不易坐果，需要在第二年才有花亦能坐住果。因此，对当年枝应轻剪长放，有花后再回缩。李树的短果枝，一般可结果 3～5 年，待其逐渐衰弱时再利用附近生长充实的新枝进行更新。对于花束枝，可使其尽量结果，待其衰老时再进行更新
	（2）清洁果园	凡剪、锯下来的树杈，均应及时清除出园
	（3）剪口保护	凡剪口、锯口较大的，应及时涂保护剂，如清油铝油合剂、桐油铝油合剂、豆油蓝矾石灰合剂等

（续表）

时间	作业项目	主要工作内容
2月中旬至3月中旬	（1）调制农药	熬制石灰硫磺合剂，其配合量为生石灰 2.5 kg、硫磺粉 5 kg、水 20 ～ 25 kg
	（2）肥料准备	将堆好的厩肥、圈肥运到树下
	（3）补施基肥	对上一年秋天没施基肥的树，应于本月土壤解冻时立即补施。一般结果树（株产约 50 kg 以上）每株施圈肥 100 kg 左右，幼树每株施 25 ～ 30 kg。施肥量，一般应随树龄的增长而逐渐增加。施肥方法，可在树冠外缘挖宽 30 ～ 50 cm、深 25 cm 左右的施肥沟，将肥料施入即可
	（4）修渠埂	整修好灌水渠道，以防跑水
	（5）灌水	结合施基肥，及时灌 1 次透水，水量以渗入土层 60 cm 为宜
3月下旬	（1）保墒	灌水后，待土不黏可以下地时进行松土，松土深度为 5 cm
	（2）喷药	树芽膨大时，开始喷 3° ～ 5°Bè 石灰硫磺合剂，以防治越冬害虫。要求将整个树体全面喷布，要使枝芽全粘上药
4月	（1）防治病虫	李树开花前，为防治金龟子等害虫，应该喷一次杀虫剂。4月中旬李树落花后，可根据发生的病虫害再补喷 1 次农药。盛花期，可喷一次 0.3% 磷酸二氢钾
	（2）夏剪	（1）调整冬剪后剪口芽的方向；（2）疏去过密枝，短截过长枝；（3）疏剪或短截过多、过长的果枝
5月	（1）追肥	用沟施法追施化肥，沟深 10 cm，沟宽 15 cm。盛果期平均每株树追施硫铵 1 ～ 1.5 kg。施肥后及时覆土
	（2）灌水	追肥后灌水 1 次，并在灌水后及时松土保墒

（续表）

时间	作业项目	主要工作内容
5月	（3）疏果	对落果不严重的品种，如一串铃等进行疏果。留果的距离，按照果形大小，以互不影响而能错开生长为标准。以一串铃为例，50 cm长的结果枝上留果6个左右。对落果较严重的品种，如牛心李、小核李等，应在看出大小果之后再进行疏果。要求50 cm长的果枝上留果6个左右。注意：① 要先疏果形不正有伤的果；② 预备枝上不要留果；③ 疏果要细致、周密，不要漏疏
	（4）病虫防治	在树体枝干上发现天牛幼虫的排粪孔时，要及时进行刮治。在树干上涂白，防止吉丁虫产卵。根据树体发生的病虫害，喷相应的农药防治
	（5）夏剪	膛内直立的壮枝，可留7～10 cm高，将其上部剪去，促使它萌发副梢并形成花芽。枝条过密处，应疏去一部分以利于通风透光
	（6）除草	人工除草或使用化学除草，将杂草除净
	（7）病虫防治	根据发生的病虫害喷相应的药剂
6月	（1）追肥	要先为早熟品种追肥，后为晚熟品种追肥，对弱树、挂果多的树多施肥，对壮树要少施肥；平均每株李树可施硫铵0.5～1 kg、过磷酸钙和钾肥各0.25～0.5 kg
	（2）灌水	追肥后及时灌水1次，待土不黏时，结合除草进行中耕松土
	（3）防治天牛	发现蛀食木质部的天牛，可灌注石硫合剂原液，或用铁丝深扎蛀孔，均能使幼虫致死
	（4）采收	早熟如平顶香、离核李等开始成熟。要求在果实七成熟时开始采收
7月	（1）防治天牛	人工捕捉天牛成虫
	（2）中耕除草	7月中旬以前，要将果园内杂草除净，并将杂草用于沤肥

（续表）

时间	作业项目	主要工作内容
7月	（3）采收	此时，各品种的李相继成熟，要求果实的上色面达到2/3即达七成熟时进行采收
	（4）夏剪	第一次摘心后新生的副梢长到60 cm左右时摘心。发育枝长到80～100 cm时摘心，或留至副梢处；没有副梢的，可以轻剪，以充实枝条，如过多则应疏去一部分；如果枝条不过密，不妨碍膛内通风透光，则应尽量少疏多控
	（5）防治病虫	发现病虫害，要及时用相应的药剂防治
8月	（1）采收	晚熟品种的李成熟，要陆续采收
	（2）中耕除草	李采收完之后，要将园内杂草除净，并运至园外沤肥
	（3）防治病虫	继续防治天牛幼虫，可采取刮皮或向蛀孔内灌药
9月	（1）夏剪	将后期生长旺盛的枝条上部组织不充实的部分剪去，要注意多保留老叶片
	（2）清洁果园	修剪下来的枝、叶清理干净并运至园外。此时正是浮尘子产卵期，要注意观察和防治
10月	追肥	新梢完全停止生长时，可以平均每株追施硫铵1 kg左右、磷肥1～1.5 kg
11月	（1）施基肥	方法、数量均同春施基肥
	（2）灌冻水	施基肥后要及时灌1次透水，水量以渗入土层33 cm为准
12月	（1）树体保护	刮皮、涂白，防治过冬的病虫
	（2）冬剪开始	同1月份修剪方法

第七节
杏

一、主要优良品种

（一）鲜食和加工杏

1. 骆驼黄

原产北京市门头沟区的农家品种。果实除鲜食外，也可加工为罐头、杏脯、杏汁、杏酱等。

果实圆形，在干旱山区，平均单果重 43.0 ～ 49.5 g，最大果重 78 g，果顶平圆微凹。果皮底色橙黄，阳面 1/3 暗红晕，果肉桔黄色，汁液多，肉质细，味酸甜。可溶性糖 5.97% ～ 8.48%，可滴定酸 2.04% ～ 3.56%，每 100 g 果肉含维生素 C 5.24 ～ 6.36 mg。黏核或半黏核，核为卵圆形，甜仁。

在北京地区 4 月上旬盛花，5 月底果实成熟，果实生长发育期 55 天左右。树势健壮，以花束状和短果枝结果为主。自花不实，较丰产。栽培时必须配置授粉树。可选串枝红、红玉、早甜核、大偏头、红荷包等为授粉品种。

2. 红荷包

原产山东济南郊区的农家品种。果实除鲜食外，也可加工罐头、杏汁和杏脯等。

果实椭圆形，顶部微凹。平均单果重 45 g，最大果重 70 g，缝合线明显，果皮橙黄色，肉质细；果汁中多，味酸甜。可溶性糖 7.8%，可滴定酸 1.83%，每 100 g 果肉含维生素 C 4.07 mg。离核，苦仁。

该品种在北京地区 4 月上旬盛花，5 月底至 6 月上果实成熟，果实生长发育期 56 ～ 58 天，以中短果枝结果为主。自花不实，较丰产。栽培时必须配置授粉树，授粉树可选葫芦杏、串枝红等品种。

3. 大玉巴达

原产于北京郊区的农家品种。

果实近圆形，6月上旬成熟。平均单果重 43.2 ～ 61.5 g，最大单果重 81 g，缝合线明显，两侧片肉略不对称，果皮黄白色，味甜酸，果汁多。可溶性糖含量为 5.46% ～ 6.5%，可滴定酸 1.31% ～ 7.38%，每 100 g 果肉含维生素 C 6.28 ～ 7.07 mg。离核、甜仁。

在北京地区，4月上旬盛花，6月上中旬果实成熟，果实生长发育期 65 天左右。树姿半开张，树势强健，以短果枝和花束状果枝结果为主，较丰产。该品种自花不实，栽培时必须配置授粉树。授粉时可选串枝红等品种。

4. 大偏头

原产甘肃省兰州市郊区的农家品种。

果实圆形，在干旱无水山地平均单果重 69.5 g，最大果重 98.5 g，缝合线显著中深，两侧片肉不对称。果顶圆顶微凹，果皮底色绿黄，彩色 1/2 红霞，蜡质中等，茸毛中多，皮较后且韧，难剥离。果肉黄色，近核部位同肉色，汁液较少，肉质细，纤维少，风味甜酸，可溶性固形物 13% ～ 16%。离核，核扁圆形，核仁味苦。

在北京地区，4月上旬盛花，6月中旬果实成熟，果实生长发育期 68 天左右。树势强健，树姿较直立，枝条粗壮，以中短果枝结果为主，丰产。该品种树姿直立，从幼树定植时起就应调整枝条角度，以拉枝为主，并注意尽可能的多培养些中短果枝，以利早期丰产。自花不实，栽培时必须配置授粉树，授粉树可选红荷包、葫芦杏、串枝红等品种。

5. 临潼银杏

原产陕西省临潼县的农家品种。

果实圆形，在干旱山地平均单果重 61.5 ～ 81 g，最大单果重 108 g，缝合线显著中深，两侧不对称。果顶平，果皮底色浅黄白，有少量果面有少量红点。蜡质中少，茸毛中多，皮韧难剥离，果肉白，近核部位肉白，汁液中，成熟后肉质细，属溶质品种，纤维中等，风味酸甜，可溶性固形物12%，离核，核圆形，仁味甜。

在北京地区，4月上旬盛花，6月上中旬果实成熟，果实生长发育期71天左右。树势强健，树姿半开张，枝条中庸，以短果枝和花束状果枝结果为主。丰产。自花不实，栽培时必须配置授粉树。授粉树可选串枝红、红金榛等品种。成熟度过高后有裂果现象，所以，采收不宜过迟。

6. 红玉

原产山东的农家品种。

果实长椭圆形，平均单果重55.7～67.8 g，最大单果重120.5 g，缝合线显著中深，不对称，果顶平圆，果皮底色桔黄，彩色果面布满红点，蜡质中多，茸毛较少，皮较厚且韧，难剥离。果肉桔黄色，近核部位颜色同肉色，汁液中多，肉质较细，纤维中粗，风味酸甜，含可溶性固形物15.0%。离核（有时个别果黏核），核扁卵圆形，核仁味苦。

在北京地区，4月上旬盛花，6月上中旬果实成熟，果实生长发育期70天左右。树势强健，树姿半开张，以短果枝和花束状果枝结果为主。丰产。自花不实，栽培时必须配置授粉树。可选串枝红、杨继元、早甜核为授粉品种。果实易受疮痂病的危害，果实生长期注意喷布杀菌剂，以提高品质。

7. 葫芦杏

原产陕西省淳化县的农家品种。

果实平底圆形，在干旱山地平均果重84.6 g，最大果重103.5 g，缝合线两侧片肉略不对称，果顶尖圆，柱头残存较多。果皮底色橙黄，有少部分果有1/5红晕，蜡质中多，茸毛中少，果皮中厚，皮脆，难剥离。果肉橙黄色，近核部位同肉色，汁液中少，肉质软、略面。纤维少，风味酸甜，含可溶性固形物10%～13%，pH值4.5。离核，核扁卵圆形，核仁味甜。

在北京地区，4月上旬盛花，6月中旬果实成熟，果实生长发育期67天左右。树势强健，树姿半开张，以中短果枝结果为主，丰产。自花不实，栽培时必须配置授粉树，授粉树可选骆驼黄、西农 25、大偏头、红玉等品种。

8. 串枝红

原产河北省巨鹿县的农家品种。

果实圆形，果顶一侧凸起，稍斜。平均单果重 54.6 ～ 61.6 g，最大果重 76.8 g，缝合线明显，两侧片肉不对称。果皮底色黄，彩色为红霞；果肉橙黄色，果汁中多，肉质较致密，味酸甜。可溶性糖含量 5.61%，可滴定酸 1.66%，每 100 g 果肉含维生素 C 7.46 mg。离核，苦仁。该品种可加工杏罐头、杏脯、杏汁和杏酱，是 1 个以加工为主兼顾鲜食的品种。

在北京地区，4 月上旬盛花，6 月下旬至 7 月上旬果实成熟，果实生长发育期 80 天左右。树势强健，树姿开张，长、中短果枝结果能力均强，极丰产。自花不实，栽培时可选骆驼黄、红玉、杨继元、金玉、早甜核、葫芦杏等为授粉树。

9. 红金榛

原产山东省招远县的农家品种。果实除鲜食外，可加工罐头、杏脯、杏汁等。

果圆形，在干旱山地，平均果重 71.6 g，最大果重 150.6 g，在有肥水的平地，最大单果重达 200 g。缝合线显著中深，两侧片肉不对称，果顶尖圆。果皮底色橙黄，蜡质中等，茸毛较多，皮较厚且韧，难剥离。果肉橙黄色，近核部位颜色同肉色。汁液较多，肉时较细，不溶质，纤维中等，肉味酸甜，含可溶性固形物 12.0%。离核，甜仁。果实可加工罐头、杏脯、杏汁等。

在北京地区，4 月上旬盛花，7 月上旬果实成熟，果实生长发育期 75 天左右。树势强健，树姿半开张，以短果枝和花束状果枝结果为主，丰产。栽培中应注意：该品种自花不实，栽培时必须配置授粉树。授粉品种可选串枝红、大偏头等。

10. 北寨红

原产北京市平谷区南独乐河镇北寨村的农家品种。果实除鲜食外，可加工罐头、杏脯、杏汁等加工品。

果圆形，在干旱山地，平均果重 37.3 g，最大果重 45.5 g，在有肥水的平地，单果重还能够更大些。果顶平圆，果皮底色橙黄，蜡质中等，茸毛中多，皮较厚且韧，难剥离。果肉橙黄色。汁液较多，肉质较细，纤维少，口味酸甜适口。离核，核椭圆形，仁甜。

在北京地区，4 月上旬盛花，7 月上中旬果实成熟，果实生长发育期 78 天左右。树势强健，树姿半开张，以短果枝和花束状果枝结果为主，丰产。自花不实，栽培时必须配置授粉树，可选串枝红等品种为授粉树。

11. 金玉杏

又名山黄杏。原产北京昌平的农家品种。果实除鲜食外，可加工罐头、杏脯、杏汁等加工品。

果圆形，平均单果重 45.3 g，最大果重 70 g。果顶圆，果皮底色橙黄，阳面着片状鲜红晕。果肉橙黄色，肉质细韧，汁中多，纤维中多，有香气，味酸甜。半离核，苦仁。

在北京地区，4 月上旬盛花，6 月中旬成熟，果实生长发育期 70 天左右。树势中庸，树姿半开张，以短果枝和花束状果枝为主，较丰产。自花不实，栽培时必须配置授粉树。授粉品种可选串枝红、杨继元、红玉等。

12. 青蜜沙

原产河北平乡的农家品种。

果圆形，平均单果重 58 g，最大果重 68.6 g。果顶圆平，果皮底色绿白，茸毛中多。果肉淡黄色，味甜多汁，肉质细，香气浓，纤维少。含可溶性固形物 15.8%。离核，苦仁。

在北京地区，4 月上旬盛花，7 月上旬果实成熟，果实发育期 75 天左右。树势强健，树姿直立，以短果枝和花束状果枝为主，极丰产。个别年份有裂果现象发生。自花不实，栽培时必须配置授粉树。授粉品种可选骆驼黄、串枝红等品种为授粉品种。

13. 其他品种

其他在北京地区表现优良的品种见表 3-7。

表3-7　其他鲜食杏优良品种简明性状

品种名	来源或主产地	果形色泽	单果重（g）	露地成熟期（月/旬）	备注
豫早冠	河南农大	圆形、红晕	57.6	5/中	坐果中高、丰产
金太阳	欧洲	近球形、底金黄着红晕	66.9	5/下	花器败育低、耐晚霜
红丰	山西果树所	近圆形、底黄着鲜红色	56	5/下	开花晚、花器败育低早果丰产
新世纪	山西果树所	卵圆形、底橙黄着粉红色	68.2	5/下	自然授粉坐果偏低
金蝉杏	山东莒南县林业局	近圆形、橘黄着红晕	55.2	6/上	花器败育少、花期耐低温、能自花结实
大果杏	山东陵县	平底圆形	66.7	6/上	
曹杏	河南舞钢	圆或卵圆形、深黄色	125	6/上	果大、抗病、甜仁
凯特杏	美国	近圆形	73～105.5	6/中	成花易结果早、坐果高极丰产
甜榛杏	山东沂水	卵圆形、底黄着红晕	60.2	6/中	酸甜可口、自花结实高、丰产
莱西金杏	山东	长圆形、底浅黄着鲜红色	85.3	6/下	花粉多、自花结实高

（二）仁用杏

1. 龙王帽

原产北京市门头沟区汪黄塔及龙王村的农家仁用杏品种。

果实扁卵圆形，果个小，平均单果重11.7～20 g。缝合线明显，果顶稍尖。果皮底色黄，阳面稍有晕。果肉薄，黄色，果汁少，纤维多，味酸，不易鲜食，可以制干。离核，核为扁卵圆形，核大。出鲜核率22%～24%，干核率12.7%～17.6%。干杏核出仁率为28%～30%。平均单仁重 0.8 g 左右，仁饱满、香甜，仁皮稍带苦味。果仁含可溶性糖 4.22%～5.28%，粗脂肪 51.22%～57.98%，蛋白质 22.2%～25.5%。品质优良。果实生长发育期 85 天左右。树势强健，树姿半开张，以中短果枝结果为主，较丰产。该品种自花不实，栽培时要注意配置授粉树，可选柏峪扁为授粉品种。

2. 一窝蜂

品种起源不详，可能与龙王帽有一定的亲缘关系。

果实扁椭圆形，平均单果重 10～15 g。缝合线较浅，果顶尖。果皮底色黄，阳面有红色斑点；果肉薄、黄色；纤维多，果汁少；味酸涩，不宜鲜食。离核，核仁为长心脏形，饱满，味香甜，核仁皮为棕黄色。果实出鲜核率为 22.6%，出干核率为 17.5%，干核出仁率为 30.7%～37%。平均单仁重 0.6 g 左右。含粗脂肪 59.54%。果实生长发育期 85 天左右。树势中庸，树姿开张；以中短果枝结果为主，极丰产。该品种自花不实，栽培时要注意配置授粉树，可选柏峪扁为授粉品种。

3. 柏峪扁

又称白玉扁，系原产北京市门头沟柏峪村的一个农家仁用杏品种。

果实扁圆形，平均单果重 12.6～18.4 g。果皮黄绿色；果肉淡黄色，肉质粗，纤维多；果汁少，味酸稍涩；不宜鲜食，可晒干。离核，核扁圆形，其纵径 2.69 cm，横径 2.32 cm，侧径 1.23 cm。出鲜核率 22%，出干核率 17.5%。干核出仁率 30.95%，平均单仁重为 0.8 g 左右。核仁扁圆形，仁皮乳白色，核仁饱满，味香甜。含粗脂肪 56.7%。果实生长发育期 85 天左右。树势中庸，树姿开张，以中短果枝结果为主，丰产。该品种自花不实，栽培时应选龙王帽或一窝蜂为授粉品种。

4. 优一

河北省张家口地区林业科学研究所从山甜杏中选出的仁用杏品种。

果实长扁圆形，平均单果重 7.1～9.6 g；果皮黄绿色；果肉淡黄色，肉质粗，纤维多；果汁少，味酸稍涩；不宜鲜食。离核，核长椭圆形。出鲜核率 16%～23%，出干核率 17.8%。单核重 1.7 g 左右，干核出仁率 34.7%～43.8%，平均单仁重为 0.53～0.75 g。核仁长椭圆形，仁皮乳白色，核仁饱满，味甜香。含粗脂肪53%～57%。果实生长发育期85天左右。树势中庸，树姿开张，以中短果枝结果为主。丰产。

该品种自花不实，栽培时应选龙王帽或一窝蜂为授粉品种。该品种是我国目前仁用杏出仁率最高的品种，杏仁味香甜无苦涩味。抗旱、抗寒能力较强。在肥水管理较好的条件下，可以克服单仁重略低和隔年结果的不足。是优良仁用杏品种，尤其可以利用该品种壳薄的特点加工"开心果"。

5. 北山大扁

龙王帽变异系，现在主要分布于河北和北京郊区。

果实扁椭圆形，平均单果重13.8 g。缝合线较浅，果顶尖。果皮底色浅黄色；果肉薄、黄色；纤维多，果汁少；味酸涩，不宜鲜食。离核，核仁为长心脏形，饱满，味香甜，核仁皮为棕黄色。果实出鲜核率为21%，干核出仁率为32%。平均单核重2.25 g，平均单仁重0.83 g，仁香甜。果实生长发育期87天左右。树势中庸，树姿开张；以中短果枝结果为主，极丰产。该品种栽培时要配置授粉树。幼树修剪时，要多培养中短果枝。抗寒性较强。

二、生态习性

（一）温度

杏树是耐寒的果树，在休眠期能耐 –25～–30℃的低温。自然休眠期短，早春稍一回暖杏树即可开始萌动。在土壤温度达到4～5℃时开始生长新根，盛花期平均温度为7.5～13℃，花芽分化的温度为20℃左右，落叶期为1.9～3.2℃。一般品种花期冻害的临界温度，蕾期期为–5℃，初花期为–2.8℃，盛花期为–2.5℃，落花期为–2.8℃。幼果期–1℃可以使当年产量受到严重损失。开花期多雨、阴冷或旱风都会妨碍昆虫传粉，造成授粉不良而减产以至绝产。

杏树也能忍耐较高的空气温度，在新疆维吾尔自治区哈密，夏季平均最高温度达36.3℃，绝对最高温度43.9℃，直射光下的温度更高，杏树依然能够忍受，且果实品质极佳。但是，在高温、高湿、休眠期短的条件下，果实小，产量低，品质差。

（二）光照

杏树为喜光的树种，光照充足生长结果良好，果实着色好，含糖量增加；光照不足则枝条容易徒长，内部短枝落叶早，易枯死，造成树冠内部光秃，结果部位外移，果实着色差，酸度增加，品质下降。光照条件也影响花芽分化的质量。光照充足则花芽发育充分，质量高；光照不足则花芽分化不良，雌蕊败育花多。栽植过密或放任生长不进行整形修剪的杏树，容易树冠郁蔽和导致光照不足，从而影响果实品质和产量。

（三）水分

杏树具有很强的抗干旱性。在年降水量 400～600 mm 的山区，即便不进行灌溉，也能正常生长结果。这是因为杏树的根系发达，分布深广，可以从土壤深层吸收水分；另一方面，杏树的叶片在干旱时可以降低蒸腾强度，从而延缓脱水，具有良好的保水性能，并且叶片中束缚水和自由水的比值较高，且有耐脱水特性。因此，杏树是我国北方干旱、半干旱地区可供发展的重要经济树种之一。杏树对水分的反应是相当敏感的。在雨量充沛，分布比较合理的年份，生长健壮，产量高，果实大，花芽分化充实；在干旱年份，特别是在枝条迅速生长和果实膨大期，如果土壤过于干旱，则会削弱树势，落果加重，果实变小，花芽分化减少，以至不能形成花芽，导致大小年或隔年结果的发生。果实成熟期湿度过大，会引起品质下降和裂果。

杏树不耐涝。杏园积水 3 天以上就会引起黄叶、落叶，时间再长会引起死根，以致全树死亡；应及时排水、松土。

（四）土壤条件

杏树对土壤的要求不严。除积水的涝洼地外，各种类型的土壤均可栽培，甚至在岩石缝中都能生长。但以在土层深厚肥沃，排水良好的沙质壤土中生长结果最好。杏树的耐盐力较苹果、桃等强。在总含盐量为0.1%～0.2%的土壤中可以生长良好，超过0.24%便会发生伤害。

杏树在丘陵、山地、平原、河滩地都能适应；在华北地区，海拔400 m左右的高山也能正常生长。但立地条件不同，树体生长发育状况、果实产量和品质有所差别。风口、风大的山顶容易形成偏树冠，花期不利于昆虫传粉。

三、栽培技术

（一）土肥水管理技术

1. 土壤管理

杏树定植前要全面整地或深挖树穴。通常要求穴深70～80 cm、直径100 cm，有条件的换上好土施足底肥，使幼树生长在深厚疏松的土壤中。山坡地应修整成鱼鳞坑、等高壕或梯田，以利保持水土。

定植后应在树周围修1个圆形或方形树盘。新栽幼树的树盘直径1～1.5 m，以后随着树体长大，应深翻扩穴并加大树盘。结合施肥、灌水，每年春、秋各刨1次，深10～20 cm，将树盘加以整修，并加入部分杂草及有机质，以不断提高土壤肥力。山地成龄杏园，连年整修树盘，10～40 cm土层内的新根数量比无树盘的可增多2.5倍，新稍生长量也大。

树盘覆草能保墒，稳定土壤温度，增加土壤有机质，防止杂草滋生，改善根系活动的土壤环境，增强树势，提高产量和品质，是行之有效的增产措施。杏园覆草后由于早春地温稳定，还能推迟开花期，避免晚霜危害。覆草面积应以树冠大小为基准，草厚15～20 cm，上面压2～3 cm厚的土防风，逐年补充，4～5年刨翻1次。

树盘覆盖地膜有与覆草大致相近的效果，同时还可以有效地防治桃小食心虫和杏仁蜂。覆膜面积以盖住树盘即可。但覆膜过早可以使早春土壤温度上升而提早开花。因此，杏园覆盖地膜易在开花后进行，或在地膜上压盖2～3 cm厚的土。

杏树在定植后的 5 年，园内空地比较大，为了充分利用土地，增加经济收入，可留出树盘后在行间种植豆类、瓜类、薯类等矮秆作物，土壤管理可随间作物进行。树长大后则只能清耕或覆草等。

2. 合理施肥

在肥水充足的条件下，可以减少退化花的比例，产量高，品质好，树势强，并延长树的寿命。给杏树施肥应以基肥为主。基肥最好秋施，即 9 ~ 10 月结合秋耕尽量早施。早施基肥根系当年就可以吸收利用，对花芽继续分化有利，对第二年开花、坐果及新梢生长都十分有利。基肥以迟效性有机肥为主，应占全年施肥量的 70% ~ 80%。

追肥每年可施 1 ~ 2 次速效性无机肥料。果实采收后追施速效性氮肥，以补充结果消耗的营养，可延缓叶片衰老，加强光合作用，改善树体的夏秋季生长，增加营养积累，对提高花芽质量也有明显效果。有条件的杏园，还应在生理落果后果实迅速生长期追肥一次。

根外追肥是将肥料溶解稀释到所需要的浓度，喷洒到叶面、嫩枝上，肥料直接被吸收利用，省肥省水，见效也快。可与防治病虫害喷药一起进行。常用的肥料和浓度是，尿素 0.2% ~ 0.4% 液、过磷酸钙 0.5% ~ 1.0% 液、磷酸二氢钾 0.3% ~ 0.5% 液、硼砂 0.1% ~ 0.3% 液等。生长前期叶片嫩，浓度宜小，后期浓度可大些。

3. 水分管理

在水源缺乏的地区，穴贮肥水施肥法效果很好。具体方法：在树冠下以树为中心，沿树盘埂壁挖深 40cm 左右、直径 20 ~ 30 cm 的穴。用玉米秸、麦秸、杂草捆绑好后放在水及肥混合液中浸泡透，然后装入穴中，在草把周围土中混 100 g 左右的过磷酸钙，草把上施尿素 50 ~ 100 g，随即每穴浇水 30 ~ 50 kg，用土填实，穴顶留小洼，地面平整，最后用地膜覆盖于树冠下，边缘用土封严，在穴洼处穿 1 孔，以便灌水施肥和透入雨水，孔上压上石头利于保墒和积水。穴的有效期为 2 ~ 3 年。

灌水可结合施肥进行。有条件的杏园，应在落叶后封冻前和果实迅速生长期各灌 1 次水。雨季要注意及时排水防涝。

（二）整形修剪

1. 主要树形及整形

杏树在幼龄时期生长特别旺盛，在整形上采用自然圆头形和疏散分层开心形为最好。

（1）自然圆头形

这种树形，因为修剪量比较小，树冠形成快，一般3～4年即可成形。主枝分布均匀，结果枝多，进入结果期较早，也较丰产。但是，树冠内膛到后期容易空虚。因此，直立性较强的品种采用此种树形，效果较好。

（2）疏散分层形

这种树形的优点是：由于树体结构层次性较强，使树体内膛光照较好，膛内枝组不致于光秃死亡，从而达到立体结果的目的；该树形结果寿命长，进入盛果期后产量也较高。其缺点是成形晚，树偏高，不利于管理和早期丰产。

（3）自然开心形

自然开心形光照条件好，结出果实质量高，树体成形快，有利早期丰产。缺点是整形要花费人物力，幼树要拉枝，盛果期后要吊枝。管理不好，主侧枝基部易光秃。

（4）改良开心形

特点和自然开心形基本相同，其优点是除具有自然开心形的优点外，还能防止主枝基部光秃，有利于早结果和早期丰产。缺点是整形期间较费工。

2. 不同年龄时期树的修剪

（1）幼树和结果初期

苗木栽植定干后，冬季修剪时，选留第一层主枝和中心领导枝（即主干）。由于杏树的发枝力较弱，在1年内不易选出4～5个比较合适的主枝时，可以分2年选定，第一年选2～3个向外伸展、角度适宜的主枝，留60～70 cm短截，并选1个直立向上生长的枝条，在30 cm的高度短截。

下一年修剪时，再从萌生的分枝中选 2 ～ 3 个枝条，剪留 60 ～ 70 cm 作主枝用。这样就能构成 4 ～ 5 个错落生长的第一层主枝。如果培养成疏散分层开心形，还应选留 1 个直立向上生长的枝条，剪留 60 ～ 70 cm 逐渐培养成中心领导枝。以后，根据整形的标准，逐年选留和培养中心领导枝、主枝、侧枝和各类枝组。

杏树幼树的修剪，主要是剪截主、侧枝的延长枝和发育枝，疏除密挤枝，以利整形和扩大树冠。小枝最好不加修剪，以便形成花芽，提早结果。幼龄树生长旺盛，须掌握"长枝多去、短枝少去"的原则。延长枝一般可剪去当年生长量的 1/4 ～ 1/3，使各主枝的生长势保持平衡。

杏树在幼龄和结果初期，最容易发生强枝，尤其在主枝弯曲或平伸处抽生的直立强枝更多，如不加以处理最易扰乱树形，阻碍主、侧枝的生长发育。因此，要及早疏除。长果枝或生长中庸的枝条过密或位置不当也须适当疏间，使各枝稀密适中，互不干扰，以保证通风透光良好。

（2）盛果期

进入盛果期后，生长势有所缓和，对延长枝和发育枝应适当加重短截，按"强枝少剪、弱枝多剪"的原则，灵活掌握，一般可剪去当年生长量的 1/3 ～ 1/2。发育枝和延长枝经过适当剪截后，顶端能够发出健壮的新梢，下部能够形成果枝，花芽分化良好。如果剪截过轻，虽然下部能够形成较多的果枝，但顶端新梢较弱，使营养生长与结果之间失去平衡，树势易衰。也不能剪截过重，否则，上部发出强枝较多，下部却不易形成果枝，同样会影响产量。杏树发枝力比较弱，不是过密的枝条，最好不要疏间，而应采取回缩短截的方法，来促使枝条生长和形成花芽，以便增多结果面积，提高产量。

（3）衰老期

杏树的果枝寿命比较短，在细弱的枝条上，不易形成花芽，就是有花芽，结实能力也很低。因此，在枝条生长势转弱的时候，就应该及时进行更新修剪。最有效的更新方法，是大枝回缩修剪，促其抽生新的发育枝和结果枝。根据植株的衰老情况，在主枝或侧枝的中部缩剪，以刺激潜伏芽萌发，选留培养健壮枝，重新形成树冠，如果主枝的基部或中部有徒长枝，也可以在徒长枝部位以上更新。在衰老树内膛发生的徒长枝，应尽量保留，适当短截，促其抽生结果枝，以防树膛内部空虚。致于仁用杏品种，主、侧枝的修剪方法与鲜食品种大体一样，但鲜果用种要求果肉肥厚，结果枝的留量不应过多。而仁用杏品种，可在保证树势健壮的情况下，尽量多留结果枝，对发育枝可以重截，使其不断抽生新梢，多形成果枝，多结果。这样果实虽小而核仁饱满，产量较高。

（三）花果管理

1. 促花技术

喷施 PP333 对杏树具有控长、促花、早果、丰产的作用。在 6 月上旬离主干 30 cm 处挖浅沟，每株均匀施入 0.33 克混有沙子的 PP333，或在 5 月末和 6 月上旬间隔 10 天连续喷 2 次可湿性粉剂，可显著抑制树体生长，增加花芽数量和单果重量，可在幼旺杏园试用。

2. 提高坐果率

配置授粉树和人工辅助授粉可以提高坐果率。授粉的方法是：采摘授粉品种的待开花和初开尚未散粉的花，取下花药，在 20 ～ 25℃干燥的室内阴干收集花粉，装入小瓶。授粉时，用纸捻、小棉团棒或削尖的铅笔橡皮头蘸取花粉，向柱头点授。授粉任务大时，为节约花粉，可用 5 倍的滑石粉等将花粉稀释。人工授粉虽然费工，但效果很好，可提高坐果率 1 倍以上。在盛果期喷 0.1% ～ 0.3% 的硼砂液，也有提高坐果率的作用。秋季（9 ～ 10 月）喷的赤霉素或 0.5% 的尿素，可使落叶时期推迟 8 ～ 12 天，提高坐果率。

3. 疏花疏果

疏花疏果有利于克服果树大小年现象，增大果个、改善果形、提高果实品质。

杏树疏花、疏果通常在大年里进行，最好在花芽萌发前结合冬剪，短截部分多余的花枝。

疏果措施应在杏第二次自然落果后（盛花后 15 ~ 20 天）进行。采用人工手疏或化学疏除。确定留花留果量通常按叶果比、枝果比、主干横截面积和果实间距等多种方法。留果量的多少根据果实大小、树势、肥水条件和修剪情况的不同而变化。一般大果型品种、树势弱、肥水条件一般和修剪较轻者应少留果，反之可适当多留。结果生长正常的杏树按照枝果比确定留果量时，一般花束状果枝和短果枝每枝留 1 ~ 2 个果，中果枝 3 ~ 4 个，长果枝 4 ~ 5 个。每果枝留果多少应根据果枝的密度和所占空间而定。采取叶果比的方法疏果时，一般树冠上部的枝条叶果比为 25：1，中下部枝条叶果比为 30：1。生产上常按照"看树定产，分枝负担，留果均匀"的原则确定留果量。

疏花疏果可尽早进行，但要留有余地，待自然落果后再定果，定果后所留果量是最终留果量。

4. 预防花期霜冻

与桃树相比，杏的花期较集中，但花的开放依然有早晚之别。杏花量多，一株 7 年生玉巴达杏的花量达 8 665 朵，一株成年的关爷脸杏花量达 18 786 朵，坐果率仅 2% ~ 3%。为了有效地使用贮藏养分，进行冬季修剪和花期疏除晚花，可以促进坐果和梢、叶、根的生长。

在西北及华北地区杏盛花期为 3 月下旬至 4 月上旬，正值晚霜频繁之际，晚霜冻害被看成是杏树生产发展中最突出的限制因子。但据山东各地群众经验"不怕急寒怕慢阴"，认为在花期有短时间低温对坐果影响不大，而长时间雾大潮湿阴冷则会产生大幅度减产。

预防霜冻可从以下几方面着手：

① 选择春季温度上升较迟的地点建园。据涿鹿县杨家坪林场材料，海拔每升高 100 m，花期推迟 5 天；② 选用花期较迟或耐低温的品种；③ 加强土、肥、水管理并保护叶片，以提高树体的营养水平，增强对低温的抗性；④ 花期及幼果期于霜冻前及时灌水；⑤ 采取技术措施延迟花期，例如早春树体喷石灰液（5% ~ 10%，加用展着剂）可推迟花期 3 ~ 4 天，芽膨大期喷青鲜素（MH）能推迟花期 4 ~ 6 天，并使 20% 以上的花

芽免受霜冻、获得良好收成。以上措施可通过试验酌情采用；⑥花期低温延续时间较长，雾大阴冷时，及时采取人工辅助授粉。

5. 果实采收

鲜用及鲜食加工兼用杏果不耐贮运，须在七八分成熟时采收，采果时尽量减少碰伤。现有的苹果和梨等的包装筐不适于杏的包装。最好使用高度不超过 20 cm 的扁平条筐或木箱，以减少挤压。

杏成熟期比较集中，又常与麦收同时，常感劳力不足。大面积栽培中必须做到：① 严格选择和搭配品种，排开成熟期，减少采收压力；② 按加工、鲜食需要，分期采收。

仁用杏的采收，只要生产群体中品种较纯，成熟期一致，至今仍用人工打落法，今后可用机械采收。我国苦杏仁一向以品质好而闻名国外，为了避免杏仁质量下降，应注意杏园管理，增强树势，适时采收，及时晾晒杏核，减少内霉。此外，由于品种混杂，杏核大小不一，使用机械破壳时，杏仁破碎率高，除注意破壳前筛选分级以外，还必须注意仁用杏生产品种化。

杏果实达到采收成熟度时即可采收。此时的标志是杏果达到了品种所固有的大小，果面由绿色转为黄绿色，果实的向阳面呈现出品种所固有的色调和色相，果肉仍保持坚硬，但营养物质的积累已经达到了足够的程度。用于远销外地和出口的杏果，应当于此时采收，以便有足够的时间进行包装和运输，当到达消费市场时，果实品质也达到了最佳状态。而用于当地市场消费，特别是用于鲜食的杏果，应当等果实达到消费成熟度时再采收，此时，杏果不仅在外观上达到了品种所固有的大小和颜色，也出现了品种所固有的风味和香气，果肉由硬变软。一般消费成熟度晚于采收成熟度之后 3～5 天。在有良好的运输条件和接近市场的情况下，应当尽量在果实达到消费成熟度时采收，因为此时采收可以有更大的果实质量和更好的果实品质，更为消费者所欢迎。在运输条件较差的情况下（道路崎岖不平，运输工具不良），则宜提前到采收成熟度时采收，以减少损失。

四、病虫害防治技术

（一）病害

1.杏疗病

又称杏疗叶病，叶柄病，红肿病等。主要危害新梢、叶片，也有危害花或果的情况。

（1）症状

杏树新梢染病后，生长缓慢或停滞，节间短而粗，病枝上的叶片密集而呈簇生状。表皮起初为暗红色，后为黄绿色，病叶上有黄褐色突起的小粒点，也就是病菌的孢子器。叶片染病后，先由叶脉开始变黄，沿叶脉向叶肉扩展，叶片由绿变黄至金黄，后期呈红褐色、黑褐色，厚度逐渐加厚，为正常叶的 4～5 倍，并呈革质状，病叶的正、反面布满褐色小粒点。到后期病叶干枯，并挂在瘩上不易脱落。果实染病后，生长停滞，果面有黄色病斑，同时也产生红褐色小粒点，后期干缩脱落或挂在树上。花朵受害后，萼片肥大，不易开放，花萼及花瓣不易脱落。

（2）发病规律

病菌以子囊在病叶中越冬。挂在树上的病叶是此病主要的初次侵染源，春季子囊孢子从子囊中放射出来，借助风雨或气流传播到幼芽上，遇到适宜的条件，即很快萌发侵入。随幼枝及新叶的生长，菌丝在组织内蔓延，5 月间呈现症状，到 10 月间病叶变黑，并在叶背面产生子囊壳越冬。此病 1 年只发生 1 次、没有第二次侵染、发病。

（3）防治方法

杏疗病只有初次侵染而无再侵染，在发病期或杏树发芽前，彻底剪除病梢，清除地面的病叶，病果集中烧毁或者深埋，是防治此病的最有效方法，连续进行 3 年，可基本将此病消灭。如果清除病枝、病叶不彻底，可在春季萌芽前，喷密度 1.03 g/L 的石硫合剂，或在杏树展叶时喷布 1～2 次 1 : 1.5 : 200 波尔多液，其防治效果良好。

2. 杏流胶病

杏流胶病，又称瘤皮病或流皮病。我国南北方杏产区都有不同程度的危害。该病对杏树影响很大，轻则枝条死亡，重则整株枯死。

（1）症状

主要危害枝干和果实。枝干受侵染后皮层呈疣状突起，或环绕皮孔出现直径 1～2 cm 的凹陷病斑，从皮孔中渗出胶液。胶先为淡黄色透明，树脂凝结渐变红褐色。以后皮层及木质部变褐腐朽，其他杂菌开始侵染。枯死的枝干上有时可见黑色粒点。果实受害也会流胶。果实受害多在近成熟期发病，初为褐色腐烂状，逐渐密生黑色粒点，天气潮湿时有孢子角溢出。

（2）发病规律

病菌主要在枝干越冬，雨水冲溅传播。病菌可从皮孔或伤口侵入，日灼、虫害、冻伤、缺肥、潮湿等均可促进该病的发生。

（3）防治方法

首先应加强栽培管理，增强树势，提高树体抗性。其次，为减少病菌从伤口侵入，可对树干涂白加以保护。休眠期刮除病斑后，可涂赤霉素的 100 倍液或密度 1.03 g/L 的石硫合剂防治。生长季节，结合其他病害的防治用 75% 百菌清 800 倍液，甲基托布津可湿性粉剂 1 500 倍液，异菌脲可湿性粉剂 1 500 倍液，腐霉利可湿粉剂 1 500 倍液喷布树体。流胶病斑被刮干净后，用 0.2% 的龙胆紫和 50 倍的菌毒清混合液或腐殖酸液涂抹可以治愈流胶病。

3. 杏疮痂病

杏疮痂病，又称黑星病。发病严重者造成果实和叶片脱落，一般情况下果面粗糙，出现褐色圆形小斑点，严重者斑点可连成片状，果实成熟时，褐色病斑龟裂，失去商品价值，尤其在"红玉"品种上表现明显。

（1）症状

危害叶片和枝梢等，也危害果实。果实发病产生暗绿色圆形小斑点，果实近成熟时变成紫黑色或黑色。病斑侵染仅限于表层，随着果实生长，病果发生龟裂。枝梢被害呈现长圆形褐色病斑，以后病部隆起，常产生流胶。病健组织明显，病菌仅限于表层侵染。次年春季，病斑变灰产生黑色小粒点。叶片发病在叶背出现不规则形或多角形灰绿色病斑，以后病部转褐色或紫红色，最后病斑干枯脱落，形成穿孔。

（2）发病规律

病菌在病枝梢上越冬，次春孢子经风雨传播侵染。病菌的潜育期很长，一般无再侵染。多雨潮湿利于病害的发生。春季和初夏降雨是影响疮痂病发生的重要条件。一般中晚熟品种易感病。

（3）防治方法

萌芽前喷布密度为 1.03 g/L 石硫合剂或 500 倍五氯酚钠。花后喷密度为 1.0 g/L 石硫合剂，0.5∶1∶100 硫酸锌石灰液及 65% 代森锌 600 ～ 800 倍液。生长后期结合其他病害的防治喷 70% 百菌清 600 倍液；或甲基托布津可湿性粉剂 1 000 倍液。结合冬剪，可剪掉病枝集中烧毁。此外，应加强栽培管理，提高树体抗性；还要合理修剪，保证光照充足，防止树体郁闭。

4. 杏细菌性穿孔病

此病可致大量落叶，削弱树势，降低产量。

（1）症状

危害叶片、果实和枝条。叶片受害初期，呈水浸状小斑点，后扩大为圆形、不规则形病斑，呈褐色或深褐色，病斑周围有黄色晕圈。以后病斑周围产生裂纹病斑，脱落形成穿孔。果实上病斑呈暗紫色凹陷，边缘水浸状。潮湿时，病斑上产生黄白色黏分泌物。枝条发病分春季溃疡和夏季溃疡。春季溃疡发生在上 1 年长出的新梢上，春季发新叶时产生暗褐小疱疹，有时可造成梢枯。夏季溃疡于夏末在当年生新梢上产生，开始形成暗紫色水浸状斑点，以后病斑呈椭圆形或圆形，稍凹陷，边缘水浸状，溃疡扩展慢。

（2）发病规律

由细菌引起。春季枝条溃疡是主要初侵染源，病菌借风雨和昆虫传播。叶片通常 5 月间发病。夏季干旱病情发展缓慢，雨季又可侵染。此病在温暖、降雨频繁或多雾季节发生，品种之间抗性差异大。

（3）防治方法

新建杏园要选好建园地和栽培品种，杏园建好后要加强果园管理，多施有机肥，合理使用化肥，合理修剪，适当灌溉，及时排水，以增强树势，提高树体抗病能力。发芽前，可喷1:1:120的波尔多液或密度为1.02～1.03 g/L石硫合剂；展叶后叶喷密度为1.0 g/L石硫合剂防治。5～6月份喷硫酸锌石灰液1:4:240，用前应先做试验，以免发生药害；也可用65%代森锌可湿性粉剂500倍液防治。

5.杏褐腐病

又名菌核病，一般温暖潮湿的地区发病较重，干旱地区较轻。可引起果园大量烂果、落果，贮运期间可继续传染，损失很大。除危害杏外，还危害桃、李、樱桃等核果类果树，偶尔可侵染梨、苹果等。

（1）症状

危害花、叶、枝梢及果实，果实受害最重。果实自幼果至成熟均可受害，而以接近成熟和成熟、或贮运期受害最重。最初形成圆形小褐斑，迅速扩展至全果。果肉深褐色、湿腐，病部表面出现不规则的灰褐霉丛。以后病果失水形成褐色至黑色僵果。花器受害变褐枯萎，潮湿时表面生出灰霉。嫩叶受害自叶缘开始，病叶变褐萎垂。枝梢受害形成馈疡斑，呈长圆形，中央稍凹陷，灰褐，边缘紫褐色，常发生流胶，天气潮湿时，病斑上也可产生灰霉。

（2）发病规律

病菌主要在僵果和病枝上越冬，次年春天产生大量孢子，借风雨传播，也可虫传，贮运期间，病健果直接接触也可传染。若花期和幼果期遇低温多雨，果实成熟期温暖、多云多雾、高湿度的环境，则发病重。

（3）防治方法

结合冬剪剪除病枝病果，清扫落叶落果集中处理。田间应及时防治害虫。果实采收、贮运时要尽量避免碰伤。此外，芽前喷布密度为1～1.02 g/L石硫合剂；春季多雨和潮湿时，花期前后用50%速克灵1 000倍液或苯来特500倍液，或用甲基托布津1 500倍液，或用65%可湿性代森锌500倍液喷撒防治；也可在采前用上述药剂或百菌清 800 倍液防治。

6. 杏日灼病

（1）症状

指由于日光暴晒引起的果实失水、萎蔫、坏死。果实被晒部分先出现皱缩和黄褐色斑块，进而水渍状、变褐下陷。

（2）发病规律

日灼病大多因树势衰弱、营养水分供给不足、果实暴露或短期供水失调而发生。果实发育的各个时期均有发病，多发生在无叶片遮盖的向阳面。果实近成熟时连续阴雨后突然高温暴晒极易发病。不同品种对此病抗性差异较大。

（3）防治方法

① 建园时应选择对日灼病抗性强的品种；② 科学管理，增强树势，提高树体抗病性；③ 夏季烈日暴晒期可喷布 200 倍石灰水。

（二）虫害

1. 杏仁蜂

又称杏核蜂，雌成虫体长 6 mm 左右，翅展 10 mm 左右。头大、黑色，复眼暗赤色。

（1）症状

主要危害杏果实和新梢，有时也危害桃果实。幼虫蛀食果仁后，造成落果或果实干缩后挂在树上，被害果实新梢也随之干枯死亡。

（2）发生规律

1 年发生 1 代，主要以幼虫在园内落地杏、杏核及枯干在树上的杏核内越冬越夏。也有在留种的和市售的杏核内越冬的幼虫。4 月份老熟幼虫在核内化蛹，蛹期 10 余天，杏落花时开始羽化，羽化后在杏核内停留一段时间，成虫咬破杏核成一圆形小孔爬出，1～2 小时后开始飞翔、交尾。雌虫产卵于核未硬化的小果的杏肉与杏仁之间，每杏 1 粒，幼虫一直在杏仁肉内过夏、越冬。来年再羽化出核，如此循环危害杏果。

（3）防治方法

① 加强杏园管理，彻底清除落杏、干杏。秋冬季收集园中落杏、杏核，并振落树上干杏，集中烧毁，可以基本消灭杏仁蜂；② 结果杏园秋冬季耕翻，将落地的杏核埋在土中，可以防止成虫羽化出土；③ 用水选法淘出被害杏核。被害杏核的杏仁被蛀食，比没受害的杏核轻，加工时用水浸洗，漂浮在水面的即为虫果，淘出后应集中销毁；④ 在成虫羽化期，地面撒 3% 辛硫磷颗粒剂，每株 250 ～ 300 g，或用 25% 辛硫磷胶囊，每株 30 ～ 50 g，或用 50% 辛硫磷乳油 30 ～ 50 倍液，撒药后浅耙地，使药土混合；⑤ 落花后树上喷布 20% 速灭杀丁乳油或 20% 中西杀灭菊酯乳油 3 000 倍液，消灭成虫，防止产卵。

2. 桑白蚧及其防治

又名桑盾蚧、桃白蚧，俗称树虱子。桑白蚧的雌成虫为橙黄色，虫体长约 1 mm，宽卵圆形，扁平。

（1）症状

树体皮层受害后坏死，严重受害的枝干皮层大部坏死后，整个枝干即枯死。危害时以雌成虫和若虫群集固定在枝条上吸食汁液，小枝到主枝均可受害，其中，2 ～ 3 年生枝受害最重，发生严重时，整个枝条被虫体覆盖，远看很象涂了一层白色蜡质物。被害处由于不能正常生长发育而凹陷，因此受害枝条的皮层凹凸不平，发育不良，受害严重的枝条往往出现干枯，直至死亡。

（2）发生规律

桑白蚧每年发生的代数因地区而异。北京、天津、河北等地 1 年发生 2 代，以受精的雌成虫在枝条上越冬。越冬的雌成虫于 4 月下旬至 5 月下旬产卵，5 月上旬为产卵盛期。卵从 5 月初开始孵化，约经 1 周，孵化率达 90%，孵化后的若虫自母体壳下爬出，在枝条上寻找适当的地方固定下来，经 5 ～ 7 天开始分泌棉絮状蜡粉，覆盖在体上。若虫经 1 次脱皮后，继续分泌蜡质物，形成介壳，到 6 月中下旬发育为成虫，又开始产卵。第二代若虫孵化盛期在 8 月上旬，到 9 月初发育为第二代雌成虫，经交尾后以受精雌成虫在枝干上越冬。

雄虫的幼虫期为 2 龄，第二次脱皮后变为前蛹期，再经蛹期后羽化为有翅的雄成虫。第一代雄成虫于 6 月中旬开始羽化，羽化期很集中，雄成虫的寿命仅 1 天左右，羽化后就交尾，不久便死亡。

桑白蚧的天敌种类不少，如捕食性的红点唇瓢虫和寄生性的软蚧蚜小蜂等。在自然条件下，对桑白蚧均有一定的防治作用。

（3）防治方法

对桑白蚧的防治应采取果树休眠期和生长期的药剂防治与保护，利用天敌相结合的综合措施。① 结合冬季和早春的修剪和刮树皮等措施，及时剪除被害严重的枝条，或用硬毛刷清除枝条上的越冬雌成虫。将剪下的虫枝集中烧毁；② 在杏树休眠期，进行药剂防治，消灭树体上的越冬雌成虫是压低虫口基数的主要措施。即在早春发芽前喷 5% 石油乳剂，或喷密度为 1.03 g/L 石硫合剂，也可喷布 3% 的石油乳剂 0.1% 二硝基酚，防治效果均好；③ 生长期的防治，即第一、第二代若虫孵化的初、盛末期（也就是当卵孵化 30% 和 60% 时）各喷布 1 次下列药剂中的 1 种，就可以有效地消灭若虫。0.3° Bè 石硫合剂；45% 马拉硫磷乳油 800 倍液；50% 辛硫磷乳油 1 000 倍液；40% 乐果乳油 1 000 倍液；25% 西维因可湿性粉剂 500 倍液。④ 雄成虫羽化盛期，喷布 50% 敌敌畏乳油 1 500 倍液，可以大大消灭雄成虫。

3. 桃红颈天牛

桃红颈天牛，成虫体长 26～27 mm。体壳黑色，前胸背面棕红色或全黑色，有光泽。背面具瘤突 4 个，两侧各有刺突 1 个。

（1）症状

危害桃、杏、李子、樱桃等核果类果树及多种林木，以蛀食枝干为主。幼虫常于韧皮部与木质部之间蛀食，近于老熟时进入木质部危害，并作蛹室化蛹。严重者整株枯死。

（2）发生规律

每 2 年 1 代，以不同龄的幼虫在树干内越冬。成虫 6～7 月出现，晴天，中午多栖息在树枝上，雨后晴天成虫最多。幼虫在韧皮部与木质部之间危害，当年冬天滞育越冬。翌年 4 月开始活动，在木质部蛀不规则的隧道，并排出大量锯末状粪便，堆积在寄主枝干基部。5 ～ 6 月危害最甚。第三年 5 ～ 6 月，幼虫老熟化蛹，蛹期 10 天，然后羽化为成虫。

（3）防治方法

① 6 ～ 7 月成虫出现时，可用糖：酒：醋 = 1：0.5：1.5 的混合液，诱集成虫，然后杀死；也可采取人工捕捉方法；② 虫孔施药，有新虫粪排出的孔，将虫粪除掉，放入 1 粒磷化铝（0.6 片剂的 1/8 ～ 1/4）；然后用泥团压实；③ 成虫发生前树干涂白，防止成虫产卵；④ 及时除掉受害死亡树。

4. 桃粉蚜及其防治

桃粉蚜，又名桃大尾蚜。无翅胎生雌蚜长椭圆形，淡绿色，体被白粉。有翅蚜头胸部黑色，腹部黄绿或橙绿色，体背白蜡粉，腹管短小。若虫形似无翅胎生雌蚜，但体上白粉少。

（1）症状

成、若蚜刺吸叶片，使叶面着生白蜡粉并向背面对合纵卷。蚜虫蜜露常引起霉病，使枝叶墨黑。

（2）发生规律

每年发生 20 ～ 30 代。以卵在桃、杏等芽腋、芽鳞裂缝等处越冬。山桃、杏花芽萌动时越冬卵开始孵化。5 月危害最重，6 月蚜虫逐渐迁至蔬菜、烟草等植物上危害、繁殖，10 月中旬以后飞回桃树上交尾产卵。

（3）防治方法

① 药剂防治：开花前用 50% 对硫磷乳剂 2 000 倍液；或谢花后用 40% 乐果乳剂 1 500 倍液；或 20% 敌虫菊酯乳油 3 000 倍液防治；② 天敌控制：七星瓢虫、异色瓢虫、草蛉、食蚜蝇等都是其天敌。花前天敌还没出蛰，仅食蚜蝇成虫已活动，可施用农药治蚜，以后避免反复喷药，可保护、利用天敌治蚜。

5. 李小食心虫

李小食心虫，又名李小蠹蛾，简称"李小"。成虫体长 6 ～ 7 mm，翅展 11.5 ～ 14 mm，体背面灰褐色，前翅前缘有 18 组不很明显的白色钩状纹。老熟幼虫体长 12 mm，玫瑰红或桃红色，腹面色浅，头和前胸背板黄褐色，上有 20 个深褐色小斑点。

（1）症状

主要分布于东北、华北、西北各果产区。主要危害李、杏、樱桃等。以幼虫蛀果危害，蛀果前在果面上吐丝结网，幼虫于网下啃咬果皮再蛀入果内。不久，从蛀入孔流出果胶，往往造成落果或果内虫粪堆积成"豆沙包"，不能食用，严重影响杏果产量和质量。

（2）发生规律

一年发生 2 ～ 3 代，以老熟幼虫在树冠下距离树干 35 ～ 65 cm 处，深度为 0.5 ～ 5 cm 的土层中作茧越冬，少数在草根附近，石块下或树皮缝隙结茧越冬。当花芽萌动时，越冬幼虫出土，初花期，越冬幼虫开始化蛹，蛹期 22 天。开花期成虫开始羽化产卵，卵期 5 ～ 7 天，卵多产在果面上，孵化后吐丝结网并蛀入果内，被害果停止生长，随后脱落，幼虫随果落地、入土。大约 1 个月后出现第一代成虫，以后世代重叠，到 9 月下旬，第三代幼虫老熟入土作茧越冬。

（3）防治方法

① 加强杏园管理，及时消除落地果，可集中烧毁或深埋。春季翻耕树盘，以消灭越冬幼虫；② 成虫发生期，喷布 50% 杀螟松乳油 1 500 倍；或用 2.5% 溴氰菊酯乳油 3 000 ～ 4 000 倍液，20% 杀灭菊酯乳油 4 000 ～ 5 000 倍液，连续喷布两次；③ 利用成虫的趋光性和趋化性，进行灯光诱杀或糖醋诱杀。

6. 杏象甲

又称杏象鼻虫，桃小象虫，俗称杏狗子。成虫体长 7 ～ 8 mm，紫红色，有金属光泽。有 1 根细长的管状口器，约为体长的一半，故名为象鼻虫。

（1）症状

主要危害杏、桃，也危害李、梅、樱桃、苹果和梨等。以成虫取食芽、嫩枝、花和果实，成虫产卵在幼果内，并咬伤果柄，幼虫在果内蛀食，致使被害果早期脱落，造成减产。

（2）发生规律

杏象甲每年发生1代。以成虫在土内越冬，也有的在树干粗皮裂缝内或杂草根际处越冬。到次年春天，杏、桃开花时、杏象甲出蛰活动，到树上咬食嫩芽、嫩叶和花蕾，当受惊吓时虫体则假死落地。5月中下旬开始产卵，产卵前要先将幼果咬1小孔洞，再将其产卵器插入孔内，产1粒卵，然后用粘液覆盖孔洞，粘液干后呈黑点，并将果柄咬伤。孵化后幼虫即在果内食果肉和果核，造成幼果脱落。幼虫老熟后从果内爬出并入土化蛹，到秋末羽化为成虫越冬。

（3）防治方法

① 在成虫出土期，3月底至4月初的清晨振动树体，利用其假死性进行人工捕杀成虫；② 及时拣拾落果，集中烧毁或深埋，消灭幼虫；③ 在成虫发生期，喷布90%敌百虫600～800倍液，或用50%敌敌畏乳油1 000倍液，每隔10～15天喷1次，连续喷2～3次即可。

五、周年管理历

杏树周年管理历见表3-8。

表3-8 杏树周年管理历

时期	作业项目	管理工作内容及具体要求
3月下旬至4月上旬（开花萌芽期）	灌萌芽水	早春土壤解冻后，及时进行灌水
	中耕除草	
	花期追肥	在花芽膨大期，追施速效肥，以补充树体营养，促使花芽开放整齐一致，施肥后，立即浇透水 在花期、喷布0.2%尿素溶液加0.2%硼砂溶液，以提高坐果率
	人工授粉	授粉树缺乏时，可进行人工授粉
	病虫害防治	开花前，对树体喷布25%辟蚜雾可湿性粉剂300倍液，或20%灭扫利乳油3 000倍液，也可在枝干上涂药环，防治蚜虫

（续表）

时期	作业项目	管理工作内容及具体要求
4月中旬至5月新梢旺长及果实发育期	叶面施肥	喷洒1次0.2%尿素溶液和0.3%磷酸二氢钾溶液
	预防病虫害	落花后，及时喷药，防治红蜘蛛和蚜虫等。新梢开始旺长后，注意防治金龟子、蚜虫、食心虫，可用80%敌敌畏1 500倍液或敌杀死2 500倍液或20%速灭杀丁3 000倍液
	及时追肥、施肥	在幼果膨大期，谢花后15～20天，施速效氮肥，如尿素、碳酸氢铵等，促进果实膨大
	浇水、中耕	施肥后立即浇水，促进肥料的吸收。浇水后，及时中耕除草，保持地表土壤疏松无杂草
	生长季修剪	进行生长季修剪，对结果枝组和辅养枝进行环剥以提高坐果率
6月新梢生长期	浇水	土壤干旱时，及时浇水，保持土壤湿润
	采收	早熟品种在6月下旬成熟即可采收
	防治病虫害	继续防治病虫害。捕捉红颈天牛，防治毛虫、桃小食心虫、杏仁蜂等，用20%速灭杀丁3 000倍液或50%辛硫磷1 000倍液
7月至8月花芽分化期	中耕除草	要及时中耕除草，防止杂草丛生
	继续进行生长季修剪	杏果采收后，对生长过盛的大枝，要尽量拉平，以缓和生长势，促进成花
	叶面喷肥	杏果采收后，进行叶面施肥，提高树体营养，促进花芽分化
	防治病虫害	继续进行病虫害防治，保叶。捕捉红颈天牛，防治刺蛾、卷叶虫、穿孔病等
9月至10月新梢第二次生长期	叶面喷肥	叶面喷布0.2%～0.3%尿素溶液和0.2%～0.3%磷酸二氢钾溶液，给叶片增加营养，以延长叶片进行光合作用的时间
	秋施基肥	在采收果实后至落叶前，将冠下的土地深翻一遍，深度为25 cm，同时采用条状沟施肥法或环状沟施肥法，施入厩肥或堆肥和绿肥

（续表）

时期	作业项目	管理工作内容及具体要求
9 至 10 月新梢第二次生长期	灌冻水	深翻和施基肥后，即灌防冻水，以保土壤防寒
11 月至翌年 3 月中旬休眠期	冬剪	不同龄期不同品种采用不同的修剪方法
	清园及树体管理	清理园里枯枝落叶及病残枚集中烧掉 树干涂白 杏树发芽前，喷布 1 次 3° ～ 5° Bè 石硫合剂

参考文献

[1]北京市园林绿化局果树产业处.北京市果树产业发展战略调研报告 [R]. 2009.

[2]北京市质量技术监督局.北京市地方标准.梨无公害生产综合技术标准（DB11/T 079-2005）.

[3]北京市质量技术监督局.北京市地方标准.板栗无公害生产综合技术标准（DB11/T 080-2005）.

[4]北京市质量技术监督局.北京市地方标准.果树苗木生产技术（DB11/T560-2008）.

[5]北京市质量技术监督局.北京市地方标准.苹果无公害生产综合技术标准（DB11/T 332-2005）.

[6]北京市质量技术监督局.北京市地方标准.葡萄无公害生产综合技术标准（DB11/T 431-2007）.

[7]北京市质量技术监督局.北京市地方标准.柿子无公害生产综合技术标准（DB11/T 330-2005）.

[8]北京市质量技术监督局.北京市地方标准.桃无公害生产综合技术标准（DB11/T 331-2005）.

[9]北京市质量技术监督局.北京市地方标准.樱桃无公害生产综合技术标准（DB11/T 081-2005）.

[10]北京市质量技术监督局.北京市地方标准.枣无公害生产综合技术标准（DB11/T 329-2005）.

[11]董启凤.中国果树实用新技术大全（落叶果树卷）[M].北京：中国农业出版社，1998.

[12]董清华.草莓优质高效栽培 [M].北京：知识产权出版社，2001.

[13]河北农业大学.果树栽培学各论 [M].北京：中国农业出版社，1999.

[14]贾克礼等.杏树栽培 [M].北京：中国农业出版社，1990.

[15]孔云，沈红香，关爱农等．多彩园艺装饰家．北京：机械工业出版社，2012．

[16]孔云，沈红香，姚允聪等．玉巴达杏花芽形态分化时期和芽体特征变化[J]．北京农学院学报，2006，21（1）：38-40．

[17]孔云，姚允聪，王绍辉等．家庭园艺装饰与养护[M]．北京：化学工业出版社，2009．

[18]李道德．果树栽培[M]．北京：中国农业出版社，2001．

[19]李光晨．园艺植物栽培学[M]．北京：中国农业大学出版社，2001．

[20]李良瀚．鲜食葡萄优良品种及无公害栽培技术[M]．北京：中国农业出版社，2004．

[21]李绍华，罗正荣，刘国杰．果树栽培概论[M]．北京：高等教育出版社，1999．

[22]马焕普等．李杏三高栽培技术[M]．北京：中国农业大学出版社，1998．

[23]马之远．桃优良品种及无公害栽培技术[M]．北京：中国农业出版社，2003．

[24]石雪晖．葡萄优质丰产周年管理技术[M]．北京：中国农业出版社，2002．

[25]史传铎．樱桃优质高产栽培新技术[M]．北京：中国农业出版社，1998．

[26]束怀瑞．果树栽培生理学[M]．北京：农业出版社，1993．

[27]束怀瑞．苹果学[M]．北京：中国农业出版社，1999．

[28]唐梁楠．草莓无公害高效栽培[M]．北京：金盾出版社，2004．

[29]王田利．李树周年管理技术[J]．河北果树，2003，（5）．

[30]王豫．苹果树不同年龄时期的修剪技术要点[J]．青海农技推广，2008，（1）：32-33．

[31]王中英．果树学概论[M]．北京：中国农业出版社，2000．

[32]郗荣庭．果树栽培学总论（第三版）[M]．北京：中国农业出版社，2001．

[33]杨英军，张要战，李秀珍等．李树优良品种介绍[J]．河南农业科学，2003，（3）：44-45．

[34]姚允聪．苹果三高栽培技术[M]．北京：中国农业大学出版社，1997．

[35]姚允聪．柿树三高栽培技术[M]．北京：中国农业大学出版社，1998．

[36]于泽源．果树栽培[M]．北京：高等教育出版社，2005．

[37]张鹏，董靖知，王有年．新编果农手册[M]．北京：中国农业出版社，1996．

[38]张义勇．果树栽培技术（北方本）[M]．北京：北京大学出版社，2007．

[39] 张玉星等. 果树栽培各论 [M]. 北京：中国农业出版社，2003.

[40] 姚允聪. 旱地果树优质丰产技术 [M]. 北京：中国农业大学出版社，1998.

[41] 姚允聪. 果树十大配套栽培技术 [M]. 北京：中国农业大学出版社，1998.

[42] 姚允聪. 常用农药使用技术 [M]. 北京：中国农业大学出版社，1998.

[43] 姚允聪. 庭院种葡萄 [M]. 北京：中国农业出版社，2000.

[44] 姚允聪. 优质高产果树新品种实用手册 [M]. 北京：海洋出版社，2000.

[45] 姚允聪，付占芳，李雄. 观光果园建设：理论、实践与鉴赏 [M]. 北京：中国农业出版社，2008.

林果花卉生产实用技术

——花卉分册

◎ 北京市农业局组织编写

姚允聪　主编

中国农业科学技术出版社

图书在版编目（CIP）数据

林果花卉生产实用技术.花卉分册/姚允聪主编.—北京：
中国农业科学技术出版社，2013.2

北京市村级全科农技员培训教材

ISBN 978-7-5116-1006-5

Ⅰ.①林… Ⅱ.①姚… Ⅲ.①果树园艺—技术培训—
教材 ②花卉—观赏园艺—技术培训—教材 Ⅳ.①S6

中国版本图书馆 CIP 数据核字（2013）第 052109 号

责任编辑	李　雪　穆玉红
责任校对	贾晓红
出版发行	中国农业科学技术出版社
	北京市中关村南大街 12 号　邮编：100081
电　话	（010）82106626　82109707（编辑室）
	（010）82109702（发行部）　82109709（读者服务部）
传　真	（010）82109707
网　址	http：//www.castp.cn
印　刷	北京科信印刷有限公司
开　本	880 mm×1230 mm　1/32
印　张	6
字　数	175 千字
版　次	2013 年 2 月第 1 版　2013 年 2 月第 1 次印刷
定　价	72.00 元（全两册）

《北京市村级全科农技员培训教材》
编　委　会

主　　　任：李成贵　　寇文杰　　马荣才

常务副主任：程晓仙

副　主　任：王铭堂　　尹光红　　李　雪

编委会委员：武　山　　王甜甜　　张　猛　　初蔚琳
　　　　　　郭　宁　　齐　力　　王　梁　　王德海
　　　　　　郝建强　　廖媛红　　乔晓军　　张丽红
　　　　　　魏荣贵　　潘　勇　　宫少俊　　姚允聪
　　　　　　张显伟　　李国玉　　马孝生　　安　虹
　　　　　　倪寿文　　贾建华　　赵金祥　　刘亚丰
　　　　　　焦玉生　　吴美玲　　罗桂河　　朱春颖
　　　　　　刘　芳　　王　巍　　王桂良　　刘全红
　　　　　　伏建海　　李俊艳　　肖春利　　方宽伟
　　　　　　张伯艳　　熊　涛

《林果花卉生产实用技术》

编 写 人 员

主　　编：姚允聪

副 主 编：姬谦龙　张　瑞　张　杰

编写人员：（以姓氏笔画为序）

孔　云　沈　漫　沈红香

宋婷婷　宋备舟

序

现代农业发展离不开现代农业服务体系的支撑。在大力推进北京都市型现代农业建设过程中，基层农技推广体系在推广新品种、新技术、新产品，促进农业增效、农民增收、开发农业多功能性方面起到了重要作用。

为进一步促进农业科技成果转化、建立和完善基层农技推广体系，北京市委市政府决定从 2010 年起在每个主导产业村选聘 1 名全科农技员，上联专家团队、下联产业农户，以村为单元开展"全科医生"式服务。到 2012 年年底，在 10 个远郊区县设立 2 172 名村级全科农技员，实现全市 60% 远郊区县全覆盖，75% 农业主导产业村全覆盖。通过近 3 年的试点探索，取得了一定的成效：一是明确了村级全科农技员岗位的工作职责和服务标准；二是全面开展了以公共知识、推广方法、专业技能三种类型的专项培训；三是加强了绩效考核，初步形成了以服务农户为核心的日常监管体系；四是探索创新了组织管理机制。几年来，全科农技员对本村农业产前、产中、产后进行技术指导与服务；调查、收集、分析本村农业产业发展动态和农户公共服务需求；带头示范应用新技术、新品种、新产品；以农民最容易接受的方式、最便捷的途径和最快的速度解决农民生产过程中的技术问题，成为了农民身边的技术员，形成了基层农技推广体系在村级的服务平台。

为提高村级全科农技员的技能水平和综合素质，北京市农业局组织编写村级全科农技员系列培训教材。该系列教材涵盖了农民亟须的职业道德、参与式农业推广工作方法、农业政策法规、农产品质量安全、农产品市场营销、计算机与现代网络应用等公共知识和种植、畜禽养殖、水产、农机、林果花卉等专业知识，致力于用通俗易懂的语言，形象直观的图片展示，实用的技术与窍门，最新的科技成果，形成一套图文并茂、好学易懂的技术手册和工具书，提供给全科农技员和京郊广大农民学习和参考。

北京市农业局党组书记　局长

赵根武

目 录
CONTENTS

第一章
花卉生产概论

一、花卉生产技术的概念

（一）花卉

花是高等植物的繁殖器官，卉是草的总称。狭义的花卉仅指开花的、具有观赏价值的草本植物，如菊花、芍药、香石竹和凤仙花等；广义的花卉指所有经过人工技艺栽培、并具有一定观赏价值的植物，即除了草本植物外，还包括乔木、灌木、藤本植物、草坪草和地被植物等，如梅花、玉兰、牡丹、紫藤、野牛草、高羊毛等。

（二）花卉生产技术

生产是指人类利用生产工具来从事创造物质财富、精神财富和社会财富的活动和过程；技术是指人类在利用自然和改造自然的过程中积累起来，并在生产劳动中体现出来的经验和知识，也泛指根据生产实践经验和自然科学原理而发展成的各种工艺操作方法与技能。花卉生产包括花卉的产、供、销等环节，涵盖市场需求、生产管理和销售方法等知识。

二、花卉的分类

花卉同其他园艺植物或作物相比较，具有种类多样、分布广泛、生态习性差异大、栽培方法和商品用途广泛等特点。长期以来，人们从不同的角度和需要出发，对花卉进行各种不同的分类。

（一）按栽培方式分类

1.露地花卉

露地花卉是指在自然气候条件下，能正常萌发、生长、开花结实，完成其全部生命活动过程，不需要在保护地栽培的一类花卉。

2.温室花卉

温室花卉指原产于热带、亚热带等地区，在北方寒冷地区栽培，其全部或部分生长过程需要在保护地中栽培的一类花卉。温室花卉是一个因地区气候不同而异的相对概念，如北方的温室花卉到南方则常为露地花卉。

（二）按生物学特性分类

1.一二年生花卉

这类花卉从种子萌发、生长、开花、结实到植株死亡这一个生命周期都在一个自然年内完成。一般春季播种、夏秋季开花结实、冬季植株死亡的为一年生花卉，如鸡冠花、百日草、半支莲等；一般秋季播种、第二年春（夏）季开花结实、夏季植株死亡的为二年生花卉，如紫罗兰、二月兰等。

2.多年生宿根花卉

宿根花卉是指地下根茎没有发生任何形态上的变化，可以连续多年开花结实的一类草本花卉。如蜀葵、菊花、鸢尾、玉簪等。

3.多年生球根花卉

是指地下根茎发生形态变化，多膨大呈球形或块状，可以连续多年开花结实的一类草本花卉。如美人蕉、郁金香和唐菖蒲等。按地下根茎的形态特征又将其分为以下5类。

鳞茎类：地下茎是由肥厚多肉的叶变形体即鳞片抱合而成，鳞片生于茎盘上，茎盘上鳞片发生腋芽，腋芽成长肥大便成为新的鳞茎。鳞茎又可以分为有皮鳞茎和无皮鳞茎两类，有皮鳞茎类有水仙花、郁金香、朱顶红、风信子、文殊兰、百子莲等，无皮鳞茎类有百合等。

球茎类：地下茎呈球形或扁球形，有明显的环状茎节，节上有侧芽，外被膜质鞘，顶芽发达。细根生于球基部，开花前后发生粗大的牵引根，除支持地上部外，还能使母球上着生的新球不露出地面，如唐菖蒲、小苍兰、西班牙鸢尾等。

块茎类：地下茎呈块状，外形不整齐，表面无环状节痕，根系自块茎底部发生，顶端有几个发芽点，如白头翁、球根海棠、花毛茛等。

根茎类：地下茎肥大呈根状，上面具有明显的节和节间。节上有小而退化的鳞片叶，叶腋有腋芽，尤以根茎顶端侧芽较多，由此发育为地上枝，并产生不定根，如美人蕉、荷花、姜花、睡莲、玉簪等。

块根类：地下主根肥大呈块状。休眠芽着生在根茎附近，由此萌发新梢，新根伸长后下部又生成多数新块根。分株繁殖时，必须附有块根末端的根茎，如大丽花等。

4. 兰科花卉

按其性状属于多年生草本花卉，因其种类多，在栽培中有独特的要求，特单独将其列出。兰科花卉因其性状和生态习性不同，又分为：

中国兰花：原产我国亚热带及温暖地区，为多年生草本丛生性植物，如春兰、蕙兰、墨兰、建兰等。

西洋兰花：又称洋兰，多数原产于热带雨林中，植株呈攀援状，多为气生根，附生在其他物体上生长，属附生类型，如卡特兰、兜兰、蝴蝶兰、石斛兰等。

5. 仙人掌及多肉植物

这类植物多原产于热带、亚热带干旱地区或者是沙漠地带。它们的茎多变态呈扇形、片状、球状或柱状，多数种类的叶变态呈针刺状。茎内多汁并能贮存大量水分，以适应干旱的环境。按照植物学的分类方法，大致可以分为以下 2 类。

仙人掌类：均属于仙人掌科，用作花卉栽培的主要有仙人柱属、仙人掌属、昙花属和蟹爪属的植物。

多肉植物类：除仙人掌之外的其他科的多肉植物的总称，分别属于十几个科，全世界共有多浆植物 1 万余种，包括仙人掌科、番杏科及景天科、大戟科、萝摩科、百合科等 50 多个科的部分植物。

6. 蕨类植物

蕨类植物是植物中主要的一类，是高等植物中比较低级的一门，也是最原始的维管植物。大都为草本，少数为木本。蕨类植物孢子体发达，有根、茎、叶之分，不具花，以孢子繁殖，世代交替明显，无性世代占优势。通常可分为水韭、松叶蕨、石松、木贼和真蕨五纲，大多分布于长江以南各省区。例如，肾蕨、铁线蕨、鸟巢蕨。

7. 食虫植物

指用植株的某个部位捕捉活的昆虫或小动物，并能分泌消化液，将虫体消化吸收的一类植物，在全世界共有 7 个科 16 个属约 500 多种，主要分布在南半球的热带、亚热带和温带地区。其生态适应是由于土壤中缺氮，形成具有诱捕昆虫或其他小动物的变态叶，如捕蝇草、猪笼草、瓶子草等。

8. 凤梨科植物

主要指凤梨科观赏性较强的一类植物，多数为草本，具短茎，基生叶呈莲座状叶丛，中心常呈杯状持水结构等特点。多分布于中南美洲的热带雨林、高山或沙漠地区；具圆锥形、总状或穗状花序，花后植株死亡，如水塔花、筒凤梨等。

9. 棕榈科植物

棕榈科植物如蒲葵、棕竹、椰子等。

10. 花木类

植株茎干含水量较低，高度木质化的多年生花卉。如杜鹃、山茶、一品红、米兰。

11. 水生植物

指生长在水体、沼泽地、湿地上，观赏价值较高的一类花卉，如芡实、菖蒲、千屈菜、荷花、王莲、睡莲等。

12. 岩生花卉

是指适合在岩石园中栽培的花卉，耐旱性强，株型矮小，如垂盆草、白头翁、石竹梅等。

（三）按观赏特性分类

该分类方法是以花卉的主要观赏器官为依据，一般分为4类。

1. 观花类

以花朵的颜色、形状、香味或文化韵味为主要观赏点，如月季、牡丹、山茶、杜鹃、大丽花、蟹爪兰等。

2. 观叶植物

以叶形奇特、叶色艳丽为主要观赏部位，如苏铁、朱蕉、变叶木、紫背桂、红枫等。

3. 观果类

以果实颜色鲜艳、挂果期长为佳，如金柑、石榴、观赏辣椒、冬珊瑚、朱砂根等。

4. 观茎类

以枝茎独特的风姿为观赏对象，如光棍树、虎刺梅、山影拳等。

其他以早春萌发的芽磷为观赏对象的如银芽柳，以苞片为观赏对象的如一品红、叶子花、火鹤等。

（四）按生产方式分类

该分类方法是以花卉的生产方式为依据，一般分为4类。

1. 切花花卉

栽培的目的是为剪取花枝供作瓶花或其他装饰用。香石竹、菊花、月季及唐菖蒲为世界四大切花。此外，作切花栽培的还有百合、非洲菊、马蹄莲、丝石竹属、飞燕草属、晚香玉、小苍兰属等。

2.盆栽花卉

盆花的商品生产仅次于切花，主要作盆花生产的有菊花、一品红、非洲紫罗兰、天竺葵、秋海棠属及其他大量的观叶、观茎及肉质多浆花卉。

3.地栽花卉

大量花卉均可栽培于露地、布置花坛或点缀园景，木本、多年生、抗性强、栽培容易的花卉更适于露地较粗放栽培。许多草本花卉，如雏菊、三色堇、石竹、半支莲等也是花坛常用材料。

4.水培花卉

水培花卉是采用现代生物工程技术，运用物理、化学、生物工程手段，对普通的植物、花卉进行驯化，使其能在水中长期生长而形成的新一代高科技农业项目。水培花卉，上面花香满室，下面鱼儿畅游，卫生、环保、省事，所以水培花卉又被称为"懒人花卉"。如水培的红掌、万年青、吊兰、合果芋、人参榕等。

三、花卉生产的特点

花卉生产有以下特点。

一是花卉生产的地区性。

二是花卉生产的专业性与技术性。

三是花卉生产是提供有生命的新鲜产品，是为了解决市场对新鲜花材的需求而采取的生产活动。

四是花卉生产必须周年稳定地供应市场。

五是花卉生产受国民经济发展的总体水平制约。

第二章
花卉生产设施及环境调节

第一节
花卉生产设施

一、温室

1. 概念

指覆盖物为透光材料，具有保温、加温设备的建筑。一般可四季进行鲜切花生产。

2. 类型

（1）从屋面形式划分

① 单面温室：北面为墙体，屋面向南倾斜。一般规格：跨度 3～6 m，北墙高 270～350 cm，南墙高 60～90 cm。优点：光照充足，保温性较好，建造成本低；不足：通风不良，光照不均匀，土地利用率低；② 双面温室：一般屋顶有两个相等的屋面，一般屋面倾斜角在 28°～35°，跨度为 6～10 m，常南北延伸。优点：光照均匀，温度稳定，土地利用率高；缺点：通风不良，保温性差，建造成本高；③ 连栋温室：由样式和结构相同的两个或两个以上的温室组成。优点：占地面积少，土地利用率高，

建造成本低，要求配套设备齐全，机械化程度高；缺点：光照和通风效果不好。

（2）根据温度分类

高温温室：冬季温室室内温度维持在 18 ～ 36℃。

中温温室：冬季温室室内温度维持在 12 ～ 25℃。

低温温室：冬季温室室内温度维持在 5 ～ 20℃。

冷室：冬季温室室内保持在 0 ～ 15℃。

3. 温室在鲜切花生产中的应用趋势

（1）温室的大型化（1 至几公顷以上）

优点：室内温度稳定，日温差较小，便于机械化操作，造价低等。缺点：日照较差、空气流通不畅等。

（2）温室的现代化

温室结构标准化，构件由工厂进行专业化配套生产。温室环境调节自动化，由计算机控制调节温室内环境。

（3）栽培管理机械化

灌溉、施肥、中耕及运输作业等都采用机械化操作。

（4）花卉生产工厂化

1964 年在维也纳建成了世界上第一个以种植花卉为主的绿色工厂，这条"植物工业化连续生产线"采用三维式的光照系统，用营养液栽培，室内的温度、湿度、水分和 CO_2 的补充均自动监测和控制。使花卉生产的单位面积产量比露地提高 10 倍，而且大大缩短了生产周期。但是这种绿色工厂全用人工光照，耗能很大，被称为第二代人工气候室。后来进行改进，采用自然光照系统，被称为第三代人工气候室。

4. 温室设计和建造

（1）基本原则

满足鲜切花生长发育的生态要求，即满足鲜切花生长发育所要求的温度、湿度、光照、水分等环境因子。

（2）具体设计和配置

包括温室的外形、结构材料、覆盖材料、温室气候控制系统、温室灌溉系统等。可以根据需要，由温室专业生产厂家提供。

（3）建造温室的注意事项

土地面积：辅助面积比例为 10%。

位置选择：光照充足、排水良好、北面有防风屏障的位置。

气候条件：冬季不冷，夏季不热，冬季光照强度高的地区。

温室排列：在不遮阴的前提下，相互距离越近越好，东西向延伸时距离为温室高度的 2 倍；南北向延伸时距离为温室高度的 2/3 倍。

温室屋面朝向和温室朝向：基本原则是充分利用太阳能；取决于太阳的高度角和温室南向屋面的倾斜角度；在北半球，通常以冬至中午太阳的高度角为依据。

北京地区：太阳光线投射角应不小于 60°，南屋面的倾斜角应不小于 33.4°。

二、塑料大棚

1. 概念

指仅以塑料膜覆盖棚架，有一定的防护和保温功能设施，一般只能进行季节性生产。特点：结构简单，一次性投资少，有效栽培面积大，作业方便等。大棚的面积一般都在 300 m² 以上，宽 10～20 m，长 30～50 m，中高 1.8～2.5 m，肩高 1～1.5 m。

2. 大棚的类型

根据大棚骨架材料的不同，可分为：

竹木结构：造价低，使用年限短，立柱多，遮阴严重。

混合结构：坚固耐久，节约钢材，造价较低。

钢结构：由轻型钢材组成，抗风雪能力强，坚固耐久，光照好，操作方便，但造价高，钢材容易锈蚀。

装配式钢管结构：由内外热浸镀锌薄壁钢管组成。特点是规格标准、结构合理、耐锈蚀、安装拆卸方便、坚固耐用等。

3. 环境特点

光照条件好，持续时间长，分布均匀；温度日变化大、季节差异明显；密封性好，中午易高温高湿，需及时通风。

4. 应用

大棚可以作为花卉的越冬设备，夏天可以拆掉薄膜作露地花场使用。在北方可以代替日光温室或进行大面积草花播种和落叶花木的冬插及菊花等一些花卉的延后栽培。在南方则可用来生产切花，或供亚热带花卉越冬使用。

三、阴棚

阴棚是花卉栽培必不可少的设备，特点有：避免日光直射；降低温度；增加湿度；减少蒸发等。

1. 类型

根据建造形式不同可分为：临时性阴棚：于每年初夏使用时临时搭设，秋凉时逐渐拆除，主架由木材、竹材等构成；永久性阴棚：为固定设备，骨架用水泥柱或铁管构成。

2. 阴棚的规格

一般为东西向延长，高度一般不低于 2.5 m；每隔 3 m 设一根立柱，整个阴棚的南北宽度不要超过 8 ～ 10 m；立柱之间的距离最好不要小于 2 m×3 m；棚顶覆盖遮阴材料的下缘应距地 60 cm 左右，以利通风；阴棚中，可视其跨度大小沿东西向留 1 ～ 2 条通道。

3. 棚顶的遮阴材料

（1）苇帘

价钱便宜、使用寿命短（1 ～ 2 年），费工。

（2）竹帘

用 1.5 ～ 2 cm 宽的厚竹片做成，用直径 0.5 ～ 0.6 cm 的尼龙绳编织而成的，竹片之间的空隙为 0.6 ～ 1 cm，使棚内能见到疏光。在竹片的正反两面还应涂刷清漆两遍，用来防腐。其使用寿命可达 10 年以上。

（3）板条

常用宽 5 cm、厚 1 cm 的木条，间距 5 cm 固定于棚架上的遮阴程度约为 50%。

（4）遮阴幕（网）

具有一定大小孔隙的化纤织物，一般为黑色，也有浅蓝、灰、乳白等色。其孔隙大小因规格不同而异，遮阴度在 25% ～ 99%，可根据花卉需要选择所要规格。

4. 应用

阴棚常用来养护阴性和半阴性花卉及一些中性花卉。一些刚播种出苗和扦插的小苗，刚分株、上盆的花卉夏季置于半阴之地，温度湿度条件变化平稳，利于缓苗发育。像龟背竹、广东万年青、文竹、一叶兰、八仙花、南天竹、朱蕉、棕竹、蒲葵、君子兰、吊兰等常在阴棚下养护。

四、地窖、冷床与温床

（一）地窖

地窖又名冷窖，在北方地区应用较多，是花卉冬季防寒越冬的简易设备。它们的施工简单，造价低廉，冬暖夏凉，温度恒稳，故可代替冷室和暗室。

1. 结构

地窖通常深约 1 m，宽约 2 m。

2. 类型

地窖依在地面设置位置分为地下式与半地下式两类。

窖顶形式有 3 种：人字式、平顶式和单坡式。单坡式的北面较南面约高 20 cm 左右，窖内温度较平顶式为高；人字式地窖中部较高，工作和出入较为方便，多用于有出入口的地窖。

3.设置

窑顶：一般采用木料作架，相距 1 m 左右设置 1 根，其上覆高粱秆或玉米秸，约 10 ～ 15 cm，最上再盖以土层。初入窑时天气尚暖，为防窑内闷热，覆土最初宜薄，至冰冻封地前再完全加厚。

出入口：地窑的一端或南侧可设出入口（活窑），以便出入，如在冬季不需要进入窑内时，可以不设出入口（死窑），以保持窑内温度稳定而温暖。

通气口：为调节窑内温度，常设置通气口，初入窑时气温尚高，可开通气口通气，随天气渐冷，逐渐封闭通气口。春天气温回升，也需逐渐打开通气口，以免因窑内闷热，植物受损害。

4.应用

地窑常用于不能露地越冬的宿根、球根、水生花卉及花木等的保护越冬，夏、秋两季还可充当暗室，供进行短日照处理盆花时使用。

（二）冷床与温床

1.冷床

冷床又叫阳畦，是北方地区常见的一种简易栽培设施，南方较少使用。它只利用太阳能而不进行人工加温。由于冬季床内温度较低，只能作为秋季和春季播种或扦插育苗，但是大苗可以在冷床内越冬。结构可以参照温床来建设，床中的培养土应选择土质肥沃，疏松透气的基质，可以采用沙壤土加适量的腐熟有机肥（牛、猪粪等），并加入少量磷、钾肥（或用草木灰），拌匀，然后进行消毒：每平方米苗床，用 50% 多菌灵 4 ～ 5 g 加水 2.5 ～ 3 kg 喷洒床土，拌合均匀，用塑料薄膜覆盖，闷 2 ～ 3 天，等药味散发后即可使用。

2.温床

温床也称"热窑"，它是在冷床基础上，采用人工加温的一种简易设施，在北方地区广泛使用。由于温床中有加温设施，在早春可以进行播种或扦插育苗，也可作为秋播草花的越冬场所。根据人工加热的设施、方法不同，可以将温床分成以下 3 种类型。

酿热温床：利用厩肥、秸秆等有机酿热物发酵分解所散发出的热量，来提高苗床的温度。温床南北向设置，一般宽 1.2 ～ 1.5 m，长度可根据实际需要来定。周围有围墙，南低北高。一般北墙距地面 50 ～ 70 cm，南墙距地面 20 ～ 40 cm。为了提高保温性，可将温床作成半地下。在苗床中填埋酿热物：未腐熟的骡马粪、鸡粪、羊粪等，加适量的碎草、树叶和作物的秸秆。酿热物厚度一般为 30 ～ 40 cm，每平方米苗床大约需要马粪 150 ～ 200 kg，干草 20 ～ 30 kg，温水 20 kg。酿热温床的酿热物铺好、踩实后，插入地温计。并立即覆盖塑料薄膜。3 ～ 5 天后酿热物发酵，温度上升。当温度达到 30℃左右时，在酿热物上面铺 10 cm 厚的培养土，上部用塑料薄膜或玻璃覆盖，即可进行播种。如作扦插繁殖用时，在酿热物上铺 10 cm 厚的河沙或珍珠岩、蛭石。

火炕温床：利用燃料燃烧产生的高温火焰和烟气通过烟道直接加热育苗畦以保证育苗所需温度。火炕温床的结构是在育苗畦底层设置烟道，并与火炉相通，其他结构与阳畦基本相同。火炕温床可以通过燃料燃烧的时间来调节苗床的温度，这种温床的温度一般比酿热温床高，且易于人为调控。

电热温床：利用土壤电热加温线来加温苗床。采用这种设施育苗，出苗整齐，苗质也好，是目前国内普遍推广的一项育苗方式。主要设备是电热加温线和控温仪。一般生产上常常只用电热线加温，而不用控温仪控温，节省成本。一般 1 000 W 的电热线可铺设 10 m² 的温床，布线的时候两边密，中间稀一些，以保证苗床温度均匀。苗床温度用人工通断电来控制。电热温床可以建在温室、大棚或阳畦等保护地设施内，电热温床如建在露地应加设风障和小拱棚覆盖。

3. 冷床与温床的作用

提前播种、提早花期：可在晚霜前 30 ～ 40 天播种，以提早花期。这主要用于春播花卉的播种。

促成栽培：如秋季在露地播种育苗，冬季移在冷床或温床中使之在冬春开花；在温暖地区也可在冬季播种，使之在春季开花；球根花卉如水仙、百合、风信子、郁金香等通常在冬季利用冷床进行促成栽培。

花卉的保护越冬：在我国北方，一些冬季露地不能越冬的二年生花卉，可以在冷床或温床中秋播，越过冬季；在北方还常在露地秋播，幼苗在早霜到来前移入冷床中保护越冬。

苗木锻炼：在温室或温床育成的苗，在移植露地前，事先移于冷床中，给予锻炼，使它逐渐适应露地气候条件，而后栽于露地。

在炎热的夏季，可以利用温床进行扦插，宿根花卉的扦插，通常在6～7月间进行。

第二节
环境调节设备

一、加温系统

温室加温的方法主要有烟道、热水、蒸汽、热风、电热等，其中以前3种方法应用最多。

1. 烟道加温

烟道加温的优点是设置容易，用费少，燃料消耗少，一般多在较小温室中采用；其缺点是温度不易调节，室内温度分布不均匀，室内空气偏干燥，植物生长不良，一般热力供应量小，较大温室很少采用。

火炉通常设置于温室外间工作室内，近墙壁处，掘深130～160 cm，设置炉身及炉炕，烟道设置于温室内地面上。烟道可采用瓦管或砖筒，烟道长度不宜超过1 200 cm，如加高烟囱或装鼓风器时，烟道还可适当延长。

2. 暖气加温

暖气是最理想的加温方法。小型锅炉有立式和卧式两种，卧式锅炉升温快，供暖温度高，在供应多栋温室暖气时都采用卧式锅炉。暖气供暖又分水暖和汽暖两种。

水暖锅炉是将炉内的水烧到 $60 \sim 650℃$，工作压力不超过 3 kg/cm^2 的情况下，利用水泵将热水送入管道和暖气片，往返循环散热。这种方式升温比较慢，但温度恒稳，保温性也强，使用起来比较安全，一般人都能掌握。

汽暖锅炉是利用水蒸汽来供暖，不需要安装水泵，升温快，停火后降温也快。由于水蒸汽的压力很大，超过额定工作压力就会爆炸，因此，司炉工必须经过专门培训。温室供暖最好不要采用这种锅炉。

3. 电热加温

有暖风器和电热线等多种加温形式。

暖风器：其功率为 2 kW，额定电压为 220 V，电流 9.1 A。电阻丝通电后，由一个 2.2 W 的微型电机带动的小型风扇将热能快速吹出，电阻丝散热很快，能保持均匀的室温。设有继电器来控制，当风扇发生故障后，暖风器内的温度过高，继电器能自动切断电源，因此安全可靠。每台可供 30 m^2 的高温温室或 50 m^2 的中温温室供暖使用。

电热线加温：包括电热线和自动控温两个部分。加热线有两种：一种是加热线外套塑料管散热的，可把它们安装在繁殖床的土壤中或无土栽培的营养液中，用来提高土温和液温。另一种是裸露的加热线，只能用磁珠固定在花架的下面，外加绝缘防护。控温部分的继电器可根据需要自动调节，低于所需温度时电路自动接通，超过温度指标后会自动断电。

二、降温设备

包括自然降温和人工降温。

1. 自然降温

即开设换气窗，是最主要的降温方法。

2. 人工降温

（1）湿帘降温

湿帘降温是人工换气降温的改进形式，即湿帘和风扇的蒸发降温系统。其原理是利用水蒸发时的吸热效应。在温室的一面墙上水流经一片湿帘，湿帘通常是垂直安装的，一般用花木作湿帘的填料，但也有水平安装的。目前，开始采用其他的材料。排风扇设在对面的墙上，外界的空气经过湿帘抽入室内。湿帘中的水分由于蒸发从湿帘及通过湿帘的空气中吸收热量。这样在外界湿度较低的情况下，进入温室内的空气将比室外温度降低。

（2）屋面洒水降温

洒水降温是依靠井水直接冷却空气的，因为水分蒸发需要热量，大约蒸发 1 kg 的水分需要 2 424 kJ 的热（气化热），在水分蒸发的同时，会带走大量热气，致使室内温度下降。

（3）室内喷雾降温

在高温季节，要使室内高温很快下降，一个主要的方法是采用换气喷雾结合的措施，即强制换气再加上喷雾。这种办法是将水分通过喷嘴实行高压喷雾，水滴很小，基本在其降落途中随之蒸发而去，一般不会落在植物表面。

喷雾降温装置有两种，一种是由室内旁侧底部向上喷雾，另一种是从上部向下喷雾。由于种植作物种类不同，可以任选一种。如果种植作物要避免水雾喷湿叶面，即可选第一种。当然，要在天窗处装以换气扇，及时排气。

（4）遮光降温

夏季于温室内栽培花卉时，常常由于光照强度太高而导致室内温度过高，影响了花卉的正常生长发育，所以可用遮阴来减弱光照强度。寒冷纱、无纺布等等由于遮光而降低温度，其降温效果大约为2℃左右。

三、通风设备

目的：调节温室内的温度、湿度和 CO_2 浓度。即：用通风的方法进行换气，把温室内高温和多湿的空气排出去，换进新鲜空气，并补充 CO_2 气体。这是温室内环境调节手段中一个重要方法。

方法：通常分为自然通风和强制通风二种类型。自然通风是打开天窗进行自然换气的方式。

（一）自然通风

1. 天窗换气

即在屋脊部或屋顶面处设置窗口，使室内高温和高湿的空气从顶部排出。这种方式通常与侧窗通气相结合，把侧窗作为吸气口，天窗作为排气口，换气效率高。设计时可以在顶部两侧开闭，尽量不与风向对遇，防止降低换气效率。如果温室较长，还可设置若干个天窗。凡安装在屋顶前坡上端的天窗面积为屋顶前坡总面积的 1/6 ～ 1/5 为宜。

天窗的开闭操作有手动式、半自动式和全自动式。大型温室多采用后两种方式进行电动启闭。

2. 侧窗换气

即在温室的侧面设置窗口，风从与风向垂直面流入，再由对面窗、天窗等处流出的方式。这种方式还可以分为侧窗拉开式、侧窗开张式和卷开式（又称摺底裙式）。前二种用于温室，后一种用于塑料大棚。在设计上，侧窗开张式要注意开张角度和开张面积。卷开式为了防止扫地风对蔬菜的危害，棚内要设围裙，其高度为 1 m 左右。

3. 其他自然换气方式

脊间换气方式：在连栋温室中，温室相邻接的脊部易停留高温空气，所以，在这里设换气窗有利于排出室内热空气。一般采用卷取式。

肩部换气方式：在温室和大棚的两侧的肩部拉开缝隙进行通风的方式。这种方式可以保持棚膜的完整，其对流通风效果较好。

开膛式放风：用于大棚通风，即将整个大棚的棚膜，纵向焊接成两大块，其接缝在棚的脊部。每块棚膜的顶部边缘焊成小筒状，里边穿过一条绳子，绳子与薄膜可以固定。两块棚膜的粗绳互相交错压上 20 cm 以上，绳两端绷紧。需要放风时，可以根据放风量的大小，将顶部接缝拉开。

（二）强制通风

强制通风主要是用换气扇强制换气。换气扇强制换气是利用换气扇的动力强制把室内空气排出去或者外界空气吸进的方法。换气扇有离心式（压力型）和轴流式风景型两类。

离心式换气扇通过叶轮转动产生离心力的作用，将气体甩出适用于风压要求较高的场合。

轴流式风机通过叶轮推挤作用，使气体在风机中沿轴向运动、排出，适用于流量大而风压不高的场合，通常大棚温室换气多使用这种类型的风机。

四、灌溉系统

灌水设备是保护地栽培的主要设备之一，在合理利用水源，保证水质、水量、水压前提下，要求灌水均匀，操作控制方便，节约能源。

根据条件，可采用壶、胶管等简易灌水工具，也可安装滴灌、喷灌、喷雾等先进的灌水系统。控制方式可选择有手动灌水、半自动灌水和全自动灌水方式。

（一）灌溉系统的水源及供水方法

水源有井水、水道、河川和农业用水等。它们可通过水管、水泵、高架水塔式压力池等方式提供给灌水管道。

（二）灌溉系统的类型

1.滴灌设备
（1）概念

滴灌是将水增压（或利用地形落差自压）、过滤、通过低压管道送达滴头，以点滴的方式，经常地、缓慢地滴入作物根部附近，使作物主要根区的土壤经常保持最优含水状况的一种先进灌溉方法。

（2）滴灌系统的组成

将水源工程和滴灌用的各种设备组合在一起，称为滴灌系统，主要由三大部分组成，即首部枢纽、管路系统和滴头。

首部枢纽包括水泵、化肥罐、过滤器、控制与测量仪表等。其作用是从水源抽水加压，施入化肥，过滤，并将其送入干管。

管路系统包括干管、支管、毛管以及必要的调节设备（如压力表、闸阀、流量调节器等），其作用是将加压水均匀地输送到滴头。

（3）滴灌系统的设计

固定式滴灌系统：即整个系统是固定的。

移动式滴灌系统：即主、干管固定埋在地下，毛管移动，由于毛管移动使用，减少主管和滴头用量，降低投资。

滴灌设备的选型、安装按照设计进行，具体滴灌系统设计包括作物需水量，每次滴灌时间，主、支、毛管流量，水泵动力计算及配套设备选型、预算等。

2. 喷灌设备

喷灌，即喷洒灌溉，主要是借助一套专门设备将具有压力的水喷到空中，散成小水滴落到田间，供给作物水分的一种先进的灌溉方法。

（1）喷灌设备组成

喷灌设备主要由动力机、喷灌泵、喷洒器和主、支管道等部分组成，其中最主要的工作部件是喷洒器。

喷洒器是喷头、旋转机构和密封机构的总称，其工作性能好坏主要由喷头决定。

喷头是喷灌的专用设备。其作用是将来自水泵、管道的压力水通过孔嘴喷洒出去，在空气或碎水部件的阻力作用下，分散成细小水滴，洒落田间，对作物进行灌溉。根据结构特征和工作特点，有固定式喷头和旋转式喷头之分。旋转式喷头在温室内应用较少。固定式喷头喷出的水沿径向往外同时洒开，湿润面积是一个圆形（或扇形），湿润圆半径一般只有 5～10 m，喷灌强度较高。其结构简单，对作物的打击强度小，要求的工作压力较低，在温室中常用。喷头根据工作压力又可分为低压、中压和高压喷头 3 种类型。

喷灌泵是用于喷灌的水泵，其作用是给灌溉水增压，以保证喷头要求的工作压力。常用的喷灌泵有离心泵、自吸离心泵、长轴离心泵、深井浅水泵、气垫密封式潜水电泵和射流泵等。

喷灌泵常用电动机作为水泵的动力机，在用电困难的地方可用风冷式水冷柴油机、手扶拖拉机与拖拉机的动力输出轴驱动。

（2）喷灌输水管道及其附件

喷灌输水管道常分成干管和支管两级。为了避免作物的茎叶阻挡喷头的水舌，常在支管上装有竖管，在竖管上再装喷头。为了连接和控制管道系统，配有一定规格和数量的弯头、三通、各种接头（如伸缩连头、变径接头、快速接头），各种阀门（如闸阀、逆止阀）和堵头等附件。如果需要利用喷灌系统进行施肥，还要配备化肥罐及注入装置。

（3）常用的喷灌方法

多孔管喷灌法：① 稳压型：用于番茄、黄瓜以及其他果菜类，苗床和覆盖薄膜下的灌水。一般在直径为 25 ～ 40 mm 的聚氯乙烯管上贴有直径为 0.6 ～ 1.0 mm 的小孔，排成 15 ～ 20 cm 距离两排，形成交错进行喷灌；② 变压型：针对设在 50 ～ 100 cm 高处的喷灌设备，供水压力不稳定，使育苗床两头水量多，管的下面水少。变压型喷灌可使水量均匀洒，当管的压力为 0.25 kg/cm^2 时，管的喷洒范围在 30 m 内。如超过 30 m，就不能保证均匀度了。

喷嘴法：在硬质管上间隔一定距离安装喷嘴喷水灌溉的方法。特点是：可向水平方向喷出细小的水滴，散向地面。喷嘴有平圆形、全圆形等类型，根据利用目的选用。

（4）喷灌设备的选择

喷水压力：一般应采用 0.5 ～ 2.5 kg/cm^2 的低压型喷灌系统。大多利用静水压力进行喷灌。

喷水形状：以采用圆形、扇形或雾化形的喷水形状最为适宜。常采用的喷头为固定式喷头和孔管式喷头。小型旋转式的喷头虽然可以在大棚和温室中应用，但要求其具有一定大的空间。射程较远的喷头或喷栓不宜在大棚和温室中应用。

3. 其他灌溉手段

（1）喷壶和浇壶

喷壶和浇壶是花卉栽培的必备工具，用它们来浇灌盆花、苗床、清洗叶面和追施液肥都比较方便。在制作时，壶体、提把、喷嘴和喷头都应设计合理，使用起来才得心应手。其规格尺寸分大、中、小3种。喷头不要焊死，装上喷头可洒水和淋水，卸下喷头可浇水和追施液肥，同时，也便于清除喷头和壶嘴内堵塞的污物。

（2）胶管

在任何花场内都必须配备胶管，用它们把水引向露地苗床或草坪，便于自流灌溉，也可用手指堵住管头向空中喷水，用来清洗叶片和增加园内的空气湿度。在炎热无雨的盛夏季节，露天场地摆放的盆花有时每天需灌水3次之多，这时劳力就显得分外紧张。为了防止盆花凋萎，也可拉上胶管直接向盆内浇水。购买胶管时应注意胶管的内径，必须和出水阀门或水嘴的外径配套，以便于连接。目前，出售的胶管规格多按外径计算，有1寸（2.54 cm）、1.5寸（3.81 cm）、2寸（5.08 cm）等不同规格。

（3）喷头

只适用于露地成年苗床和草坪繁殖区，在园林中则可广泛用于花坛和花灌木及草坪地，但不适用于盆花的养护。特别在有风的天气，往往造成部分盆花渍水受涝，部分盆花缺水受旱。在园林中的花台、花境和花带上也很少使用它们，否则常常影响游人的慢步和行走，在炎热的夏季还会造成花朵败落，使花期缩短。

一些可移式小型喷头的价钱较便宜，它们都能依靠水的压力自动旋转。在选购时应根据露地花圃的面积，选择直径适当的喷头，把它们直接套装在出水胶管上，或与胶管相连接。

（4）水池及水箱

温室花卉灌溉用水的温度应与室温相近，才符合生长发育的要求，因此，灌溉用水须事先贮于室内池中，以提高温度。通常，在前1日灌入水池，第2日即可取用。水池一般设于植物台下，温室小者可设于温室的一端或中央。大者应在温室的两侧各设水池，设置位置可在中部植物台下或温室的北侧，也有设于通路之下，取水后上盖木板。水池的形状不定，而以方形和长方形者居多。水池均以砖石、水泥砌成。深浅及大小不一，视需水量而定，一般深约 100 cm。有自来水可以利用时，可将水箱置于高处，先一日把水贮于水箱内，用铁管及橡皮管引水灌溉更为便利。水池设于温室中，除供水之外，也可增加空气湿度。

五、调光设备

1. 补光

在温室大棚内进行的补光主要有长日照处理和补强光两种。长日照处理是为调节花卉的开花期而进行的日长补光，在菊花、一品红春节开花的栽培中广泛应用。在温室大棚内进行的补强光，提高花卉的光合作用和生长量，意义很大，但费用太高，推广应用受限制。

人工补光的光源有白炽灯、日光灯、高压水银灯和高压钠灯等。白炽灯和日光灯光强度低，寿命短，但价格低，安装容易，国内采用较多；高压水银灯和高压钠灯发光强度大，体积较小，但价格较高，国外常用作温室人工补光光源。

2. 遮阳

遮阳是在夏季高温季节生产花卉时用遮阳网覆盖，起到减弱光强的效果。常用的遮阳网有黄、绿、黑、银灰等颜色，宽 2～6 m，遮光率为 30%～80%。夏季可降温 4～8℃，使用年限 3～5 年。轻便，易操作，可依需要覆盖 1～3 层。

3. 遮光

遮光是指为达到短日效果的完全遮光处理，通常是把温室遮严或利用支架将植株遮光。

六、二氧化碳施肥系统

CO_2 气源可直接使用贮气罐或贮液罐中的工业用 CO_2，也可利用 CO_2

发生器将煤油或石油气等碳氢化合物通过充分燃烧而释放 CO_2，我国普通温室多使用强酸与碳酸盐反应释放 CO_2。

第三节
花期调控技术措施

一、花期调节的意义

开花调节的类型，一是抑制栽培：比自然花期延后的栽培方式；二是促成栽培：比自然花期提前的栽培方式。

开花调节的意义：① 节庆活动的需要；② 花卉均衡周年供应的需要；③ 追求特定时期高利润的需要；④ 充分利用设施、场地，提高经济效益的需要。在当今花卉生产规模化、专业化、商品化的条件下，花期调控是一门既实用又有效的技术，也是花卉技术人员均希望能充分掌握的技术。

二、确定花期调控技术的依据

（一）春化作用

春化作用是指植物在生长发育过程中必须经过一个低温的诱导才能进入生殖生长的现象。春化作用机理是春化作用启动了花芽分化的基因，导致一系列生理生化的变化，最终导致花原基的形成，产生"春化素"，引导花芽分化活动的进行。但是，现在尚未证实"春化素"为何物。感受春化作用的部位有种子和植物体，以后者更常见，如植物的叶、茎等。对不同种类、不同品种的春化要求的了解是花卉栽培成功与否的重要因素。

春化作用的类型：

冬性植物：要求温度低，$0 \sim 10℃$ 以下，$1 \sim 30$ 天，秋播越冬，主要在北方。

春性植物：要求温度较高，5～12℃，5～15天，一般在秋天开花，北方有种植，主要在南方。

半冬性植物：不敏感，介于上述二者之间，大于3℃，15～20天。

中性植物：不需要低温。

（二）光周期现象

光周期是指一天中日照的长度或一天中明暗交替的时数；光周期现象是指光周期对植物生长发育的影响。光周期现象的作用：控制花的分化、发育进程。也影响分枝、块茎等地下器官的形成发育、器官的衰老等。

光周期现象的分类：

（1）以12小时为界

长日照植物：大于12小时的光照，导致花芽的分化，一般14小时。春季开花植物；二年生花卉如瓜叶菊、紫罗兰、令箭荷花等。

短日照植物：小于12小时的光照，导致花芽的分化，一般10小时。秋季开花植物；菊花、一品红、一年生草花。

中性植物：不受日照长度影响而开花的植物。紫茉莉属植物。

（2）以临界点为界

短日照植物：植物在少于临界日照长度下进行花芽分化的植物。如一年生草花、凤仙花、波斯菊、牵牛、金莲花。

长日照植物：植物在长于临界日照长度下进行花芽分化的植物。如二年生草花、金盏菊、天人菊、罂粟。

中性植物：不受日照长度影响而开花的植物。紫茉莉属植物。

定日或中间性植物：在短日、长日下均不开花的植物，必须在特定日照长度下才进行花芽分化。

短长日照植物：花原基在短日照下形成，在长日照下发育开花。如大花天竺葵、风铃草。

光周期现象的感受部位：成熟开展的叶片，嫁接可以传递这种感受。感受光周期的砧木 + 未感受光周期的芽 = 花芽分化。

实践证明，夜长比日长对花卉植物开花的影响更重要。长夜诱导短日植物开花，却抑制长日植物开花。短夜诱导长日植物开花，而抑制短日花卉开花。花芽分化决定于暗期的长短。

（三）碳氮比（C/N）学说

花芽分化的物质基础是植物体内糖类的积累，以 C/N 表示，即含氮化合物与同化醣类的比例。含醣充足，含氮化合物中等，促进花芽的分化，否则不进行花芽分化，导致徒长。

三、花期调控技术的途径

（一）温度处理控制花期

温度处理调节花期，主要是通过温度的作用调节休眠期、成花诱导以及花芽形成期、花茎伸长期等主要生育阶段的进程，从而实现对花期的控制。大部分冬季休眠的花卉都可采用温度处理法。

1. 增温处理，促成栽培

冬季温度低，很多花卉均表现为生长缓慢，不能开花或进入休眠状态。例如，二年生花卉、宿根花卉、落叶花灌木，人为地提前给予一个适宜生长发育的温度条件，均属于这种类型。这时如果通过增加温度，便可使植株加速生长，提前开花。例如，经过春化作用的二年生花卉，石竹、桂竹香、三色堇、雏菊，以及经过一定的低温休眠期的春季开花的露地花木类，如牡丹、杜鹃、桃花等，均可利用增温的方法，使其提前于春节前后开花，从而达到促成栽培的目的。

采用这种增温催花措施时，须注意首先应确定花期，然后根据花卉本身的习性，确定提前加温的时间。一般处理温度是逐渐升高的，要求保持夜温 15℃，昼温 25 ～ 28℃，并保持较高的空气湿度。例如，对牡丹催花处理，室温升至 20 ～ 25℃，空气相对湿度保持 80% 以上，经过 30 ～ 35 天即可开花；以同样的温度处理，杜鹃需 40 ～ 45 天即可开花。

2. 增温处理，延长花期

有些原产温暖地区的花卉，开花阶段要求的温度较高，只要温度适宜就能不断地开花。但是，在自然条件下，入秋以后温度逐渐降低，这类花卉便会停止生长发育，进入休眠或半休眠状态，不能开花。这种情况下，如果人为地给予增温处理，便可克服逆境，继续开花，并使花期延长。例如，茉莉、白兰花、黄蝉、硬骨凌霄、非洲菊、大丽花、美人蕉、君子兰等常见温度型花卉采用这种方法延续花期。

3. 低温延长休眠，推迟花期

通过低温处理延长休眠期，从而推迟开花。在早春气温回升之前，将一些春季温度升高后开花的花卉，预先移入人为创造的低温环境中，使其休眠期延长，从而推迟开花。这种处理方法适用于比较耐寒和耐阴的花卉，低温范围为 1 ～ 4℃，应注意选用晚花品种，做好水分管理，避免盆土过湿。根据需要开花的日期、植物的种类及当时的气候条件，推算出由低温处理后的培养至开花所需的天数，从而确定停止低温处理的日期。一些耐寒、耐阴的宿根花卉和球根花卉及木本花卉均可采用此法推延花期。例如，杜鹃、紫藤可迟花期 7 个月以上，一些二年生花卉也常采用此法。如瓜叶菊，在冬季正常温室养护条件下，春节期间便陆续开花，如果在早春时将其移入低温温室，直到 4 月上旬再移至中温温室，则其花期便可推迟到五一节前后。

4. 低温减缓生长，延迟花期

较低的温度能使花卉的新陈代谢减弱可以使花蕾发育滞缓，从而延迟开花。这种处理常用于含苞待放和初花期的花卉。例如，2 ～ 3 成刚开花状态的菊花移入 3 ～ 5℃左右的低温条件下，注意控制浇水，使植株处于微弱的生理代谢状态，于是花朵的展开进程极为缓慢，根据需要再将其移入正常温度下养护管理，便可很快开花。因此，可根据需要延迟花期。天竺葵、八仙花、水仙、月季等均可采用此法处理。

5. 低温打破休眠, 提前开花

对于冬季休眠的花木类, 若人为提前给予一定的低温处理, 使其可提前通过休眠期, 然后再给予一个适宜的温度条件, 便可提前开花。例如, 欲使牡丹国庆节提前开花, 需提前 50 天左右进行 2 周的低温处理（0℃以下）, 然后再将其移入相当于春季 4 月份的温度条件下, 并注意温度要逐渐升高, 便可保证于国庆节前后开花。

另外, 一些二年生花卉、宿根花卉, 接受一定的低温处理, 可提前通过春化阶段, 从而使花期提前。如桂竹香、桔梗等。秋植球根花卉通过低温处理提前开花是由于低温打破了花茎的休眠, 促使其伸长, 从而促进开花。例如, 风信子、水仙等。

6. 低温消除高温障碍, 延长花期

原产于凉爽地区的花卉, 在夏季高温炎热季节往往生长不良, 不能正常开花, 如仙客来、倒挂金种等。甚至进入休眠或半休眠状态, 对于这类花卉, 为了使其夏季照常开花, 延长开花期, 常于夏季采取人为降温措施, 创造一种适宜其开花的低温凉爽环境, 便可克服夏季高温对开花的危害, 从而延长了花期。

（二）光照处理控制花期

1. 延长光照, 促成开花

用人工补光的方法, 使每天连续光照的时间, 达到 12 个小时以上, 可促使长日照花卉在短日照季节里开花。如冬季栽培唐菖蒲, 在日没之前加人工光照, 使每天的光照时间达到 16 小时, 并保证一定的的温度条件, 便可使之于冬季和早春开花。用同样的方法, 使光照时间达到 14 ~ 15 小时, 也可使蒲包花提前开花。人工补光可采用荧光灯, 悬挂在植株上方 20 cm 处。

2. 遮光处理

促成开花用黑色的遮光材料（黑布或黑色塑料膜）, 在每天的早晨和傍晚进行遮光处理, 以缩短白昼, 延长黑夜, 当白昼时间缩短到 12 个

小时以下时，可使短日照花卉在自然长日照季节里提前开花。这种处理方法对典型的短日照花卉适用。如一品红，通过遮光处理使每天的光照时间缩短到 10 个小时，经过 50 ～ 60 天，便可开花；蟹爪兰，每天保持 9 个小时的白昼时间，经过两个月可开花；秋菊，每天白昼时间缩短至 8 ～ 10 个小时，50 天左右便可开花。

遮光处理促成栽培中，首先应注意选用早花品种；使用的遮光材料要严密，不透光；处理棚（室）内要注意通风降温，避免高温障碍；遮光开始时要求苗株具有一定的高度；遮光处理要连续进行，不可中断，直至花蕾现色为止；遮光处理期间停施氮肥，增施磷肥。遮光处理开始的时间对于准确控制花期很重要，这要根据所需要的花期以及遮光开始至开花所需要的时间来推算。

3. 电照处理，延迟花期

短日照花卉，在短日照季节里便花芽分化，自然开花。如果为了使短日照花卉在短日照季节里推迟开花，则需在进入自然短日照季节之前，利用电灯照明打断连续的黑夜，破坏短日照效应，便可抑制短日照花卉的花芽分化，从而延迟花期。当停止人为的电照处理之后，便可恢复自然短日照条件，自然地开始花芽分化直至开花。使秋菊、一品红等短日照花卉推迟于元旦或春节开花，常采用此种处理方法。

电照处理的抑制栽培中，应注意选用晚花品种和花瓣多的品种；电灯照明应开始于当地短日照开始之前；电照停止的时间取决于这种花卉从花芽分化到开花所需要的天数。例如，晚花品种的秋菊，若使其元旦开花，电照处理停止后经过 70 天左右可开花，若使其春节开花，电照停止后需经过 90 天左右开花。由此便可确定停止电灯照明的时间。

电照处理宜使用白炽灯泡照明光，一个 100 W 的白炽灯，加反射罩有效控制面积为 15.6 m^2。电照停止后环境温度宜保持在 15℃以上，同时做好肥水管理，停施氮肥，增施磷肥。

4. 昼夜颠倒，调整花期

昙花，正常情况下是夜间开花，为了提高其观赏价值，可通过昼夜颠倒，转变其开花时间，使之白天开花供人们尽情欣赏。当昙花的花蕾长约 5～6 cm 时，白天给予遮光处理，夜间给予电灯照明，连续处理几天，便可动摇其夜间开花的习性，使之白天开花，并能延长开花时间。

5. 药剂处理，调节花期

应用生长调节物质，是控制花卉生长发育、调节花期的一种新手段。常用的生长调节物质种类比较多，有赤霉素、萘乙酸、2，4-D、吲哚乙酸、乙烯利等，其中应用广泛、效果最突出的当属赤霉素。

赤霉素可打破休眠，促进开花。用 500～1 000 mg/kg 的赤霉素液点在牡丹芍药的休眠芽上，4～7 天后芽便开始萌动，待牡丹混合芽展开后，点在花蕾上，可加强花蕾生长优势，有利于二次开花。

赤霉素可代替低温作用，促进花芽分化。喷在牛眼菊、毛地黄、桔梗上，可促使植株早出苔；从 9 月下旬起，用 50～100 mg/kg 的赤霉素对紫罗兰处理 2～3 次，便可提前开花。对秋菊、紫菀也有明显效果。

赤霉素涂在山茶、茶梅的花蕾上，能加速花蕾膨大，使之提前于9～11 月间开花。100～500 mg/kg 赤霉素液涂在仙客来、水仙的花茎上，可使花茎伸出于叶丛之上，提高观赏效果，50 mg/kg 喷洒于非洲菊，可提高采花率。500 mg/kg 涂在含笑上，可提前于 9～10 月开花。

吲哚乙酸、萘乙酸、2，4-D 等生长调节物质对开花激素的形成有抑制作用，用之，可延迟花期。用 500 mg/kg 的乙烯利喷洒两次天竺葵生根苗，第五周时再喷 100 mg/kg 赤霉素，可使提前开花。

6. 园艺栽培技术措施

（1）调节花卉种植的起始时间

有很多花卉，不需要任何环境条件的诱导，在适宜的生长条件下，只要植物体长到一定大小即可开花，对于这一类花卉，均可以通过调节播种（或种植）期便可调节其开花期。其规律是早开始长便早开花，晚开始长则晚开花。例如，多数一年生花卉，对光周期的小时数并无严格要求，在温度适宜的地区或季节，只要分批播种，便可取得分期开花的效果。如果在温室里提前播种育苗，便可提前开花，秋季播种盆栽后移入温室养护，又可延迟开花。

以一串红为例，春季晚霜后播种，可于 9～10 月开花；2～3 月温室播种育苗，可于 8～9 月开花；8 月播种，入冬后假植于温室，可于次年 4～5 月开花。又如唐菖蒲分批种植，便可分期开花。一般 3 月种植，6 月开花；7 月种植，10 月开花。同时，二年生花卉需要在一定的低温下花芽分化和开花，在温度适宜的季节或冬季在温室条件下通过调节播种期也可使之于不同时期开花。如紫罗兰，12 月播种，5 月开花；2～5 月播种，则 6～8 月开花；7 月播种，则 2～3 月开花。

（2）通过修剪、摘心、除芽等栽培措施调节花期

用修剪、摘心、除芽等栽培措施调节花卉的生长速度，从而起到控制花期的作用。

常用摘心方法控制花期的花卉有一串红、香石竹、万寿菊、孔雀草、大丽花等。

当年生枝条开花的花木类，常用修剪方法控制花期，在生长季内，早修剪，早生新枝，则早开花；晚修剪则晚开花。还可通过修剪、摘心等技术措施使花卉定期开花。例如，月季从修剪到开花夏季约需 40～45 天，冬季约需 50～55 天。9 月下旬修剪 11 月中旬可开花；10 月中旬修剪 12 月可开花。一串红修剪后发生的新枝约经 20 天便可开花，如 4 月 5 日修剪，可于 5 月 1 日之前开花；若 9 月 5 日修剪可于国庆节开花。

（3）肥水管理调节花期

不同的营养元素，对花卉生长发育的作用不同。一般情况下，增施氮肥可促进花卉的营养生长而延迟开花，而增施磷、钾肥有利于抑制营养生长，促进花芽分化。例如，在菊花营养生长后期若追施磷钾肥，可提前开花。夏季高温干旱季节，充分灌水有利于花卉的生长发育，可促进开花。例如，在唐菖蒲抽穗期若充分灌水，可使之提前 1 周左右开花。

（4）应用生长调节物质

根际使用：8 ml/L 的矮壮素（CCC）浇灌唐菖蒲。时间：种植初、种植后第 4 周、开花前 25 天，可增加花量，开花整齐。解除休眠：用 500～1 000 mg/kg 的赤霉素液点在牡丹芍药的休眠芽上，4～7 天后芽

便开始萌动，待牡丹混合芽展开后，点在花蕾上，可加强花蕾生长优势，有利于二次开花。

四、部分花卉花期调控的案例

（一）菊花花期调控技术

菊花是目前国际花卉市场上著名的鲜切花之一，也是栽培最为广泛的大众化盆栽花卉。菊花在我国已有 3 000 多年的栽培历史。据不完全统计，目前全世界的菊花品种大约有 7 000 多种。

菊花按照自然花期分为春菊（花期 4 月下旬至 5 月下旬）、夏菊（花期 5 月下旬至 8 月）、秋菊（花期 10 月下旬至 11 月下旬）、寒菊（花期 12 月上旬至翌年的 2 月）。一般来说，植物的生长发育、花芽分化及开花，与日照、温度及栽培等环境因素有着极为密切的关系。菊花也不例外，菊花的生长发育对日照的强度和长度极为敏感，但因种类及品种的不同，所需要的日照、温度等条件也不同，开花期也就不同。对菊花进行人为的日照、温度等调控，可使菊花按人们的意愿提早或延迟花期。花期比自然花期提早称为促成栽培，而花期比自然花期延迟则称为抑制栽培。

菊花的促成栽培，是根据菊花的花芽分化需要短日照条件的特性，通过对秋菊进行短日照处理使其提早开花。其方法是用黑色塑料薄膜、遮阴网等不透光材料在早晨和傍晚遮去秋菊的自然光照，将每天的光照时间控制在 9 ～ 10 个小时。在做短日照处理期间，必须连续遮光，不可间断，不得有丝毫的透光，遮蔽物上的洞孔及夜晚路灯、汽车灯等都会影响短日照处理效果。同时在做短日照处理时，又要保证在光照时间内有充足的光照及适宜的水肥管理。不同的品种对短日照处理时间的长短会有所不同。一般情况下，株高 25 ～ 30 cm 的菊花在白天 15 ～ 20℃，夜间 10℃左右的条件下，10 ～ 15 天可完成花芽分化，45 ～ 55 天开花。当花蕾充实并着色后即可撤除遮蔽物。

菊花的抑制栽培，是通过对菊花进行长日照处理使其延迟开花。其方法是当秋菊长到 25 ～ 30 cm 时，开始进行补充光照。一般是在天黑前在距离菊花 1 m 左右的上方用普通的白炽灯泡进行光照处理，使每天的光照达到 15 小时左右，如白炽灯泡再配置锡箔反射罩效果会更好。菊花在长日照处理条件下，营养生长继续，花芽的分化受到抑制。停止长日照处理，花芽开始分化并现花蕾。温度白天 20℃，夜间 15℃左右，约 60天即可开花。

总之，要让菊花按人们的意愿提早或延迟花期，可根据预期的开花时间来倒推实施菊花的短日照或长日照处理时间。同时，无论是菊花的促成栽培还是抑制栽培，都要加强土、水、肥及病虫害等方面的综合管理，使其能够生长健壮、枝繁叶茂、花色鲜艳、花多而大。

（二）郁金香

1. 促成栽培

众所周知，球根花卉的花芽分化期因产地不同而异。其中，土质的影响较大，沙土地产的球根最早，沙壤土地产的次之，壤土地产的偏迟。相同的土质，一般温暖地区的球根开始较早。栽培中施用氮、磷多的球根，花芽形成早，开花也早；球根含氮浓度高，则花芽分化早，促成栽培容易。因此，了解球根产地和花卉生长发育条件，依具体情况获得球根很重要。

得到球根之后，首先进行高温处理以促进叶分化结束和以后的花芽形成。由于夏季自然高温抑制花芽发育，需要将球根贮藏于凉爽的条件下，这点非常重要。在能够人为设定贮藏温度的条件下，采用 23 ～ 25℃稍高的温度比 17 ～ 20℃温度好，可使球根缓慢地进行雌蕊的发育。减少盲花发生。

在这之后，为了促进花芽成熟和花茎伸长，需要进行低温处理。低温处理可分为预先冷藏和正式冷藏两个过程。预冷是为了促进花芽和根的发育，促成栽培早期一定要采用，在 14 ～ 17℃处理 3 周时间。正式冷藏温度一般以 –10 ～ –1℃效果为好。同样的处理时间，温度越低，效果越好；处理时间越长，从处理结束到开花所需要的天数越短，花茎较长。一般正式冷藏采用 2℃ 处理 7 ～ 8 周或 5℃ 处理 9 ～ 10 周。干燥冷藏和湿润冷藏可以获得同样的效果，为了节省劳力和防止栽植时根的损伤，宜采用干燥冷藏。

另外一个重要的问题是，球根花芽发育的哪个阶段开始进行低温处理为好。如果从花芽的雄蕊形成阶段开始进行预备冷藏，则开花率显著下降；若在雌蕊形成阶段之后冷藏，则开花率高。从单枝切花重量考虑，也是在雌蕊形成及形成后的 1 周内开始进行预冷最佳。若在花芽发育的更早阶段，即在外花被形成阶段预冷，虽然可以正常开花，但切花品质下降。

用低温处理球根后，待植株高 7 ～ 10 cm 时，在叶筒内滴入 400 μl/L 赤霉素溶液 0.5 ～ 1 ml，可促进开花。促进程度因品种而异，但在低温充分的情况下，不用赤霉素处理也可获得很好的效果。因而一般认为，郁金香与荷兰鸢尾的情况一样，赤霉素具有弥补低温不足的作用。此种滴药处理在提早上市期的促成栽培方面已广泛应用。此外，对红色郁金香品种还有提早花色素（Anthocyan）形成，提早着色的效果。

2. 抑制栽培

郁金香的抑制栽培技术已较成熟。在 -10℃ 左右的低温进行贮藏，抑制花芽形成。以后则移到花芽发育的适宜温度 20 ～ 25℃，促进发育。之后再进行低温处理即可。

荷兰已能做到将到达雌蕊形成期的球根箱植，置于 13 ～ 15℃ 条件下发根，然后在 -2℃ 低温贮藏，可随时取出，移到 15℃ 左右的温室中栽培，可在 6 ～ 11 月间开花。另外一种方式是，在 12 月把球根直接放到 -2℃ 低温贮藏，栽植前先在 10℃ 解冻 2 天，然后在 15℃ 下进行水培，结合施用氮肥及赤霉素和苄基腺嘌呤混合液，则能在秋季开花。

荷兰近年出售的 5℃ 球，是将处于花芽分化适宜阶段的球根，干燥冷藏于 5℃ 冷库中 9 ～ 12 周（依品种不同而异）后出售。9℃ 球则是栽种在装有潮湿基质的箱中或至少在最后 6 周栽植于基质中，分别在 9℃、7℃、5℃、3℃、2℃ 和 1℃ 低温冷藏不同时间，整个需要 14 ～ 20 周（依品种不同而异）。一般在冷藏结束前 2 ～ 3 周，球根根长已达 3 cm，出售后，移入温室继续栽培即可。

（三）一品红

一品红（四倍体品种）是在 10 ～ 15℃正常开花的短日照植物，因而在热带地区春夏进行营养生长，秋季则接受短日照而开始生殖生长，分化花芽，同时分化苞叶，于秋末冬初开花、着色。室外的花芽分化开始于 9 月下旬至 10 月上旬，这时从茎顶端的分生组织分化最初的花序，然后其正下方的三枚叶原基的腋芽发育，并分别分化为 2 枚苞叶和 2 个花序（二次花序），各苞叶的腋芽发育，分化成 1 枚苞叶（二次苞叶）和花序（三次花序）。以后苞叶腋芽的发育同样重复，这样继续形成花序，直到翌春。不过，往往一到初夏的高温长日照下，苞叶腋芽即变为营养芽，转向营养生长。

花芽分化萼片、花瓣、雄蕊、雌蕊，在此阶段有一些小花雄蕊退化，仅雌蕊发育，另一些小花雌蕊退化，仅雄蕊发育，于是形成雌花和雄花。花芽形成极快，从花芽开始形成到花粉和胚球形成，仅需 3 周时间。

一品红属短日照植物早已为人所知，12 小时以下的短日照可促进花芽分化，最适日照长度为 8 ～ 10 小时；在 13 小时日照长度下，花芽分化至少推迟 30 天以上。一般在 8 ～ 9 小时的日照条件下，需要 40 ～ 50 天开花，10 月以后在自然光照条件下就能开花。研究表明，一品红的花芽分化所需要的短日照时数与当时的温度有关。在 10 ～ 21℃下，需要 12.5 ～ 13 小时；在 27℃下，需要 9 ～ 10 小时。实际上，一品红的大多数品种在 20℃左右、13 小时日照长度条件（有些品种甚至是在长日照条件）下可以成花，但在 8 ～ 9 小时短日照条件下，可促进以后的花芽形成和开花。此外，即便是在短日照条件下，一旦伴随 30℃左右的高温，一品红开花就会异常，因而在夏季进行短日照处理时，需要在高寒山地和凉爽地区栽培。

在圣诞节之前，可按上述技术进行一品红生产，但要在 1 月以后也进行生产，则必须抑制花芽形成。花芽分化虽然容易为照明所抑制，但是，对在低温长日照条件下也能够进行花芽分化的品种则不起作用，不适宜作抑制栽培用。

采用照明的方法，在落日后增加光照，把光照时间延长至16小时；或在半夜进行2～4小时的照光中断黑暗。无论采用哪种方法，为了有效抑制开花，最好保持100 lx以上的光照强度。

在实际生产上施行照明抑制，不仅会推迟成花，同时节数增多，使茎伸长，破坏株形。若是采用推迟扦插时期，使开花时茎较短的办法，又会造成发育时期温度不足，茎叶生长瘦弱。为了解决这个矛盾，在栽培上可以考虑在有足够温度的时期进行扦插，当茎过长时，用琥珀酰胺酸5 000 μl/L处理其顶部。

（四）芍药

1. 促成栽培

芍药花芽分化直接诱因并不清楚，通常认为初秋温度下降可能是诱因。芍药接受自然低温后进行促成栽培时，最早也要到2月中旬以后开花。若要更早开花，则要将芍药植株进行冷藏处理。采用0～2℃冷藏，早生品种需要冷藏25～30天，中晚生品种需要冷藏40～50天。低温冷藏处理的时间短，则萌芽需要的时间就长，并出现盲花。一旦萌芽，前期冷藏时间的长短，对以后到达开花的天数就没有影响了。有时在冷藏前用10℃预处理10天，实际上与没有预处理的效果相同，可以直接采用0～2℃冷藏。

在8月下旬开始冷藏植株就会有效果。此时处于花芽形成前或将开始，从外形上很难确认芍药花芽是否开始形成，但只要进入花芽诱导状态，低温就开始起作用了。此时低温过程中不进行花芽分化，花芽与冷藏开始时保持同样的状态，在结束冷藏处理后5～10天，花芽迅速发育。关于这一点，芍药与郁金香和风信子不同。若冷藏时间再提早，由于出冷库后，温度高而花芽发育时间短，常形成花瓣数目少而雄蕊数目多的花朵。

9月上旬冷藏植株并栽植，加温到15℃，定植后60～70天可开花。中晚生品种由于冷藏时间长，开花会晚些，但最迟到12月也开花了。若想在1～2月开花，还需要推迟冷藏开始的时间。

2. 抑制栽培

若要延迟开花期，需要在早春掘起尚未萌芽的植株，先用0℃湿润条件冷藏，以抑制萌芽，在适当时期定植。根据试验，若在6～9月定植，30～35天后开花；3～5月及10月定植，45天左右开花。通过这种抑制栽培以及上述的促成栽培相结合，基本上能够做到芍药切花的周年供应。

（五）百合

1. 促成栽培

11月到翌年2月上旬开花。用中球先在13℃处理2周（14天），再在3℃下处理4～5周（28～36天），这样可在11～12月开花。如要求1～2月开花，可先在13℃处理2周，再8℃处理4～5周（28～36天），这时定植后夜间温度较低，应加温保持15℃左右即可。

百合在促成栽培中，当花芽长到1～2 cm时，如光照不足，容易发生消蕾现象。消蕾常发生在10月底至翌年3月中旬，可通过人工照明补光，方法是每8～10 m² 悬挂一盏40 W高压钠灯或普通防水白炽灯，补光始期由花芽0.5～1 cm前开始加光一直持续到采收为止。温度16℃条件下，大约维持6周光照，每天从夜间8时至翌晨4时，对防止消蕾、提早开花和提高切花品质效果甚佳。

2. 光温控制

为获得优质百合切花，适宜的光温条件非常重要，尤其在花芽分化和发育期，如麝香百合花芽分化适温为15～20℃，此时若小于10℃或大于30℃，生长较慢，极易发生裂萼现象。亚洲百合在蕾后若出现低温会发生消蕾现象，光照不足也会消蕾。生长过程中，以白天温度21～23℃，夜间温度15～17℃最好。促成栽培的鳞茎必须通过7～10℃

低温贮藏 4 ～ 6 周。生长初期控制低温（9 ～ 13℃）有利发根。但强光的月份，应用 50% 遮光网遮阴至开花，以免温度超过 30℃而造成花茎过短，花朵品质下降。

（六）唐菖蒲

在自然条件下，唐菖蒲发芽后，可以顺利形成花芽，不久抽穗开花。但是，在秋季收获后的球根休眠很深，收获后期即使给予适宜的环境条件也不能发芽。因此，想提前或延迟开花，就必须通过低温打破休眠，促进球根提早发芽，或者利用低温抑制球根发芽，推迟发芽开花的时间，这就需要采取相应的开花调节技术。

如果将唐菖蒲的子球于 3 ～ 4 月定植在无加温大棚或温暖地区的露地，经过一段时间的栽培养育之后，到 9 月份前后就可以养成用于切花栽培的大球茎。由于这些球茎没有经过低温期，休眠很深，如果想要马上进行促成栽培，就必须采用 5 ～ 8℃低温处理 5 ～ 6 周，打破休眠以后才能定植生产。在温暖地区，也可以直接将收获的球根定植在露地或无加温大棚内接受秋冬季的自然低温，待球根充分接受低温后，在适宜的温度条件下就会发芽和开花。在长江以北冬季寒冷的地区，待球根充分接受自然低温以后，覆盖塑料薄膜并开始加温，就可以进行促成切花生产。

在我国北方地区生产球根的情况下，由于球根的收获较晚，若买到的球根已经接受了自然低温并且解除了休眠，就没有必要再进行低温处理。球根到手后马上就可以定植，尽可能利用较高的温度催芽，以利于提早开花。

另外，利用 2℃左右的低温进行长期干燥冷藏，可以抑制球根发芽，在适当的时机，也就是切花淡季到来之前，取出冷藏球根分批定植，利用抑制栽培技术，实现唐菖蒲切花周年生产的目标。抑制栽培的定植期可以根据采收日期进行反推算，一般向前推算 100 ～ 110 天。当然，由于定植季节不同和气候变化等原因，开花期可能提前或延迟，而品种变化不同，变化也很大。特别是在露地栽培时，要充分注意降霜期的到来，要有足够的提前量。如果采用大棚和温室栽培，或者在无霜期地区栽培，就可以不考虑这些问题，冬季也可以连续生产。

对于春季开花的唐菖蒲种类，无论哪个品系，同样在 2 ～ 3 叶期开始花芽分化，数枚叶片展开以后，抽穗开花。春季开花的品系与夏季开花品系不同的是，在高温条件下打破休眠，在低温和长日照条件下促进开花。近年，在春季开花品系的育种过程中，经常将夏季开花品种作为杂交亲本培养出一些新品种，由于夏季开花品种遗传特性的影响，对于低温和长日的反应效果各不相同。因此，在选择栽培品种时一定要充分注意。

（七）康乃馨

观赏植物的花期控制有着其特殊性，因为植株能够如期开花并不是管理的最终目的，现简介康乃馨的花期调控技术。

1. 能够供花的时间

康乃馨多用于元旦、春节、元宵节、情人节、劳动节、母亲节、复活节、教师节、国庆节、圣诞节等节日的环境装饰，也常用于 4 ～ 6 月这一时间段内的各项庆典、生活空间的环境美化，康乃馨是销量很大的切花作物，如果能满足其栽培条件，它是可以全年供花的。

2. 栽培形式

温室地栽。

3. 适用品种

在栽培中通常使用本种中的"埃丝帕纳"、"日卡缔"、"西姆"、"橙后"、"法罗"、"范尼莎"、"卡利"、"莉娜"、"落查"、"汤加"、"威廉西姆"等品种进行花期控制。

4. 栽培基质

宜选用沙质壤土作为栽培基质，在使用前最好进行灭菌处理。

5. 繁殖方法

康乃馨通常采用扦插、组织培养等方法进行繁殖，为了保证其能够在母亲节如期开花，最好采用组织培养法育苗，对于没有条件的栽培者来说，则可从花卉育种公司直接购买苗、多次扦插的方法育苗。可在生产启动时购买组培苗，以后的繁殖就直接从康乃馨植株上取材进行扦插。此种方法在康乃馨植株未被病毒侵染的情况下是可以使用的，但是随着栽种时间的增加，这些用扦插法繁殖的种苗的各种性状也越来越差。因此，如果想生产出品质较高的康乃馨切花，尽量还是不要采用这种方法。

6. 种苗管理

定植时间不宜迟于令康乃馨开花日期的第 180～210 天。

7. 浇水措施

康乃馨喜微潮偏干的土壤环境，稍耐旱，其生长前期要适当控水，为了保证植株生长迅速、分枝较多，不宜使土壤过干，特别是当植株花芽分化后要适当增加浇水量。

（八）桔梗

选用二年生的植株盆栽后，放在室外，使其经历自然低温，12 月底或 1 月初移入温室栽培，3 月初开始开花。要使花期再提早，则需要特殊处理。桔梗在秋天最低气温低于 15℃就开始进入休眠，11 月达到最深。10 月上旬以前，把地栽植株掘起，剪去地上部分，栽植于温室中大多可以发芽；11 月作相同的处理，栽植的植株则大多不能发芽，因为此时正处于深休眠中。之后再通过高温促进生长发育。如果 12 月末入室，在15℃夜温条件下栽培，由于休眠已经被打破，可以发芽，85～90 天后可开花。虽然使用 20℃夜温可提前到 70 天就开花，但高温条件下栽培，茎叶软弱、植株低矮，花数也少，花的品质不佳。

采用低温处理打破休眠也可以进行促成栽培。一般采用 5℃低温处理效果好。10 月上旬前，当植物处于浅休眠时，将割去地上部的植株进行20 天冷藏，之后再 15℃夜温条件下栽培，生长良好，在 1 月中旬开花。在处于深休眠的 11 月冷藏植株，即使处理 40 天也不能充分打破休眠，而且定植后生长缓慢。因此，要尽量避免在 11 月掘起植株进行促成栽培。

另外，用赤霉素处理也很容易打破桔梗的休眠，方法简单，效果也好。

（九）其他花卉

1. 牡丹

牡丹要提前到春节开花，应选玉粉、玉楼春、桃花红等早花品种。落叶后将牡丹上盆，尽量少伤根系，放在温度低的地方，施肥 1 次，然后移入 25℃左右的温室，每天在植株上喷水 5～6 次。出叶后只喷枝干，这样，可提前出现花蕾。当花蕾现色时再转入低温温室，花蕾可保持 20 天左右。若要将牡丹的正常花期延迟，则可采用冷藏的方法延长其休眠期，温度保持 0℃以上，室内要有弱光，每天照射 3～4 小时。

2. 荷花

荷花大多在 6～8 月开花，为使其在国庆节开花，可选用早花品种，于 7 月中旬第二次栽植，这样就可在国庆节开花。晚花品种的新藕在 9 月初形成，再将新藕栽在 22℃以上的温室中，则荷花可在冬季开花。

3. 杜鹃

杜鹃在秋季进行花芽分化，为使其在冬季开花，可将其移到温室培养，温度宜在 20～25℃，并经常在枝叶上喷水，这样约一个半月可开出繁茂的花朵。如要在元旦开花，可让其一直处于低温状态，放入冷室，温度宜在 1～3℃保存的时间长时，室内要有灯光，这样可推迟到元旦开花。

4. 茶花

可以用调节温度的方法来促进或延迟开花。为延迟开花，应选晚花品种，入冷库前整个植株要加以包扎、防寒，放到 2～3℃的冷库中，每天约见 6 小时的弱光，处理时间 1 个月左右，可达到延迟开花的目的。春季开花的品种，满足低温的要求后，只要加温就可提早开花。

第三章
花卉育苗技术

第一节
播种育苗技术

一、种子的采收与贮藏

（一）种子采收

种子达到形态成熟时必须及时采收并及时处理，以防散落、霉烂或丧失发芽力。采收过早，种子的贮藏物质尚未充分积累，生理上也未成熟，干燥后皱缩成瘦小、空瘪、千粒重低、发芽差、活力低并难于干燥、不耐贮藏的低品质种子。理论上种子愈成熟愈好，故种子应在已完全成熟，待果实已开或自落时采收最适。但生产上采收常应稍早，因为已完全成熟的种子易自然散落，且易受鸟虫啮食或因雨湿造成种子在植株上发芽及品质降低。

1. 干果类

干果包括蒴果、蓇葖果、荚果、角果、瘦果、坚果等，果实成熟时自然干燥、开裂而散出种子或种子与干燥的果实一同脱落。这类种子应在果实充分成熟前即将开裂或脱落前采收。某些花卉，如半支莲、凤仙花、三色堇等，开花结实期延续很长，果实迟早不一，种子必须随熟随采。

干果类种子采收后，宜置于浅盘中或薄层敞放于通风处1～3周使其尽快风干。当种子含水量在20%以上时，在不通风环境下堆放几小时就会因发热而降低种子的生活力。某些种子成熟较一致而又不易散落的花卉，如千日红、桂竹香、矮雪轮、屈曲花等，也可将果枝剪下，装于薄纸袋内或成束挂于室内通风处干燥。种子经初步干燥后，及时脱粒并筛选或风选，清除发育不良的种子、植物残屑、杂草及其他植物种子、尘土石块等杂物。最后再进一步干燥至含水量达到安全标准，一般为8%～15%。通常情况下，种子可自然干燥达到此标准，在多雨或高湿度季节，种子难于自然充分干燥，需加热促使快干。含水量高的种子，干燥温度不要超过32℃。含水量低的种子也不宜高过43℃，干燥过快会使种子皱缩或裂口，导致耐贮藏力与生活力下降。

2. 肉质果

肉质果成熟时果皮含水多，一般不开裂，成熟后自母体脱落或逐渐腐烂，常见的有浆果、核果、瓠果等。有许多假果的果实本身虽然是干燥的瘦果或小坚果，但包被于肉质的花托、花被或花序轴中，也视做肉质实对待。君子兰、石榴、忍冬属、女贞属、冬青属、李属等有真正的肉质果，蔷薇属、无花果属于含干果的假肉质果。肉质果成熟的指标是果实变色、变软，未成熟的一般为绿色并较硬，逐渐转变为白、黄、橙、红、紫、黑等色，含水量增加，由硬变软。肉质果熟后要及时采收，过熟会自落或遭鸟虫啄食，若果皮干燥后才采收，会加深种子的休眠或受霉菌侵染。

肉质果采收后，先在室内放置几天使种子充分成熟，腐烂前用清水将果肉洗净，除去浮于水面的不饱满种子。将果肉短期发酵（21℃下4天）后，果肉更易清洗，果肉必须及时洗净，不使残留在种子表面，因果肉中含有糖及其他养分，易于吸湿，也易滋生霉菌。洗净后的种子干燥后再贮藏（有生理后熟现象的种子还应在湿沙中进行贮藏）。

（二）种子的贮藏

花卉种子与其他作物相比，有用量少、价格高、种类多等特点，宜选择较精细的贮藏方法。下列方法可因物因地选择使用。

1. 不控温、湿的室内贮藏

这是简便易行、最经济的贮藏方法。将自然风干的种子装入纸袋或布袋中，挂室内通风环境中贮藏。在低温低湿地区效果很好，特别适用于不需长期保存、几个月内即将播种的生产性种子及硬实种子。

2. 干燥密封贮藏

将干燥的种子密封在绝对不透湿气的密封容器内，能长期保持种子的低含水量，可延长种子的寿命，是近年来普遍采用的方法。密封贮藏的种子含水量必须很低。如含淀粉种子达 12%、含油脂种子达 9%，密封时种子的衰败反较不密封者快，效果不佳。

由于大气的湿度高，干燥的种子在放入密封容器前或中途取拿种子时，均可使种子吸湿而增加含水量。最简便的方法是在密封容器内放入吸湿力强的经氯化铵处理的变色硅胶，将约占种子量 1/10 的硅胶与种子同放入密封容器中即可。换下的淡红色硅胶在 120℃烘箱中除水后又转蓝色，可再次应用。

若需将容器内保持特定的相对湿度，可用不同浓度的硫酸或饱和的无机盐溶液在一定的湿度下来达到。

3. 干燥冷藏

凡适于干燥密封贮藏的种子，在不低于伤害种子的湿度下，种子寿命无例外地随着湿度的降低而延长。一般草本花卉及硬实种子可在相对湿度不超过 50%、温度 4～10℃下贮藏。

二、播种时期

不同花卉的播种期依耐寒力和越冬温度而定。我国南北各地气候有较大的差异，冬季寒冷季节长短不一，因此，露地播种适宜期依各地气候而定。

一年生花卉耐寒力弱，遇霜即枯死，因此，通常在春季晚霜过后播种。南方约在2月下旬到3月上旬；中部地区约在3月中旬至下旬；北方约在4月上、中旬。为了促使种实提早开花或着花较多，往往在温室、温床或冷床（阳畦）中提早播种育苗。

露地二年生花卉为耐寒性花卉，种子宜在较低温度下发芽，温度过高反而不易发芽。华东地区不加防寒保护可以顺利地在露地过冬；北方冬季气候寒冷，在北京仅有少数种类，如三色堇、金鱼草、蛇目菊、矢车菊及蜀葵等，可在露地越冬，多数种类须在冷床中越冬。二年生花卉秋播适期也依南北地区的不同而异，南方较迟约在9月下旬至10月上旬，北方约在8月底至9月初。

宿根花卉的播种期依耐寒力强弱而异。耐寒性宿根花卉因耐寒力较强，春播、夏播或秋播均可，尤以种子成熟后即播为佳。一些要求低温与湿润条件完成休眠的种子，如芍药、鸢尾、飞燕草等必须秋播。不耐寒常绿宿根花卉宜春播或种子成熟后即播。

温室花卉播种通常在温室中进行，这样，受季节性气候条件的影响较小，因此，播种期没有严格的季节性限制，常随所需要的花期而定。大多数种类在春季，即1～4月播种，少数种类如瓜叶菊、仙客来、蛾蝶花、蒲包花等通常在7～9月播种。

三、播种方法

（一）露地花卉播种繁殖

多数露地花卉均先在露地苗床或室内浅盆中播种育苗，经分苗培养后再定植，此法便于幼苗期间的养护管理。对于某些不宜移植的直根性种类，如虞美人、花菱草、香豌豆、羽扇豆、牵牛及茑萝等，应采用直播法，以免损伤幼苗的主根。这一类花卉如需要提早育苗时，可先播种于小花盆中，成苗后带土球定植于露地，也可用营养钵或纸盆育苗。一般的露地播种方法如下。

播种床应选富含腐殖质、松软而肥沃的沙质壤土，在日光充足、空气流通、排水良好的地方。

播种床的土壤应翻耕 30 cm 深，细碎土块、清除杂物后，上层覆盖约 12 cm 厚的土壤，最好用 1.5 cm 孔径的土筛筛过，同时施以腐熟而细碎的堆肥或厩肥做基肥（基肥的施肥期至迟在播种前一周），再将床面耙平耙细。播种时，最好施些过磷酸钙，促进根系强大、幼苗健壮。其他种类的磷肥，效果不如过磷酸钙。对生命周期短的花卉施过磷酸钙效果更好。此外还可施以氮肥或细碎的粪干，但应于播种前一个月施入床内。播种床整平后应进行镇压，然后整平床面。

覆土深度取决于种子的大小，通常大粒种子覆土深度为种子厚度的三倍左右；小粒种子以不见种子为度，最好用 0.3 cm 孔径的筛子筛过。

覆土完毕后，在床面均匀地覆盖一层稻草，然后用细孔喷壶充分喷水。干旱季节，可在播种前充分灌水，待水分渗入土中再播种覆土，这样可以较长时间保持湿润状态。雨季应有防雨设施。种子发芽出土时，应撤去覆盖物，以防幼苗徒长。

（二）温室花卉播种繁殖

温室花卉播种通常在温室中进行，受季节性的气候条件影响较小，播种期没有严格的季节性限制，常随所需花期而定。播种方法如下。

（1）播种用盆及用土

用深 10 cm 的浅盆、以富含腐殖质的沙质土为宜。一般配合比例如下。

① 细小种子：腐叶土 5、河沙 3、园土 2；② 中粒种子：腐叶土 4、河沙 2、园土 4；③ 大粒种子：腐叶土 5、河沙 1、园土 4。

（2）播种方法

用碎盆片把盆底排水孔盖上，填入碎盆片或粗沙砾，为盆深的 1/3，其上填入筛出的粗粒培养土，厚约 1/3，最上层为播种用土，厚约 1/3。盆土填入后，用木条将土面压实刮平，使土面距盆沿约 1 cm。用"盆浸法"将浅盆下部浸入较大的水盆或水池中，使土面位于盆外水面以上，待土壤浸湿后，将盆提出，过多的水分渗出后，即可播种。

细小种子宜采用撒播法，播种不可过密，可掺入细沙，与种子一起播入，用细筛筛过的土覆盖，厚度约为种子大小的 2～3 倍；秋海棠、大岩桐等细小种子，覆土极薄，以不见种子为度；大粒种子常用点播或条播法。覆土后在盆面上覆盖玻璃、报纸等，减少水分的蒸发。多数种子宜在暗处发芽，像报春花等好光性种子，可用玻璃盖在盆面。蕨类植物孢子的播种，常用双盆法。把孢子播在小瓦盆中，再把小盆置于大盆内的湿润水苔中，小瓦盆借助盆壁吸取水苔中的水分，更有利于孢子萌发。

（3）播种后管理

应注意维持盆土的湿润，干燥时仍然用盆浸法给水。幼苗出土后逐渐移于日光照射充足之处。

第二节
营养繁殖育苗技术

一、扦插育苗

（一）概念和特点

扦插繁殖是利用植物营养器官的再生能力，切取母株的一段枝条、根或一片叶，插入基质中，在适宜的条件下促其生根、发芽，培育出新植株的繁殖方法。

由于扦插材料来源广，成本低，成苗快，简便易行，植株小，又能大规模地进行生产，因此是营养繁殖中最常用的一种方法。当然扦插苗也有管理细致、费工，苗木根系浅，寿命比实生苗短，抗性不如嫁接苗等缺点。

（二）影响插扦生根的内在因素

1. 植物种类

不同种类，甚至同种的不同品种间也会存在生根差异。如景天科、杨柳科、仙人掌科普遍生根容易，而菊花、月季花等品种间差异大，所以，要针对不同的生根特点采用不同的处理或用不同的繁殖方式。

2. 母体状况与采条部位

营养良好、生长正常的母株，是插条生根的重要基础。另外有试验表明，侧枝比主枝易生根；硬木扦插时取自枝梢基部的插条生根较好；软木扦插以顶梢作插条比下部的生根好；营养枝比结果枝更易生根；去掉蕾比带花蕾者生根好。许多花卉如大丽花、木槿属、杜鹃花属、常春藤属等，采自光照较弱处母株上的插条比强光下者生根较好，但菊花例外。

（三）扦插生根的环境条件

1. 基质

扦插基质是扦插的重要环境，直接影响水分、空气、温度及卫生条件，理想的扦插基质应具有保温、保湿、疏松、透气、洁净，酸碱度呈中性，成本低，便于运输的特点。基质可按不同植物的特性而配备，如蛭石呈微酸性，适宜木本、草本花卉扦插；珍珠岩酸碱度呈中性，适宜木本花卉扦插；砻糠灰新的呈碱性，适宜草本花卉扦插；河床中的冲积沙酸碱度呈中性，适宜草本花卉扦插。

2. 温度

不同种类的花卉对扦插温度要求不同，喜温植物需温较高，热带植物可在 $25 \sim 30\,℃$，一般植物在 $15 \sim 20\,℃$较易生根。土温较气温略高 $3 \sim 5\,℃$时对扦插生根有利。

3. 水分与湿度

插穗在湿润的基质中才能生根，基质中适宜的水分含量以 50% 土壤持水量为宜。插条生根前要一直保持高的空气湿度，以避免插穗枝条中水分的过度蒸腾。尤其是带叶的插条，短时间的萎蔫就会延迟生根，干燥会使叶片凋枯或脱落，使生根失败。

4.光照强度

强烈的日光对插条会有不利的影响，因此在扦插期间往往在白天要适当遮阴并间歇喷雾以促进插条生根。在夏季进行扦插时应设阴棚、阴帘或用石灰水洒在温室或塑料面上以遮阴。研究表明，扦插生根期间，许多木本花卉，如木槿属、锦带花属、连翘属，在较低光照下生根较好，但许多草本花卉，如菊花、天竺葵及一品红，适当强光照生根较好。

（四）促进生根的方法

扦插是目前花木繁殖时最常用的方法，为了提高成活率，现将一些经济简便的促进生根方法介绍如下。

插穗：应在处理当时切取，天气炎热时宜于清晨切取。处理前应包裹在湿布里，并在阴凉处操作。早上的花木枝条含水量多，扦插后伤口易愈合，易生根，成活率高。

选花后枝扦插：花后枝内养分含量较高，而且粗壮饱满，扦插成活后发根快，易成活。

带踵扦插：从新枝与老枝相接处下部 2～3 cm 处下剪，这类枝条即为带踵枝条。带踵枝条节间养分多、发根容易、成活率高、幼苗长势强。此法适用于桂花、山茶、无花果等。

机械处理：一是剥皮：对较难发根的品种，插前先将表皮木栓层剥去，加强插穗吸水能力，可促进发根；二是纵刻伤：用刀刻 2～3 cm 长的伤口至韧皮部，可在纵伤沟中形成排列整齐的不定根；三是环剥：剪穗前 15～20 天，将准备用做插穗的枝条基部剥一圈皮层，宽 5～7 mm，以利插穗发出不定根。也可对枝条进行黄化处理，即将枝条在生长的部位遮光，使其黄化，再作为插条可提高生根力。

增加插床土温：早春扦插常因土温不高而造成生根困难，人为提高插条下端生根部位的温度，同时喷水通风降低上端芽所处环境温度，可促进生根。

药剂或激素处理：包括生长调节剂和杀菌剂。处理浓度依植物种类、施用方法而异，一般而言，草本、幼茎和生根容易的种类用较低的浓度，相反则用高浓度。

（五）扦插育苗技术

1. 扦插时期

一般来说，植物一年四季均可扦插繁殖。春季利用头年生枝扦插，夏季利用当年生半木质化新梢带叶扦插，秋季利用已停止生长的当年木质化枝扦插，冬季休眠枝在保护地内扦插。每种花卉都有其最适宜的扦插时期和条件要求，具体的扦插时期应由植物种类、枝条木质化程度和需要而定。

2. 扦插方法和技术

扦插方法依据所用的植物材料，可分为枝插、叶插、叶芽插和根插。

（1）枝插

用植物的茎、枝作插条扦插。

嫩枝扦插：

用当年生嫩枝或半木质化带叶枝条作插穗。大部分一二年生草本花卉和一些花灌木可用软枝扦插繁殖，如天竺葵、菊花和彩叶草等。对茎叶含汁液较多的植物，像凤梨、天竺葵、仙人掌等，插条剪下晾数小时后再扦插，可防止茎腐烂。软枝扦插在温室内周年均可进行，露地扦插在有遮阳设备时，于夏秋植物生长旺盛期也可进行。在环境条件适宜时，软枝很快能发根，半个月至一个月即可成苗，且成活率高，运用广泛。

剪条：选择健壮枝梢，一般剪成 3 ～ 10 cm 长，通常在节下剪断，因为大多数种类在节的附近发根。美女樱、菊花、金鱼草等不必非在节下剪不可，因为在节上也发根。软枝扦插大多带叶，一般保留 1 ～ 2 片整叶，有的也可将叶片剪成半叶，如桂花、茶花、菊花的扦插，有些较大叶片可卷成筒状，以减少蒸腾，如橡皮树扦插。

为了获得大量合适的嫩枝插穗，可对母株进行摘心、短截或摘去花蕾等措施促使其多发新梢。盆栽花灌木，可在秋季早春放入温度较高的温室中，促使抽枝以采插穗。

扦插基质以疏松的蛭石、珍珠岩或沙等为主。扦插时应先开沟，把插穗按一定的株行距摆放到沟内，或者放到预先打好的孔内，然后覆盖基质。不同种类插穗株行距不同，一般以叶片相互间不重叠为宜。插入基质深度为插穗长的 1/3 ～ 1/2，较长的插穗可斜插。扦插完毕浇 1 次透水。扦插初期应控制较高湿度，减少蒸发，必要时需遮阳。

硬枝扦插：

又称休眠期扦插，是用已完全木质化的一二年生枝条作插穗进行扦插。适用于落叶木本花卉的繁殖。一般北方地区宜秋季采穗贮藏后春插，而南方宜秋插。

剪条：插穗一般在秋季落叶后，或在早春树液流动前剪取。选择生长健壮、品种优良的幼嫩母树，剪取靠近主茎的 1 ～ 2 年生枝条作插条，如不立即扦插，应贮藏过冬。一般是将剪取的枝条捆成束，贮藏于室内或地窖的湿沙中，保持 0 ～ 5℃。也可在露天挖沟和坑埋藏，深度以超过冻土层为宜。冬天截取的枝条可贮藏在雪中或地窖中，到扦插时取出剪截成插穗。

插穗一般剪成 10 ～ 20 cm 长，北方干旱地区可稍长，南方湿润地区可稍短。上剪口是平口时，生根慢但生根多，根分布均匀；斜口虽与基质接触面大，吸水多，利于成活，但是生根多在斜口先端，易形成偏根。剪插条时，切口要求平滑不能撕裂。

扦插：扦插前应将贮藏的插条进行剪截、浸水、催根处理。硬枝扦插通常可分为 3 种，即长枝扦插、短枝扦插、单芽枝扦插。

（2）叶插

用于能从叶上发生不定芽及不定根的种类。常见的有景天、蟆叶秋海棠类、千岁兰、大岩桐、百合、非洲紫罗兰和橡皮树等。

供叶插的叶片必须完全成熟、肥厚，将整个叶片或将叶片切成几小块，但每块上必须带有较粗的叶脉，并将叶脉用刀刻伤数处，再直插或平放在扦插基质上，平放时应略覆一些土，保持一定的温度和较高的湿度，很快在叶脉、叶柄处长出根和芽，老的叶片就逐渐衰亡。叶插通常在温室内进行，插时应根据具体种类而采用不同方法。

（3）叶芽插

适用于叶上不宜长出不定芽的花卉种类。插条为一节附一叶，并稍带木质部或带 1～2 cm 的枝段。扦插时将枝段平埋于土中，叶片露出土面。从叶柄基部产生不定根，而叶芽可萌发形成完整植株。叶芽插的基质以沙或沙和珍珠岩混合较好。常见可用叶芽插的种类有山茶、杜鹃、桂花、橡皮树、栀子、柑橘类、菊花、大丽花、龟背竹和喜林芋等。

（4）根插

用于易从根部发生不定芽的木本花卉及宿根花卉的繁殖。如花菱草、福禄考属、海棠花属、牡丹、芍药和丁香等。

根插可在晚秋和早春进行。插条应从幼龄树根上剪取，可结合春、秋季苗木出圃时采根。

秋季采根后，可将根段打成捆，埋藏在沟内保存，以便翌春扦插。剪制插穗时，一般上端平剪下端斜剪，以防颠倒上下位置，并便于扦插操作。

根插法可分为下述 3 种情况。

① 细嫩根类：将根切成长约 3～5 cm，撒布于浅箱、花盆或插床的基质上，再覆一层基质。保持湿润，待发根出芽后移植。如宿根福禄考、锥花福禄考和剪秋罗等；② 肉质根类：将根截成 2.5～5 cm 的插穗，垂直插入基质中，上端与基质面齐或稍高出，待生成不定芽后移植。如荷包牡丹、东方罂粟、霞草和牡丹等可用此法繁殖；③ 粗壮根类：许多花灌木根较粗壮，可直接在露地进行根插，插穗一般在 10～20 cm，横埋于土中，深约 5 cm。

3. 扦插后的管理

（1）水分管理

扦插后立即灌 1 次透水，以后经常保持插壤的湿润。嫩枝扦插一定要保持插壤及空气的较高湿度，每天向叶面喷水 1～2 次，并可通过对插穗地上部分的枝芽遮阳套袋、覆盖、喷雾等，减少插穗水分蒸腾。

（2）温度控制

木本植物最适生根的温度是 20 ～ 25℃，早春扦插时的地温较低，一般开始时达不到适温要求，往往需要加温催根；夏季和秋季扦插，地温较高，气温更高，需通过遮阳、喷水降温等使扦插温度达到适宜状态；冬季扦插时，气温和地温都很低，需在保护地内进行。

（3）施肥管理

插穗生根前不需要肥料，生根成活后，植株开始迅速生长，原先插穗内部的贮藏营养已耗尽，就必须对扦插苗进行追肥。嫩枝扦插因带有叶片，扦插后每间隔 5 ～ 7 天可用 0.1% ～ 0.3% 浓度的氮、磷、钾复合肥喷洒叶面，对加速生根有一定效果。硬枝扦插当新梢展叶后，也可采用上述同样方法进行叶面喷肥，促进生根和生长。

（4）植株管理

扦插苗极易出现假活现象，为了保持插条的水分平衡，可适当摘除一些叶片。插条上如带有花芽或出现花蕾时，应及早摘除，避免消耗养料。另外，根据不同花卉及其用途，对已生长的植株进行定枝、绑梢、修剪、造型、防病、灭虫及防寒越冬等管理。

二、嫁接育苗

（一）概念

嫁接是将一种植物的枝、芽等一部分器官移接到另一植株根、茎上，使之长成新植株的繁殖方法。

（二）特点

嫁接繁殖可提高植物对不良环境条件的抵抗力。对于某些不易用其他无性方法繁殖的花卉，如梅花、桃花、白兰等，用嫁接可大量生产种苗。另外，嫁接可提高特殊种类的成活率，如仙人掌类的黄、红、粉色品种只有嫁接在绿色砧木上才能生长良好。嫁接可提高观赏植物的可观赏性，如垂榆、垂枝槐等嫁接在直立的砧木 更能体现下垂的姿态。用黄蒿作砧木的嫁接菊可高达 5 m。开出 5 000 多朵花。还可促进或抑制生长发育，提早开花结实，使植株乔化或矮化。

（三）砧木与接穗的选择

1. 砧木的选择

适宜的砧木应与接穗有良好的亲和力；砧木适应本地自然条件，生长健壮；对接穗的生长、开花、寿命有良好的影响；能满足生产上的需求，如矮化、乔化、无刺等；以一二年生实生苗为好。

2. 接穗的采集

接穗应从优良品种、特性强的植株上采取；枝条生长健壮充实、芽体饱满，取枝条的中间部分，过嫩不行，过老也不行；春季嫁接采用二年生枝，生长期芽接和嫩枝接采用当年生枝。

（四）嫁接技术

1. 切接

一般在春季 3 ～ 4 月进行。适用于砧木较接穗粗的情况，根茎接、靠接、高接均可。选定砧木，离地 10 ～ 12 cm 处水平截去上部，在横切面一侧用嫁接刀纵向下切约 2 cm 左右稍带木质部，露出形成层。截取接穗 5 ～ 8 cm 的小段，上有 2 ～ 3 个芽，下部削成正面 2 cm 左右的斜面，反面再削一短斜面，长为对侧的 1/4 ～ 1/3，切口要平滑。插入砧木，使它们形成层相互对齐。若接穗较砧木细小时，只使接穗形成层的一侧与砧木形成层的一侧对齐即可。插放后用麻线或塑料膜带扎紧不能松动。

2. 劈接

常用于较大的砧木，一般在春季 3 ～ 4 月进行。将砧木上部截去，于中央垂直切下，劈成约 5 cm 长的切口。再在接穗的下端两边相对处各削一斜面，使成楔形，然后插入砧木切口中，使接穗一侧形成层密接于砧木形成层，用塑料膜带扎紧即可。此法常用于草本植物，如菊花、大丽花的嫁接和木本植物如杜鹃花、榕树、金橘的高接换头。

3. T字形芽接

选枝条中部饱满的侧芽作接芽，剪去叶片，仅留叶柄。在接芽上方 5～7 mm 处横切一刀深达木质部，然后在接芽下方 1 cm 向芽的位置削去芽片，芽片呈盾形，连同叶柄一起取下，在砧木的一侧横切一刀，深达木质部，再从切口中间向下纵切一刀长 3 cm，使其成 T 字形，用芽接刀把皮轻轻挑开，将芽片插入口中，使芽片上部横切口与砧木的横切口平齐并密接，合拢皮层包住芽片，用塑料条扎紧。接后 7～10 天检查叶柄，用手轻触即脱落的已活，芽皱缩的要重新接。

4. 靠接

靠接主要用于嫁接不易成活的或贵重珍奇的种类。为了方便操作，接前先将砧木或接穗上盆，上盆时可将植株栽于靠盆边的一侧，以便于嫁接时贴合。应在植物生长期间进行，接时在两植株茎上分别切出切面，深达木质部，然后使二者的形成层紧贴扎紧。成活后，将接穗截离母株，并截去砧木上部枝茎即可。

5. 仙人掌类髓心接

是仙人掌类植物的嫁接方式，接穗和砧木以髓心愈合而成的嫁接技术。仙人掌科许多种属之间均能嫁接成活，而且亲和力高。三棱剑特别适宜于缺叶绿素的种类和品种作砧木，在我国应用最普遍。而仙人掌属也是好砧木，对葫芦掌、蟹爪、仙人指等分枝低的附生型很适宜。

（1）平接法

适用于柱状或球形种类。先将砧木上面切平，外缘削去一圈皮，平展露出砧木的髓心。接穗基部平削，接穗与砧木接口安上后，再轻轻转动一下，排除接合面间的空气，使砧穗紧密吻合。用细线或塑料条做纵向捆绑，使接口密接。

（2）插接法

适用于接穗为扁平叶状的种类。用窄的小刀从砧木的侧面或顶部插入，形成一嫁接口，再选取生长成熟饱满的接穗，在基部 1 cm 处两侧都削去外皮，露出髓心。把接穗插入砧木嫁接口中，用刺固定。用叶仙人掌做砧木时，只需将砧木短枝顶端的韧皮部削去，顶部削尖，插入接穗体的基部即成。

（3）仙人掌类嫁接注意事项

① 嫁接时间以春、秋为好，温度保持在 20 ～ 25℃下易于愈合；② 砧木接穗要选用健壮无病，不太老也不太幼嫩的部分；③ 嫁接时，砧木与接穗不能萎蔫，要含水充足。如已萎蔫的接穗，必要时可在嫁接前先浸水几小时，使其充分吸水。嫁接时砧木和接穗表面要干燥；④ 砧木接口的高低，由多种因素决定。无叶绿素的种类要高接，接穗下垂或自基部分枝的种类也要接得高些。以便于造型。鸡冠状种类也要高接；⑤ 嫁接后 1 周内不浇水，保持一定的空气湿度，放到阴处，不能让日光直射。约 10 天就可去掉绑扎线。成活后，砧木上长出的萌蘖要及时去掉，以免影响接穗的生长。

三、分生繁殖

（一）概念

对于易丛生、易萌蘖及球根类的花卉通过分株或分球进行分离栽植的繁殖方法。统称分生繁殖。或是指将植物体上生长出的幼小的植物体分离出来，或将植物体营养器官的一部分与母株分离，另行栽植而形成独立植株的繁殖方法。主要包括分株法以及利用植物的吸芽、株芽、变态茎（包括走茎、匍匐茎、攀缘茎、根状茎、球茎、鳞茎、块茎）营养器官。

（二）特点

优点：最简单、最可靠、成活率高、成苗快、开花早。

缺点：繁殖系数低。

（三）分生繁殖的种类

1. 分株法

概念：分割自母株发生的根蘖、吸芽、珠芽和零余子、走茎等，进行分栽后即成新植株的繁殖。

季节：一般在春、秋两季进行。宿根花卉和一些丛生状的花木类及分蘖多的种类常用此法。露地花卉中春天开花类如芍药药、牡丹，在秋天进行。夏秋开花类如玉簪、菊花等在春天进行。温室花卉如君子兰、非洲菊等春秋均可。

2. 分球法

概念：球根类花卉在老球上边或侧面能长出新球（子球），或将老球分裂也能发新球，将其分离栽培即长成新株。

季节：一般在春、秋两季进行，春植球根如唐菖蒲、晚香玉等，秋季挖取晾干，再将新球与子球分开，分别贮藏；秋植球根如郁金香、风信子等，夏季挖取晾晒，再将大、小球分开分别贮藏。

植球前要翻地，一般翻地深度达到 25 cm 以上，整平后开沟植球，沟距 25 cm 左右，沟底施用基肥，基肥以厩肥、草木灰为主，肥料上覆一薄层土，然后植球，植球距离由种球种类和种球的大小而定，大球可单行栽植，子球可双行栽植。深度由球的大小和土质而定，一般掌握在球高的 2～3 倍，植球时还要注意芽的着生位置，使芽眼向上，有利于出土。

一般鳞茎自然形成小球较慢，有些种类如百合、风信子，可采用刻沟或挖孔等人工处理，促进生长子球。切沟法是将掘起干燥一个多月的鳞茎部削平，然后在球底交叉切入 2～3 刀，子球即在切伤处发。挖孔法是在充分干燥的鳞茎底，用刀将鳞茎盘挖去，深为球高的 1/4。经过处理的鳞茎切口向上，倒置在木盘中，置于阴凉通风处。

百合除自然分球外，常剥取母球鳞片进行扦插，即在秋季茎、叶枯萎时掘起鳞茎，干燥数日后，表面稍皱缩时将鳞片剥下，基部向下斜插于疏松土壤内 3～4 cm，以后在鳞片基部长出 1 至数个小球，可进行分栽。

卷丹及紫沙百合等叶腋间，可产生许多小鳞茎，通常称为"珠芽"。

可在生长期间摘取珠芽插于繁殖床内经二年培养可部分开花。

对于大丽花的块根，因根上无不定芽，发芽部位在根茎处，分割时必须每块根连带着芽或在根茎部分切开，再行栽植。美人蕉及鸢尾的肥大根茎，可按根茎上之芽数，分割为数段而后栽植。根茎分株时间，在栽植前进行。分株法成菌较快，大多数当年均可开花。

（四）分株的方法

1. 露地花卉

这类花木在分株繁殖前一些种类需将母本株从日内挖掘出来，并尽量多带根系，然后将整个株丛分成几丛，每丛都带有较多的根系，如芍药、牡丹等。还有一些萌芽力很强的花灌木和藤本植物，在母株的四周常萌发出许多幼小株丛，在分株时不必挖掘母株，只挖掘分蘖苗另栽即可，如蔷薇、凌霄、月季等。

2. 盆栽花卉

盆栽花卉的分株繁殖多用于草花，分株前先把母本从盆内脱出，抖掉大部分泥土，找出每个萌芽根系的延伸方向，并把盘在一起的根分解开来，尽量少伤根系，然后用刀把分蘖苗和母株连接的根茎部分割开，并对根系进行修剪，剔除老根及病根然后立即上盆栽植。浇水后放在阴棚养护，如发现有凋萎现象，应向叶面和周围喷水来增加湿度，待新芽萌发后再转入正常养护。如兰花、鹤望兰、萱草等。

3. 仙人掌类及多肉植物

仙人掌类植物分株繁殖较少使用，只有白檀、松霞、银琥、绒毛球等少数种类可采用。这些种类易生仔球，但仔球与母株没有明显的大小差异，仔球在母株上就已长出了根系，这样就形成了丛生植株，过分拥挤时需及时分株，分株一般用手册开分成几丛分别上盆栽植即可。分株在南方一年四季均可，但以春季为佳，北方在春、夏进行为宜。

分株在多肉植物中应用较多，如芦荟、虎尾兰、十二卷等。根部常有许多小株，这些小植株很快就长得和母株同样形状并长出自己的根系。可在生长初期结合换盆把它们单独上盆。

（五）分球繁殖的方法

大部分球根类花卉的地下部分分生能力都很强，每年都能长出一些新的球根，用它们进行繁殖，方法简便，开花也早。分球根的方法因球根部分的植物器官不同而不同，主要有以下几类。

1. 球茎类

唐菖蒲、小苍兰的球根属于球茎。唐菖蒲和小苍兰分生能力都很强，开花后在老球茎干枯的同时，能分生出几个大小不等的球茎。大球茎第二年分栽后，当年即可开花，小球茎则需培养 2～3 年后才能开花，它们还能分生出许多 0.5 cm 直径的小球，这些仔球条播后，也可逐渐长成大球。

2. 鳞茎类

鳞茎是变态的地下茎，具有鳞茎盘，其上着生肥厚多肉的鳞片而呈球状。每年从老球的基部的茎盘部分分生出几个仔球，抱合在母球上，把这些仔球分开另栽来培养大球。鳞茎因其外层膜状皮的有无分有皮鳞茎如郁金香、风信子、水仙、石蒜等和无皮鳞茎如百合、贝母等。

3. 块茎类

由茎肥大而成的变态茎，近块状，芽通常在块顶端。如美人蕉的地下部分具有横生的块茎，并发生很多分枝，其生长点位于分枝的顶端，在分割时，每块分割下来的块茎分枝都必须带有顶芽，才能长出新的植株，新根则在块茎的节部发生，这种块茎分栽后，当年都能开花。

4. 块根类

由地下的根肥大变态而成，块根上没有芽，它们的芽都着生在接近地表的根茎上，单纯栽一个块根不能萌发新株。因此，分割时每一部分都必须带有根茎部分才能形成新的植株。如大丽花、花毛茛等。

5. 根茎类

一些植物具有肥大而粗长的根状变态茎，具有节、节间、芽等与地上茎类似的结构，节上可形成根，并发出侧芽，切离后即可成为新的植株。如马蹄莲、蜘蛛抱蛋等。

（六）其他分生繁殖方法

1. 分根蘖

将根茎处或地下茎的萌蘖切下栽植，从而形成新植株。如大花蕙兰、玉替等。

2. 吸芽

为某些植物根际或地上茎叶腋间自然发生的短缩、肥厚呈莲座状的短枝。如芦荟和凤梨等。

3. 珠芽及零余子

这是某些植物所具有的特殊形式的芽，生于叶腋间或花序中，百合科的一些花卉都具有，如百合、卷丹、观赏葱等。珠芽及零余子脱离母株后自然落地即可生根。

4. 走茎

为地上茎的变态，从叶丛中抽生出的节间较长茎，并且在节上着生叶、花、不定根，同时能产生幼小植株，这些小植株另行栽植即可形成新的植株，这样的茎叫走茎。用走茎繁殖的花卉有虎耳草、吊兰等。

四、压条繁殖

压条繁殖是将母株的枝条或茎蔓埋压在土中，或用湿润物包裹后使其生根，然后再与母株分离培育成新植株的方法。适用于扦插不易成活的花卉。此法成活率高，并可获得大苗。但繁殖系数很低，能用其他方法繁殖的一般不用此法。

为促进发根，通常对压条进行环剥、刻伤、拧裂等处理。压条时期一般在早春发叶前，常绿树则在雨季进行。常见压条方法有以下3种。

（一）低压法

低压法又称地压法，即将枝条一部分埋入土中，使其生根。低压法有不同的处理方法，普通压条法适用于离地面近又较易弯曲的植物。早春植株生长前，选择母株上1～2年生健壮枝条，刻伤或环剥，然后将伤口处压弯埋入土中并加以固定，枝梢露出土面，约经一个生长季节即可生根分离。如果是藤本或蔓生植物，可将近地面枝条变成波状，将着地部分埋入土内使之生根，待长芽发根后逐段分成新株。

（二）壅土压条法

壅土是指将土培到根茎上，故也称培土压条，适用于丛生性强或根蘖性强的植物。如杜鹃、大八仙花、贴梗海棠、栀子、牡丹和紫玉兰等。做法是冬季将母株进行重剪，促发大量新枝，夏季在枝条基部环剥刻伤后在植株基部壅土，保湿，过一段时间，环割后的伤口部分隐芽长出新根，翌春刨开土堆分株成新植株。

（三）高枝压条法

某些常绿木本观赏植物扦插生根困难且枝条多不便弯曲到地面来进行压条，可采用高枝压条，也称高空压条。这种方法虽然繁殖率比较低，操作也麻烦，但成功率较高。做法是：春季在一年生枝或夏季在当年生枝条上在其下部靠近节的部位环剥或刻伤，或用铁丝缢扎，或扭枝，破坏该部位的韧皮部，可以涂抹一些促进生根的植物生长素、潮湿的苔藓、蛭石、疏松土壤等将刻伤部位包好，外面再用黑色塑料薄膜包好，上下两端捆紧以防水分散失。在生根期间，注意保持袋内基质的湿度，经过一个生长季节就能发根。然后在压条下面剪离母株，去掉塑料薄膜，带原土上盆或地栽。适宜高压的花木有丁香、米兰、茉莉、白兰花、桂花、杜鹃、云南山茶花、橡皮树和变叶木等。

第四章

盆花生产技术

第一节
盆花生产技术要点

一、盆栽植物的选择

盆栽植物的选择一般是根据生产设施、技术水平和市场需要而定，此外，还要考虑下列因素。

从应用方面看：植株要优美，株高相对适中，能与花盆相协调，同时能适应多种场合的装饰和应用。

从植物习性看：抗性和适应性要强，并且对温度、光照和水分等环境条件要求不特别严格的花卉种类。

从养护要求看：应对养护要求较低、管理措施较为简单的植物种类。

二、基质的选择

（一）基质的配制

盆栽的基质，就是盆花的培养基质，它是固定盆栽植物的介质，也是盆花吸收水分和养分进行自养生长的基础。

培养基质种类很多，最常见的是普通土壤（田园土），此外还有泥炭、蛭石、珍珠岩、树皮、沙石、陶粒、园土、稻壳、炉渣和岩棉等。

单一基质虽然能够用于盆花生产，但由于各种原因一般较少采用。通常采用的盆栽基质是选择两种或两种以上的单一基质，按一定比例配合而成的复合基质，常用复合基质的配方有下列几种，可根据不同的生产要求进行配制。

扦插成活苗：2 份粗珍珠岩，1 份壤土，1 份腐叶土。

移植小苗：1 份蛭石，1 份壤土，1 份腐叶土。

一般盆栽：1 份蛭石，2 份壤土，1 份腐殖质土，0.5 份干燥腐熟厩肥。

较喜肥的盆花：2 份蛭石，2 份壤土，2 份腐殖质土，0.5 份干燥腐熟厩肥和适量骨粉。

木本花卉盆栽：2 份蛭石，2 份壤土，2 份泥炭土，1 份腐叶土，0.5 份干燥腐熟厩肥。

仙人掌和多肉植物：2 份蛭石，2 份壤土，1 份细碎盆粒，0.5 份腐叶土，适量骨粉和石灰。

（二）基质消毒

为了防止土壤中存在的病毒、细菌、真菌、线虫、昆虫等的危害，对土盆栽基质必须进行消毒，以保证盆花的健壮。消毒的方法有化学消毒和物理消毒两大类。

1. 物理消毒

用物理的手段对土壤进行消毒，一般有日光消毒（紫外线杀菌）、蒸汽消毒、高温熏烤消毒等。

日光消毒：将选用的基质摊开在阳光充足的地面上晒十天左右或稍长，并隔一定时段进行翻动，使其充分接受阳光。太阳光中的紫外线能杀死细菌，同时，由于阳光的暴晒，土壤中一些虫子或虫卵因严重失水而死亡。

蒸汽消毒：将蒸汽通入基质，要求蒸汽温度在 $100 \sim 120℃$，消毒时间 40 ～ 60 分钟，可杀死基质中的病原微生物，是最有效的消毒方法。

高温熏烤消毒：收集枯枝落叶，将土壤与枯枝落叶分层堆积，点燃枯枝，让其慢慢燃烧，释放出的热量和烟雾，可杀死病原菌、虫卵以及土壤中的杂草种子，是一种就地取材、行之有效的方法。

2. 化学消毒

用化学物质杀死土壤中病原微生物的方法。

福尔马林喷雾法：用 40% 福尔马林稀释 400 ～ 500 倍液，喷洒于土壤上，并用薄膜覆盖 3 ～ 5 天，揭开翻晾 1 ～ 2 天，使药散发方可用。

硫磺粉消毒法：硫磺粉可杀死病菌、虫卵，又能改善土壤酸碱度，喜酸花卉在土壤中加入适量硫磺粉，可提高土壤酸性。一般每立方米加入 50 ～ 60 g。

黑矾消毒法：黑矾又名硫酸亚铁，将 2% ～ 3% 的硫酸亚铁加入土中混匀，按每立方米 100 ～ 150 g 撒入土中，可杀死病菌。

高锰酸钾消毒法：用 5% 的高锰酸钾溶液浇于土壤，薄膜闷 2 ～ 3 天，揭膜后稍疏水，可杀死病菌，防止腐烂病、立枯病。

多菌灵消毒：多菌灵可杀死土壤中真菌，是预防真菌病害的方法。其次，甲基托布津、代森锰锌、三唑酮、扑海因等，也有同样的效果。

三、花盆的选择

（一）花盆的种类

1. 素烧盆（瓦盆）

又称泥盆或瓦盆，利用黏土在 800 ～ 900℃ 高温下烧制而成。素烧盆透气、透水性强，利于根系生长，价格低廉。但较笨重，易破损，质地粗糙，易长苔藓，不美观。一般有红色和灰色两种。在 30 cm 以上的口径规格中，按高矮可分为高脚盆和低脚盆。此外，还有适宜播种和扦插的浅盆，又称塔盆或落籽盆。

瓦盆

素烧盆适宜种一年生草花，如放在室内，应配上白色塑料套盆和托盘。

2. 紫砂盆

有细砂和粗砂两种。色泽有红色、奶黄色。盆身大多刻有诗文，古色古香。但它的排水、通气性能不如素烧盆，可以栽培生长能力较强的花卉，也适宜作为套盆摆设用。

紫砂盆

3. 釉盆（陶瓷盆）

外形美观，色彩鲜艳，品种多样，装饰效果良好。但透气性差，质地重，易于破碎，主要用作大型花木或耐湿植物的栽培。如果盆底无排水孔，也可用作套盆。

陶瓷盆

4. 塑料盆

以聚氯乙烯按一定模型制成。塑料盆色泽美观，质量轻巧，易于搬动，表面光亮，富有时代感，与现代居室环境相配，保温性强。但容易老化，使用年限短，排水、透气性差。多用作室内吊挂、壁栽植物的容器。

塑料盆

5. 木盆（或木桶）

一般选用材质坚硬，不易腐烂，厚度在0.5～1.5 cm的木板制作而成。外观古朴雅致，装饰效果好，透气性强。但质量较重，使用寿命短（约2～3年）。多用作不能露地越冬的大型木本植物的容器栽植。

木盆

6. 吊盆

要求容器质地轻、不易破碎，一般采用塑料盆，但盆口相对要浅，并配有塑料吊钩或尼龙绳、金属链等其他悬挂物。主要用于垂吊植物（如常春藤、吊兰、绿萝等）的栽植。

吊盆

7. 水养盆（缸）

盆（缸）底无排水孔，内可盛水，盆（缸）面宽大。水养盆一般用于开花前水仙的水培，水养缸主要用于荷花、睡莲等水生植物的栽培。

水养盆

8. 兰盆

盆壁有各种形状的孔洞，专用于气生兰及附生蕨类植物的栽培。此外，也常用木藤或竹篾编制各种式样的兰筐代替兰盆。

兰盆

9. 盆景用盆

常为瓷盆或陶盆，深浅不一，形式多样。山水盆景一般采用特制的浅盘，以石盆为上品。

盆景用盆

10. 玻璃器皿

利用玻璃制成的各种器皿，多用一些花卉的水培（如风信子），或切花（或切枝、切叶）的瓶插。

玻璃器皿

（二）花盆的选择原则

理想的栽植容器应除了具有质量轻、搬运方便、经久耐用、不易破碎、价格低廉等特点外，还应考虑栽培容器的规格大小能否满足植物生长的需要；容器的色彩、造型与植物的外形、色彩是否相配合。

瓦盆价格低廉，故使用最多。紫砂陶盆古朴大方，装饰华美，适宜栽培兰花、梅花、树桩盆景以及各种名贵花卉。瓷盆美观雅致，适宜套盆用。釉盆外形美观、质地牢固，但排水通气性不好，适宜耐湿植物或大株花木。塑料盆适宜栽培吊兰、垂盆草等悬挂型花卉。

浅口盆适合播种、育苗、培植水仙花和树桩盆景等。签筒盆口小盆深，宜栽紫藤、吊兰、常春藤等悬垂式花草。口大而高矮适中的花盆，宜栽杜鹃、米兰、茶花等丛生花灌木。特大型盆（又称花缸），宜栽观赏乔木、以及荷花、睡莲等水生。微型盆小巧纤美，宜栽文竹、仙人球等。

总之，栽植容器的大小选择，取决于植株的大小，栽植容器的形状、色泽要与植物冠形、色彩相协调。

四、盆栽形式

（一）根据植物姿态及造型分类

可分为直立式、散射式、垂吊式、图腾柱式及攀援式等类。

直立式盆花：植物本身姿态修长、高耸，或有明显挺拔的主干，可以形成直立性线条。直立式盆栽常用作装饰组合的背景或视觉中心，以增强装饰布局的气势。体量大的如盆栽南洋杉、龙柏、龙血树，小型的如旱伞草等。

散射式盆花：植株枝叶开散，占有的空间大，多数观叶、观花、观果的植物属此类。适于室内单独摆放，或在室内组成带状或块状图形。大型的如苏铁，小型的如月季花、小丽花。

垂吊式盆花：茎叶细软、下弯或蔓生花卉可作垂吊式栽培，放置室内几架高处，或嵌放在街道建筑的墙面，使枝叶自然下垂，也可栽于吊篮挂窗前、檐下，其姿态潇洒自然，装饰性强。如吊兰、吊金钱、常春藤、鸭跖草和蔓性天竺葵等。

图腾柱式盆花：对一些攀缘性和具有气生根的花卉如绿萝、黄金葛、合果芋、喜林芋等，盆栽后于盆中央直立一柱，柱上缠以吸湿的棕皮等软质材料，将植株缠绕附在柱的周围，气生根可继续吸水供生长需要，全株型直立柱式，高时可达 2～3 m，装饰门厅、通道、厅堂角隅，十分壮观。小型的可装饰居室角隅，使室内富有生气。

攀援式盆花：蔓性和攀缘性花卉可以盆栽后经牵引，使附着于室内窗前墙面或阳台栏杆上，使室内生气盎然。

（二）根据盆花植物组成分类

可分为独本盆栽、多本群栽、多类混栽。

独本盆栽：指一个盆中栽培一株，通常是栽种本身具有特定观赏姿态特色的花卉。也是传统应用最多的方式。如菊花、仙客来、瓜叶菊、彩叶凤梨、茶花等。独本盆栽适于单独摆放装饰或组合成线状花带。

多本群栽：相同的植物在同一容器内的栽植。对一些独本盆栽时体量过小及无特殊姿态的花卉或极易分蘖的花卉适于多本群栽，可形成群体美。例如，鹤望兰、广东万年青、秋海棠、虎尾兰、文竹和葱兰等。

多类混栽：又称组合栽培，是目前较流行的一种盆栽形式。即将几种对环境要求相似的小型观叶、观花、观果花卉组合栽种于同一容器内形成色调调和、高低参差、形式相称的小群体，或再用匍匐性植物衬托基部，模拟自然群落的景观，成为缩小的"室内花卉"。

五、盆栽基本方法

（一）选盆

应按照盆栽花卉不同的生长发育时期来选择不同规格的花盆。

在幼苗期一般选用苗盘，待幼苗长至具有 3～5 枚叶时选用直径为 8～10 cm 的盆上盆。以后每次换盆时应选择比原来的盆大 3～5 cm 的花盆，直至苗木长成后，需要限制其生长时，则可采用同样大小的盆进行换盆。

（二）上盆

将幼苗移植于花盆中的过程称上盆。播种苗长到一定大小、扦插苗生根成活后，以及露地栽培的花卉需移入花盆中栽植的都称上盆。上盆的步骤如下。

填盆孔：上盆时，若用瓦盆，须将盆底排水孔用碎盆片或瓦片盖住，以免基质从排水孔流出，以利排水。盖住盆孔后，若花盆较大可以先在盆底垫一些基质粗粒以及一些煤渣、粗沙等；小盆可以直接填基质。若用塑料盆，因其盆底孔较小，不必放碎瓦片，可以直接栽苗，或者铺一层基质粗粒。

装盆：栽苗时，盆中先加少量栽培基质，然后将花苗放入盆的中央，扶正，沿盆周加入基质。当基质加到盆的一半时，将花苗轻轻上提，使根系自然舒展，然后再继续填入基质，直至基质填满花盆时，轻轻震动花盆，使基质下沉，再用手轻压植株四周和盆边的基质，使根系与基质紧密相接。花苗栽好后，基质离盆缘应保留 2～3 cm 的距离，以便日后灌水施肥之用。

盆后的管理：栽植后，用喷壶浇水，浇水要充分，一直浇到从排水孔流出为止。若需缓苗的花卉，可以将盆花放在庇荫处，待缓苗后转入正常的管理。

（三）换盆或翻盆

随着花卉的生长，需要将已经盆栽的花卉，由小盆换到另一个大盆中的操作过程，称为换盆。

盆栽多年的花卉，为了改善营养状况，或者要进行分株、换土等，必须将盆栽的植株从花盆中取出，经分株或换土后，再栽入盆中的过程，称为翻盆。

换盆和翻盆的次数：换盆应按照植株生长发育的状况逐渐进行，切不可将植株一下子换入过大的盆内。一般一二年生草花因其生长迅速，故从生长到开花，一般要换盆 2～3 次；多年省宿根花卉一般每年换盆或翻盆 1 次。木本花卉 2～3 年换盆或翻盆 1 次。

换盆或翻盆的时间：多年生宿根花卉和木本花卉的换盆或翻盆一般在休眠期，即停止生长之后或开始生长之前进行；常绿花卉可以在雨季进行。生长迅速、冠幅变化较大的花卉，可以根据生长状况以及需要随时进行换盆或翻盆。

换盆步骤：换盆时一手托住植株基部，将盆提起倒置，另一手以拇指通过排水孔下按，土球即可取出。如植株较大，应由 2 人合作完成。其中一人用双手将植株的根茎部握住，另一人用双手抱住花盆，在木凳上轻磕盆沿，将植株倒出。取出植株后，把植株根团周围以及底部的基质除去约 1/4，同时剪去衰老及受伤的根系，并对植株地上部分的枝叶进行适当的修剪或剪除。最后将植株重新栽植到要换的盆内，灌足水，置阴处 2～3 天后再移到阳光下。注意保持盆土湿润。

（四）转盆

盆花在一个位置放置时间过长后，由于植株的趋光性，会使植株向光一侧偏转，造成盆花倾斜。为了防止植株偏斜，破坏匀称圆整的株型，应在一段时间后，转换花盆的方向，使植株均匀地生长。

（五）倒盆

由于各种原因调换盆花在栽培地摆放位置的工作，称为倒盆。倒盆的主要原因有：花卉冠幅较大、盆花放置的位置以及盆花不同生长阶段对光照、温度、水分的不同要求进行倒盆。

六、盆花的管理

（一）灌水

盆栽花卉灌水以天然降水为上，其次是江、河湖中的流水，以井水浇花应特别注意水质。无论是井水或是含氯的自来水，均应在贮水池经24小时之后再用。

浇水的次数和浇水量要根据花卉的种类、习性、生长阶段、季节、天气状况和栽培基质等多种因素灵活掌握。

草本花卉比木本花卉要多浇，球根花卉要少浇；喜湿花卉要多浇水，旱生花卉要少浇水；休眠期间少浇或停浇，从休眠期转入生长期，浇水量要逐渐增加；花卉生长旺盛期要多浇，开花期前和结实期要少浇，盛花期适当多浇；疏松土壤多浇，黏重土壤少浇。夏季浇水以清晨和傍晚为宜，冬季以上午10时以后为宜。

浇水的原则"干透浇透，干湿相间"，即浇水应在盆栽基质表面干透发白时进行。浇水必须浇足，要浇到盆底排水孔渗出水为止，切忌半干半湿，浇半截水。

盆花浇水的方法根据花卉的种类和生产方法有喷灌、滴灌、浇灌等。

（二）施肥

盆栽花卉长期生长在盆钵之中，根系扩展受盆土限制，盆花生长发育中需要的营养元素主要由盆栽基质来提供，但盆栽基质中营养元素的量往往不能满足盆花生长的需要，因此施肥对其生长和发育就显得至关重要。

一般在上盆及换盆的时候施基肥，生长期间施追肥。常用的基肥只要有饼肥、牛粪、鸡粪、羊角等。基肥施如量不应超过盆土总量的20%，可与培养土混合后均匀施入。追肥以薄肥勤施为原则，通常以沤制好的饼肥、油渣为主，也可用化肥或微量元素追施或叶面喷施。叶面喷施时有机液肥的质量浓度不宜超过5%，化肥的施用质量浓度一般不超过0.3%，微量元素质量浓度不超过0.05%。

施肥一般在晴天进行。施肥前先松土，待盆土稍干后再进行。施肥后立即用水喷洒叶面，以免残留肥液污染叶片，第二天务必浇1次水。生长旺盛时期多施，休眠期少施。根外追肥通常应在中午前后喷洒，不宜在低温下进行。另外，由于气孔多分布于叶背面，叶背吸肥力强，因此液肥应多喷于叶背面。盆栽花卉的用肥应合理配合配施，否则易发生营养缺乏症。苗期以营养生长为主，需要多施氮肥；花芽分化和孕蕾期需要多施磷、钾肥；观叶植物不能缺氮；观茎植物不能缺钾；观花和观果植物不能缺磷。

（三）整形与修剪

整形是根据植株生长发育特性和人们观赏与生产的需要，对植物施行一定的技术措施，以培养出人们所需要的结构和形态的一种技术。整形的措施有：支缚、绑扎和引诱等。修剪是指对植株的某些器官，如根、茎、枝、叶、花、和果实等，进行部分疏删和剪截的操作。修剪的措施有：摘心与剪梢、摘叶、摘花与摘果、剥芽与除蕾、去蘖和剪枝等。

第二节
盆花生产实例

一、宿根花卉

1. 蝴蝶兰

【学名】*Phalaenopsis amabilis*

【别名】蝶兰

【科属】兰科，蝴蝶兰属

【形态特征】蝴蝶兰茎很短，常被叶鞘所包。叶片稍肉质，常3～4枚或更多，正面绿色，背面紫色，椭圆形，长圆形或镰刀状长圆形，先端锐尖或钝，基部楔形或有时歪斜，具短而宽的鞘。花序侧生于茎的基部，长达50 cm，不分枝或有时分枝；花序柄绿色，被数枚鳞片状鞘；花序轴紫绿色，多少回折状，常具数朵由基部向顶端逐朵开放的花；花苞片卵状三角形；花梗连同子房绿色，纤细；花色鲜艳夺日，既有纯白、鹅黄、绊红，也有淡紫、橙赤和蔚蓝。有不少品种兼备双色或三色，有的品种上有斑点或条纹。花期4～6月。

【生态习性】喜欢高气温、高湿度、通风透气的环境；不耐涝，耐半阴环境，忌烈日直射，越冬温度不低于15℃。

蝴蝶兰

【栽培管理】

组培或分株繁殖。盆栽基质采用水苔、浮石、桫椤屑、木炭碎等。要细心加以保护蝴蝶兰的气根，切不可触动损伤。要求空间经常保持湿度50%～70%，盆内不能淋水过多。如果种于家居阳台，在晴日最好每天洒湿地面三四次，让它的植株能吸收蒸发的水分。在夏秋季节不能让阳光直射。但早上的朝阳对它生长最好，应充分加以利用。如果春季阴雨天过多，晚上要用光管给它增加光照，以利日后开花。春夏期间可每隔7～10天施用1次稀薄液肥，宜用蝴蝶兰专用营养液，但有花蕾时勿施，否则容易提早落蕾。夏天长叶（即花期过后），可以追施氮肥和钾肥。秋冬花茎生长期则可用磷肥，但要稀薄，约每隔2～3周施用1次。施肥的时间在下午浇水以后，施肥数次后，要用大量水冲洗兰盆及兰株，以免残留的无机盐类为害根部。蝴蝶兰经常会发生叶斑病和根腐病，可采用农药百菌清或达仙冲1000倍溶液喷射，每隔7～8天喷1次，连喷3次。

【应用】蝴蝶兰因花形似蝶得名，其花姿优美、颜色华丽，为热带兰中的珍品，有"兰中皇后"之美誉。可用作切花或室内盆栽观赏。

2. 菊花

【学名】*Dendranthema morifolium*

【别名】寿客、金英、黄华、秋菊、陶菊

【科属】菊科，菊属

【形态特征】多年生草本植物。株高 20 ～ 200 cm，通常 30 ～ 90 cm。茎色嫩绿或褐色，除悬崖菊外多为直立分枝，基部半木质化。单叶互生，卵圆至长圆形，边缘有缺刻及锯齿。头状花序顶生或腋生，一朵或数朵簇生。舌状花为雌花，筒状花为两性花。舌状花分为平、匙、管、畸四类，色彩丰富，有红、黄、白、墨、紫、绿、橙、粉、棕、雪青、淡绿等。筒状花发展成为具各种色彩的"托桂瓣"，花色有红、黄、白、紫、绿、粉红、复色、间色等色系。

菊花

【生态习性】喜凉爽、较耐寒，生长适温 18 ～ 21℃，地下根茎耐旱，最忌积涝，喜地势高、土层深厚、富含腐殖质、疏松肥沃、排水良好的土壤。在微酸性至微碱性土壤中皆能生长。而以 pH 值 6.2 ～ 6.7 最好。为短日照植物，在每天 14.5 小时的长日照下进行营养生长，每天 12 小时以上的黑暗与 10℃的夜温适于花芽发育。

【栽培管理】

用扦插、分株、嫁接及组织培养等方法繁殖。华北地区的栽培方法可分为以下4个阶段：① 即冬存，秋末冬初选健壮脚芽扦插养苗；② 春种，4月中旬分苗上盆，盆上用普通腐叶土，不加肥料；③ 夏定，利用摘心促进脚芽生长，至7月中旬出土脚芽长至10 cm左右时，选发育健全，芽头丰满的苗进行换盆定植；④ 秋养，7月上中旬将选好的壮苗移入直径20～24 cm的盆中，盆土用普通培养土加0.5％过磷酸钙。将小盆中的菊苗连土坨倒出，以新芽为中心栽植，并剪除多余蘖芽，加土至原苗深度压实。换盆后，新株与母株同时生长，待新株已发育苗壮后，将老株齐土面剪去。剪除母本后松土，填入普通培养土，并加20％～30％的腐熟堆肥。这时盆中已有8成满的肥土，1周后第三段新根生出，新老三段形成强大根系，整个栽培过程，换盆1次，填土2次，植株三度发根。

3. 春兰

【学名】*Cymbidium goeringii（Reichb.F.）Reichb*

【别名】草兰、山兰、朵朵香

【科属】兰科，兰属

春兰

【形态特征】是兰花中的一种。是四季名花中春季的名花。假鳞茎稍呈球形，叶4～6枚集生，狭带形，长20～60 cm，少数可达100 cm，宽 0.6 ～ 1.1 cm，边缘有细锯齿，花单生，少数 2 朵，花葶直立，有鞘 4 ～ 5 片，花直径 4 ～ 5 cm。花色有浅黄绿色、绿白色、黄白色，有香气，萼片长 3 ～ 4 cm，宽 0.6 ～ 0.9 cm，狭矩圆形，端急尖或圆钝，紧边，中脉基部有紫褐色条纹，花瓣卵状披针形，稍弯，比萼片稍宽而短，基部中间有红褐色条斑，唇瓣 3 裂不明显，比花瓣短，先端反卷或短而下挂，色浅黄，有或无紫红色斑点，唇瓣有 2 条褶片。花期 2 ～ 3 月。

【生态习性】性喜凉爽、湿润和通风透风，忌酷热、干燥和阳光直晒。要求土壤排水良好、含腐殖质丰富、呈微酸性。一般春兰的生长适温为 15 ～ 25℃。

【栽培管理】

上盆：栽植春兰宜在秋末进行。栽植前宜选用清水浸泡过数小时的新瓦盆，如用紫砂盆或塑料盆时需注意排水。盆的大小以根能在盆内舒展为宜。培养土以兰花泥最为理想，或用腐叶土（或腐殖土）和沙壤土各半混匀使用。切忌用碱性土。上盆时先在盆底排水孔（最好能有 3 排水孔）上垫好瓦片，再垫上碎石子、炉渣等物，约占盆的 1/5，其上铺一层粗沙，然后放入培养上。最好将兰苗放入盆中，将根理直，让其自然舒展，填土至一半时，轻提兰苗，同时摇动花盆，使兰根与盆土紧密结合，继续填土至盆沿，压紧。上留约 3 cm 沿口，以便施肥与浇水。

遮阴：上盆后浇透水放荫蔽处。早春与冬季放室内养护，其余时间放在阴棚下。夏天早晨 8 时至下午 18 时遮光，春兰在夏季遮光荫蔽度宜达 90% 左右。春、秋季为 70% ～ 80% 左右即可。

浇水：兰花叶片有较厚的角质层和下陷的气孔，比较耐干旱，因此需水分不多，以经常保持兰土"七分干、三分湿"为好。一般情况下，春天 2 ～ 3 天浇水 1 次，花后宜保持盆土稍干一些，4 月以后宜保持盆土略湿润；夏天气温高，可每天浇水 1 次；秋季则宜见干见湿；冬季浇水宜少。春兰孕蕾期，宜保持湿润，但也不能过湿。干旱和炎热季节，傍晚应向花盆周围地面喷雾，增加空气湿度。

施肥：兰花忌施浓肥。新植兰花第 1 年不宜施肥，经过 1 ～ 2 年的培养待新根生长旺盛时才可以施肥。一般从4月起至立秋止，每隔15～20天施1次充分腐熟的稀薄饼肥水；盛夏酷暑，停止施肥。施肥时间以傍晚为宜，并避免液肥沾污叶片。

疏蕾：现蕾后宜选留一个发育最好、观赏价值最佳的花蕾，其余的一律摘除，这样才能使其花人而色美。春兰开花10～14天可将花朵连同花莛一起剪去，不要等到花自然脱落后再剪，以减少养分消耗，有利来年开花。

【应用】春兰名贵品种很多，其叶态优美，花香为诸兰之冠，为客厅、书房的珍贵盆花。

4. 非洲凤仙

【学名】*Impatiens sultanii*（*I.wallerana*）

【别名】沃勒凤仙

【科属】凤仙花科，凤仙花属

【形态特征】多年生草本。茎多汁，光滑，节间膨大，多分枝，在株顶呈平面开展。叶有长柄，叶卵形，边缘钝锯齿状。花腋生，1～3朵，花形扁平，花色丰富。四季开花。

非洲凤仙

【生态习性】喜温暖湿润和阳光充足环境。不耐高温和烈日暴晒。生长适温为 17 ~ 20℃，冬季温度不低于 12℃，5℃以下植株受冻害。花期室温高于 30℃，会引起落花现象。

【栽培管理】

幼苗 3 ~ 4 片真叶就可移栽，移栽土壤必须高温消毒，否则幼苗容易发生病害。苗高 7 ~ 8 cm 可定植于 10 cm 或 12 ~ 15 cm 吊盆。幼苗期生长适温，白天为 20 ~ 22℃，晚间 16 ~ 18℃。还要注意通风。室内栽培时，湿度不宜过高。

生长期可施用"卉友"20-20-20 通用肥或 15-15-30 的盆花专用肥。传统栽培每半月施肥 1 次，花期增施 2 ~ 3 次磷钾肥。苗高 10 cm 时，摘心 1 次，促使萌发分枝，形成丰满株态，多开花。花后要及时摘除残花，以免影响观赏性，若残花发生霉烂还会阻碍叶片生长。

【应用】非洲凤仙茎叶光洁，花朵繁多，色彩绚丽明快，周年开花，是目前园林中最优美的盆栽花卉之一，在国际上十分流行，是著名的装饰性盆花。

5. 彩叶凤梨

【学名】*Neoregelia carolinae*

【别名】红杯凤梨、美艳羞凤梨、五彩凤梨

【科属】凤梨科，彩叶凤梨属

【形态特征】多年生附生常绿草木植物。叶常丛生成莲座状。株高 20 cm，基部连成筒状。叶绿色，叶片披针形，叶长 20 ~ 30 cm，宽 3 ~ 3.5 cm。边缘具细齿，亮绿色，在近花期时，中间的嫩叶红色或淡紫色，最中心者色泽最艳。花序具亮红色苞片，花蓝紫色，有白边，每天早晨开花 2 ~ 3 朵，第二天凋谢。可保持观赏 2 ~ 3 个月。

【生态习性】喜温暖湿润环境，喜明亮光照，怕强光暴晒，宜肥沃、疏松和排水良好的土壤，冬季温度不低于 10℃。

【栽培管理】

栽植：盆栽不宜用过大的花盆，以 8 ~ 13 cm 为宜。盆底部应适当填充一些碎砖块或瓦砾，以利排水。宜用疏松的腐叶土、泥炭土作基质。一般 2～3 年换盆 1 次。

温度与光照：五彩凤梨最适宜生长温度为 22～25℃。冬季应放在温度为 15℃以上的室内，低于 15℃停止生长，长期低于 10℃会受冻害。喜光照，叶片在充足的光照下更艳丽。但夏季要避免强阳光直射，以免灼伤叶片。一般先在较强的阳光下培养出具有美丽色彩的叶片，然后放明亮的室内欣赏。光线过暗，会使叶片色彩变淡。一般房间内可连续观赏数周。如果环境条件适宜，该品种无明显休眠期，全年均可生长。

浇水与施肥：培养期间要经常保持盆上湿润，但不能积水和过湿。若用泥炭土或腐叶土盆栽，盆土保持微潮或盆上表面 1～2 cm 深已变干时再浇水，并要浇透。雨季避免盆。土积水。生长季节，要经常向叶面喷水并向叶筒中灌水，叶筒中水每隔 7 天左右换 1 次，以保持新鲜，并且不能断水。冬季要减少浇水，使盆土适当干燥，并将叶筒内清水去除，待翌年气温转暖时再加水。生长期每月施 1 次液体肥料，每月增加 1～2 次磷、钾肥。在根施的同时，也可叶面施肥，其浓度为根施肥料的 1/3，冬季不施肥。

彩叶凤梨

【应用】彩叶凤梨是优良的室内盆花，适于家庭居室盆栽观赏。在一般的房间内可持续摆放观赏数周，对其生长无太大的影响。

6. 天竺葵

【学名】*Pelargonium hortorum*

【别名】石腊红、洋绣球、入腊红、洋葵

【科属】牻牛儿苗科，牻牛儿苗属

【形态特征】多年生的草本花卉。叶掌状有长柄，叶缘多锯齿，叶面有较深的环状斑纹。花冠通常五瓣，花序伞状，长在挺直的花梗顶端。由于群花密集如球，故又有洋绣球之称。花色红、白、粉、紫变化很多。花期由初冬开始直至翌年夏初。

【生态习性】喜温暖、湿润和阳光充足环境。耐寒性差，怕水湿和高温。生长适温 3 ～ 9 月为 13 ～ 19℃，冬季温度为 10 ～ 12℃。喜冬暖夏凉。

天竺葵

【栽培管理】

天竺葵苗高 12 ～ 15 cm 时进行摘心，促使产生侧枝。盛夏高温时，严格控制浇水，否则半休眠状态的天竺葵如盆土过湿，叶片常发黄脱落。茎叶生长期，每半月施肥 1 次，但氮肥不宜施用太多。茎叶过于繁殖，需停止施肥，并适当摘去部分叶片，有利于开花。花芽形成期，每 2 周加施 1 次磷肥。或"卉友"15-15-30 盆花专用肥。为了控制挖株高度，达到花大色艳的目的，除选择矮生天竺葵品种以外，生长调节物质的应用十分重要。当天竺葵定植于 12 cm 或 15 cm 盆后 2 周，可用 0.15% 矮壮素或比久喷洒叶面，每周 1 次，喷洒 2 次，每天光照 14 ～ 18 小时，这样可以有效地控制天竺葵的高度，提供优质的商品盆花。花谢后应立即摘去花枝，以免消耗养分，有利于新花枝的发育和开花。一般盆栽 3 ～ 4 年老株需要重新进行更新。冬春花期，应放阳光充足处，否则叶片易下垂转黄。雨雪天增加人工辅助光照，对开花更为理想。

【应用】天竺葵小花团聚，大花序形似绣球，色彩鲜艳夺目，异常热闹。盆栽适用于厅室、会场等公共场所摆放，形成一种热烈的气氛。点缀家庭阳台、窗台和案头效果更佳，露地散植或摆设，装饰岩石园，花坛或花镜，也能表现出天竺葵的株型和色彩美。

7. 蟆叶秋海棠

【学名】*Begonia rex*

【别名】虾蟆叶秋海棠、紫叶秋海棠、毛叶秋海棠

【科属】秋海棠科，秋海棠属

【形态特征】无地上茎，地下根状茎平卧生长。叶基生，一侧偏斜，深绿色，上有银白色斑纹。花淡红色，花期较长。

【生态习性】喜温暖，不耐寒，宜阴湿环境和湿润的土壤，夏季忌阳光直射。生长适温为 22 ～ 25℃，不耐高温，气温超过 32℃ 则生长缓慢。宜含丰富腐殖质、保水力强而又排水畅通的培养土。

【栽培管理】

为满足其上述生态的要求，可放在北面阳台上或廊檐下，也可放朝北房间窗台上培养，但要注意通风。干燥天气及夏天，每天向花盆周围地面上喷水数次，增湿降温，保持一个凉爽湿润的环境，这对其健壮生

长极为重要。高温干燥易引起植株生长不良甚至死亡。培养蟆叶秋海棠，切忌向叶面上喷不清洁的水，否则极易产生病斑，影响观瞻。生长季节浇水不能过多，以保持盆土湿润为宜。生长旺季约每半个月施1次以氮肥为主的复合化肥或稀薄饼肥水。施肥时应注意不要让肥液玷污叶片，若一时不慎叶片上沾有肥液时需立即用清水喷洗叶面，把肥液冲洗干净。冬季移至朝南房间向阳处，夜间罩上塑料薄膜罩保温保湿，每隔5天左右用与室温相近的清水喷洗1次叶片，以免灰尘或烟尘沾染叶面，保持叶面清新艳丽。越冬期间室温需保持在10℃以上，停止施肥，控制浇水，即可安全越冬。蟆叶秋海棠一般生长4年之后植株长势日渐衰弱，因此宜每隔4～5年用叶插法进行1次更新。

【应用】蟆叶秋海棠银白色叶片，质朴清新，叶片大，形似象耳，色彩异常丰富，四季如新，构成一幅美丽的图案，盆栽时较好的室内装饰性观叶植物，适用于宾馆、厅室、橱窗、窗台等处排设，翠绿光润，素雅动人。

蟆叶秋海棠

8. 花叶芋

【学名】*Caladium hortulanum*

【别名】彩叶芋、二色芋

【科属】天南星科，花叶芋属

【形态特征】多年生草本。株高 15～40 cm，具块茎，扁球形，有膜质鳞叶。叶基生，叶片质状着生，箭头状卵形、卵状三角形至圆卵形。叶片暗绿色，叶面有红色、白色或黄色灯各种透明或不透明的斑点；主脉三叉状，侧脉网状；叶柄纤细，圆柱形，基部扩展成鞘状，有褐色小斑点。佛焰状花序基出，花序柄长 10～13 cm；佛焰苞下部管状，长约 3 cm，外面绿色，内面绿白色、基部青紫色；棚部长约 5 cm，白色；肉穗花序稍短于佛焰苞，具短柄；花单性，无花被；雌花生于花序下部，雄花生于花序上部，中部为不育中性花所分隔；中性花具退化雄蕊，浆果白色；花期 4～5 个月。

花叶芋

【生态习性】喜高温、多湿和半阴环境，不耐寒。生长期 6～10 月，适温为 21～27℃；10 月至翌年 6 月为块茎休眠期，适温 18～24℃。生长期低于 18℃，叶片生长不挺拔，新叶萌发较困难。气温高于 30℃新叶萌发快，叶片柔薄，观叶期缩短。块茎休眠期如室温低于 15℃，块茎极易腐烂。土壤要求肥沃、疏松和排水良好的腐叶土或泥炭土。土壤过湿或干旱对花叶芋叶片生长不利，块茎湿度过大容易腐烂。

【栽培管理】

一是温度要适宜；二是基质干湿要适当。只要掌握好这两点，即为翌年生长打下了良好基础。具体作法是：待花叶芋叶片枯黄后磕盆将块茎取出，略晾干后再埋人河沙内贮藏。块茎数量少的，也可不从盆内取出，而将块茎连盆放在室内越冬。越冬期间放避光处保持干燥和适当通风，温度不能过高或过低，以保持在 14 ～ 17℃较为稳妥。因为在此温度范围内不发芽、不受冻，有利安全越冬。埋藏块茎的基质要干湿适宜，才能保持块茎的新鲜状态，基质太干，易引起块茎干缩，影响来年出芽；基质过湿，又易引起块茎腐烂，失去发芽能力，而以经常保持基质略带潮气为好。

【应用】花叶芋是生性喜阴的地被植物，可用于耐阴观赏植物。由于花叶芋喜高温，在气候温暖地区，也可在室外栽培观赏，但在冬季寒冷地区，只能在夏季应用在园林中。花叶芋的叶常常嵌有彩色斑点，或彩色叶脉，是以观叶为主的地被植物。

9. 多花报春

【学名】*Primula × polyantha*

【别名】西洋报春

【科属】报春花科，报春花属

【形态特征】多年生草本植物，常作一二年生栽培。株高 15 ～ 30 cm，叶倒卵形。伞形花序多数丛生。品种极为丰富。花色有黄、橙、红、紫、蓝、白等。

多花报春

【生态习性】喜凉爽气候，不耐高温，越冬5～6℃。适生于半阴环境，忌强光直射。喜富含腐殖质、排水良好的中性土壤。多花报春为杂交品种。但报春花多野生于高海拔的山坡草地上或山谷森林的边缘，属高山花卉之列。冬季喜温暖，夏季要求凉爽、怕高温、受热后会整株死亡。生长适温为13～18℃，冬季温度为10～12℃。报春花也是一种喜光植物，秋冬生长期应光照充足，春季花期和夏季高温时不能忍受直射强光，需适当遮阴。土壤以酸性的腐叶土为最好。

【栽培管理】生产多花报春花常用10～12 cm盆。幼苗定植后，生长期间每旬施肥1次，肥液切忌玷污叶片，施肥后需要用清水冲淋叶片。浇水视盆土而定，不宜过湿。生长期和盛花期应多浇水，并多见阳光。元旦前后从叶从中抽出短花茎开始着花，增施1～2次磷钾肥。春节前后进入盛花期，如管理妥善，花期可延至4月。有些品种花后剪去花茎和摘除枯叶，加强水肥管理，花期同样可以延长。花后正值盛夏高温，适当控制浇水，给予凉爽通风条件，以利安全越夏。开花时，不宜多搬动，否则容易造成叶片破损或植株倾斜，直接影响株型。花期进行人工授粉，可以提高结实率，6～7月蒴果先后成熟，由于花期长，果实成熟不一致，需边熟边采。

【应用】多花报春适于盆栽观赏，亦可用于岩石园、花坛等。多花报春叶片深绿，花朵紧密、硕大，花色丰富多彩，是冬季著名的盆栽花卉。点缀客厅、茶室，倍添春意。也是餐厅、餐车等公共场所冬季环境绿化的极佳材料。用它摆放宾馆大堂、车站和机场的休息大厅，色调新艳、效果突出。多花报春还是布置大型展览温室必不可少的材料，它代表高山植物的一个侧面。

二、球根花卉

1. 仙客来

【学名】*Cyclamen persicum Mill.*

【别名】萝卜海棠、兔耳花、兔子花、一品冠、篝火花、翻瓣莲

【科属】紫金牛科，仙客来属

【形态特征】块茎扁圆球形或球形、肉质。叶片由块茎顶部生出，心形、卵形或肾形，叶缘有细锯齿，叶面绿色，具有白色或灰色晕斑，叶背绿色或暗红色，叶柄较长，红褐色，肉质。花单生于花茎顶部，花朵下垂，花瓣向上反卷，犹如兔耳；花有白、粉、玫红、大红、紫红、雪青等色，基部常具深红色斑；花瓣边缘多样，有全缘、缺刻、皱褶和波浪等形。

【生态习性】喜凉爽、湿润及阳光 充足的环境。要求疏松、肥沃、富含腐殖质，排水良好的微酸性沙壤土。

仙客来

【栽培管理】

多用播种繁殖。欲使花蕾繁茂，在现蕾期要给以充足的阳光，放置室内向阳处，并每隔 1 周施 1 次磷肥，最好用 0.3％的磷酸二氢钾复合肥（含锌、硼、钼、锰、镁、铜、铁、硫等中微量元素）溶液浇施，每盆用量约 150 ml。平时每隔一两天浇水 1 次，使盆土湿润，切不可浇大水，掌握盆土见干才浇水。但切忌盆土过干，过干会使根毛受伤和植株上部萎蔫，再浇大水也难以恢复。浇水时水温要与室温接近，开花期不宜施氮肥，否则会引起枝叶徒长，缩短花朵的寿命。如叶过密，可适当稀疏，以使营养集中，开花繁多。摘叶或摘除残花时，为防止软腐病的感染，应立即喷洒 1 次 1 000 倍"多菌灵"液。仙客来开始开花并继续形成花蕾时，室温应保持在 15～18℃，最低不能低于 10℃，温度太高花期缩短，超过 28℃叶片发黄，千万不要将花盆放在暖气片上。阴天气温低时，注意不要浇水到花芽及嫩叶上，以免腐烂。

【应用】它适宜于盆栽观赏，可置于室内布置，尤其适宜在家庭中点缀于有阳光的几架、书桌上。

2. 朱顶红

【学名】Hippeastrum rutilum

【别名】孤挺花、百枝莲、喇叭花、对红、华胄兰

【科属】石蒜科，孤挺花属

【形态特征】多年生草本植物，鳞茎肥大，近球形，直径 5～10 cm，外皮淡绿色或黄褐色。叶片两侧对生，带状，先端渐尖，2～8 枚，叶片多于花后生出，长 15～60 cm。朱顶红总花梗中空，被有白粉，顶端着花 2～6 朵，花喇叭形，花期有深秋以及春季到初夏，甚至有的品种初秋到春节开花（白肋朱顶红）。现代栽培的多为杂种，花朵硕大，花色艳丽，有大红、玫红、橙红、淡红、白、蓝紫、绿、粉中带白、红中带黄等色；其花色除纯蓝、纯黑、纯绿外已经可以覆盖色谱中其余的所有颜色。花径大者可达 20 cm 以上，而且有重瓣品种。

【生态习性】喜温暖湿润气候，生长适温为 18～25℃，忌酷热，阳光不宜过于强烈，应置阴棚下养护。怕水涝。冬季休眠期，要求冷凉的气候，以 10～12℃为宜，不得低于 5℃。喜富含腐殖质、排水良好的沙壤土。

【栽培管理】

盆栽朱顶红花盆不宜过大（一般先用 16～20 cm 口径的花盆），以免盆土久湿不干，造成鳞茎腐烂。盆土宜用腐叶土与沙土混合配制，栽前盆底施些腐熟的饼肥或鸡鸭粪为基肥。栽植时，将鳞茎的 1/4 至 1/3 露出土面，栽完后，将盆土揿实，留 2～3 cm 沿口，浇 1 次透水，以后不宜多浇，保持较低的湿度，并避免阳光直射，待叶片抽出约 10 cm 长时，再正常浇水，并开始施追肥，至花蕾形成后即停止施肥（但花后可适量

施肥，以促使鳞茎肥大充实）。花后要及时剪去已凋谢的花茎，以免分耗鳞茎的养分。秋后浇水要逐渐减少，盆土以稍干燥为好。冬季应移入室内过冬，浇水量少至维持鳞茎不枯萎即可，温度保持不低于5℃，否则会影响休眠和来年开花。

【应用】朱顶红叶厚有光泽，花色柔和艳丽，花朵硕大肥厚。适于盆栽陈设于客厅、书房和窗台。

朱顶红

3. 黄水仙

【学名】*Narcissus pseudo-narcissus Linn*

【别名】喇叭水仙

【科属】石蒜科，水仙属

【形态特征】黄水仙为多年生草本。有皮鳞茎卵圆形。叶5～6枚，宽线形，先端钝，灰绿色。花茎略高于叶，顶生花有6片花瓣，分为内花冠和外花冠，内花冠呈橙色，外花冠呈黄色，且外花冠的长度大约是内花冠的2倍，花横向或略向上开放，外花冠成喇叭形、黄色，边缘呈不规则齿状皱榴。花的生长季节为10月至翌年4月，花期为3～4月。

【生态习性】喜温暖、湿润和阳光充足环境。黄水仙在不同生长发育阶段对温度的要求不同。黄水仙对温度的适应性比较强。黄水仙较耐阴，也具有较好的抗旱和抗瘠薄的能力。但不耐高温，在夏季高温后，还必须经过低温春化过程。

黄水仙

【栽培管理】

黄水仙为多年生草本。有皮鳞茎卵圆形，叶 5～6 枚，宽线形，先端钝，灰绿色。花茎略高于叶，顶生花有 6 片花瓣，分为内花冠和外花冠，内花冠呈橙色，外花冠呈黄色，且外花冠的长度大约是内花冠的 2 倍，花横向或略向上开放，外花冠成喇叭形、黄色，边缘呈不规则齿状皱榴。盆栽黄水仙常用 15～20 cm 盆，每盆栽鳞茎 3～5 个，栽后鳞茎上方覆土 6～8 cm，浇透水后放半阴处。在冬季根部生长期和春季叶片生长期保持盆土湿润，3～4 月就能正常开花。目前，盆栽黄水仙常用促成栽培，将鳞茎放 35℃下贮藏 5 天，再经 17℃贮藏至花芽分化完全，约 1 个月，然后放 9℃低温下贮藏 6～8 周，盆栽后白天室温 21℃、晚间 15℃，60～70 天后开花。在叶片生长期可施用"卉友" 15-15-30 盆花专用肥或施腐熟农用肥 1～2 次。

【应用】黄水仙花茎挺拔，花朵硕大，副花冠多变，花色温柔和谐，清香诱人，是世界著名的球根花卉。盆栽用它点缀窗台、阳台和客室，显得格外清秀高雅。摆放在花坛、花镜、草坪和水池边缘，使得早春风更加明媚。

三、木本花卉

1. 茉莉

【学名】*Jasminum sambac*

【别名】茉莉花、抹厉、玉麝

【科属】木犀科，茉莉花属

【形态特征】常绿小灌木或藤本状灌木，高可达1m。枝条细长小枝有棱角，有时有毛，略呈藤本状。单叶对生，光亮，宽卵形或椭圆形，叶脉明显，叶面微皱，叶柄短而向上弯曲，有短柔毛。初夏由叶腋抽出新梢，顶生聚伞花序，顶生或腋生，有花3～9朵，通常3～4朵，花冠白色，极芳香。大多数品种的花期6～10月，由初夏至晚秋开花不绝，落叶型的冬天开花，花期11月至翌年3月。

【生态习性】性喜温暖湿润，在通风良好、半阴的环境生长最好。土壤以含有大量腐殖质的微酸性沙质土壤为最适合。大多数品种畏寒、畏旱，不耐霜冻、湿涝和碱土。冬季气温低于3℃时，枝叶易遭受冻害，如持续时间长就会死亡。

茉莉

【栽培管理】

盆栽茉莉花：盛夏季每天要早、晚浇水，如空气干燥，需补充喷水；

冬季休眠期，要控制浇水量，如盆土过湿，会引起烂根或落叶。生长期间需每周施稀薄饼肥1次。春季换盆后，要经常摘心整形，盛花期后，要重剪，以利萌发新枝，使植株整齐健壮，开花旺盛。茉莉盆栽，要求培养土富含有机质，而且具有良好的透水和通气性能，一般可用田园土4份、堆肥4份、河沙或谷糠灰2份，外加充分腐熟的干枯饼末、鸡鸭粪等适量，并筛出粉末和粗粒，以粗粒垫底盖面。上盆时间以每年4～5月份新梢末萌发前最为适宜。按苗株大小选用合适的花盆。上盆时一手扶苗，一手铲填培养土，待土盖满全部根系后，将植株稍向上轻提，并把盆振动几下，使土与根系紧密接触。然后用手把盆土压实，让土面距盆沿有2 cm的距离，留作浇水。栽好后，浇定根水，然后放在稍加遮阴的地方7～10天，避免阳光直射，以后逐渐见光。

【应用】茉莉花叶色翠绿，花色洁白，香味浓厚，为常见庭园及盆栽观赏芳香花卉。多用盆栽，点缀室容，清雅宜人，还可加工成花环等装饰品。

2. 杜鹃

【学名】*Rhododendron simsii*

【别名】映山红、照山红、山石榴、山鹃、山蜘蛛、红蜘蛛

【科属】杜鹃花科，杜鹃花属

【形态特征】落叶或常绿灌木丛生。叶绿色，春夏开花喇叭状或筒状。有紫、白、红、粉红、黄、橙红、橘红、绿等色。花期4～6月。

【生态习性】我国长江流域至珠江流域普遍生长。喜酸性、肥沃、排水良好之壤土，忌碱性土。喜半阴，怕强光，喜温暖、湿润、通风良好的气候。

【栽培管理】

繁殖方法较多，用播种、扦插、压条、嫁接、分蘖等均可繁殖。单株灌丛可修剪成圆球形或半圆形。生长旺盛、萌芽力强的2～3年生幼苗应摘去花蕾，以利加速形成骨架。新梢短的品种不宜摘蕾，可适当疏枝。5～10年生苗应适当剪去部分花蕾，促使开花数适当减少。花后立

即修剪。秋冬时剪去冠内的徒长技、拥挤枝和杂乱枝合理浇水施肥，花蕾显色时，每天浇水1次，新叶长大时每天早晚各浇水1次。花后会生长很多新芽，需要大量养分。必须及时施肥补充营养，养分充足植株就能生长旺盛避免死亡。梅雨季节停止浇水、施肥。6～10月需遮阴。

【应用】在庭院中用作花境、花篱、绿篱，也可植于门前、阶前、墙下等处集中成片栽植。也是制作盆景的好材料，可用于室内美化。

杜鹃

3. 一品红

【学名】*Euphorbia pulcherrima Willd*

【别名】圣诞花、墨西哥红叶、猩猩木

【科属】大戟科，大戟属

【形态特征】常绿灌木，高50～300 cm，茎叶含白色乳汁。茎光滑，嫩枝绿色，老枝深褐色。单叶互生，卵状椭圆形，全缘或波状浅裂，有时呈提琴形，顶部叶片较窄，披针形；叶被有毛，叶质较薄，脉纹明显；顶端靠近花序之叶片呈苞片状，开花时株红色，为主要观赏部位。杯状花序聚伞状排列，顶生；总苞淡绿色，边缘有齿及1～2枚大而黄色的腺体；雄花具柄，无花被；雌花单生，位于总苞中央；自然花期12月至翌年2月。有白色及粉色栽培品种。

【生态习性】喜温暖、湿润和阳光充足环境，一品红的生长适温为
18～25℃，冬季温度不低于10℃。一品红为短日照植物。在茎叶生长期
需充足阳光，促使茎叶生长迅速繁茂。要使苞片提前变红，将每天光照
控制在12小时以内。

一品红

【栽培管理】

盆栽一品红常用15 cm盆，盆栽土以培养土、腐叶土和沙的混合土
为佳。一品红一般采用扦插繁殖。通常采用泥盆或水槽扦插，嫩枝及休
眠枝可利用。扦插宜在早春花后进行，利用剪下来的休眠枝，每段剪成
10 cm作插穗。剪后晾2～3天或将剪口处沾上烟灰待剪口乳汁充分干燥，
扦插于素沙土中，深度为插穗长度的1/3，株距5 cm左右，播后浇透水，
放置通风半阴处，温度保持15～20℃，盆土保持见干见湿为好。一个月
左右即可生新根，当新梢长到10 cm时可定植在小花盆里。生长期视幼苗
分枝及生长情况摘心1～2次，必要时可达到3～4次，以促进侧枝生长，
在株高30 cm时打顶，第一级侧枝各保留下部3～4个芽，剪去上面部分，
一般整株保留6～10个芽即可，其他新芽全部抹去。有时候，摘心也可

以伴随扦插进行，一般在扦插苗成活后长到15～20 cm时，嫩芽剪去扦插，剪后的植株可能会出现高矮不同的现象，这时，就要把高的部分剪去，全部统一同一高度。若是已经成型的植株还要进行扦插时，修剪后的植株也要经过重新修剪，保留5～6个分枝，小芽全部抹去，高度控制在20 cm左右。

【应用】临冬季节，正值一品红独特娇艳的红色苞片夺目诱人之时，铺红展绿，娇媚动人。用它盆栽或吊盆装饰公共场所的室内环境，满堂生辉，呈现一片热烈、欢乐的气氛。

4. 橡皮树

【学名】*Ficus elastica*

【别名】大叶青、红缅树、红嘴橡皮树、印度榕

【科属】桑科，榕属

【形态特征】常绿大乔木。盆栽高1～2 m，树皮光滑，有白色乳汁。叶片宽大矩圆形或椭圆形，深绿色，有光泽，厚革质，先端尖，全缘。幼芽红色，具苞片。果成对腋生，矩圆形，成熟时橙红色。

橡皮树

【生态习性】喜强光，亦耐阴蔽环境。喜高温环境，生长适宜温度在20～30℃间。喜富含腐殖质的沙质壤土。土壤宜经常保持处于偏干或微潮状态。

【栽培管理】

夏季需水最多，可多浇水，冬季反之。生长旺盛季节可施用磷酸氢二铵、磷酸二氢钾等作为追肥。在栽培过程中，每天应该使其接受不少于4小时的直射日光。如果有条件，最好保证植株能够接受全日照，保持环境适当通风。夏秋季里生长最为迅速，环境温度应该保持在20～30℃，越冬温度不宜低于5℃。橡皮树易患炭疽病，防治方法是避免植株机械损伤，减少病原侵染植株的机会；及时摘除病叶以防传播曼延；合理修剪，使树体保持自然开心式，做到透光通风。

【应用】常采用大中型盆栽。宜于客厅墙边、墙角、沙发两边装饰。

5. 龟背竹

【学名】*Monstera deliciosa*

【别名】蓬莱蕉、龟背蕉、龟背芋、铁丝兰、穿孔喜林芋

【科属】天南星科，龟背竹属

龟背竹

【形态特征】半蔓型多年生常绿草本。蔓长可达10 m以上。茎粗壮，

节多似竹；茎上生有大量肉质气根。气根可达 1～2 m，横生，细柱形，褐色。叶互生，革质，下垂。叶片巨大，近圆形，直径可达 60 cm 以上，幼叶心脏形，没有穿孔。长大后具不规则羽状深裂，自叶线至叶脉附近孔裂，如龟甲图案。叶柄粗壮，长 30～50 cm，叶片和叶柄均为深绿色。花状如佛焰，淡黄色。

【生态习性】喜凉爽而湿润的气候条件，不耐寒，冬季室温不得低于 10℃，生长适温为 22～26℃。较耐阴，忌阳光直射。要求深厚、保水力强的腐殖土。怕干燥，耐水湿。

【栽培管理】

用压条法和扦插法繁殖。压条在 5～8 月份进行，经过 3 个月左右可切离母株。扦插在 4～5 月份进行。盆栽以腐叶土最好。生长时期须经常保持培养土湿润，每 2～3 天浇水 1 次；天气干燥时还应向叶面喷水，以保持空气潮湿，掌握宁湿勿干的浇水原则，以利枝叶生长，叶片鲜艳。秋冬季节可逐渐减少浇水量。淋水过多引起烂根，但仍要保持比较湿润的空气，每隔 7～10 天向叶面喷水，以保持植株、叶片清新常绿。为使其生长旺盛，4～9 月每月施两次稀液肥。生长季节注意遮阴，以半阴为佳。大盆栽用 1 根 1.3～1.5 m 木棒插在盆中，一可防倒伏，二可附柱生长茂盛。茎秆过高也可截去一部分，让母株重新萌发新茎和新叶。冬季需放在 10℃ 以上的室内，不低于 5℃，否则叶片会冻焦，同时盆土宜偏干。生长期注意防治褐斑病、炭疽病。

【应用】常盆栽置于室内客厅、卧室和书房。叶片还能作插花。

6. 发财树

【学名】*Pachira macrocarpa*

【别名】马拉巴栗、中美木棉、栗子树、美国花生

【科属】木棉科，瓜栗属

【形态特征】高可达 10 m。掌状复叶，小叶 5～9 片，长椭圆形，长 9～20 cm，宽 2～7 cm，全缘，浓绿色，小叶柄短。花期 4～5 月。

【生态习性】喜温暖湿润的气候，一般生长阶段 15～30℃ 最适宜。

对光照要求不严，无论强光和弱光都能较好地适应。以排水良好富含腐殖质的沙质壤土为佳。

发财树

【栽培管理】

栽培养护中，应保持土壤经常湿润为宜，切记不宜过湿，以免发生烂根。在夏季放置室内的发财树每隔3～5天浇1次水，春秋季节5～8天浇1次水，冬天应节制浇水，保持盆土微湿润即可。冬季应入室越冬，最好室温不低于5℃。平时2～3月施1次有机液肥。也可施磷钾含量高的多元复合肥，以促进茎基部肥大，提高观赏价值。夏季的高温高湿季节应加强肥水管理。不要将植株突然从阴处转移到强光下，否则会使叶片灼伤、焦边。

【应用】可制作风格独特的多种姿态盆景布置室内。

四、肉质花卉

1. 蟹爪兰

【学名】*Zygocactus truncatus*

【别名】圣诞仙人掌、蟹爪莲和仙指花

【科属】仙人掌科，蟹爪兰属

【形态特征】蟹爪兰为附生性小灌木。叶状茎扁平多节，肥厚，卵圆形，鲜绿色，先端截形，边缘具粗锯齿。花着生于茎的顶端，花被开张反卷，花色有淡紫、黄、红、纯白、粉红、橙和双色等。

【生态习性】喜荫蔽、潮湿的环境，不宜阳光直射，喜温暖湿润，不耐寒。土壤需肥沃的腐叶土、泥炭、粗沙的混合土壤，酸碱度在 pH 值 5.5 ～ 6.5。

蟹爪兰

【栽培管理】

可用扦插和嫁接繁殖。蟹爪兰在养护过程中，不要频繁的改变它的向光位置。尤其是在孕蕾期间，改变它的向光位置，可能引起哑蕾和落蕾现象。蟹爪兰是一种适应弱酸性土壤的植物，过高过低都将影响其长势和花的亮度及色彩。一般情况下，自来水是中性或中性以上，所以，长期用自来水浇花，土壤必然呈碱性，因此，每半应用硫酸亚铁对土壤进行 1 次调解。其方法是：用 2 ～ 3 g 的硫酸亚铁，加 200 ～ 300 ml 的清水，摇均，使之充分溶解，当花卉需要浇水时灌入即可。为使蟹爪兰开花能繁茂而鲜艳，度过盛夏的休眠期后，要及时的添加肥料。土壤可用

1：1：1的复合肥。叶面可用磷酸二氢钾溶液喷雾。

【应用】节茎常因过长，而呈悬垂状，故又常被制作成吊兰做装饰。蟹爪兰开花正逢圣诞节、元旦节，株型垂挂，花色鲜艳可爱，适合于窗台、门庭入口处和展览大厅装饰。

2.芦荟

【学名】*Aloe vera L.*

【别名】卢会、讷会、象胆、奴会

【科属】百合科，芦荟属

【形态特征】常绿、多肉质草本植物。叶簇生，呈座状或生于茎顶，叶常披针形或叶短宽，边缘有尖齿状刺。花序为伞形、总状、穗状、圆锥形等，色呈红、黄或具赤色斑点，花瓣6片、雌蕊6枚。花被基部多连合成筒状。

芦荟

【生态习性】喜高温湿润气候，喜光，耐旱，忌积水，怕寒冷，当气温隐至0℃时即遭寒害。对土壤要求不严，种在旱、瘠土壤上叶瘦色黄，在肥沃土壤中叶片肥厚浓绿。

【栽培管理】

用分株和芽插繁殖。上盆采用盆土园土 3 份、草炭土或松叶腐殖土 5 份、经腐熟的禽畜粪 2 份混合，用"必灭速"或其他消毒剂处理，并用硫酸亚铁将培养土的酸碱度调配在 pH 值 6 ～ 6.5，使呈弱酸性。春秋季约 5 天给 1 水，夏季 3 天 1 水；冬季气温低时，可 1 周浇 1 水或隔更多天浇 1 水。浇水的原则是表土发干后 1 ～ 2 天才浇水，每次浇水要浇透，以盆底下渗出水为止。如上盆时已施放底肥，可以不追肥，至换盆时再添加熟肥。如需追肥，一定要用腐熟的有机质肥，并加磷钾肥和微肥，如硼酸，或做叶面喷肥，用 0.1% 磷酸二氢钾，叶面喷肥不要在烈日下进行。及时设支柱防倒伏，尤其是采收叶片后，植株上重下轻，很易倒伏。

【应用】适宜于盆栽，摆放在室内阳台、窗台等处都可。能有效地吸收室内甲醛。据研究，在 24 小时照明的条件下，可以消灭 1 立方米空气中所含的 90% 的甲醛。

3. 金琥

【学名】*Echinocactus grusonii*

【别名】象牙球、金琥仙人球

【科属】仙人掌科，金琥属

【形态特征】茎圆球形，单生或成丛，高 1.3 m，直径 80 cm 或更大。球顶密被金黄色绵毛。有棱 21 ～ 37 个，显著。刺座很大，密生硬刺，刺金黄色，后变褐。有辐射刺 8 ～ 10，3 cm 长；中刺 3 ～ 5，较粗，稍弯曲，5 cm 长。金琥 10 月开花，花生于球顶部绵毛丛中，钟形，4 ～ 6 cm，黄色，花筒被尖鳞片。

【生态习性】喜石灰质土壤，喜干燥，喜暖，喜阳，要求阳光充足，畏寒、忌湿，好生于含石灰的沙质土。

【栽培管理】

用播种繁殖和仔球嫁接法繁殖。春秋两季是金琥生长的适宜时期，宜适当追施饼肥、鸡粪、骨粉或鸽粪等肥料，宁淡勿浓，如追施尿素、硫酸二氢钾等化学肥料时，要避免沾污茎部，施肥后喷 1 次水，以防损伤球体。但冬、夏季和新上盆的植株要停止施肥。金琥生长较快，每年需翻盆 1 次，翻盆的适宜时间为植物休眠期结束至生长旺盛期到来之前。栽养的培养土应用肥沃而富含石灰质的沙壤土，并剪去一部分老根。喜光照充足，每天至少需要有 6 小时的太阳直射光照。夏季应适当遮阴，但不能遮阴过度，否则球体变长，会降低观赏价值。生长适宜温度为白天 25℃，夜晚 10～13℃，适宜的昼夜温差可使金琥生长加快。冬季应放入温室或室内向阳处，温度保持 8～10℃。若冬季温度过低，球体上会出现难看的黄斑。

金琥

【应用】金琥寿命很长，栽培容易，成年大金琥花繁球壮，金碧辉煌，观赏价值很高。而且体积小，占据空间少，是城市家庭绿化十分理想的一种观赏植物。

4. 十二卷

【学名】*Haworthia fasciata*

【别名】锦鸡尾、雉鸡尾、条纹十二卷、蛇尾兰

【科属】百合科，蛇兰属

【形态特征】植株矮小，单生或丛生，叶片大多数呈莲座状排列，少有两列叠生或螺旋形排列成圆筒状。总状花序，小花白绿色。十二卷按其叶质的不同可分为软叶系、硬叶系两类。软叶系：叶质较软，叶片短而肥，通常顶端较肥厚或呈截形，有透明或半透明的"窗"，并有明显的脉纹。光线可透过"窗"，进入植株体内进行光合作用。如毛汉十二卷、绿玉扇、青蟹、静鼓、白银寿、京之华锦、万象、康平寿等。

十二卷

【生态习性】喜光照，耐半阴环境，不能长期置于荫蔽处，否则不但生长受到抑制，条纹也会逐渐变得暗淡。对温度的适应性较强，生长最佳温度为 20～30℃之间，冬季越冬需要保持在 10℃以上，低于 5℃即进入休眠状态。

【栽培管理】

十二卷既不耐寒，也怕酷热，其主要生长期在春秋季节，浇水做到"不干不浇，浇则浇透"，避免盆土积水，否则会造成烂根，但盆土也不能长期缺水，以免叶片干瘪不饱满。每年的春季或秋季翻盆 1 次，盆土宜用疏松肥沃、排水良好、有一定颗粒度，并含有适量石灰质的沙质土壤。可用腐叶土或草炭土加粗沙或蛭石混合配制，由于其根系会分泌酸性物质，可在土壤中掺入少量的骨粉等钙质材料进行中和。翻盆时将烂根、中空根和无生命力的褐色老根去掉，保留生命力旺盛的黄白色根。新上盆的植株不要浇太多的水，可经常喷水，以促使根系的恢复。

【应用】植株玲珑可爱，叶片典雅清秀，常作小型观叶植物栽培。用其制作盆景，把单纯的"观叶"改为"赏景"，增加了人与自然的亲和力，其风格刚劲粗犷，颇具非洲沙漠风情。

5. 莲花掌

【学名】*Echeveria glauca*

【别名】石莲花、宝石花、仙人荷花、偏莲座

【科属】景天科，莲花掌属

【形态特征】多年生无茎草本。根茎粗壮，有多数长丝状气生根。叶蓝灰色，近圆形或倒卵形，先端圆钝近平截形，红色，无叶柄。总状单枝聚伞花序，花茎高 20 ～ 30 cm，花 8 ～ 12 朵，外面粉红色或红色，里面黄色，花期 6 ～ 8 月。

莲花掌

【生态习性】喜温暖，冬季不低于 10℃。喜光，能耐半阴。需要通风良好。耐旱，生长旺盛期需充足水分。喜富含腐殖质、排水良好的沙质土。

【栽培管理】

管理比较简单，盆栽土壤要求排水良好，常以堆肥土加粗沙和泥炭，或粗泥炭与珍珠岩 3∶1 的培养土。每年早春换盆，去处宿土和枯叶，换上疏松、肥沃的沙壤土。花盆宜用浅盆，盆底需多垫瓦片。初换盆后，要庇荫 7～10 天，然后移阳光下培养。生长期间不宜多浇水，盆土过湿茎叶易徒长，失去观赏价值。特别是低温的条件下，应严格控制浇水。盛夏高温时叶不宜多浇水，否则基部叶片易发黑腐烂。生长期每月施 1 次腐熟饼肥水或颗粒复合肥 3～4 粒，以保持叶片青翠碧绿。

【应用】莲花掌叶肥厚如翠玉，紧密排列成莲座状，四季青翠，姿态秀丽，美如花朵，形式莲花，除作盆栽观赏外，常用来配置多浆植物插花或数种多浆植物加工组合盆景，清丽非凡，别具一格。也可培植于花坛边缘。

第五章
鲜切花周年生产技术

第一节
鲜切花周年生产技术要点

一、鲜切花的概念

狭义的鲜切花指从观赏植物体上剪切下的新鲜花枝。

广义的鲜切花指从植物体上剪切下的、具有一定观赏性的新鲜植物体。包括切花、切叶、切枝、切果等。

切花类：指从植物体上剪切下来的新鲜花枝，以花朵为主要观赏对象，如世界五大切花：唐菖蒲、月季、菊花、香石竹、非洲菊。

切叶类：指从植物体上剪切下来的叶，主要观赏对象为叶，如肾蕨、天门冬等。

切枝类：指从植物体上剪切下的枝条，主要观赏对象为枝上的芽或花朵，如银芽柳、腊梅等。

切果类：指从植物体上剪切下来的、带有果实的枝条，主要观赏对象为枝上的果实。

二、影响鲜切花质量的因素

影响鲜切花质量因素包括:

一是植株的整体平衡:是否完整、均匀和新鲜度。

二是花序排列与花朵形状和颜色。

三是花枝形状和颜色:花枝上的整体布局、花茎的粗度、长度以及挺直程度。

四是叶片排列、形状和色泽。

五是病虫害状态:包括检疫病虫害和普通病虫害的存在与否、危害状况及痕迹的有无及程度等。

六是机械损伤和药物伤害。

七是采收标准。

八是采后处理:包括花材整理、捆扎、包装及标志等。

三、鲜切花周年生产技术要点

(一)整地做畦

保护地切花栽培多为地栽。将经过消毒的土壤或基质整理做畦,畦宽一般为 100 ~ 110 cm。若保护地地势较高、排水条件良好,或者所种的切花较喜水湿条件,则宜做平畦;若保护地地势低洼、地下水位较高,或者所种的切花不耐水湿、喜干爽,则宜做高畦。此外应结合整地做畦施足基肥。如果是连作,还要注意土壤消毒。

土壤消毒通常要用以下两种方法。

蒸汽灭菌:将土壤或基质用塑料膜或蓬膜盖严,通入蒸汽,使内部温度达到 80 ~ 85℃,并保持 1.5 ~ 2 小时。其优点是环保,而且几乎可以杀灭所有的病、虫、菌和杂草等。蒸汽灭菌具体操作方式:① 埋管式:直径 10 cm 左右的铝制管埋入基质中,基质上层的厚度是下层的两倍;② 在基质表面与封盖物之间蒸汽灭菌:只适用于高畦。

化学灭菌:将药剂直接洒在土壤或基质表面拌匀,然后蒙上塑料薄膜，将温室关闭。24小时后打开温室，撤去覆盖物，通风晾晒10～21天后，方可进行种植。常见的土壤灭菌剂有：氯化苦（三氯硝基甲烷）、甲基溴化物等。化学灭菌的缺点：毒性大，危害人体和环境，杀灭病、虫或菌的种类有限。

（二）定植

将预先培育或购入的切花种苗，分批分期进行定植。根据各种不同切花的株形特点，正确掌握定植密度。例如，香石竹定植密度为30～40株/m²；月季最适定植密度为9～10株/m²；菊花定植密度为30株/m²。定植宜选在阴天或晴天下午进行，定植后及时浇透水。若为晴好天气，还应适当遮阴，以利提高成活率。

（三）张网设支架

定植后，当苗株长至20 cm左右时，对茎秆易倒伏的切花类，要及时张网设支架。例如，香石竹，当苗高20 cm左右时，在苗床两侧埋立木架或钢架，在苗端上方设第一层网，网的两端挂在支架上，并要张紧，防止松弛。以后随苗株长高再相继张第二层网和第三层网，每层网之间保持20～25 cm的间距。网是由尼龙丝编织而成。张网后便可将苗株限制在网格之内生长，四周得以支持，茎秆便可避免弯曲或倒伏，这样可提高切花品质。如菊花、百合、小苍兰、唐菖蒲等切花栽培均需要张网设支架。

（四）施肥

1.动物性肥料

包括人粪尿、家禽粪尿以及水产类的下脚料。

人粪尿：养分含量高，肥效快，使用量大。使用注意事项：先发酵，后灭菌，再稀释使用。灭菌具体方法有：堆制高温发酵：加入3%～5%的过磷酸钙可减少氮肥的损失。药物处理：如福尔马林、石灰氮等。

消毒膨化鸡粪：以鸡粪为主要原料，经过一系列加工工序，得到脱去臭味，含肥量高的有机肥料。做基肥、追肥均可。在鲜切花栽培中应用广泛。

2. 植物性肥料

饼肥：指各种油料作物加工后的残渣，如豆饼、菜籽饼、棉籽饼、麻酱渣等。有机氮磷含量高，使用前必须经过腐熟加工。

绿肥：主要指可将整个植物体直接翻入土壤中用作肥料的植物，如苜蓿、紫云英等。多用于大田作物。

3. 化学肥料

化学肥料是指那些含有植物生长所需要的营养元素的无机化合物或混合物，常采用配比施肥，即指生产者根据所种植的具体鲜切花对氮磷钾及其他元素的要求，将不同重量的各种化肥按照所计算的量加以混合，达到所需要的氮磷钾比例，然后再施入到土壤或基质中去。

4. 控释肥料

控释肥料是指将多种原料化肥按所设计的配方混匀，经烘干、粉碎、造粒等一系列工序，制成小的肥料颗粒。在肥料表面镀一层经特殊处理的树脂、塑料或其他在水中不溶或缓溶的材料，形成薄壳。

控释肥料的优点：① 克服了普通化学肥料溶解过快、持续时间短、易淋湿等缺点；② 在制作中，可根据需要调节各元素比例；③ 通过壳体配方、镀壳厚度和层数等因素的改变，可调控肥分的释放时间（肥效期）；④ 释放速率只与温度有关，与基质种类无关；⑤ 可节约化肥用量40% ~ 50%，且使用方便。

缺点：对于在土壤中不易移动的元素需要定期追加。

（五）无土栽培的基质及养分供给

1. 目前广泛使用的基质原料

（1）泥炭

来源：由沼泽地的苔藓类和蕨类死亡后经千百年积压而成。成分：富含腐殖酸和纤维，并含有一些矿质营养元素。特点：孔隙度极高（85%以上），透气和持水能力很强。

（2）蛭石

来源：由云母矿石在 980 ～ 990℃下膨胀而成。成分：富含钾、钙、锰等植物必需的矿质元素。特点：具有较强的阳离子交换能力和缓冲能力。缺点：强度较差，多 1 次性使用。

（3）珍珠岩

来源：由火山岩颗粒在 1 000℃下膨胀而成。成分：基本上不含矿质元素。特点：质轻且颗粒表面粗糙，透水性极好。缺点：粉尘较多；由于太轻而常浮在栽培基质表面。

（4）砂子

钙质砂常呈碱性，硅质砂常呈酸性。使用中可起到增加基质重量和透水性的作用。

（5）锯末

质轻、耐腐蚀且孔隙度高。使用前许经过发酵处理。

（6）炉渣

粉碎、过筛、水洗后才能使用。

2. 几种混合基质介绍

一般切花：泥炭∶蛭石 1∶1（体积比），持水性好。或泥炭∶蜘蛛岩 1∶1，透气性好。或泥炭∶沙 7.5∶2.5。

香石竹：泥炭∶炉渣 1∶1；或泥炭∶蛭石∶沙 4∶3∶3；或园土∶泥炭∶珍珠岩 2∶1∶1。

月季：泥炭∶沙∶发酵锯末 2∶1∶1（阔叶）；或泥炭∶珍珠岩∶沙 7∶2∶1。

切花菊：泥炭∶沙 6∶4；或泥炭∶沙∶发酵锯末 1∶1∶1。

百合及郁金香：园土∶泥炭∶珍珠岩 1∶1∶1。

在以上混合基质中，每立方米加入 0.15 kg 硝酸钾、0.15 kg 磷酸钾、3 kg 白云石质石灰质、2.4 kg 碳酸钙。

3. 无土栽培切花作物的施肥问题

岩棉块加循环营养液系统：生产中必需随时检测基质 pH 值及营养液 EC 值，并定期检测各种矿质离子浓度。

混合基质：必需配合滴灌和喷灌使用。施肥方式有：① 基肥 + 追肥；② 或者长效肥料 + 少量追肥；③ 或者少量基肥 + 水肥同时。

（六）整形修剪

切花栽培中，为了提高单株切花产量，必须进行整形和修剪。不同种类的切花，其整形和修剪的方法也不同。

1. 草本切花类

摘心：促进侧芽萌发，增加切花产量；以香石竹双摘心为例，定植 1 个月左右时进行第 1 次摘心，随后发生数枝侧枝，每株只保留 4 个侧枝，其余去掉。当一级侧枝长到 20 cm 左右时，再进行第二次摘心，促发第二级侧枝，最后每株保留 8 ～ 10 根侧枝，其余侧枝全部剥除。

剥蕾：当香石竹、菊花等茎端发生几个花蕾时，只保留顶端一个主蕾（大花品种），其余侧蕾宜尽早摘除，以免消耗养分。

2. 木本切花

修剪：以月季为例，冬季休眠期应进行 1 次强修剪，只保留 3 ～ 4 主枝，其余枯枝、弱枝、病枝、交叉枝等全部剪除。

摘蕾：夏季，当新枝生长，先端着蕾时，应及时摘除，每个主枝只保留 3 枝培养，每枝上只留 1 个花蕾，余者摘除。

第二节
鲜切花的采收、贮运和保鲜

一、鲜切花的采收

1. 鲜切花采收标准的确定原则

一是因植物种类、品种、季节、环境条件、距离市场远近和消费者的特殊需要而异。

二是到达消费者手中时，产品处于最佳状态。

三是有足够长的货架期。

2. 鲜切花采收标准

一是适当的成熟度。

二是因植物种类、品种、季节、环境条件、距离市场远近和消费者的特殊需要而异。

3. 鲜切花蕾期采收的优点

缩短生产周期；提早上市；提高设施的利用率；蕾期花朵紧凑；节省空间；机械抗性强；对乙烯的敏感性降低。

4. 鲜切花采收时间

上午采收的优点是鲜切花的含水量最高，但露水较多，易受真菌等病菌感染；下午采收的优势是鲜切花体内积累了大量的光合产物、但温度较高，容易失水；傍晚采收的优势是鲜切花体内积累了一定的光合产物，水分含量也比较高，夏季适宜的采收时间是晚上8点左右。

5. 采收工具

鲜切花采收时要求工具要锋利、木质茎类剪切时要留斜口、花枝长度尽可能长。

二、鲜切花采后处理

（一）分级

分级是按照质量标准归入不同等级的操作过程。

1. 分级的必要性

一是建立市场交易基准的需要。

二是规范市场交易的需要。

三是保护生产者利益的需要。

2. 分级方法

鲜切花的分级方法是根据品种、整体效果、花形、花色、花茎和花径、叶病虫害、缺损等进行分组。

（二）采后包装技术

1. 作用

采后的包装有以下作用：① 便于采后处理；② 减轻机械伤害；③ 减少水分损失；④ 保持相对稳定且较低的温度；⑤ 创造适合保鲜的气体条件；⑥ 提高商品价值。

2. 包装材料

包装材料应具备的基本要求：足够的强度、适度防水、不含有害物质、导热性、适合产品对光的要求、环保、适当成本、标签完整。

包装种类：外包装：包装盒和包装箱、瓦楞纸箱和纤维板箱；内包装：软纸、蜡纸和各种塑料薄膜。

包装的标准化：包装要保证标准化，以达到美观、优质的目的。

3. 包装技术

先捆扎成束，用报纸、耐湿纸或各种塑料材料包裹即可装箱。

三、鲜切花的贮藏和运输

（一）预冷技术

鲜切花预冷技术概念指通过人工措施将鲜切花的温度迅速降低到所需要温度的过程。又称为去除田间热，其生理意义包括降低呼吸热、减少水分损失、抑制微生物生长，减少病害、降低乙烯危害；还可以增加经济效益。

鲜切花预冷方式包括自然预冷、冷库空气预冷和强制通风预冷。自然预冷就是把采切下来的鲜切花放置于空气温度相对较低的环境里，利用空气流通降低植物体的温度，其优势是成本低，但效率低，产品损耗较大；冷库空气预冷是依靠冷库中冷空气自然对流进行热传导使鲜切花温度下降的冷却方式；强制通风预冷是利用抽气机形成一定的负压，使冷空气在冷库中按一定的方向流通达到降温的目的。

（二）鲜切花贮藏技术

1. 概念

指在保存产品的过程中所采用的各种保持产品品质的技术措施。影响鲜切花贮藏效果的因素包括产品质量：无病虫害、无机械损伤及贮藏了足够的碳水化合物。

2. 鲜切花贮藏方式

冷藏：分湿藏和干藏两种：湿藏是将切花放在水或保存液中贮藏，适于短期贮藏，香石竹、百合、非洲菊、金鱼草等。在温藏条件下能保存几个星期，但在大规模生产中不常用。干藏用于切花的长期贮藏。一般来说，香石竹、菊花等用干藏比湿藏保存时间长，且质量好。此外，干藏切花常用聚乙烯薄膜包装，以减少水分蒸发，降低呼吸速率，延长寿命。

气调贮藏：通过控制切花贮藏地的氧胶二氧化碳含量，达到降低呼吸速率，减少养分消耗，以延长切花的寿命。由于花品种不同，二氧化碳含量一般控制在 0.35% ～ 10%。二氧化碳含量在 0.5% ～ 1%，可达到良好的保鲜效果。此外，输入氮气也可起到保鲜作用，水仙花在含氮10%、温度 4.5℃的条件下，贮藏 3 周后花色依然艳丽，枝叶挺拔。

降压贮藏：采用特制气压贮存室，将气压降低到标准大气压下时可延缓切花的衰老。与常压下切花相比，其寿命延长很多。试验证明，唐菖蒲在常温压 0℃条件下，可存放 7 ～ 8 天，而在 60 mm 汞柱，–2 ～ 1.7℃条件下可存放 30 天；月季在夏季常温常压条件下只能存放 4 天，在 40 mm 汞柱、0℃条件下则保鲜 42 天；石竹常压 0℃下可贮存 3 周，在低压下可贮存 8 周，其鲜度不减。

（三）鲜切花运输技术

1. 运输类型

从运输距离远近可分为：远距离运输、近距离运输、就近批发出售。运输手段上可分为：陆路运输、海路运输和航空运输。

2.影响运输质量的环境因素

包括温度、湿度、振动和冲击和微环境气体组成。

温度：指运输适温、温度急剧变化的危害、鲜切花的变温耐性。

湿度：包装材料和环境温度。

振动和冲击：机械损伤和生理伤害。

微环境气体组成：主要有 O_2、CO_2 和乙烯。

（四）鲜切花运输途径及其工具

汽车运输：常温车、冷却车、保冷车、冷藏车及特殊功能冷藏车。

火车运输：一是配备有专门的冷藏集装箱；二是利用客车厢或邮政车厢。

海路运输：轮船＋冷藏集装箱。

航空运输：飞机。

四、鲜切花保鲜剂

（一）概念与种类

鲜切花保鲜剂是指以调节鲜切花生理生化代谢，达到人为调节鲜切花开花和衰老进程减少流通损耗提高流通质量或观赏质量的化学药剂。其种类有：

预处液或脉冲液：鲜切花采收后 24 小时内进行。

催花液：指将蕾期采收的鲜切花强制性地促进开放的保鲜剂。

瓶插液：指提高切花瓶插质量延长瓶插寿命的保鲜剂。

（二）鲜切花保鲜剂的基本功能

保鲜剂的基本功能有：

一是调节植物体内的酸碱度。

二是拮抗植物衰老激素的作用。

三是杀菌或抗菌。

四是延缓花叶褪色。

五是补充糖源。

六是改善水分平衡。

（三）鲜切花的保鲜剂处理技术

1. 预处液

预处液处理是一项非常重要的的采后处理措施，其作用可持续到整个货架寿命，常在贮藏或运输前进行，一般由栽培者或中间批发商完成，预处液一般由去离子水配制，其中含有糖、杀菌剂、活化剂、和有机酸。

预处液糖浓度一般较高，其最适浓度因不同种类而异。唐菖蒲、非洲菊等用20%或更高的浓度，香石竹、鹤望兰等用10%浓度，月季、菊花等用2%～3%浓度。

2. 催花液

催花液处理技术这是观赏植物采后通过人工技术处理促使花蕾开放的方法。一般在出售前进行。

催花液一般含有1.5%～2.0%的蔗糖，200 mg/kg杀菌剂，75～100 mg/kg的有机酸，所使用蔗糖浓度要比预处液低。处理时将观赏植物插在催花液中若干天，比预处液处理时间长，在室温和高湿度条件下进行；有的观赏植物需要结合补光措施；为了防止乙烯积累造成危害，应配有通风系统；当花蕾开放后，应转至较低的温度环境中。

3. 瓶插液

瓶插液主要是提供给零售商和消费者，保存观赏植物直至售出或在瓶插寿命结束。

不同的观赏植物种类有不同的瓶插液配方。其中糖浓度较低（0.5%～2%），含有有机酸和杀菌剂。使用瓶插液时要确认所要瓶插的观赏植物是否已经用STS处理过，如果已经处理过，就不必再行处理。

如果是用硝酸银处理过，那就不用再水剪，因为硝酸银没有沿着茎干向上运输而只存在茎端，防止茎端腐烂和微生物滋生而导致的吸水堵塞问题。

第三节
主要鲜切花周年生产技术

一、月季

（一）生物学特性

【学名】*Rosa hybrida CVS*

【别名】月季、玫瑰、杂种月季、蔷薇。

【科属】蔷薇科、蔷薇属。

【形态特征】有刺灌木或攀援状。单数羽状复叶互生，小叶3～9枚，托叶与叶柄合生。花单生或伞房花序，花瓣多为重瓣。雄蕊多数或退化，心皮多数或退化。全年多次开花。作为现代月季主要杂交原种的月季和玫瑰这两个产自我国的种的主要特征分别是：月季为半常绿灌木，茎枝有直刺或弯刺，羽状复叶多为5小叶；花单生或聚伞花序，花瓣5枚或重瓣，雄蕊多数，2～3轮；花托及子房光滑无毛。玫瑰为落叶灌木，茎枝密生直刺和刚毛；羽状复叶多为5～7小叶；叶面皱缩；花常单生；花托披刺毛。

【生态习性】喜温暖、阳光充足、通风凉爽的环境。夏季高温高湿对月季生长极为不利。要求疏松肥沃、排水良好的土壤，pH值要求在6.5～7.5之间，酸性土或过碱土均不宜。开花最适宜温度在昼温20～28℃，夜温15～18℃，但在10～28℃时均可正常开花。不耐炎热，30℃以上进入半休眠状态，超过35℃易引起死亡；可耐 -15℃低温，但低于5℃即停止生长不开花。

（二）栽培管理

1. 繁殖方法

可用播种、扦插、压条、嫁接、分株、组织培养等方法繁殖。

（1）播种繁殖

主要在选育新品或繁殖嫁接用砧木时采用。在生产上主要用扦插、嫁接与组织培养繁殖。

（2）扦插繁殖

宜用一年生或半木质化嫩枝，只要温度在15～30℃间均可进行。剪成长8～10 cm插穗，保留上端一片羽叶中2～4小叶，插于沙床中，保持湿润，半遮阴，每天向叶面喷水3～4次，约30天生根。扦插前用IAA、ABT生根粉处理再插，可加快生根，提高成活率。用全光雾插效果尤佳。

（3）嫁接繁殖

多在春秋季进行。

用多花蔷薇的实生苗作砧木：用"T"形芽接，接位离地面3～5 cm。

嫁接与扦插同时进行：取多花蔷薇健壮枝条，剪成长10～12 cm的插穗砧，然后用芽接法或对接法将选好的芽或接穗嫁接到插穗砧上，嫁接后插穗下端在500 mg/kg ABT溶液中浸约10秒钟，插于沙床，淋透水，白天喷雾保湿，4～5周可生根，接芽也已成活，此法宜在夏秋间进行。

2. 栽培管理

（1）品种选择

根据各地气候和生态条件及市场对花色的要求，来确定选用具体品种。 在南方地区栽培，应选耐热抗病品种，在北方应选择适宜于温室栽培或较耐寒品种。切花月季的栽培可用露地栽培和温室栽培。在我国南方地区多用露地栽培，北方多用温室或塑料大棚栽培。

（2）选地

露地栽培要选排水良好、光照充足的场地。

种植前应测试土壤酸碱度，土壤偏酸时可用石灰，偏碱时用石膏粉，将 pH 值调节至 6.5～7.5。

（3）整地施肥

月季的根系较深，种植 1 次可产花 5～6 年，整地时要深翻和下足基肥。整地时翻土 40～50 cm，每亩施 3 000～4 000 kg 腐熟有机肥作基肥与土壤充分拌匀。

（4）做畦

一般畦高 30 cm，畦宽 1～1.2 m 为宜，畦间留 30 cm 通道。

（5）定植时间

北方地区以 5～6 月为宜，南方地区以 8～9 月为佳。定植密度以 50 cm×50 cm 或 40 cm×60 cm 为宜。

（6）定植后管理

定植后的 3～4 个月为植株养育阶段，关键是蓄留开花母枝。

去蕾：要随时摘去新梢上的花蕾。

除去砧木萌蘖：及时抹去砧木上的顶芽和侧芽。

选留开花母枝：当植株基部抽出竖直向上的粗壮枝条时，留 2～3 枝作开花母枝。

（7）肥水管理

在正常的生长和产花期间，为保证切花质量，应要保持充足的养分。地栽月季要用有机肥和速效无机肥结合使用。月季的生长与开花需要较高的氮和钾，据研究表明，月季开花时上部叶片的氮、磷钾含量分别为 3%、0.2% 和 1%，对钙的需求也较高。为保持这个养分水平，可以每月薄施有机肥 1 次，采花后侧芽萌动时多施速效氮肥，见蕾时多施磷钾肥。

（8）度夏与越冬

只要温度适宜，月季可全年开花，度夏与越冬是实现周年化生产的关键。

度夏（南方地区）：可用 40%～50% 遮阳网遮阴降温并减少或停止产花，要不间断地防病，加强通风，加盖薄膜防雨水，降低空气湿度。

越冬（北方地区）：冬季要保持5℃以上，并要减少肥水；如果有条件加温的，保持昼温20℃、夜温12℃以上，给予常规肥水可以正常产花。

一茬花采收后，到下一茬产花所需要的时间因季节和地区不同有很大差异。在北方地区，气温较高的夏季，一茬花生长约需40～50天，而冬季需70～80天；在广州冬春季约需35～45天，夏季约25天。

（9）无土栽培

温室无土栽培，配有自动补光、喷雾、滴灌、加肥等装置，有些还有 CO_2 发生器。

常用地床基质培：基质可用蛭石、泥炭、陶粒、粗沙、炉渣等或其混合物。无土栽培可用30 cm×30 cm的株行距，高密度种植。营养管理，可根据月季对矿物质的吸收比例，配制营养液。

（10）整形修剪

芽的类型：尖形芽的花枝短，花朵小；圆形芽的花枝长，花朵大。

幼苗：及时去掉一切花蕾，使植株处于营养生长阶段、促进根系生长，培养开花母枝。

开花母枝：枝条直径达0.6～0.8 cm，长50～60 cm，至少8～10枚叶片。开花母枝的打梢：当顶端花蕾着色时，从上数第二片5小叶处剪去上部枝条（约1/3枝条），剪口下保留5～6个圆形芽；直到达到开花母枝的要求为止。

水平枝：将新梢和砧木梢保留，将其压向地面，使其沿水平方向伸展，这样可避免与新抽出的开花母枝争夺空间，又可作营养枝向开花枝提供养分，因而有利于提早产花和提高新栽植株早期产花质量。

切花月季植株的高度会随不断采花而增高，每采一茬花约增5 cm左右。为避免植株过高，每年应进行1次中等强度的修剪，在南方常在4～5月高温来临之前，在北方则在春季萌动之前为宜。

切花剪切部位：冬季采收，从花枝基部向上数2～4叶处剪取，在阳光充足温度适宜季节可只留1～2叶处剪取。每次产花后长出的新枝，留 4 ～ 6 枝，其余的抹去。

两年生至多年生植株：休眠期将枝条重剪至 60 ～ 80 cm。也可在产花季节先剪一部分枝条，留一部分继续长花待下一茬花后再剪低，这样可保持连续产花。

通常经过 3 年左右要进行 1 次重剪，保留 20 ～ 30 cm 高度再重新蓄枝。

（11）病虫防治

月季常见病害有黑斑病、白粉病、根癌病等。

黑斑病主要发生于气温在 20 ～ 30℃的季节，发病初期可用 75 ％甲基托布津 1 000 倍液喷施，每隔 10 天 1 次，连喷 3 ～ 4 次。

白粉病：发病环境多为气温高、湿度大、闷热、通风不良。防治可在发芽前喷波尔多液或是硫合剂，生产中喷代森铵、苯来特等；

根癌病：土壤中的根癌杆菌侵染所致，土壤湿度过大，排水不良易引发此病；应以防为主，在植前用 500 ～ 1 000 倍的农用链霉素浸泡根系与根茎 30 分钟。田间发现时应拔除病株并烧毁，周围土壤撒入硫磺粉（50 ～ 100 g/m^2）消毒。

蚜虫、红蜘蛛、叶蜂：分别用 50 ％的杀螟硫磷 1 000 倍液、20 ％杀灭菊酯 2 000 ～ 2 500 倍液，或用溴氰菊酯乳油 3 000 倍液等喷杀。

（12）采收

适时采收：一般红色或粉色系品种可在有 1 ～ 2 片花瓣稍张开时采收，黄色系品种可在花萼反卷时采收。一天中应在 16 ～ 18 时采收较好。

采收处理：按枝长、花径、花色等分级包扎，保鲜预处理。

分级：按花茎长度分级（花蕾：7 cm）。其中，特级：40 cm 以上；一级：35 ～ 40 cm；二级：30 ～ 35 cm；三级：25 ～ 30 cm。

二、菊花

（一）生物学特性

【学名】*Dendranthema morifolium*

【别名】秋菊、鞠花、黄花、九花、节华等

【科属】菊科，菊属

【形态特征】株高 20 ～ 150 cm，幼茎绿色或带褐色，老茎半木质化。单叶互生，有托叶或退化，叶卵形至长圆形，基部楔形，叶缘有粗锯齿或深裂。头状花序，花单生或数朵聚生。边缘为舌状雌性花，中部为筒状两性花，共同着生在花盘上，花序的直径 2 ～ 30 cm。花序的形状、颜色及大小变化很大，有球形、托桂形、松针形、卷散形、蓬座形等。花色丰富，有红、黄、白、粉、紫等几个色系。花期一般 10 ～ 12 月，也有夏季和冬季开花的品种。瘦果褐色，种子寿命 3 ～ 5 年。

【生态习性】菊花性喜阳光充足、气候凉爽、地势高燥、通风良好的环境条件。生长适宜温度为 18 ～ 21℃，高于 32℃ 或低于 10℃ 则生长受影响，能耐 –10℃ 低温，少数品种可耐 –30℃ 低温。要求富含腐殖质、肥沃疏松、排水良好的沙质壤土，土壤酸碱度以 pH 值 6.5 左右的微酸性为宜，但也耐弱碱性土壤。忌连作，忌低洼积水。秋菊与寒菊为短日照植物，只有当日照长度在 12 小时以下时才会开花。

（二）栽培管理

1. 繁殖方法

扦插繁殖：用嫩枝顶梢或中部，截成 8 ～ 10 cm 长插穗，扦插于露地苗床或大棚无土插床。时间：4 月中旬至 5 月上旬。

组织培养：菊花组织培养可以用茎尖、嫩叶、茎段、花瓣等部位作为外植体。经 1 ～ 2 个月培养可诱导出愈伤组织。再经 1 ～ 2 个月培养便可诱导生出不定芽，对不定芽经反复多次继代培养而增殖，将试管苗在 1/2 MS + NAA1 ～ 2 mg/L 生根培养基上培养，2 周后生根。根长 1 ～ 2 cm 的生根苗进行炼苗和驯化栽培后，即可进行常规栽培。

2. 栽培技术要点

（1）定植

切花菊的定植时间因栽培类型不同而异，秋菊以 5 月中旬至 6 月初定植，寒菊在 7 月上旬至 8 月上旬定植。定植株行距为 15 cm×20 cm。

（2）摘心

定植缓苗后进行。大花品种：应及时进行第 1 次摘心：保留基部 5～6 枚叶片，可生产 5～6 枝切花。多花型小菊品种：则要求下部及时打杈，上部保留全部侧枝和侧蕾，有利于形成丰满的花枝。

（3）肥水管理

生长初期，应追施含氮量高的肥料，如尿素、麻酱渣等，以促进植株的营养生长。生长后期，尤其在孕蕾期间，应增施磷钾复合肥，同时每周喷施 1 次 0.2%～0.5%的磷酸二氢钾水溶液。施肥浓度：薄肥勤施。

（4）张网

对于一般切花菊品种，需加设两层支撑网即可。第一层网距地面大约 20 cm 高；第二层网距第一层网 30～40 cm。

（5）中耕除草

生长前期每 15 天左右进行 1 次。在 7～8 月到来之前把普通畦改成深沟高畦，防涝，可以与培土施肥结合进行。

（6）剥蕾

当花蕾长到黄豆粒大小时，应及时剥蕾。标准型大花品种剥蕾由上而下进行，保留主蕾，剥除侧蕾。多花型小菊应剥除顶蕾，保留侧蕾，可使整株花蕾发育一致。

（7）花期调节

综合不同栽培类型的自然花期：夏菊：5～7 月开花；八月菊和九月菊：8～9 月开花；秋菊：10～11 月开花；寒菊：12 月至翌年 1 月开花。

利用光周期反应特性：通过电灯照明进行抑制栽培，可使秋菊 12 月至翌年 3 月开花；通过遮光处理促成栽培，可使秋菊 5～9 月开花。因此，利用不同品种，采取抑制或促成栽培手段，便可达到周年切花生产。

菊花花期调节生产日程安排详见表 5-1。

表 5-1 菊花花期调节生产日程安排

类别	扦插日期	定植日期	摘心日期	采收日期
春菊	11 月底～1 月上	12 月中～2 月上	12 月下～2 月中	4 月上～6 月中
夏菊	2 月下～3 月下	3 月上～4 月下	3 月下～5 月上	6 月下～8 月下
秋菊	5 月上～6 月下	5 月下～7 月上	6 月上～7 月中	9 月中～10 月下
寒菊	6 月下～7 月下	7 月上～8 月中	7 月中～8 月下	11 月上～12 月中
灯光菊	7 月下～12 月上	8 月上～12 月下	8 月下～12 月中	11 月下～4 月

（8）切花采收、分级及保鲜

采收标准：标准型大花品种花开 6～7 成时采收；多花型小菊当有 2～3 朵小花全开，大部分花蕾现色时采收。

注意事项：采收时，剪取的位置应距离床面 10 cm 左右，以保证地下部分更好地生长，抽生脚芽。

切花采收后，去掉花枝下部 1/3 处的叶片，并尽快将花枝插入含有杀菌剂的清水中，以防微生物侵染。

三、唐菖蒲

（一）生物学特性

【学名】*G ladiolus hybridus*

【别名】剑兰、什样锦

【科属】鸢尾科，唐菖蒲属

【形态特征】地下茎肥大呈扁球形，外被膜质皮。基生叶剑形，嵌叠为二列状，抱茎互生。穗状花序顶生，每穗着花 12～24 朵，排成二列，左右对称，花冠漏斗状，有白、黄、粉、橙、红、紫、蓝等色或复色。有些品种花瓣边缘有皱褶或波状等变化。蒴果，种子扁平有翼，夏秋开花。

【生态习性】唐菖蒲喜冬季温暖、夏季凉爽的气候和肥沃、排水良好的沙质壤土。pH值5.5～6.5。

要求阳光充足，长日照条件能促进开花。

生长适温白天为20～25℃，夜间为10～15℃。夜间温度在5℃以下植株停止生长，而且多发生"盲花"。

（二）栽培管理

1.繁殖

分球繁殖：秋季叶片有1/3～1/2发黄时，挖掘球茎，分级、晾干后贮藏在5～10℃左右的通风干燥处备用。

组培脱毒繁殖：利用植株的茎尖或花梗作外植体，接种到MS加激素培养基上，可以诱导出无病毒苗，是解决病毒病的有效方法。

播种繁殖：生产上几乎不用。

2.栽培管理

（1）普通栽培

定植时间：①冷凉山区：一般在4～5月种植唐菖蒲，8～9月开花，因花期温度适宜，所在切花质量高，种球不易退化；②平原地区：定植时间：从3～8月分期种植。3月种植，6月开花。4～5月种植，7～8月开花。7月种植，9～10月开花。8月种植，10～11月开花。平原地区夏季炎热，一般不在4～5月种植，因夏季开的花质量差，没有经济效益。

定植：①唐菖蒲喜肥，定植前要施足基肥，100 m² 施腐熟堆肥150～225 kg、饼肥30 kg，并加入5 kg骨粉和40 kg草木灰。深翻混合均匀后作畦；②定植密度为15 cm×20 cm，覆土深度5～10 cm，球茎越大种植越深。浅种不利于新球生长，易倒伏，但利于开花。深种则相反。

施肥灌水：全生育期追肥3次：在2叶期，以氮肥为主，促茎叶生长；在4叶期，以磷肥和氮肥为主，促花芽分化、孕蕾，花枝粗壮；在花后，以钾肥为主，促球肥大和养分积累；生长期适时浇水：保持土壤湿润。在3～4叶期花芽分化时适当节制浇水。

防倒伏：一般在植株长出3片叶时，要及时培土，以后随着植株的生长可张网设支柱扶持。

防盲芽：采用优良的较大球茎，以保证营养充分。选用在低温、短日照及弱光条件下能良好开花品种，而且要限制一球一芽；在促成或抑制栽培中要保证适宜温度特别是 5～6 叶期，保证夜温在 15℃左右；在 2～3 叶期开始补光。

切花和上市：采切时间：花穗下部第一朵小花开放，第 2～3 朵花着色的时候，就可以切花。一般在 2～3 片叶上面切花，留下叶片继续供球茎养分，促球茎生长。整理切下花枝，10 支一束，用纸包裹，装箱运销。

（2）促成栽培

在 9 月初挖掘出成熟的球茎，用 35℃高温处理 15～20 天，再用 2～3℃低温处理 20 天，在此期间要保持干燥。

打破休眠后于 10 月上旬～11 月上旬定植在温室内，夜间温度最低要保持 15～16℃，并在 2～3 叶期开始补光，经过 100～120 天，于 1～2 月开花。12 月中旬定植，于 3 月中旬至 5 月开花。

促成栽培中防止育花的办法：在 2～3 叶期，即花芽分化期，每晚补光 4 小时，连续 2～3 周，提高夜温保持在 10～15℃。选用优良大种球，栽植不要过密，发芽后保持一球一芽。

（3）抑制栽培

经过冬季贮藏的种球，于 3 月中旬贮藏于 3～5℃干燥冷藏库内，抑制发芽生根；8 月下旬至 9 月上旬定植，11 月下旬至 12 月中旬开花；9 月上、中旬定植，于 12 月中旬至 1 月中旬开花；若 9 月以后定植，则球根养分消耗多，加上低温、短日照，容易出现育花。

四、香石竹

（一）生物学特性

【学名】*Dianthus caryophyllus*

【别名】康乃馨、麝香石竹

【科属】石竹科，石竹属

127

【形态特征】多年生常绿草本植物。株高 70 ～ 100 cm，整株被有白粉，呈现灰绿色。茎光滑、直立、多分枝，茎基部半木质化。茎秆硬而脆，茎节膨大。叶厚、对生、全缘、线状披针形，基部抱茎。花单生或 2 ～ 3 朵簇生于枝端，具淡香。花蕾橡子状，花冠石竹形；花萼萼端 5 裂；花瓣多数，边缘具爪，有白、红、桃红、橘黄、紫红及杂色等；花茎 5 ～ 10 cm，花期 5 ～ 10 月，温室栽培可四季有花。

【生态习性】性喜空气流通、干燥和阳光充足的环境。为中日照植物。喜冷凉、不耐炎热，生长适温白天为 15 ～ 20℃，夜间 10 ～ 15℃。最喜夏季凉爽、湿度低，冬季温暖而又通风良好的环境，忌高温高湿。要求排水良好、腐殖质丰富、保肥性强、呈微酸性反应的稍黏重土壤，pH 值 6 ～ 6.5。忌水涝、低洼和连作。

（二）栽培管理

1. 繁殖方法

（1）扦插繁殖

① 时间：在温室栽培 1 ～ 3 月和 9 ～ 11 月为宜，露地栽培以 4 ～ 6 月和 9 ～ 10 月为宜；② 插条要求：长 12 ～ 14 cm，要具有健全的 4 ～ 5 对叶片与完整的茎尖；③ 基质：泥炭：珍珠岩 1：1；④ 先用竹签打洞，扦插深度 3 cm，株行距 2 cm×3.5 cm；⑤ 环境：基质温度 13（21）℃，21（15）天可以生根；⑥ 采用间隙喷雾设备，一般晴天每 5 分钟喷 5 秒即可；⑦ 扦插苗贮藏：1℃条件下 4 ～ 8 周。

（2）组织培养

主要用于繁育新品种和茎尖脱毒苗的生产，茎尖培养基：MS + NAA 0.2 mg/L + 6 – BA 0.5 ml/L；生根培养基：1/2 MS + NAA 0.2 mg/L + 6 – BA 0.5 ml/L；

2. 栽培管理技术

（1）土壤准备

土层厚度 30 cm，有机质含量丰富，排水良好，疏松透气的土壤。

（2）定植

① 定植时间：根据采花时间、温度及光照条件等因素确定。如果 5 月定植，则至开花时间最短，需 110 天。若 10 月下旬至 11 月定植，至开花时间最长，需 150 天；② 定植密度：因品种习性不同而异，露地株行距通常有 10 cm×10 cm、20 cm×20 cm 和 30×30 cm，通常 18 株 /m²、24 株 /m² 或 28 株 /m²，每亩温室约栽种 12 000 ～ 18 000 株。分枝性强的品种应略稀，分枝数少的可适当密植；③ 定植深度：以原有插条生根基质露出土表为准，一般 35 cm 左右，不宜过深，否则易发生立枯病和茎腐病。定植栽植后，适量浇水和淋药，以后待表土见干时再浇水。

（3）张网

定植后要及早张网，使茎正常、直立生长。通常张 3 ～ 4 层，第一层网距地面约 15 cm，随着植株的生长，每隔 20 cm 加一层，并经常把茎拢到网格中。

（4）肥水管理

整个生育期要求养分充足，基肥施足，追肥要薄肥勤施。生长期间约隔 15 天施 1 次稀薄液肥，氮、磷、钾比例为 10∶5∶10。孕蕾期加施磷钾肥。

缓苗后要进行 2 ～ 3 次 "蹲苗"，促进根系强壮。结合叶片营养诊断进行科学配方施肥。

（5）修剪

摘心：整枝摘心是控制花期，保证开花数量和质量的重要措施。通常当小苗长到 15 ～ 20 cm 时，从基部向上留 5 ～ 6 节摘心。实际生产中常采用的摘心方式有以下 4 种：① 单摘心：仅摘去顶芽，使下部 4 ～ 5 个侧芽同时伸长，开花。优点：花期早，前期产量高；② 半单摘心：原主茎单摘心后，侧枝延长到足够长时，每株上有一半侧枝再摘心。优点：产花量稳定；③ 双摘心：原顶芽摘心后，当侧枝生长到足够长时，对全部侧枝再摘心。初次产花量集中，后期花茎变弱，实践中很少采用；④ 单摘心加打梢：开始是正常的单摘心，当侧枝超过正常摘心的长度时，去除较长的枝梢（2 个月内）。此摘心方法可降低早茬花产量，使一年中产花量平稳，但在生产中要求在高光照的条件下才可采用。

疏芽：大花品种只留中间一个花蕾，在顶花芽下到基部约 6 节之间的侧芽都应去掉。小型多花香石竹则需要去掉顶花芽或中心花芽，使侧花芽均衡发育。

平茬修剪：为第二年生产进行更新；时间：6 月下旬之前。具体操作：一年苗龄的植株在地表上 25 ～ 30 cm 处剪除；二年生苗龄的植株一般进行换茬，距地面 45 cm 相处剪除。

（6）防止生理病害

主要是防裂萼。裂萼的原因与品种特性和环境因素有关。通常大花品种易发生裂萼，主要是由于花蕾发育期温度偏低或日夜温差过大（超过 8℃），氮肥过多等原因所致。防止裂萼：采用人工绑束花萼的方法，如用 6 mm 宽的透明塑料带将花蕾直径最大的部位扎住。

（7）花期调节

在温度、光照适宜的条件下，通过调整香石竹定植期并配合摘心处理，可达到周年均衡供花。

（8）切花采收

大花香石竹在花瓣的露色部位长 1.2 ～ 2.5 cm 时采收为宜。多花型香石竹应在有两朵花已开放，其余花蕾已透色时采收。

五、非洲菊

（一）生物特性

【学名】*Gerbera jamesonii*

【别名】扶郎花、太阳花

【科属】菊科，大丁草（非洲菊）

【形态特征】常绿宿根草本植物。株高 30 ～ 40 cm，全株具有细毛。叶基生，长椭圆状披针形，长 12 ～ 25 cm，宽 5 ～ 8 cm，羽状浅裂或深裂，叶柄长 12 ～ 20 cm。头状花序单生，直径 8 ～ 12 cm，花梗长，高出叶丛，舌状花大，1 ～ 2 轮或多轮，位于外层的舌状花 2 唇形，管状花亦呈 2 唇形，外唇 3 裂，内唇 2 裂。园艺品种花色有白、橙、红、黄、粉和橘黄等色，四季常开，盛花期 5～6 月和 9～10 月，种子萌发大约需 2 周左右，切花瓶插寿命为 10 天左右。

【生态习性】性喜温暖、夏季凉爽、阳光充足和空气流通的环境。生长期最适温度 20～25℃，冬季休眠期适温 12～15℃，低于 7℃停止生长。耐寒性不强。要求疏松肥沃、排水良好、富含腐殖质的土层深厚、微酸性的沙质壤土。日中性植物：对日照长短不敏感，强光利于花朵发育，但略有遮阴，可使花茎较长，对取切花有利。

耐寒性不强：在华南地区可露地越冬，华东地区需覆盖越冬，华北寒冷地区必须在冷床内越冬或在霜降时带土移入温室作切花促成栽培。

（二）栽培管理

1. 繁殖方法

（1）组织培养

切花生产中常用的繁殖方法。以花托为外殖体，洗净消毒后，切成 2～4 块，接种在 MS + BA 10 mg/L + IAA 0.5 mg/L 培养基上。置于 25℃，光照 16 小时 / 日的条件下培养。芽长至 2 cm 左右时，转移到生根培养基上。根长 1 cm 时即可移栽，在较高空气湿度下，每周供给 1 次营养液。2～3 周后就可定植。

（2）分株繁殖

一般在 4～5 月进行，因老株着花不良，通常 3 年分株 1 次。将老株掘起，切分为 4～5 部分，每部分须带 4～5 片叶，另行栽植。

（3）播种繁殖

人工辅助授粉，非洲菊种子寿命很短，发芽率较低，通常为 30%～40%。发芽适温在 20℃左右，10 天左右即可发芽。

2. 栽培管理

（1）定植

定植时间：宜在春、秋季定植。

土壤要求：由于其根系发达，要求栽植床土层深厚，至少 25 cm 以上。定植前施足基肥，以麻酱渣、鸡粪、过磷酸钙、草木灰为主。

垄栽：垄宽 40 cm，沟宽 30 cm。植株双行交错定植于垄上，株距 25 cm。

浅植：定植时应尽量浅植，以根茎部略露出土表，否则易引起根茎腐烂。定植后在沟内灌水。

（2）肥水管理

小苗期宜保持适当湿润即可，可适当控水进行"蹲苗"，生长期间应供水充足。花期浇水时，勿使叶丛中心着水，以免引起花芽腐烂。

非洲菊喜肥，要求及时补施肥料，氮、磷、钾比例需用量为 15∶8∶25。开花期可提高磷、钾肥用量，并掌握薄肥勤施的施肥原则。

春秋季每 5～6 天追施 1 次，冬夏季每 10 天追施 1 次，若高温或低温引起植株处于休眠状态，则应停止施肥。

（3）清除残叶

及时清除叶丛下部枯黄衰老叶片，改善光照和通风条件，减少病虫害发生，并有利于新叶和花芽的发生和生长，促使其不断开花，提高单株产量，增加经济效益。

（4）更新种苗

以新苗栽后第二年产花能力最强，花的商品性也好，以后逐渐衰退，最好在栽培 3 年后更换新苗。

（5）切花采收

切花采收最适宜采收的时期为最外轮花的花粉开始散出时。采收应在植株挺拔、花茎直立、花朵开展时进行。切忌在植株萎蔫或夜间花朵半闭合状态下采收，以免影响切花的质量及瓶插寿命。采收后马上插入 100～250 mg/kg 漂白粉水中处理 3～5 小时，然后进行分级包装。

（6）采后处理

非洲菊花茎腐烂易折为保鲜中的主要问题，其原因为花梗组织不充实及基部切口部分吸水不良造成的。若将花梗基部插入含有硝酸银和柠檬酸的溶液中，可减轻花梗过早腐烂。

六、百合

（一）生物学特性

【学名】*Lilium spp.*

【别名】百合蒜、强瞿、蒜脑诸

【科属】百合科，百合属

【形态特征】形态特征：地下部由鳞茎或根状茎鳞茎、籽鳞茎、茎根、基生根（营养根和收缩根）组成。地上部：由叶片、茎秆、珠芽（有些百合无珠芽）、花序组成。鳞茎阔卵状球形或扁球形，无皮膜包被，由多数肥厚肉质的鳞片抱合而成，为多年生。多数种类有茎生根和基生根（吸收营养和固定）。地上茎直立，不分枝或少数上部有分枝，高50～150 cm。叶多互生或轮生，线形，披针形至心形；具平行脉。花多数花单生，簇生或呈总状花序，具芳香。花大形，主要有喇叭形、钟形、漏斗形和卷瓣形；下垂、平伸或反卷。花被片6枚，形相似，2轮，离生，由3个萼片和3个花瓣组成，基部有蜜腺和各种形状突起。雄蕊6，花药椭圆而大，花柱细长，柱头膨大，3裂；花色极为丰富，有白、粉、红、黄、橙、紫、复色等，花瓣上斑点、斑块也有多种颜色；蒴果3室；

【生态习性】绝大多数性喜冷凉、湿润气候。多数种类耐寒性较强，耐热性较差。生长适温白天为20～25℃，夜晚为10～15℃，5℃以下或28℃以上生长会受到影响。特别是亚洲百合杂种系和东方百合杂种系对温度要求严格，而麝香百合杂种系能适应较高的温度，白天生长适温可达25～28℃，夜晚适温18～20℃。喜光照充足，但夏季栽培时要遮去全光照的50%～70%，冬季在温室进行促成栽培时要补光，长日照处理可以加速生长和增加花朵的数目，其中，亚洲百合杂种系对光照不足反应最敏感，其次是麝香和东方百合杂种系。在肥沃、腐殖质含量高、保水和排水性能良好的沙质壤土中生长最好，百合对土壤盐分十分敏感，高盐分会抑制根系对水分养分的吸收。亚洲和麝香百合杂种系要求 pH 值

6～7，而东方百合杂种系要求 pH 值 5.5～6.5。忌连作。

（二）栽培管理

1. 繁殖方法

（1）分球法

种球种植地点：选夏季凉爽，7 月份平均气温不超过 22℃的高海拔山区或湖边半岛作繁殖地点为宜。一般秋季或春季百合种植期进行，选品种纯正，无病虫害的周径小，不够切花标准的鳞茎作繁殖材料，种植前先用 80 倍福尔林水溶液浸渍 30 分钟，取出后用自来水冲 1 次，阴干备用，鳞茎按 10 cm×20 cm 株行距开沟定植，沟深 12 cm，种后灌水后覆土 8～10 cm。

（2）鳞片扦插

选用健壮无病的鳞茎，剥取鳞片，消毒处理后插入苗床，苗床基质选用粗沙、蛭石或泥炭加珍珠岩等。扦插深度为鳞片长度的 1/2～2/3，间距 3 cm，插后用喷壶浇水，使鳞片和介质密接，苗床温度保持在 15～20℃，介质湿度保持在 60%～70%，1～2 个月在鳞片基部产生带根的小鳞茎。

（3）埋片室内贮藏繁殖

放置的方法：先在筐底铺 2 cm 厚的介质，上面平铺一层百合鳞片，然后再盖一层介质，以完全盖住鳞片为至，一筐箱可以重复摆放 4～6 层鳞片，最上层鳞片盖 2～4 cm 介质，然后用塑料膜覆盖，塑料膜上留有通气孔。将埋好鳞片的筐箱堆放到能调节温度和保持湿度的暗室内，先用 23℃室温处理 8～12 周（小鳞茎形成阶段，然用降温到 17℃，处理 4 周（地上茎形成的阶段），最后把温度控制到 5℃，保持 6～8 周。介质的湿度，每 10 L 蛭石加水 2 L 混匀。

（4）分株芽法

卷丹、沙紫百合，2～3 年可望开花。

（5）播种法

如麝香百合和台湾百合，种子成熟后即播，20～30 天便可发芽。一般 3 ～ 4 年可以开花。

（6）组织培养法

利用植株的茎尖或珠芽生长点等外植体，接种到 MS 加激素的培养基上，可以直接诱导出无病毒种苗。

2. 栽培技术

（1）百合种球贮藏技术

起球、分级：亚洲和麝香百合选周径 10 cm 以上作商品种球，又分 10 ～ 12 cm、12 ～ 14 cm、14 ～ 16 cm 3 个等级。东方百合选周径 12 cm 以上作商品种球，又分 12 ～ 14 cm、14 ～ 16 cm、16 ～ 18 cm、18 ～ 20 cm 4 个等级。小于以上标准的鳞茎留下作繁殖用。

消毒贮藏：消毒、洗净、阴干后备用，用塑料筐箱做贮存容器，先在箱内铺一层塑料布，撒一层湿锯沫，放一层百合种球，一直放到离箱边 10 cm 处，每箱放种球大约 400 ～ 600 个，将塑料布盖起来，塑料布上面扎一些小孔透气，然后放进冷库内贮藏，长期贮藏冷冻库温为 -2 ～ -1℃，若作促成栽培，可放在 3 ～ 5℃下冷藏。持续时间：一般亚洲百合杂种系 1 年；东方百合和麝香百合杂种系最多冷冻 7 个月。冷冻期温度：保持恒定，细微的温度变化都会导致鳞茎冻害和发芽。

注意：冷冻种球出库后要在 10 ～ 15℃条件下逐渐升温，一旦解冻后就必须立即种植，解冻后种球不能再次冷冻。

（2）种球打破休眠

低温处理时间长短视品种及栽培目的而定。

亚洲型百合鳞茎：自然休眠期为 2 ～ 3 个月，大多数品种经过 5℃ 4 ～ 6 周可解除休眠。东方型百合，一般为长需冷性，至少需要 5℃ 10 周以上。

同一品种百合，低温处理时间愈久，则从定植到开花所需时间愈短。

（3）百合定植与管理

百合切花生产多以地栽为主，施入基肥、深翻，做成宽 1 ～ 1.2 m 的畦，按株行距 10 cm × 20 cm 开沟点种。

定植密度：亚洲百合杂种系鳞茎周径（10 ～ 12 cm）平均种植

50～60 球 /m²，东方和麝香百合杂种系，鳞茎 12～14 cm，平均种植 45～55 球 /m²。

灌溉：冬季种植先在沟内灌水，待水落下后种球然后覆土 6～8 cm。夏季开沟后先种球，然后覆土 8～10 cm，最后灌水，待水落下后覆草，待芽出齐后将盖草揭掉。

温度管理：前期 3～4 周温度保持在 12℃左右，以利生根；后期提高温度，白天保持 20～25℃，夜温 10～15℃。大约 8～15 周就能开花。

光照管理：冬季生产百合，从花芽长 0.5～1 cm 之前开始加光，每天给予白炽灯照射 6～8 小时，共处理 6 周，对防止盲花、促进开花有作用。夏季生产百合要用遮阳网遮光，目的是降低温度。

肥水管理：百合种植后的前 3～4 周不施肥，如果土壤干燥，可以喷水保持土壤湿润。芽出土后开始追肥。植株生长期间作追肥的用量是：每 100 m² 施硫酸铵 10 kg、过磷酸石灰或粗骨粉 4.5 kg 和硫酸钾 1.5 kg 或草木灰 12 kg。温室栽培百合施肥量要比露地栽培少，以百合必要养分的最少量进行施肥，目的是为了减少土壤盐分的集垒。浇水可结合施肥同时进行。

设支撑网：张网设支架，在畦的四周立支柱，畦面上拉支撑网，百合植株均匀进入网内，并随茎的生长不断提高支撑网以防倒伏。

周年生产：切花栽培通过露地和温室栽培相结合，将开花鳞茎分期分批种植。周年生产常见的栽培类型有：9～10 月定植的露地栽培；5～8 月定植的抑制栽培；10 月初定植的早期促成栽培；11～12 月定植的促成栽培；10～11 月定植的半促成栽培。

切花采收处理：3～5 个花蕾的花枝，一般在基部第一朵花蕾充分膨胀并着色时采收；10 个以上花蕾的花枝，必须有 3～5 个花蕾着色后才能采收。采收时，最好用锋利的刀子切割，离地面 15 cm 处，保留 5～6 片叶子切割。① 分级、捆扎：百合切花分级是根据花茎长短，花蕾多少，茎的硬度及叶片，花朵正常程度分级，一般分 1 级，2 级，3 级和等外 4 级。按级捆扎花茎，先将茎基部 10 cm 以下的叶片去掉，然后 10 支一束捆扎；② 低温贮藏：将捆扎好的百合花枝用预处理液 STS（2 mm）在

20℃室温下浸渍 20 分钟，然后放置到 2～3℃冷库中，插入已经预冷的清水中，贮藏 4～48 小时。

七、郁金香

（一）生物学特性

【学名】*Tulipa gesneriana*

【别名】洋荷花、旱荷花、草麝香、郁香、红蓝花、紫述香

【科属】百合科，郁金香属

【形态特征】鳞茎卵球形，外被褐色或棕色皮膜，内有肉质鳞片 2～5 片。茎叶光滑，被白粉。叶 3～5 枚，披针形至卵状披针形，全缘波状，常有毛。花茎实心，20～60 cm，花多单生顶端，大形，直立杯状，花色、花形多样，花被内侧基部常具色斑；花被片 6 枚，离生。白天开放、夜晚或阴天闭合。花期 4～5 月。种子扁平。

【生态习性】性喜冬季温暖湿润，夏季凉爽稍干燥，向阳或半阴的环境。喜欢富有腐殖质肥沃而排水良好的沙质壤土。耐寒性强，冬季可耐–35℃的低温，生长温度：5～22℃，适温：18～22℃。适应性较广。

（二）栽培管理

1. 繁殖

（1）分球繁殖

子球通常 2～3 个，多的 4～6 个，子球栽植至开花一般需 1～3 年。

（2）种子繁殖

种子发芽需要湿润与低温（0～10℃），一般 3～5 年才可开花。

（3）组织培养

一般只用于新品种的扩繁和脱毒。所有器官均可作为外植体。

2. 栽培

（1）露地栽培

栽培地点的选择：宜选择土层深厚、富含有机质、肥沃、排水通畅

的中性或微碱性沙质土壤。

定植：适宜的种植时间为9月中旬至11月。霜前一般需要有2～3周温度保持在5～10℃，畦栽一般株距8～15 cm，行距约15 cm。覆土厚度达球高的2倍即可。

田间管理：定植前深施基肥，生长期有3次追肥，分别在秋季根系生长期、萌芽现蕾期和开花后施用。定植后适当灌水，促使生根。北方寒冷地区冬季适当加以覆盖，初夏茎叶枯黄时掘起鳞茎。以种球生产为目的时，应尽早剪除花蕾。

收获：切花采收与贮藏：宜在花蕾半着色或刚开始全面着色时剪切。切花在－0.5～0℃中可干藏1周左右，带鳞茎的切花可贮藏2～3周。球根采收时间：当地上部分1/3枯萎时即可采收。球根分级标准：1级球：周径大于12 cm；2级球：周径11～12 cm；3级球：周径10～11 cm。

盲花与低温春化：一般品种5℃时7周。

种球退化原因：病毒病，连作，不适宜的种植技术，不适宜的贮藏条件、环境条件及不适宜的土壤条件。

（2）促成栽培（花期提前到1～4月）

品种与种球选择：球根周径12 cm以上。早花、中花和晚花的选择与预定花期相关。矮型品种一般不用，促成切花一般要求35 cm以上。

促成前的球根处理：普通预冷处理：通常鳞茎采收后在34℃处理1周，然后在17～20℃干藏至雌蕊分化期。特殊预冷：2℃时7～8周；5℃时9～10周。

促成栽培管理：① 栽植：种球应先栽于营养钵中，pH值6.0～6.5，栽植的株行距，高大品种以12 cm×12 cm为宜；② 光照：花蕾出现前后要补充光照，北方保护地栽培更应补充光照；③ 水肥：嫩芽出土后，如栽培土的肥力差，应补充追肥。N肥、P肥、K肥的用量分别为2 kg/100 m^2、2.5 kg/100 m^2、2.5 kg/100 m^2。

第六章
花坛类花卉生产技术

第一节
花坛类花卉概述

一、花坛类花卉栽培的特点

一年生花卉是夏季景观中的重要花卉，二年生花卉是春季景观中的重要花卉。色彩鲜艳美丽，开花繁茂整齐，装饰效果好，在园林中起画龙点睛的作用。易获得种苗，方便大面积使用，见效快。每种花卉开花期集中，方便及时更换种类，保证较长期的良好观赏效果。是花卉规则式应用形式如花坛、种植钵、窗盒等的常用花卉。有些种类可以自播繁衍，形成野趣，可以当宿根花卉使用，用于野生花卉园。蔓性种类可用于垂直绿化，见效快且对支撑物的强度要求低。为了保证观赏效果，一年中要更换多次，管理费用较高。对环境条件要求较高，直接地栽时需要选择良好的种植地点。

二、花坛类花卉栽培的方式

直播栽培方式：将种子直接播种于花坛或花池内而生长发育至开花

的过程，称直播栽培方式。

育苗移栽方式：先在育苗圃地播种培育花卉幼苗，长至成苗后，按要求定植到花坛、花池或各种园林绿地中的过程，称育苗移栽方式。

三、花坛类花卉的栽培管理要点

（一）间苗

又称"疏苗"。在播种幼苗出土后出现密生拥挤时，疏拔过密或柔弱的幼苗，以扩大苗间距离，利于通风、光照，促使幼苗生长健壮。

间苗要在雨后或灌溉后进行，用手拔出。间苗时要细心操作，不可牵动留下的幼苗，以免损伤幼苗的根系，影响生长。间苗后需对畦（床）面进行灌水 1 次，使幼苗根系与土壤紧贴、密接，有利于保留的苗株的恢复生长。

（二）移植与定植

1. 移植

包括起苗和栽植 2 个过程。起苗时，先用移植铲在幼苗根系周围将土切分，然后向苗根底部下铲，将幼苗掘起，若要带土则勿使土团散开。应先在苗畦内灌水，待土壤湿润时起苗，不易散坨。按苗间株行距随即栽入新的畦地。种植深度要与原种植深度相一致，宜浅不宜深，种植穴要稍大一些，使根系舒展不卷曲。种植后应立即浇足水，第二天还需再浇 1 次回头水。种植后 1 周内浇水相对要勤。夏季移植初期要遮阴，以减低蒸发，避免萎蔫。

2. 定植

栽植一般称定植。也就是花卉经过几次移植后，最后 1 次栽植不再移植叫定植。定植还包括将盆栽苗、经过贮藏的球根以及木本、宿根花卉，种植于不再移动的地方。

（三）灌溉

用水以软水为宜，避免使用硬水。浇水量与灌水次数与季节、土质、气候条件、花卉种类等因素有关。灌水时间因季节而异。一般来讲浇水宜上午进行，尽量避免晚上浇水。夏季以清晨（日出前）或傍晚（日落后）为宜。此时，水温和地温相近，对根系生长活动影响小。春秋季以清早浇水为宜。此时风小光弱，蒸腾较低，傍晚浇水，湿叶过夜，易引起病菌侵袭。冬季以上午 10：00 以后（中午前后）浇水最适。早晨气温较低。根据花卉种类和习性采用合适的浇水方法，就花卉种类的习性而言，有的需叶面淋浇；有的需在土表面浇等。

（四）修剪与整形

1. 摘心

用手掐去枝端的顶芽，不伤及其余称摘心。顶芽是花卉植物生长旺盛的器官，含有较多的生长素，能抑制下部腋芽的萌发。一旦摘除顶芽，就迫使腋芽萌发进而形成分枝，抑制主枝生长，增加枝条数目，并使植株矮化。运用这一特性，对着花部位在枝条顶部而又易产生分枝的花卉，如一串红、百日草常行摘心，以使促发多量分枝，从而达到花量多的目的。摘心会推迟花期，需要尽早开花的花卉就不能摘心。植株矮小、分枝又多的三色堇、雏菊、虞美人也不摘心。主茎上着花多且朵大的凤仙花、风铃草、鸡冠花、向日葵、蜀葵等也从不摘心。适宜摘心的还有金鱼草、桂竹香、福禄考、矮牵牛、翠菊、大丽花、早小菊、五色草等。

2. 除芽

摘除不需要的腋芽或挖掉脚芽，控制花枝的数量，使养分集中，花朵充实而硕大。在培育独本菊时，必须除去所有腋芽。大丽花若腋芽过多，也常摘除。

3. 剥蕾

通常指除去侧蕾而留顶蕾，有时也指剥除不需要的花蕾，控制花朵的数量。对芍药、菊花、大丽花的侧蕾，一旦出现时立即剥除。

剥蕾需注意：如含苞欲放时再去侧蕾，则已消耗大量养分，为时已晚。一枝只顶端一蕾，抹去其他侧蕾，但要待不落蕾，顶蕾有十分把握时再抹去侧蕾。所以，何时剥蕾最适时，还要因种而异。球根花卉为生产球根栽培时，为了使地下部分的球根迅速肥大且充实，也要尽早剥蕾，以节省养分。

4. 折枝和捻梢

折枝是将新梢折曲，但仍连而不断；捻枝指将枝梢捻转，可抑制新梢徒长，促进花芽形成。牵牛、茑萝等用此法。

5. 曲枝

为使枝条生长均衡，将长势过旺的枝条向侧方压曲，将长势较弱的枝条顺直，可获得抑强扶弱的效果。大立菊整形常用此方法。

6. 修枝

剪除枯枝、病虫害枝、交叉枝、密生枝、徒长枝及花后残枝等。修枝应从分枝点上部斜向剪下，伤口较易愈合并不残留桩。

（五）防寒与降温

防寒措施：覆盖法、培土法、熏烟法、灌水法。
夏季防暑：地面灌水、空中喷雾、布遮阳网或搭阴棚。

（六）球根的采收和贮藏

球根花卉停止生长后叶片呈现萎黄时，即可采球茎。采收要适时，过早球根不充实；过晚地上部分枯落，采收时易遗漏子球，以叶变黄 1/2 ～ 2/3 时为采收适期。采收应选晴天，土壤湿度适当时进行。采收中要防止人为的品种混杂，并剔除病球、伤球。掘出的球根，去掉浮土，表面晾干后贮藏。在贮藏中通风要求不高，但对需保持适度湿润的种类，如美人蕉、大丽花等多混入湿润沙土堆藏；对要求通风干燥贮藏的种类，如唐菖蒲、郁金香、水仙及风信子等，宜摊放于底为粗铁丝网的球根贮藏箱内。

第二节
常见花坛类花卉的生产技术

一、常见一二年生花卉生产技术

1. 鸡冠花

【学名】*Celosia cristata*

【别名】鸡髻花、老来红、鸡冠、红鸡冠

　　　　鸡公花、鸡冠头、鸡冠海棠

【科属】苋科，青葙属

【形态特征】一年生草本植物。花序肉质顶生。叶互生，叶形变化不一，卵状至线状，叶色有深红、黄绿或红绿等。肉质穗状花序有黄、橙、红、玫瑰紫及红黄相间等色，中下部集生膜质小花。

【生态习性】喜高温，不耐寒，喜干燥和阳光充足的环境，以肥沃沙质土壤生长最好。

【栽培管理】多播种繁殖。一般于 4～5 月播种。播种时要求白天温度 21℃以上，夜间不低于 17℃，约需 6～8 天出苗。出苗后适当间苗。长出数片真叶时移植，移植要带土团。露地生长期间，应保持土壤肥沃湿润，但雨季应注意排涝，否则易死苗。鸡冠花喜肥，基肥要充足，生长期再施追肥 1～2 次。注意防治叶斑病的为害。

【应用】高品种可以布置庭院中花坛、花境；矮品种可盆栽观赏，还可作切花。

2. 一串红

【学名】*Salvia splendens*

【别名】墙下红、爆竹红、西洋红

【科属】唇形科，鼠尾草属

【形态特征】多年生草本植物。茎方形，节间有紫色横纹。叶对生，卵形，先端渐尖，有锯齿。总状花序顶生，花萼花冠为鲜红色，集成一串。花期为 7 ～ 10 月。

【生态习性】性不耐寒，喜温暖湿润，忌干热气候，生长最适温度为 20 ～ 25℃。喜光，也能耐半阴。适合疏松肥沃的土壤。

【栽培管理】播种与扦插繁殖。一般在 3 月下旬～ 5 月下旬播于露地苗床。也可 9 月下旬播种，10 月下旬移入温室过冬。播前需浸种，浸种时出现大量黏液，应用沙搓洗去掉，然后再催芽、播种。扦插繁殖时，只要温度控制在 15℃以上，任何时期均能扦插成活。通常 6 ～ 8 月在露地扦插，插条约 10 ～ 20 天生根。扦插苗开花较实生苗快，植株高矮也易控制。栽培前应施基肥，生长期应施 1 ～ 2 次追肥，花前增施磷、钾肥。生长期不喜水量过大。空气湿度应适当，如过干则易造成落花、落叶；过湿则枝叶又易腐烂。一串红从小苗 3 ～ 4 对真叶时即应开始摘心。如欲使它 10 月初开花，应于 9 月 5 日前将顶端花蕾全部摘除，以后新生的花蕾可正值节日盛开。

【应用】可用作庭院花丛、花坛的主要材料。既可露地栽培，也适于盆栽。

3. 翠菊

【学名】*Callistephns Chincnsis*

【别名】六月菊、江西腊、姜心腊、蓝菊

【科属】菊科，翠菊属

【形态特征】一年生草本植物。茎直立，紫色或绿白色。上部多分枝。叶互生，卵形，叶缘有粗锯齿，下部叶有短柄，上部叶无柄。头状花序单生于枝端；每朵花的中央为黄色的筒状花，周围由数轮舌状花组成；花色有白色及深浅不同的粉、红、紫等色。种子褐色。花期 8 ～ 10 月。

【生态习性】阳光充足时生长旺盛，喜肥沃湿润和排水良好的土壤。怕涝。

【栽培管理】多种子繁殖，春、秋两季播种均可，通常用春播。一般矮生品种，欲使其 5 ～ 6 月开花，应该在 2 ～ 3 月于温室内播种；欲使

6～7月开花，应在4～5月播种；如果在6月上、中旬播种，可于10月初开花；欲使5月初开花，则必须在头年8月上、中旬播种，幼苗在阳畦越冬，翌春3月底至4月初移栽于露地，5月初可开花。矮型种开花时也可移植，中高型种以早移为好。栽植地应施足基肥，生长期半月施1次追肥。忌重茬与受涝。应注意防治立枯病、锈病。

【应用】常用来布置庭院花坛、花境、花带，也是盆栽与切花的良好材料。

4. 万寿菊

【学名】*Tagetes erecta*

【别名】大芙蓉、万盏菊、臭芙蓉、臭菊花

【科属】菊科，万寿菊属

【形态特征】一年生草本植物。茎光滑粗壮，有细棱线，基部常发生不定根。叶对生，羽状深裂，有明显的油腺点。头状花序单生于枝顶，花黄色及橙黄色，花的直径5～8 cm。花型变化较多，但多为重瓣。花期6～10月。

【生态习性】喜温暖、湿润及充足的阳光，抗逆性强，对土壤要求不严，能抗早霜危害。

【栽培管理】播种或扦插繁殖。播种于4月下旬至5月上旬进行，播于露地苗床。为了控制植株高度可夏播，60天左右即可开花。夏季也可露地扦插，但须遮阴，极易成活。插后2周生根，约1个月即可开花。栽培简单，移植易成活，生长迅速。对早播者应于花前设立支架，以防倒伏。由于植株较大，定植时株行距最少应在30 cm以上。为增加分枝，可在生长期间进行摘心。

【应用】可用来布置庭院花坛、花境，也可盆栽。

5. 百日草

【学名】*Zinnia elegans*

【别名】步步高、节节高、对叶梅、五色梅、百日菊、火球花、秋罗

【科属】菊科，百日草属

【形态特征】一年生草本植物。直立，茎有粗毛，高度 20～90cm。叶对生，长卵形至椭圆形，基部稍抱茎。头状花序单生于枝顶，花梗甚长，花径约 4～6 cm。舌状花，花有白、黄、红、粉、紫等色。有单瓣、重瓣和半重瓣之分。花期 9～10 月。

【生态习性】喜阳光充足，在 15℃以上就能正常生长。耐干旱，喜肥沃而排水良好的土壤。

【栽培管理】一般用种子繁殖。于 4 月中、下旬播种，播后 70～80 天可开花。种子发芽时需要黑暗，覆土时切勿使种子暴露空间。播后约 1 周出土。侧根较少，移植后恢复缓慢，定植应在小苗时进行。在育苗期间应摘心 1～2 次，以增加植株侧枝数量。作切花时不用摘心，待主茎顶端花盛开时齐地切取。基肥要施以氮肥为主的复合有机肥，生育期间还应追施 2～3 次磷、钾肥。

【应用】是庭院花坛、花境的主要材料。也可盆栽，用作鲜切花等。

6. 千日红

【学名】*Gomphrena globosa*

【别名】火球花、红火球、千年红

【科属】苋科，千日红属

【形态特征】一年生草本植物。茎直立有多数小枝，茎叶均被粗毛。叶片对生，具短柄，长椭圆形或倒卵形，先端微凸，基部渐狭，两面均有白色毛茸。头状花序生于枝端，花冠筒状不显著，苞片膜质有光泽。种子为萼片包裹，萼片线状披针形，背面密布绒毛。

【生态习性】喜炎热干燥的气候，疏松肥沃的土壤和充足的阳光。

【栽培管理】以播种繁殖为主，春季 3～4 月播于露地苗床。因种子满布绒毛，可掺入沙土设法散开。亦可于 6～7 月剪取健壮枝梢 10cm 插于沙土中，保持湿度，约 1 周即可生根。分枝着生于叶腋，为了促使植株低矮、分枝及花朵的增多，在幼苗期间应数次摘心。生长期间要适时灌水及中耕，以保持土壤湿润。雨季应及时排涝。在花朵盛开时应追施磷钾肥 1 次，对开花效果更好。

【应用】是庭院配置秋季花坛的好材料。花干后不褪色，可作干花供插瓶及装饰花篮、花环用，也可作鲜切花。

7. 麦秆菊

【学名】*Helichrysum bracteatum*

【别名】蜡菊、贝细工

【科属】菊科，蜡菊属

【形态特征】一年生草本植物。较粗壮，全株具微毛。茎直立，似麦秆。叶互生长椭圆状披针形，全缘，近无毛。头状花序单生枝顶，花瓣干燥，好像蜡纸做的假花。花有红、白、橙、黄等色。花期长，从夏初到秋季连续开花。花于晴天开放，雨天及夜间关闭。果熟期 9 ～ 10 月。

【生态习性】喜肥沃、湿润而排水良好的土壤。喜光，不耐寒又怕炎热。性喜高燥的沙质土。

【栽培管理】播种繁殖。春、秋都可播种。春播于 3 ～ 4 月在温床或温室中盆播，秋播在温床或阳畦中越冬，春天定植露地。苗高 4 ～ 6 cm 时进行移栽，株行距 20 cm×30 cm。肥料可用稀薄的腐熟豆饼水，每 20 ～ 30 天施 1 次。

【应用】可用来布置庭院花坛，或作干花供室内观赏用。

8. 凤仙花

【学名】*Impatiens balsamina*

【别名】小桃红、指甲草、急性子、透骨草

【科属】凤仙花科，凤仙花属

【形态特征】一年生草本植物。高 40 ～ 80 cm。茎光滑、肥厚而多汁，茎色常与花色相关。叶互生，披针形，具锯齿，叶柄有腺体。花 1 ～ 3 朵腋生或数朵集成总状花序。花色有白、粉、红、紫等色，花单瓣或重瓣。蒴果具绒毛，成熟时易爆裂弹出种子。

【生态习性】喜炎热，怕寒冷，充足的阳光下生长迅速。喜深厚肥沃土壤，但亦能耐瘠薄。

【栽培管理】多用播种繁殖。一般 4 月底播种，7 月中旬开花，花期保持 40 ～ 50 天。若要 10 月初开花，则应于 7 月中、下旬播种。栽培管理要求不严。在炎热干旱时期要注意浇水，生育期注意施肥。夏季排水不畅或栽植过密、通风不良时，注意防治白粉病。

【应用】矮小类型也可作盆花，高大类型可供庭院花坛、花境、花篱栽植。

9. 美女樱

【学名】*Verbenahybnida*

【别名】美人樱、铺地锦、铺地马鞭草、四季绣球、草五色梅

【科属】马鞭草科，马鞭草属

【形态特征】宿根草本植物。茎多丛生于地面。茎四棱，全株被灰色柔毛，高 20 ～ 50 cm。叶对生，长圆形或披针状三角形，边缘有阔圆锯齿或基部有裂片。穗状花序，顶生于枝端，花小而密集，开花部分成伞房状。花色有白、红、紫红等色。花冠细筒形。花期 5 ～ 10 月。

【生态习性】喜温暖湿润的气候，有一定的耐寒性。喜阳光充足，不耐阴。对土壤要求不严，但喜肥沃土壤。

【栽培管理】播种或扦插繁殖，亦可压条繁殖。播种时间春秋两季均可。如作一年生栽培，在 4 月下旬播种，7 月即可开花。如若提前开花，于 2 ～ 3 月在温室播种，则 5 ～ 6 月即可开花。作两年生栽培时可秋播，于阳畦或温室越冬，春暖移植露地，5 月即可开花。扦插和压条随时均可进行，但必须保持 15℃以上的生根条件。小苗侧根不多，移植后要及时浇水。移植应在小苗有 4 ～ 6 片叶时进行。在生长初期要多次摘心，促使多生分枝，且着花也多。土壤最好选用排水良好的沙质壤土。花期较长，应适时灌水，同时施入腐熟的麻渣水，使其生长旺盛。

【应用】用于庭院花坛、花境、地被栽植等。也可作盆栽观赏及瓶花、花篮等的切花之用。

10. 波斯菊

【学名】*Cosmos bipinnatus*

【别名】大波斯菊、秋樱、万寿莲

【科属】菊科，秋英属

【形态特征】一年生草本植物。茎多分枝。叶对生，数回羽状深裂，

小叶线形全缘。头状花单生于枝梢，总苞卵状披针形，周边花舌状，有红、粉、紫、白等色，中心花筒状黄色。瘦果，果面平滑。花期6～10月。

【生态习性】喜光，耐贫瘠土壤，忌肥，土壤过分肥沃，忌炎热，忌积水，对夏季高温不适应，不耐寒。需疏松肥沃和排水良好的壤土。

【栽培管理】播种或扦插繁殖。播种繁殖可于4月中旬露地床播，如温度适宜，约6～7天小苗即可出土。扦插繁殖可在生长期间进行，剪取15 cm左右的健壮枝梢，插于沙壤土内，适当遮阴及保持湿度，5～6天即可生根。植株高大，在迎风处栽植，应设置支柱以防倒伏及折损。为矮化植株、增加花数，可在小苗高20～30 cm时摘心，以后对新生顶芽再连续数次摘除。栽植地宜稍施基肥。

【应用】常群植于庭院墙隅及建筑物侧旁。也可供切花应用。

11. 茑萝

【学名】*Quamoclit pennata（Desr.）Bojer.*

【别名】茑萝松、游龙草、五星花

【科属】旋花科，茑萝属

【形态特征】蔓性草本植物。茎细长光滑。叶互生。花红、黄、白色，漏斗状或钟状。花形较小。初夏开花至秋凉。

【生态习性】喜阳光充足及温暖环境，对土壤要求不严，但在肥沃的沙质土壤中生长旺盛，不耐寒。

【栽培管理】用播种繁殖。春季一般在4月播种。播后应注意遮阴，保持苗床湿润，大约一周后即可出苗。自然脱落的种子，翌年春天会自行发芽成长。露地栽植宜选背风向阳、排水良好的地方，除施入基肥外，开花前还需追施液肥1～2次。定植时，一定要浇透水，以后每周只需浇1次水。盆栽上盆时应在盆底放入少许基肥，以后每月需追施肥1次液肥。适时浇水，但不能积水。适当疏蔓疏叶，既有利于通风透光，又能使株形优美。花谢后应及时摘去残花，不让它结籽，使养分集中供新枝开花，延长花期。

【应用】是庭院花架、花窗、花门、花篱、花墙以及隔断的优良绿化植物。也可盆栽陈设于室内，盆栽可用金属丝扎成各种造型。

12. 矮牵牛

【学名】*Petunia hybrida*

【别名】番薯花、灵芝牡丹、碧冬茄

【科属】茄科，矮牵牛属

【形态特征】一年生或多年生草本植物。株高 15～45 cm。叶卵形，全缘。单花，花冠漏斗状，先端具钝波状浅裂，花瓣变化多样，花色丰富。蒴果。种子细小。

【生态习性】性喜温暖，不耐寒。忌水湿，喜排水良好的沙质壤土，喜阳光充足。花期 4～10 月底。如室温保持在 15～20℃，可四季开花。

【栽培管理】用播种或扦插繁殖。春播苗待长出 2 片真叶后移植 1 次，移植后 5～6 个月可以植于露地或上盆。秋播苗也需经过 1 次移植上盆后再翻盆 1 次，才可在温室或阳畦越冬。冬季室温最好不低于 10℃，到明年春天即可开花，而且花可一直开到 10 月底。如果温度适宜，在冬季温室中可继续开花。开花期需充足水分，特别是夏季不可缺水。在生长过程中可适当整形修剪，使其多开花。

【应用】适宜庭院花坛、花境栽培，亦可作盆花欣赏。

二、常见宿根花卉的生产技术

1. 芍药

【学名】*Paeonia Lactiflora*

【别名】将离、娑尾春、余容、犁食、没骨花

【科属】芍药科，芍药属

【形态特征】多年生宿根草本，茎丛生高 60～120 cm。具粗壮肉质纺锤形的块根，并于地下茎产生新芽，新芽于早春抽出地面。初出叶红色，茎基部常有鳞片状变形叶，基下部为二回三出羽状复叶，枝梢部分成单叶状，小叶通常三深裂、椭圆形、狭卵形至披针形，全缘，单花着生枝端或顶部 2～3 叶腋处。有长花梗及叶苞片、苞片三出，花瓣白、

粉、红、紫等，花期 4～5 月。蓇葖果，种子多数，球形黑色。

【生态习性】适应性强，耐寒健壮，我国各地均可露地越冬。忌夏季炎热酷暑，喜阳光充足，也耐半阴；要求土层深厚、肥沃而又排水良好的沙壤土。北京地区 3 月底至 4 月初萌芽，4 月上旬现蕾，10 月底至 11 月初地上部枯死，在地下茎的根茎处形成芽，芽以休眠状态越冬，翌年春回大地即出土开花。

【栽培管理】

繁殖方法：芍药可通过分株、扦插及播种繁殖，通常以分株繁殖为主：① 分株常于 9 月初至 10 月下旬进行，不能在春季分株，我国花农有"春分分芍药，到老不开花"的谚语。分株时先将根丛掘起，阴干 1～2 天再顺纹理切开，每株丛需带 2～5 个芽，在伤口处涂以草木灰，放背阴处稍阴干待栽。切花或花坛应用时 6～7 年分株 1 次；② 根插可将根分成 5～10 cm 切段，种于苗圃，覆土 5～10 cm，注意上下不能颠倒，浇透水，翌年萌发新株；枝插是在春季花前两周，选成熟新枝，取中部充实的部分剪段，每段带两个芽，沙藏于沙床中，保湿遮阴，一般 30～45 天可生根，第二年春萌芽后定植；③ 播种繁殖常用于培育新品种，种子成熟后随采随播，也可短期沙藏。当年秋播，翌年春出土，精心培育可 4～5 年开花。

栽培要点：① 定植宜选阳光充足、土壤疏松、土层深厚、富含有机质、排水通畅的场地。定植前深耕，花坛种植株行距为 70 cm×90 cm，田间栽培株行距 50 cm×60 cm，注意根系舒展，覆土时应适当压实；② 芍药喜肥，每年追肥 2～3 次。第一次在展叶现蕾期；第二次于花后；第三次在地上枝叶枯黄前后。开花前将侧蕾摘除，花后应立即剪去残枝，高型品种做切花栽培易倒伏，需设支架或拉网支撑；③ 芍药促成栽培可于冬季和早春开花，抑制栽培可于夏、秋开花。肉质根株丛，应于秋季休眠期挖起，贮藏在 0～2℃ 冷库中，用潮湿的泥炭或其他吸湿材料包裹保护，适期定植。切花在花蕾未开放时剪切，水养在 0℃ 条件下可贮藏 2～6 周。

【应用】常布置专类园，配置花境，也可做切花。

2. 荷包牡丹

【学名】*Dicentra spectabilis*

【别名】铃儿草、兔儿牡丹

【科属】罂粟科，荷包牡丹属

【形态特征】多年生宿根草本，地下茎稍肉质，株高 30～60 cm，茎带红紫色丛生。叶对生，一至数回三出羽状复叶，全裂具长柄，绿色常有白粉，总状花序顶生，下垂，花瓣 4 枚，外两瓣较大联合成心脏形囊状物，粉红色，先端向两侧反卷内两片细长，先端突出白色。花期 4～5月。蒴果长形，种子细小有冠毛。

【生态习性】耐寒性强，忌暑热。喜侧方遮阴，忌烈日直射，要求肥沃湿润的土壤。

【栽培管理】

繁殖方法：分株繁殖为主，也可以扦插和播种繁殖。

栽培要点：施大量的有机肥，分株在秋季进行，入夏剪掉枯枝。

【应用】可丛植或做花境、花坛布置，也可盆栽。

3. 鸢尾

【学名】*Iris tectorum*

【别名】蓝蝴蝶、扁竹叶

【科属】鸢尾科，鸢尾属

【形态特征】多年生宿根直立草本，高约 30～50 cm。匍匐状根茎，粗而节间短，浅黄色。叶多基生，剑形，质薄，淡绿色，呈二纵列交互排列，基部互相包叠。花茎自叶丛中抽出，单一或二分枝，每枝有花 1～4朵；花蝶形，花冠蓝紫色或紫白色，外轮裂片较大，倒卵形外折；内轮裂片较小，直立。中央面有一行鸡冠状白色带紫纹突起。花出叶丛，有蓝、紫、黄、白、淡红等色，花型大而美丽。蒴果长椭圆形，具 3～6角棱。

【生态习性】根茎粗壮，适应性广，在光照充足、排水良好、水分充足的条件下生长良好，亦能耐旱。根茎在地下越冬，越冬根茎的顶芽萌发时形成叶片与顶端花茎，顶芽开花后即死亡，但在腋内形成侧芽，侧芽萌发后形成地下茎及新的顶芽。

【栽培管理】

繁殖方法：茎类鸢尾常用分株、扦插繁殖，也可用种子繁殖。① 分株繁殖常于初冬或早春休眠期进行。将老株挖起，切割根茎，每丛带2～3个芽，待切口晾干即可栽种。一般4～5年分株1次；② 扦插可分割根茎成段插于沙床，保持温度20℃，经2周后可发芽；也可取花茎上萌发的腋芽进行嫩枝扦插；③ 种子繁殖可在采种后立即播种，播种后2～3年开花，若播种后冬季可以继续生长，18个月就可以开花。

栽培要点：① 园林栽培以早春或晚秋种植为好，地栽时应深翻土壤，施足基肥，株行距30 cm×50 cm，每年追肥1～2次，生长季保持土壤水分；② 切花栽培时常进行促成栽培或抑制栽培，供应冬季、早春或秋季切花市场。促成栽培可于10月底进行，夜间保持10℃以上，如补充光照，1～2月即可开花。延迟开花可挖起株丛，在早春萌芽前保湿贮藏在3～4℃中抑制萌芽，在计划开花前50～60天，先将库温升到8～12℃，3～4天后种植，可于夏秋季开花；③ 鸢尾常见病虫害有射干钻心虫，严重者植物自茎基部被咬断，引起地下根状茎腐烂。幼虫期用50％磷胺乳油2 000倍液喷雾，或利用雌蛾诱捕成虫；鸢尾类软腐病，多在雨季发生，发现病植株应迅速拔除，并在周围喷洒波尔多液；发现鸢尾花腐病，腐烂病株应及时摘除，并在植株上喷布苯来特、代森锌等杀菌剂。

【应用】适用于花坛、花境、地被、岩石园及池畔栽种，也可做切花。

4. 蜀葵

【学名】*Althaea rosea*

【别名】一丈红、季花、端午锦

【科属】锦葵科，蜀葵属

【形态特征】多年生草本。茎直立不分枝，高达2～3 m。全株被毛，叶互生，叶片粗糙而皱圆心脏形具长柄。花大呈总状花序顶生或单叶叶腋单瓣或重瓣，有紫、粉、红、白等色。花期6～8月。蒴果，种子扁圆，肾脏形。千粒重4.67～9.35 g。

【生态习性】蜀葵喜凉爽气候，忌炎热与霜冻，喜光，略耐阴；宜土层深厚、肥沃、排水良好的土壤。

【栽培管理】

繁殖方法：蜀葵通常采用播种繁殖，也可进行分株和扦插繁殖。分株、扦插多用于优良品种的繁殖。春播、秋播均可。依蜀葵种子多少，可播于露地苗床，再育苗移栽，也可露地直播，不再移栽。南方常采用秋播，通常宜在9月份秋播于露地苗床，发芽整齐。而北方常以春播为主。蜀葵种子成熟后即可播种，正常情况下种子约7天就可以萌发。蜀葵种子的发芽力可保持4年，但播种苗2～3年后就出现生长衰退现象。露地直接播种，如果适当结合阴雨天移栽，既可间苗，又可1次种花多年受益。蜀葵的分株在秋季进行，适时挖出多年生蜀葵的丛生根，用快刀切割成数小丛，使每小丛都有两三个芽，然后分栽定植即可。春季分株稍加强水分管理。扦插花后至冬季均可进行。取蜀葵老干基部萌发的侧枝作为插穗，长约8 cm，插干沙床或盆内均可。插后用塑料薄膜覆盖进行保湿，并置于遮阴处直至生根。冬季前后应在床底铺设电加温线，以增加地温，可以加速新根的产生。

栽培要点：蜀葵栽培管理较为简易，幼苗长出2～3片真叶时，应移植1次，加大株行距。移植后应适时浇水，开花前结合中耕除草施追肥1～2次，追肥以磷、钾肥为好。播种苗经1次移栽后，可于11月定植。幼苗生长期，施2～3次液肥，以氮肥为主。同时经常松土、除草，以利于植株生长健壮。当蜀葵叶腋形成花芽后，追施1次磷、钾肥。为延长花期，应保持充足的水分。花后及时将地上部分剪掉，还可萌发新芽。盆栽时，应在早春上盆，保留独本开花。因蜀葵种子成熟后易散落，应及时采收。栽植3～4年后，植株易衰老。因此，应及时更新。另外，蜀葵易杂交，为保持品种的纯度，不同品种应保持一定的距离间隔。蜀葵易受卷叶虫、蚜虫、红蜘蛛等危害，老株及干旱天气易生锈病，应及时防治。

【应用】宜植于花境，也可做切花。

5. 萱草

【学名】*Hemerocallis fulva*

【别名】萱花菜、金针菜

【科属】百合科，萱草属

【形态特征】具有粗短根状茎和纺锤形块根，叶基生成丛，带状披针形。花葶高1 m左右，顶生聚伞花序，排列成圆锥状，花冠成漏斗形。

【生态习性】性强健，耐寒力强。喜阳光叶耐半阴，对土壤要求不严，耐贫瘠与盐碱，较耐干旱。

【栽培管理】

繁殖管理：春秋以分株繁殖为主，每丛带2～3个芽，施以腐熟的堆肥，若春季分株，夏季就可开花，通常3～5年分株1次。播种繁殖春秋均可。春播时，头一年秋季将种子沙藏，播种前用新高脂膜拌种，提高种子发芽率。播后发芽迅速而整齐。秋播时，9～10月露地播种，翌春发芽。实生苗一般2年开花。现多倍体萱草需经人工授粉才能结种子，采种后立即播于浅盆中，遮阴、保持一定湿度，40～60天出芽，出芽率可达60%～80%。待小苗长出几片叶子后6月份移栽露地，株行距20 cm×15 cm，翌年7～8月开花。

栽培要点：萱草生长强健，适应性强，耐寒。在干旱、潮湿、贫瘠土壤均能生长，但生长发育不良，开花小而少。因此，生育期（生长开始至开花前）如遇干旱应适当灌水，雨涝则注意排水。早春萌发前穴栽，先施基肥，上盖薄土，再将根栽入，株行距30 cm×40 cm，栽后浇透水1次，生长期中每2～3周施追肥1次，喷施新高脂膜保肥保墒。入冬前施1次腐熟有机肥。作地被植物时几乎不用管理。

【应用】花境、岩石园、切花。

6. 玉簪

【学名】*Hosta plantagimea*

【别名】玉春棒、白鹤花

【科属】百合科，玉簪属

【形态特征】宿根草本植物，株高可达50～70 cm，叶基生或丛状，具长柄，叶片卵形至心状卵形，基部心形，具弧状脉，顶生总状花序，花葶高出叶片，着花 9～15 朵，每花被 1 苞片，花白色具芳香，管状漏斗形，径约 2.5～3.5 cm，长约 13 cm，裂片 6 枚短于筒部，雄蕊 6 枚，花柱极长，蒴果三棱状圆柱形，花期 6～8 月。

【生态习性】性强健，耐寒而喜阴，忌直射光，植于树下或建筑物北侧生长良好，土壤以肥沃湿润，排水良好为宜。

【栽培管理】

繁殖方法：繁殖多用分株法，春、秋均可进行。露地栽培的，可在 4 月间将植株挖起，从根部将母株分成 3～5 株，然后再分别进行地栽。播种繁殖 3～4 年开花。用组织培养方法，取叶片、花器做外殖体均能获得幼苗，不仅生长速度快，并可提前开花。

栽培要点：① 露地定植应先选好背阳地块，把土翻耕耙松，掺入腐熟的堆肥或厩肥与土充分混合，耙平后作成高畦。定植株距行距为 30 cm×40 cm。栽完后浇水，不要浇太多，雨季还应注意排水；夏季要特别注意遮阴，在生长期中，施腐熟稀薄肥 2～3 次，可生长得健壮旺盛，夏末秋初即可开花；② 玉簪常见锈病，可用波尔多液防治。叶斑病可用铜素杀菌剂或其他杀菌剂喷雾防止侵染。

【应用】可配置于林下做地被，或栽于建筑物周围庇荫处；也常用于岩石园中，盆栽观赏或切花、切叶。

三、常见球根花卉的生产技术

1. 大丽花

【学名】*Dahlia pinnataCav.*

【别名】大丽菊、天竺牡丹、大理花、西番莲

【科属】菊科，大丽花属

【形态特征】多年生草本，地下部分具粗大纺锤状肉质块根。茎高约为 40～150 cm，中空直立或横卧，光滑，多分枝。叶对生 1～2 回羽状分裂，裂片卵圆形或椭圆形，边缘有粗钝锯齿，表面深绿色，背面灰绿色。头状花序生于枝端具总长柄，外周舌状花中性或雌性，总苞片鳞片

状，两轮，外轮小多呈叶状。瘦果黑色，长椭圆形。

【生态习性】原产于墨西哥及危地马拉海拔 1 500 m 以上的山地，喜干燥凉爽、阳光充足、通风良好的环境；不耐严寒与酷暑；忌积水，不耐干旱，以富含腐殖质的沙壤土为最宜。但花期避免阳光过强，生长最适温度为 10～25℃，经霜枝叶枯萎，以其根块休眠越冬。春季萌芽生长，夏末秋初气温渐凉花芽分化并开花，秋末经霜后，地上部分凋萎停止生长，冬季进入休眠。

【栽培管理】

繁殖方法：一般以扦插及分株繁殖为主，亦可进行嫁接和播种繁殖。① 早春扦插最好，将根丛在温室内囤苗催芽，待新芽高至 6～7 cm，基部一对叶片展开时，剥取扦插。扦插以沙质壤土加少量腐叶土或泥炭土为宜，保持室温白天 20～22℃，夜间 15～18℃，2 周后生根，便可分栽；② 培育新品种以及矮生系统的花坛品种，多用播种繁殖；③ 分株繁殖多在春季 3～4 月间，取出块根，将每一个块根及附生于根茎上的芽一齐割下，切口处涂草木灰防腐，另行栽植。

栽培要点：① 露地栽培宜选通风向阳和干燥地，充分翻耕，施入适量基肥后做成高畦以利排水。生长期应注意整枝，修剪及摘蕾。大丽花喜肥，但忌过量，生长期每 7～8 天追肥 1 次，但夏季超过 30℃时不宜施用。立秋后生育旺盛，可每周增施肥料 1～2 次。常用稀释的液态有机肥；② 盆栽宜选用扦插苗，盆土配制以底肥充足、土质松软、排水良好为原则，由腐叶土、园土以及沙土等按比例混合。浇水以"不干不浇、间干间湿"为原则；③ 大丽花的主要病害有：根腐病，防治方法是栽前土壤消毒，合理浇水和排水，保持通气通风良好；褐斑病，防治方法是及时摘除并烧掉病叶，也可喷洒杀菌剂或在土壤中施以石灰；花叶病，防治方法是及时注意消灭蚜虫，清除残枝病叶达到防治目的；白粉病，防治方法是及时清除病叶，喷洒杀菌剂。主要虫害有：红蜘蛛、蚜虫、金龟子类。

【应用】适宜花坛、花境或庭前丛植，也可用于制作切花。

2. 美人蕉

【学名】*Canna generalis*

【别名】宽心姜、小芭蕉

【科属】美人蕉科，美人蕉属

【形态特征】多年生草本。株高可达 80～150 cm，具有肉质根茎，地上茎肉质不分枝；茎叶具白粉，叶片阔椭圆形。绿色或红褐色，互生全缘。总状花序顶生，花单生或双生，花稍小，淡红色至深红色，唇瓣橙黄色上有红色斑点。蒴果，种子黑色。

【生态习性】性喜温暖、湿润气候和阳光充足环境，不耐寒，在原产地无休眠现象，周年生长开花。适应性强，生长旺盛，不择土壤，最宜湿润肥沃的深厚土壤，稍耐水湿。生育适温较高，25～30℃为宜。

【栽培管理】

繁殖方法：三倍体美人蕉不结实，以分株繁殖为主。春季切割分栽根茎，注意分根时每丛需带有 2～3 个芽眼，直接栽植，当年开花。二倍体美人蕉能结实，可种子繁殖。播种前需将种皮刻伤或用温水浸泡，发芽适温为25℃以上，经2～3周可发芽。

栽培要点：一般春季栽植，暖地宜早，寒地宜晚。选阳光充足的地块，栽前充分施基肥，栽植丛距 30～40 cm，覆土约 10 cm。生育期间还应多追施液肥，保持土壤湿润。暖地不起球时，冬季齐地重剪，最好每2～3 年分株 1 次，采收后的根茎放于潮湿的沙中或堆放在通风的室内，保持室温5～7℃可安全过冬。

【应用】园林用途。宜植于花坛、花境、花带，也可盆栽。

3. 石蒜

【学名】*Lycoris radiata*

【别名】蟑螂花、老鸦蒜、红花石蒜

【科属】石蒜科，石蒜属

【形态特征】多年生草本植物，地下鳞茎，广椭圆形，外被紫红色薄膜。叶基生，线形，深绿色，中央具一条淡绿色条纹于花期后自基部抽出，花葶直立，呈伞形花序顶生；花鲜红色，花被裂片狭窄被针形，上部向外反卷，边缘波状而皱缩。蒴果。

【生态习性】喜温和阴湿环境，适应性强，具一定耐寒力，耐强光和干旱，地下鳞茎可露地越冬，也耐高温多湿和强光干旱。不择土壤，以土层深厚、排水良好并富含腐殖质的壤土或沙质壤土为宜。

【栽培管理】

繁殖方法：以分球繁殖为主，也可进行播种繁殖。

栽培要点：春、秋两季均可栽植，暖地多秋栽，寒地春栽，株行距 20 cm×30 cm，栽植深度为 8～10 cm，即将鳞茎顶部埋入土面为宜，注意勿浇水过多，以免鳞茎腐烂。花后及时剪除残花，9 月下旬花凋萎前叶片萌发并迅速生长，应追施薄肥 1 次。石蒜抗性强，几乎没有病虫害。

【应用】可做林下地被花卉，花境丛植或山石间自然式栽植。也可供盆栽、水养、切花等用。

4. 花毛茛

【学名】*Ranunculus asiaticus L.*

【别名】芹菜花、波斯毛茛、陆莲花

【科属】毛茛科，花毛茛属

【形态特征】多年生宿根草本。株高 20～60 cm，地下块根纺锤形，常数个聚生于根茎部；茎单生，或少数分枝，具毛中空；基生叶阔卵形或椭圆形或三出状，缘有齿，具长柄，茎生叶无柄，羽状细裂；花单生或数朵顶生，花径 3～4 cm；花期 4～5 月。单瓣或重瓣；花瓣 5 枚，倒卵形；品种较多，花色有黄、红、白、粉、橙等色。蒴果。

【生态习性】喜凉爽及半阴环境，忌炎热，适宜的生长温度白天 20℃左右，夜间 7～10℃，既怕湿又怕旱，宜种植于排水良好、肥沃疏松的中性或偏碱性土壤。6 月后块根进入休眠期。花毛茛原产于以土耳其为中心的亚洲西部和欧洲东南部，性喜气候温和、空气清新湿润、生长环境疏阴，不耐严寒冷冻，更怕酷暑烈日。在中国大部分地区夏季进入休眠状态。盆栽要求富含腐殖质、疏松肥沃、通透性能强的沙质培养土。

【栽培管理】

繁殖技术：分株繁殖，9 ～ 10 月间将块根带根茎掰开，以 3 ～ 4 根为一株栽植，挖取地栽或脱盆母株，轻轻抖去泥土，覆土不宜过深，埋入块根即可。于秋季露地播种，温度不宜超过 20℃，在 10℃ 左右约 20 天便可发芽。小苗移栽后，转至冷床或塑料大棚内培养，翌年初春即能开花。花毛茛也可播种繁殖，但变异性较大。可选定健壮母株单独培养，仅留第一朵花结实。种子纯正饱满，采收后阴干贮藏。秋后气温降至 10℃ 左右时盆播或地播，约 20 天可萌芽出苗，如果播种时气温偏高，反而长时间不能萌芽。播种苗于入冬前应分栽上小盆入低温室继续养护，翌春 3 月下旬出室地栽或换大盆定植，入夏前即可开花。自播种至翌年夏季休眠，即完成其生长阶段，以后即行分根繁殖。

栽培要点：种前用温水先浸泡块根 2 ～ 3 小时有利于发芽。地栽选择阳光充足、通风好的场所，生长旺盛期应经常浇水，保持土壤湿润，但忌积水，否则易导致黄叶；花前应薄肥勤施，花后再施肥 1 次。夏季高温季节，植株进入休眠，可将块根挖起，与沙混合后，放通风干燥处保持稍干贮藏，至秋季栽培。生长期如果高温高湿，容易引起植株徒长、黄叶和茎基病腐。分株在 9 ～ 10 月进行，将块根带根茎掰开栽植。播种繁殖变异大，常用于育种及大量繁殖。播后 30 ～ 40 天萌发，气温降至 5℃ 时需防寒。翌年幼苗长出 3 片真叶时移栽，保持湿润，每 7 天追肥 1 次。及时将早现花蕾摘除，以促进幼苗生长。花毛茛从播种至翌年夏季休眠，即完成了实生苗阶段，以后即可用块根繁殖。于 9 月初栽植，地栽株行距均为 20 cm。盆栽用 18 ～ 20 cm 直径陶盆，选用混合肥土。自 11 月份开始，每 10 天施稀薄液肥 1 次，翌年 2 月起每 7 天施肥 1 次，并增加肥料浓度。现蕾初期每株选留 3 ～ 5 个健壮花蕾，其余全部摘除，以使营养集中。采用促成栽培，年底即能开花。其方法是将球根埋于湿润的锯木屑中，在 8 ～ 10℃ 的低温条件下处理 30 ～ 40 天，于夏季打破休眠，然后于 9 月下旬～ 10 月上旬种植，冬季温度保持 10℃ 左右即可。

【应用】园林地栽作花坛、花带，也可盆栽或作切花。

5. 晚香玉

【学名】*Polianthes tuberosa*

【别名】夜来香、月下香、玉簪花

【科属】石蒜科，晚香玉属

【形态特征】冬季休眠球根植物，在原产地为常绿性，球根鳞块茎状（上半部呈鳞茎状，下半部呈块茎状）。基生叶带状披针形，茎生叶较小。总状花序顶生愈向上则呈苞状。花葶直立，花呈对生、白色漏斗状，具浓香，花被筒细长。蒴果卵形，种子黑色，自然结实率低。

【生态习性】喜温暖湿润和阳光充足的环境，不耐寒，生长适温25～30℃；喜光，稍耐半阴；不择土壤，生长期需充足水分，但忌涝。对土壤湿度反映比较敏感，喜肥沃、排水良好、潮湿但不积水的黏壤土。

【栽培管理】

繁殖方法：常用分球法繁殖，母球自然增殖率较高，通常一个母球能分生10～25个子球（当年未开花的母球，分生子球较少）。子球大者，当年栽培当年能开花，否则需培养2～3年才能开花，种子繁殖一般只用于育种。

栽培要点：① 通常4～5月份种植，大球、小球分开种为好。直径2 cm左右的块茎，先在25～30℃下经过10～15天的湿处理后在进行栽植；② 定植后浇透水，温度回升后即萌发，但要注意排水良好，以免烂球。晚香玉喜肥，应经常追肥；③ 在温室内11月种植2月可开花，2月栽种5～6月可开花。温室需保持20℃以上，采光充足，空气流通，注意养护管理；④ 我国北方可将球根晾干后堆放在干燥向阳的地窖中，分层覆盖稻草和土并压紧，埋藏过冬。

【应用】适植于花境，夜花园、岩石园，也可做切花。

四、常见木本花卉的生产技术

1. 碧桃

【学名】*Prunus persica Batsch. var. duplex Rehd.*

【别名】粉红碧桃、千叶桃花

【科属】蔷薇科，李属

【形态特征】落叶小乔木，高可达 8 m，一般整形后控制在 3～4 m，小枝红褐色，无毛；叶椭圆状披针形，长 7～15 cm，先端渐尖。花单生或两朵生于叶腋，重瓣，粉红色。其他变种有白色、深红、洒金（杂色）等。

【生态习性】喜光、耐旱，耐寒能力不如果桃。要求土壤肥沃、排水良好。

【栽培管理】

繁殖方法：① 为保持优良品质，必须用嫁接法繁殖，砧木用山毛桃。采用夏季芽接技术，注意芽接时间，南方以 6～7 月中旬为佳，北方以 7～8 月中旬为宜。② 芽接后 10～15 天，叶柄呈黄色脱落，即是成活的象征。成活苗在长出新芽，愈合完全后除去塑料胶布，在芽接处以上 1 cm 处剪砧，萌芽后，要抹除砧发芽，同时结合施肥，一般施复合肥 1～2 次，促使接穗新梢木质化，具备抗寒性能。

栽培要点：生长期要求加强管理，施肥、灌水、除草和防治病虫害。在休眠期要注意加强整形修剪，除去不良枝，春季萌动前要施足基肥，加强浇灌，5 月注意防治蚜虫的发生。

【应用】适合于湖滨、溪流、道路两侧和公园布置，也适合小庭院点缀和盆栽观赏，还常用于切花和制作盆景。常见的还有垂枝碧桃。

2. 月季

【学名】*Rosa chinensis*

【别名】长春花、月月红、蔷薇花

【科属】蔷薇科，蔷薇属

【形态特征】常绿或落叶灌木，直立，蔓生或攀援。茎具钩刺或无刺，奇数羽状复叶互生，叶为椭圆形、倒卵形至阔披针形，叶缘有锯齿；托叶与叶柄合生，花单生于枝顶或成伞房、复伞房及圆锥花序。栽培品种多为重瓣、萼、冠的基部合成坛状、瓶状或球状的萼冠筒，颈部缢缩有花盘。聚合果包于萼冠筒内。

【生态习性】适应性强，耐寒耐旱，对土壤要求不严，但以富含有机质、排水良好的微酸性沙壤土最好。喜光，但过多强光直射又对花蕾发育不利，花瓣易焦枯。喜温暖，一般气温在 22 ～ 25℃最为适宜，夏季高温对开花不利。

【栽培管理】

繁殖技术：大多采用扦插繁殖法，亦可分株、压条繁殖。扦插一年四季均可进行，但以冬季或秋季的梗枝扦插为宜，夏季的绿枝扦插要注意水的管理和温度的控制。否则不易生根，冬季扦插一般在温室或大棚内进行，如露地扦插要注意增加保湿措施。其以播种繁殖者，用于有性杂交育种。对于少数难以生根的名种，则用嫁接繁殖，其砧木以野蔷薇为宜。如黄色系列品种。

栽培要点：月季移植在 11 月至翌年 3 月之间进行，移植的同时可进行修剪，先剪去密枝、枯枝，再剪去老弱枝，留 2 ～ 3 个向外生长的芽，以便向四面展开；适当剪短特别强壮的枝条，以加强弱枝的长势，夏季新枝生长过密时，要进行疏剪，每批花谢后，及时将与残花连接的枝条上部剪去，不使其结籽消耗养料，保留中下部充实的枝条，促进早发新枝再度开花。月季喜需在开花前重施基花后追施速效性氮肥以壮苗催花，月季对水要求严格，不能过湿过干，过干则枯，过湿则伤根落叶。注意防治蚜虫、卷叶蛾、刺蛾等。

【应用】月季花可盆栽观赏、可露地布置花坛，但经济效益高的是切花栽培。

3. 樱花

【学名】*Prunus serrulata*

【别名】山樱桃、福岛樱

【科属】蔷薇科、李属

【形态特征】树皮紫褐色，平滑有光泽，有横纹。花与叶互生，叶片呈椭圆形或倒卵状椭圆形，边缘有芒齿，先端尖而有腺体，表面深绿色，有光泽，背面稍淡。托叶披针状线形，边缘细裂呈锯齿状，裂端有腺。花每支有三五朵，成伞状花，萼片水平开展，花瓣先端有缺刻，白色、红色、粉红色。花于 4 月与叶同放或叶后开花。

【生态习性】喜光、耐寒、抗旱的习性，不耐盐碱，根系浅，对烟及风抗力弱。要求深厚、疏松、肥沃和排水良好的土壤，对土壤 pH 值的适应范围为 5.5～6.5，不耐水湿。

【栽培管理】

繁殖方法：用播种、嫁接、扦插等法繁殖。以播种方式繁殖樱花，注意勿使种胚干燥，应随采随播或湿沙层积后翌年春播。嫁接繁殖一般采用春季枝接，砧木用樱桃，成活率较高。

栽培要点：① 定植后苗木易受旱害，除定植时充分灌水外，以后 8～10 天灌水 1 次，保持土壤潮湿但无积水。灌后及时松土，最好用草将地表薄薄覆盖，减少水分蒸发；② 樱花每年施肥两次，以酸性肥料为好。1 次是冬肥，在冬季或早春施用豆饼、鸡粪和腐熟肥料等有机肥；另 1 次在落花后，施用硫酸铵、硫酸亚铁、过磷酸钙等速效肥料；③ 尽量少修剪，采用自然式树形效果较好。

【应用】樱花为春季重要的观花树种，可大片栽植造成"花海"景观。三五成丛点缀于绿地形成锦团，也可孤植形成"万绿丛中一点红"之画意。樱花还可作行道树、绿篱或制作盆景。

4. 蜡梅

【学名】*Chimonanthus praecox*

【别名】黄梅花、香梅、黄梅

【科属】蜡梅科，蜡梅属

【形态特征】小枝四棱形，老枝近圆形。单叶对生，椭圆状卵形，表面粗糙。花单生叶腋，黄色，或略带紫色条纹，具有浓香，有单瓣重瓣之分。

【生态习性】喜光而稍耐阴，较耐寒，冬季气温不低于 −15℃地区，均能露地越冬。性耐寒，有旱不死之说。怕风，忌水湿，喜肥沃疏松、排水良好的沙质壤土。

【栽培管理】

繁殖方法：分株繁殖、嫁接繁殖或扦插繁殖。

栽培要点：选向阳高燥的地方，入土不宜偏深。施基肥，不忘追肥。雨季排水，注意修剪。丛生形整形，选 3 个枝条作为主干，疏去其他枝。冬季将 3 个主枝各剪去 1/3，促使主枝萌发新芽，可从中选定优良侧枝。修剪主枝上的侧枝应自下而上逐渐缩短，使其互相错落分布。树冠形成后，冬季对各主干回缩修剪，剪口下留斜生中庸枝当头，削弱顶端优势。2 ～ 3 年后进行改造更新修剪，使主干下部枝条增多。夏季对主枝延长枝的强枝摘心或剪梢，减弱其长势。对弱枝则以支柱支撑，使其处于垂直方向，增强长势。2 ～ 3 月开花后，将花枝从基部剪掉，促使新枝长出，使树冠保持一定的高度。及时将长出的杂枝和无用枝剪去。夏季对侧枝摘心，促使产生二次枝。炎热的夏季要适当浇水。4 ～ 11 月份每月要施薄肥 1 次。

【应用】宜植于庭院、建筑物中。

5. 紫薇

【学名】*Lagerstroemia indiea*

【别名】痒痒树、百日红、满堂红、无皮树

【科属】千屈菜科，紫薇属

【形态特征】落叶乔木或灌木，椭圆形树冠。单叶对生，叶椭圆形。圆锥花序顶生，花瓣多皱纹，有白、红、淡红、淡紫、深红等色。花期7 ～ 10 月。

【生态习性】喜温暖湿润气候，喜光又稍耐阴、耐旱、耐寒、怕涝。

【栽培管理】可分生繁殖、播种繁殖、扦插繁殖。冬季将一年生苗木短截，来年选留 3 ～ 4 个新枝，剪口下第一枝可作主干延长枝，使其直立生长。夏季对其下面的 2 ～ 3 个新枝进行不断摘心。第二年冬季，短截主干新枝 1/3，并对第一层主枝短截，剪口留外芽，减弱长势。夏季新干剪口下又分生多数新枝，再选 2 个与第一层主枝互相错开的枝作第二层主枝。剩下的枝条要摘心控制生长。第三年如上年一样短截主干先端，其上只留一个枝作第三层主枝。其余新枝可控制生长。每年仅在主枝上选留各级侧枝和安排好树冠内的开花枝。凡是开花基枝，一般留 2 ～ 3

芽短截。第二年可剪去前面两枝，留第三枝再短截留 2～3 芽。一般五月中，将刚长出的新芽保留 2～3 枚，其余摘掉。对拥挤、弱小枝应从基部全剪掉。冬季进行强剪，来年使更多新梢长出。四五年生老枝生长力差，从基部剪去。

【应用】在庭院中建筑物前、路旁、草坪边缘，均宜栽植。

6. 扶桑

【学名】*Hibiscusrosasinensis*

【别名】朱槿牡丹、朱槿、佛桑

【科属】锦葵科，木槿属

【形态特征】树叶婆娑，分枝多。树冠近圆形，单叶互生，广卵形或狭卵形，边缘有锯齿及缺刻，花单生于上部叶腋处，单瓣花呈漏斗状、重瓣呈非漏斗状。

【生态习性】扶桑是强阳性树种，喜水分充足的湿润环境，尤其是高的空气湿度。生长适温在 18～25℃，对于土壤要求不严，在肥沃和排水良好的微酸性壤土中生长茂盛。

【栽培管理】

繁殖方法：① 主要用扦插繁殖。通常结合修剪在早春进行。在室内扦插则在 3～4 月，室外扦插可在 4 月下旬以后。插条可剪成长 10 cm 左右，切口在节的下部，要求平整光滑。插条保留顶端 2 片叶子，其余均摘去。按 4～5 cm 的间隔插入基质，深度约为插条总长的 1/3。插后随即浇透水，保持 20℃左右，约 1 个月可以生根；② 一些杂交种，尤其是夏威夷扶桑的新品种，性衰弱，需用同属中生长强健的品种做砧木嫁接来繁殖。引入新品种时也常用嫁接法。

栽培要点：① 盛夏期每日早晚各浇 1 次水；春、秋季上午如盆土干可补充少量的水，下午普遍浇 1 次水，生长期间还要注意叶面喷水，以提高空气湿度，特别放置阳台更应注意喷水。冬季在温室内越冬，每隔 1～2 天浇水 1 次，在普通室内越冬，则每隔 5～7 天浇水 1 次，水量不宜大；② 生长期追肥，一般以每 15～20 天 1 次液肥；植株幼小时，肥料宜淡，次数宜勤，成年植株肥料宜较浓，间隔时间可较长。入室越冬时，在盆土表面撒一薄层干肥，肥料用粗粒饼粉、酱渣粉粒均可；③ 养护多年后，要及时修剪，不断更新老枝，促进新枝发育；④ 扶桑病害不多，常发生的虫害有嫩枝叶上的蚜虫和枝干上的介壳虫。这两种害虫均可采用40％乐果1 000倍液喷杀。发现少量介壳虫时，可用硬毛刷刷除。

【应用】桑鲜艳夺目的花朵，朝开暮萎。姹紫嫣红，在南方多散植于池畔、亭前、道旁和墙边，盆栽扶桑适用于客厅和入口处摆设。

7. 迎春

【学名】*Jasminum nudiflorum*

【别名】金腰带、金梅、迎春

【科属】木犀科，素馨属

【形态特征】落叶或常绿灌木，丛生状。枝条拱形、四棱。三小叶复叶，叶对生，花单生于叶腋，先花后叶，有清香。花冠黄色为波状裂片。花期2～4月。

【生态习性】喜光，适于肥沃、排水良好的土壤。较耐旱、耐寒、耐碱。

【栽培管理】多扦插、压条繁殖。花后可疏剪前一年的枝，以保持自然的形态。5月中剪去强枝、杂乱枝，以集中养分保证生长。6月可剪去新梢，留枝的基部2～3节左右，以集中养分供花芽生长。

【应用】适于庭院中花境、花篱、绿篱栽植；也适于池畔、石隙、墙头、假山等处绿化；也适合盆栽，制作盆景布置室内。

8. 贴梗海棠

【学名】*Chaenomeles speciosa*

【别名】铁脚海棠、贴梗木瓜

【科属】蔷薇科，木瓜属

【形态特征】落叶灌木。叶互生，卵形，花单生或簇生于二年生枝条上，红色或淡红色、白色。果实球形至卵形，黄色或黄绿色，有香气。

变种有白花种、朱红种、玫瑰种、矮生种。花期 4 月和 9 月。

【生态习性】喜光，耐寒，忌水涝。对土壤要求不严，喜排水良好的肥沃壤土。

【栽培管理】分株繁殖为主，也可嫁接、压条繁殖。幼树不重剪。树冠成形后，应注意对小侧枝修剪，使基部隐芽逐渐萌发成枝，使花枝离侧枝近。花后立即整形修剪。5 月份可将过长的枝剪去 1/4，剪去杂乱枝。冬季剪去过长枝的 1/3，同时将无用的拥挤枝从基部剪去。

【应用】门旁对植或配植在庭院草坪花坛中。也可盆栽布置室内外环境。

第七章

水生花卉栽培技术

第一节

水生花卉概述

一、水生花卉的概念和分类

水生花卉是指生长在水体、沼泽地、湿地上，观赏价值较高的花卉。包括：一年生花卉如：芡实；宿根花卉如：菖蒲、千屈菜等；球根花卉如：荷花、慈姑等。

水生花卉分为以下4种类型。

挺水型：一般植株高大，茎直立。其根部生活在水中，植物大部分挺出水面。如荷花、千屈菜。

浮叶型：一般茎细弱不能直立，根状茎发达，有根在水下泥中，不会随风漂移，如睡莲、萍蓬草。

漂浮型：一般植物的根不生于泥中，植株随风漂移，多数不耐寒。如凤眼莲。

沉水型：整个植物浸没水下，多为观叶植物。如金鱼藻、黄花狸藻。

二、水生花卉的生态习性

温度：因原产地不同差异很大。如睡莲和王莲；

光照：均要求阳光充足；

土壤：喜黏质、腐殖质的土壤；

水分：要求流动水，水深不同，$60 \sim 100$ cm 的水体；或 $20 \sim 30$ cm 的潮湿地；或湿地岸边。

三、水生花卉的应用

水生花卉主要的应用特点有以下几方面：

与喜湿的木本植物配置，如用落羽松、池松、柳树、水杉及具有下垂气根的小叶榕等以起到增加水面层次和富有野趣的作用。

与驳岸（土岸、石岸、混凝土岸）配合，用变色鸢尾、黄菖蒲、燕子花、地锦等来局部遮挡（忌全覆盖，忌不分美丑），增加活泼气氛。

与亭、台、楼、阁、榭、塔等园林建筑配置，设计种有优美树姿、色彩艳丽的观花、观叶树种时，水中植物配置切忌拥塞，留出足够空旷的水面来展示倒影。

与堤、岛配合，不仅增添了水面空间的层次，而且丰富了水面空间的色彩。

应用于专类水景园、野趣园的营造。

随着人工湿地污水处理系统应用研究的深入，人工湿地景观也应运而生，成为极富自然情趣的景观。

容器栽培的迷你水景花园的出现，更是让都市居民的阳台或平台也能成为轻松有趣、令人赏心悦目的好地方。

四、水生花卉的栽培技术要点

1. 繁殖

（1）分生繁殖

即分株和分球，一般在春季开始萌芽前进行。适应性强的种类，初夏亦可分栽，方法与宿根花卉类似。

（2）播种繁殖

播种法应用较少，大多数水生花卉种子干燥后即丧失发芽力，故成熟时应立即播种，或贮于水中。水生鸢尾类、荷花及香蒲等少数种类，其种子、果实可干藏。

盆播：播于培养土中，上面覆土穿细沙，保持 0.5 cm 水层，水深随种子萌发进程逐渐增加。

直播：夏季高温时把种子裹上泥土沉入水中，条件适宜可萌发生长。

2. 栽培要点

（1）土壤和养分管理

栽植水生花卉的池塘，最好为池底有丰富腐草烂叶沉积的黏质土壤。新挖掘之池塘常因缺乏有机质，栽植时必须施用大量肥料，如堆肥，厩肥等。盆栽用土应以塘泥等富含腐殖质之黏质土为宜。

（2）种植深度要适宜

不同种类对水深的要求不同，同一种花卉对水深的要求一般是随着生长要求不断加深，旺盛生长期达到最深水位。

（3）越冬管理

耐寒的水生花卉，可直接栽于深浅合适之池中或水边，冬季不需保护，休眠期间对水的深浅要求亦不严。半耐寒的水生花卉，直接栽植于池中时，应于初冬结冰前提高水位，使其根丛位于冰冻层以下，即可安全越冬。如少量栽植时，也可掘起收藏，或春季用缸栽植，沉于池中，秋凉连缸取出，倒除积水，仅保持土壤不干而放于不冻冰之处。不耐寒种类通常盆栽沉于池中布置，亦可直接栽于池中，秋季掘起贮藏。

（4）水质要清洁

水体常因流动不畅，水温过高等原因，引起藻类大量增加，水质混浊，小范围内可撒布硫酸铜除之，一般每 250 m^3 水中用 1 kg，装于布袋悬于水中。

（5）防止鱼食

为防止鱼类噬食水生花卉，常于水中围以铅丝网，上缘稍出水面即可，否则有碍观赏。

（6）去残花枯叶

残花枯叶应及时清除。

第二节
常见水生花卉生产技术

1. 荷花

【学名】*Nelumbo nucifera Gaertn*

【别名】莲、芙蓉、芙渠、藕

【科属】睡莲科，莲属

【形态特征】地下部分具肥大多节的根状茎；叶盾状圆形，全缘或稍呈波状；叶脉明显隆起；叶柄粗壮，被短刺；花单生于花梗顶端，径10～25 cm，具清香；萼片4～5枚，绿色，花瓣多数，具明显纵脉；花红色、粉红色、白色、乳白色和黄色；雄蕊多数；雌蕊多数离生于花托内，圆球形小坚果。群体花期6～9月，果熟期9～10月。

【生态习性】荷花性喜阳光和温暖环境，8～10℃开始萌芽；14℃藕鞭（藕带）开始伸长；生长发育的最适温度23～30℃；在强光下生长发育快，开花早；喜湿怕干，宜生长在静水或缓慢流水中。喜肥土，尤喜磷、钾肥多，要求富含腐殖质及微酸性壤土和黏质壤土。

【栽培管理】

繁殖方法：①分株繁殖：清明前后，每2～3节切成一段作为种藕，每段必须带顶芽和保留尾节，以20°～30°斜插入培养土中；②播种繁殖：浸种或刻伤处理，春播和秋播均可能，冬季1～2月份温室点播最佳，发芽最适温 20 ～ 25℃。

栽培技术：① 水管理：荷花是水生植物，整个生长期都离不开水。夏季是荷花的生长高峰期，对水分的需求量也是最大，因而整个夏季要注意缸盆内不能脱水。梅雨季节雨量较为集中，塘植荷花水位不能淹没立叶，要注意及时排水，避免荷花遭受灭顶之灾；② 肥管理：荷花喜肥，但施肥过多会烧苗，因而要薄肥勤施。夏季是荷花的花期，对肥的需求也较苗期大。若花蕾出水后，荷叶黄瘦，又无病斑，表明缺肥，应及时添加磷、钾肥，以后可每隔 15 ～ 20 天施肥 1 次（饼肥或复合肥均可）。缸盆栽植荷花视缸盆大小将肥料塞入缸盆中央的泥中，任其慢慢释放；③ 光管理：荷花是长日照植物，栽培场地应有充足的光照。盆栽荷花株行距要适当，过度拥挤植株较瘦而高，立叶少。家庭用缸、盆、碗等容器栽培荷花时，应将荷花置于光照充足处或每日将荷花搬至室外接受光照。荷花现蕾后，每日光照要不少于 6 小时，否则植株会出现叶色发黄、花蕾枯萎等现象；④ 病虫害防治：常见为害荷花的病虫害有黑斑病、腐烂病、斜纹夜蛾等。

【应用】荷花，中国的十大名花之一，它不仅花大色艳，清香远溢，凌波翠盖，而且有着极强的适应性，既可广植湖泊，河道管理，水域绿化，公园旅游，风景观赏，置景工程，湿地利用，净化水质，蔚为壮观，又能盆栽瓶插，别有情趣；自古以来，就是宫廷苑囿和私家庭院的珍贵水生花卉，在今的现代风景园林中，愈发受到人们的青睐，应用更加广泛。

2. 睡莲

【学名】*Nympbaea*

【别名】子午莲、水芹花

【科属】睡莲科，睡莲属

【形态特征】地下根状茎：平生或直生；叶：基生，叶柄细长，浮于水面；叶光滑近革质，圆形或卵状椭圆形，上面 浓绿色背面暗紫色；花：单生，花柄细长，浮水或挺水；花色：深红、粉红、白、紫红、淡紫、蓝、黄、淡黄等。

【生态习性】喜阳光充足、通风良好、水质清；喜温暖；对土质要求不严，pH 值 6～8，均生长正常，但喜富含有机质的壤土。生长季节池水深度以不超过 80 cm 为宜。

【栽培管理】

繁殖方法：一般用分株繁殖，在 3～4 月气候转暖、芽已萌动时，将根茎掘起用利刀切分若干块，另行栽植即可。也可用播种繁殖：在花后用布袋将花朵包上，这样果实一旦成熟破裂，种子便会落入袋内不致散失。种子收集后，装在盛水的瓶中，密封瓶口，投入池水中贮藏。翌春捞起，将种子倾入盛水的三角瓶，置于 25～30℃的温箱内催芽，每天换水，约经 2 周种子萌发，待芽苗长出幼根便可在温室内用小盆移栽。种植后将小盆投入缸中，水深以淹没幼叶 1 cm 为度。4 月份当气温升至 15℃以上时，便可移至露天管理。随着新叶增大，换盆 2～3 次，最后定植时缸的口径不应小于 35 cm。有的植株当年可着花，多数次年才能开花。

栽培要点：睡莲可盆栽或池栽。池栽应在早春将池水放净，施入基肥后再添入新塘泥然后灌水。灌水应分多次灌足。随新叶生长逐渐加水，开花季节可保持水深在 70～80 cm。冬季则应多灌水，水深保持在 110 cm 以上，可使根茎安全越冬。盆栽植株选用的盆至少有 40 cm×60 cm 的内径和深度，应在每年的春分前后结合分株翻盆换泥，并在盆底部加入腐熟的豆饼渣或骨粉、蹄片等富含磷、钾元素的肥料作基肥，根茎下部应垫至少 30 cm 厚的肥沃河泥，覆土以没过顶芽为止，然后置于池中或缸中，保持水深 40～50 cm。高温季节的水层要保持清洁，时间过长要进行换水以防生长水生藻类而影响观赏。花后要及时去残，并酌情追肥。盆栽于室内养护的要在冬季移入冷室内或深水底部越冬。生长期要给予充足的光照，勿长期置于阴处。

【应用】睡莲是一种花叶并赏的水面绿化材料，可装饰喷泉、庭院等，于酷热的夏季给人们带来清凉，在污水处理上还有水体净化的作用，目前在很多地方得到推广，是不可多得的美化、净化植物。

3. 王莲

【学名】*Victoria amazonica*

【别名】亚马逊王莲

【科属】睡莲科，王莲属

【形态特征】地下有直立的根状短茎和发达的不定须根，白色；王莲的初生叶呈针状，2～3片叶呈矛状，4～5片叶呈戟形，6～10片叶呈椭圆形至圆形，11片叶后叶缘上翘呈盘状，叶缘直立，叶片圆形，像圆盘浮在水面，直径可达1～2.5 m，叶面光滑，绿色略带微红，有皱褶，背面紫红色，叶柄绿色，叶子背面和叶柄有许多坚硬的刺，叶脉为放射网状；花大，单生，萼片4片，卵状三角形，绿褐色，花瓣多数，倒卵形，第一天白色，第二天花瓣变为淡红色至深红色，第三天闭合并沉入水中。果实呈球形，种子黑色。

【生态习性】性喜高水温和高气温、相对湿度80%、光照充足和水体清洁的环境。室温低于20℃便停止生长。喜肥，尤喜有机肥。

【栽培管理】

繁殖方法：用播种法繁殖。当年冬春播种的王莲，春季就能下水定植，夏季就可以开花。王莲的种子在10月中旬成熟，采集后洗净并用清水贮藏。长江中下游地区于4月上旬用25～28℃加温进行室内催芽，可将种子放在培养皿中，加水深2.5～3 cm，每天换水1次，播种后1周发芽。种子发芽后待长出第2幼叶的芽时即可移入盛有淤泥的培养皿中，待长出2片叶，移栽到花盆中。6月上旬幼苗6～7片叶时可定植露地水池内。

栽培要点：王莲属大型观赏植物，株丛大，叶片更新快。要求在高温、高湿、阳光和土壤养分充足的环境中生长发育。幼苗期需要12小时以上的光照。王莲对水温十分敏感，生长适宜的温度为25～35℃，其中以21～24℃最为适宜，生长迅速，3～5天就能长出1片新叶，当水温略高于气温时，对王莲生长更为有利。气温低于20℃时，植株停止生长；降至10℃，植株则枯萎死亡。王莲的栽植台必须有1 m³，土壤肥沃，栽前施足基肥。幼苗定植后逐步加深水面，7～9月叶片生长旺盛期，追肥1～2次，并不断去除老叶，经常换水，保持水质清洁，使水面上保持8～9片完好叶。11月初叶片枯萎死亡，采用贮藏室内越冬。

【应用】王莲以盘叶和美丽浓香的花朵而著称。观叶期150天，观花期90天，是现代园林水景中必不可少的观赏植物，是城市花卉展览中必备的珍贵花卉，小型水池同样可以配植观赏。

4.凤眼莲

【学名】*Eichhornia crassipes*

【别名】水葫芦、水浮莲、凤眼兰

【科属】雨久花科，凤眼莲属

【形态特征】浮水植物。根生于节上，根系发达，靠毛根吸收养分，根茎分蘗下一代。叶单生，直立，叶片卵形至肾圆形，顶端微凹，光滑；叶柄处有泡囊承担叶花的重量，悬浮于水面生长。秆（茎）灰色，泡囊稍带点红色，嫩根为白色，老根偏黑色。穗状花序，花为浅蓝色，呈多棱喇叭状，上方的花瓣较大；花瓣中心生有一明显的鲜黄色斑点，形如凤眼，也像孔雀羽翎尾端的花点，非常耀眼、靓丽。花期长，自夏至秋开花不绝。蒴果卵形，有种子多数。

【生态习性】凤眼莲喜欢在向阳、平静的水面，或潮湿肥沃的边坡生长。但在多风浪的水面上，则生长不良。在日照时间长、温度高的条件下生长较快，受冰冻后叶茎枯黄。喜高温湿润的气候。一般25～35℃为生长发育的最适温度。39℃以上则抑制生长。7～10℃处于休眠状态；10℃以上开始萌芽，但深秋季节遇到霜冻后，很快枯萎。耐碱性，pH值为9时仍生长正常。抗病力亦强。极耐肥，好群生。

【栽培管理】

繁殖方法：分株或播种繁殖，以分株繁殖为主。① 分株繁殖：在春季进行，将横生的匍匐茎割成几段或带根切离几个腋芽，投入水中即可自然成活。此种繁殖极易进行，繁殖系数也较高；② 播种繁殖：凤眼莲种子发芽力较差，需要经过特殊处理后进行繁殖，一般不常用。

栽培要点：本种耐寒性较差，喜欢温暖向阳及富含有机物质的静水或流速缓慢的动水，水温要求在20℃左右。对环境适应性较强，繁殖力旺盛，单株一年内可覆盖十几平方米水面。凤眼莲喜生长在浅水而土质肥沃的池塘里，水深以30 cm左右为宜。我国各省多采用母株防寒越冬，春季放养于池塘中。高温季节，繁殖迅速。适生温度为15～30℃，低于10℃便会停止生长。通常浅水栽植或盆栽。因本种耐寒性差，故霜降之前应予保护，转入冷室水中养护，来年投入池中。盆栽植株应使根系稍扎入土中，并在生长长期定量补给有机肥料，供给充足光照，可使其生长强健，开花多而大。

【应用】常是园林水景中的造景材料。植于小池一隅，以竹框之，野趣幽然。除此之外，凤眼莲还具有很强的净化污水的能力。

5. 芡实

【学名】*Euryale ferox Salisb. ex DC*

【别名】鸡头莲、鸡头米、鸡头苞

【科属】睡莲科，芡属

【形态特征】一年生水生草本，具白色须根及不明显的茎。初生叶沉水，箭形；后生叶浮于水面，叶柄长，圆柱形中空，表面生多数刺，叶片椭圆状肾形或圆状盾形，直径65～130 cm，表面深绿色，有蜡被，具多数隆起，叶脉分歧点有尖刺，背面深紫色，叶脉凸起，有绒毛。花单生；花梗粗长，多刺，伸出水面；萼4片，直立，披针形，肉质，外面绿色，有刺，内面带紫色；花瓣多数，分3轮排列，带紫色；雄蕊多数；子房半下位，8室，无花柱，柱头红色。花期6～9月。浆果球形，海绵质，污紫红色，外被皮刺，上有宿存萼片。果期7～10月。种子球形，黑色，坚硬，具假种皮。

【生态习性】喜温暖水湿，不耐霜寒。生长期间需要全光照。水深以80～120 cm为宜，最深不可超过2 m。最宜富含有机质的轻黏壤土。

【栽培管理】

繁殖方法：种子繁殖。直播或育苗移栽。春、秋均可播种。秋播以采集当种子撒入。春播选颗粒饱满的干种子。播前用黏性泥土将拌有新高脂膜的 3 ～ 4 粒种子包成一团，驱避地下病虫，隔离病毒感染，加强呼吸强度，提高种子发芽率。

栽培要点：① 育苗移栽：移苗于播后 30 ～ 40 天幼苗长 2 ～ 3 片小叶时移栽，带种子起苗，洗去根部的泥土，将苗排放在木盆中，防止日晒，按 40 ～ 60 cm 见方，逐株插入苗池中，灌水 10 ～ 50 cm。定植前 7 ～ 10 天水位逐渐加深至 30 ～ 40 cm。5 月上旬芡实有 4 ～ 5 片绿叶，直径达 25 cm 以上时可起苗定根；② 田间管理：定苗前后，视干旱情况决定灌水次数。并适时喷施菜果壮蒂灵，增强花粉受精质量，促进果实发育，花芽分化期喷施促花王 3 号，把植物营养生长转化成生殖营养、抑制主梢疯长，促进花芽分化，多开花，提高花粉受精质量，多坐果，防落果，促发育。加强对病虫害的综合防治，并喷施新高脂膜增强防治效果。

【应用】芡实为观叶植物。在中国式园林中，与荷花、睡莲、香蒲等配植水景，尤多野趣。芡实种仁可供食用、酿酒。根、茎、叶、果均可入药。外壳可作染料。嫩叶柄和花柄剥去外皮可当菜吃。全草可作绿肥，煮熟后又可作饲料。

6. 千屈菜

【学名】*Lythrum Salicaria*

【学名】水枝柳、水柳、对叶莲

【科属】千屈菜科，千屈菜属

【形态特征】高 30 ～ 100 cm，全体具柔毛，有时无毛。茎直立，多分枝，有四棱。叶对生或 3 片轮生，狭披针形，长 4 ～ 6 cm，宽 8 ～ 15 mm，先端稍钝或短尖，基部圆或心形，有时稍抱茎。总状花序顶生；花两性，数朵簇生于叶状苞片腋内；花萼筒状，长 6 ～ 8 mm，外具 12 条纵棱，裂片 6，三角形，附属体线形，长于花萼裂片，约 1.5 ～ 2 mm；花瓣 6，紫红色，长椭圆形，基部楔形；雄蕊 12，6 长 6 短；子房无柄，2 室，花柱圆柱状，柱头头状。蒴果椭圆形，全包于萼内，成熟时 2 瓣裂；种子多数，细小。花期 7 ～ 8 月。

【生态习性】喜温暖及光照充足，通风好的环境，喜水湿，我国南北各地均有野生，多生长在沼泽地、水旁湿地和河边、沟边。现各地广泛栽培。比较耐寒，在我国南北各地均可露地越冬。在浅水中栽培长势最好，也可旱地栽培。对土壤要求不严，在土质肥沃的塘泥基质中花艳，长势强壮。

【栽培管理】

繁殖方法：千屈菜可用播种、扦插、分株等方法繁殖。但以扦插、分株为主。扦插应在生长旺期 6 ～ 8 月进行，剪取嫩枝长 7 ～ 10 cm，去掉基部 1/3 的叶子插入无底洞装有鲜塘泥的盆中，6 ～ 10 天生根，极易成活。分株在早春或深秋进行，将母株整丛挖起，抖掉部分泥土，用快才切取数芽为一丛另行种植。

栽培要点：千屈菜生命力极强，管理也十分粗放，但要选择光照充足，通风良好的环境。盆栽可选用直径 50 cm 左右的无底洞花盆，装入盆深 2/3 的肥沃塘泥，一盆栽五株即可。如要做成微型盆栽，千屈菜盆径可选 20 cm 左右，生长期不断打顶促使其矮化分蘖。生长期盆内保持有水。露地栽培按园林景观设计要求，选择浅水区和湿地种植，株行距 30 cm×30 cm。生长期要及时拔除杂草，保持水面清洁。为增强通风剪除部分过密过弱枝，及时剪除开败的花穗，促进新花穗萌发。在通风良好光照充足的环境下，一般没有病虫害，在过于密植通风不畅时会有红蜘蛛危害，可用一般杀虫剂防除。冬季上冻前盆栽千屈菜要剪除枯枝，盆内保持湿润。露地栽培不用保护可自然越冬。一般 2 ～ 3 年要分栽 1 次。

【应用】千屈菜姿态娟秀整齐，花色鲜丽醒目，可成片布置于湖岸河旁的浅水处。如在规则式石岸边种植，可遮挡单调枯燥的岸线。其花期长，色彩艳丽，片植具有很强的绚染力，盆植效果亦佳，与荷花、睡莲等水生花卉配植极具哄托效果，是极好的水景园林造景植物。也可盆栽摆放庭院中观赏，亦可作切花用。

7. 萍蓬莲

【学名】*Nuphar pumilum*

【别名】萍蓬草、黄金莲、水粟

【科属】睡莲科，萍蓬草属

【形态特征】多年生长水生草本植物，根茎粗壮，叶宽卵形浮于水面，花单生，花萼5片，金黄色，花心红色，花茎伸出水面，花期7～8月，浆果卵形，种子黄褐色，果熟期8～9月。

【生态习性】喜温暖湿润、向阳环境，宜于深厚、肥沃河泥土生长。

【栽培管理】

繁殖方法：分株、播种繁殖。分株繁殖5～6月进行，是将带主芽的块茎切成6～8 cm长，然后除去黄叶、部分老叶，保留部分不定根进行栽种，其所分株繁殖的植株在营养成分充足的条件下很快进入生长阶段，即当年可开花结实。播种繁殖：将头年采收贮存的种子在第二年春季进行人工催芽，播种土壤为清泥土，pH值为6.5～7.0。加肥（腐熟的芝麻饼、豆饼等均可）拌均匀，上水浸泡3～5天后（最好在泥的表面撒上一层沙），再加水3～5 cm深，待水沉清后将催好芽的种子撒在里面，根据苗的生长状况及时加水、换水，直至幼苗生长出小钱叶（浮叶）时方可移栽。移栽时每株行距10 cm、株距15～20 cm，并加强幼苗期的管理。待植株生长到4～6片浮叶时（宽8 cm以上）方可定植。

栽培要点：选择底土层深厚、疏松肥沃、光照充足的环境进行施工栽植。萍蓬草的施工方式分为直栽和客土袋栽两种形式。直栽方法适宜于水深在80 cm以下施工。施工时，将萍蓬草的根茎直接栽种于土层中即可。萍蓬草的适应能力强，生长期施工的，一般施工后10天即可恢复生长，25天左右即可开花。而对于底土层过于稀松或底土层过浅不适宜直接栽种、水位过深且变化较大的施工区域，常采用客土袋栽的形式进行施工栽种。客土袋栽以无纺布袋或植生袋作为载体，以肥沃的壤土或塘泥作基质，将萍蓬草根茎基部紧扎于袋内，露出顶芽。客土袋栽的的萍蓬草根系能穿透袋体扎根于底土层中，因此，栽植后的成活率较直接栽种要高。萍蓬草水景盆栽时，以塘泥或腐熟的有机质加园土作为栽培基质，栽植后，置于浅水区域养护，至生长恢复后移入景观区域进行日常管护。定植的方法是每缸一株（1株/m^2），如果在大面积的观赏区种植，土壤又肥沃，可按1株2 m定植。栽培管理较粗放，生长期要求充足肥料，施以马蹄片、麻酱渣均可。

【应用】主要用于庭院绿化，通常多与睡莲、荷花、水柳配植，也可用作鱼缸水草，其根茎、果实供药用，有滋补强壮、调经之功效。

8. 慈姑

【学名】*Sagittaria sagittifolia*

【别名】茨菰、箭搭草、燕尾草、欧慈姑

【科属】泽泻科，慈姑属

【形态特征】多年生球根、挺水花卉；高达 1.2 m，地下具根茎，先端形成球茎，球茎表面附薄膜质鳞片。端部有较长的顶芽。叶片着生基部，出水成剑形，叶片箭头状，全缘，叶柄较长，中空。沉水叶多呈线状，花茎直立，多单生，上部着生出轮生状圆锥花序，小花单性同株或杂性株，白色，不易结实。花期 7～9 月。

【生态习性】有很强的适应性，在陆地上各种水面的浅水区（水深 10～20 cm）均能生长，但要求光照充足，气候温和、较背风的环境下生长，要求土壤肥沃，但土层不太深的黏土上生长。风、雨易造成叶茎折断，球茎生长受阻。

【栽培管理】

繁殖方法：采用分球繁殖。选择背风向阳、靠近水源的肥沃壤土地作育苗地。结合整地施河底淤泥作基肥。于 3 月上中旬将选好的慈姑粗壮顶芽，按行株距 5 cm×5 cm 栽入育苗地，栽植深度为顶芽长的一半，每亩大田需备慈姑顶芽 20 kg 左右。栽后及时搭架、覆膜。植株萌芽期保持浅水层。2～3 叶期追施 1～2 次稀粪水。后期注意通风炼苗。

栽培要点：① 移栽。可利用肥沃低洼田作慈姑栽植大田。移栽前每亩大田施优质厩肥 2 500 kg 或绿肥 3 000 kg，加氨化磷肥 35～40 kg，耕翻入土，整平后上浅水。4 月上中旬从育苗地起苗，并将苗的外围叶片摘去，留叶柄 20 cm 长，然后按行距 1 m，株距 16～20 cm 将慈姑苗栽入大田，栽植深度 10 cm，每亩栽 3 300～4 000 株。栽后灌一层薄水，以后浅水勤灌；② 田间管理。植株移栽 7～10 天活棵后追肥 1 次，每亩施尿素 10 kg 或人粪尿 1 000 kg。7 月上中旬再追肥 1 次，每亩施草木灰 70～75 kg 或碳酸氢铵 100 kg 促球茎膨大。植株生长前期要适当搁田，搁田程度以田不陷脚为宜。及时除草和剥除植株上的老黄叶及部分侧芽，增强田间通透性；③ 病虫害防治。 危害慈姑的主要病虫害有黑粉病、蚜虫、螟虫。黑粉病可用 25% 多菌灵 500 倍液，或用 75% 百菌清 600～800 倍液，或用 25% 粉锈宁 800 倍液喷雾防治，每隔 7～10 天喷 1 次，连喷 2～3 次。蚜虫可用 40% 乐果 1 500 倍液喷雾防治。螟虫可用 25% 杀虫单 600～800 倍液喷雾防治。

【应用】茨菰叶形奇特，适应能力较强，可做水边、岸边的绿化材料，也可做为盆栽观赏。

9. 水葱

【学名】*Scirpus tabernaemontani*

【别名】莞、翠管草、冲天草、欧水葱

【科属】莎草科，莞草属

【形态特征】多年生宿根挺水草本植物。匍匐根状茎粗壮，具许多须根。秆高大，圆柱状，高 1～2 m，平滑，基部具 3～4 个叶鞘，鞘长可达 38 cm，管状，膜质，最上面一个叶鞘具叶片。叶片线形，长 1.5～11 cm。苞片 1 枚，为秆的延长，直立，钻状，常短于花序，极少数稍长于花序；长侧枝聚伞花序简单或复出，假侧生，具 4～13 个或更多个辐射枝；辐射枝长可达 5 cm，一面凸，一面凹，边缘有锯齿；小穗单生或 2～3 个簇生于辐射枝顶端，卵形或长圆形，顶端急尖或钝圆，长 5～10 mm，宽 2～3.5 mm，具多数花；鳞片椭圆形或宽卵形，顶端稍凹，具短尖，膜质，长约 3 mm，棕色或紫褐色，有时基部色淡，背面有铁锈色突起小点，脉 1 条，边缘具缘毛；下位刚毛 6 条，等长于小坚果，红棕色，有倒刺；雄蕊 3，花药线形，药隔突出；花柱中等长，柱头 2，室 3，长于花柱。小坚果倒卵形或椭圆形，双凸状，少有三棱形，长约 2 mm。花果期 6～9 月。

【生态习性】喜欢冷凉气候，忌酷热，耐霜寒。对冬季温度要求不是很严，只要不受到霜冻就能安全越冬；在春末夏初温度高达 30℃以上时死亡，最适宜的生长温度为 15 ～ 25℃。尽量选在秋冬季播种，以避免夏季高温。10℃以下停止生长。能耐低温，北方大部分地区可露地越冬。喜欢较干燥的空气环境，阴雨天过长，易受病菌侵染。怕雨淋，晚上保持叶片干燥。最适空气相对湿度为 40% ～ 60%。

【栽培管理】

繁殖方法：可播种或分株繁殖。① 播种：适播期 2 月前作收获后，将场地深翻晒白，施足基肥后将暗面细碎整平，一般用撒播形式进行播种。每亩苗地约需种子 3 ～ 5 kg，育成的苗可栽种 5 ～ 10 亩。水葱种子发芽温度 18℃左右最快，播后 5 ～ 6 天出苗。子叶伸直以前，不要浇水，以免引起表土板结。清明后，幼苗开始生长，要加强肥水管理，促进生长，苗期 50 ～ 100 天；② 分株繁殖：早春天气渐暖时，把越冬苗从地下挖起，抖掉部分泥土，用枝剪或铁锹将地下茎分成若干丛，每丛带 5 ～ 8 个茎秆。栽到无泄水孔的花盆内，并保持盆土一定的湿度或浅水，10 ～ 20 天即可发芽。如作露地栽培，每丛保持 8 ～ 12 个芽为宜。

栽培要点：露地栽培时，于水景区选择合适位置，挖穴丛植，株行距 25 cm×36 cm，如肥料充足当年即可旺盛生长，连接成片。盆栽可用于庭院摆放，选择直径 30 ～ 40 cm 的无泄水孔的花盆，栽后将盆土压实，灌满水。沉水盆栽即把盆浸入水中，茎秆露出水面，生长旺期水位高出盆面 10 ～ 15 cm。水葱喜肥，如底肥不足，可在生长期追肥 1 ～ 2 次，主要以氮肥为主配合磷、钾肥施用。沉水盆栽水葱的栽培水位在不同时期要有所变化，初期水面高出盆面 5 ～ 7 cm，最好用经日晒的水浇灌，以提高水温，利于发芽生长；生长旺季，水面高出盆面 10 ～ 15 cm。要及时清除盆内杂草和水面青苔，可选择有风的天气，当青苔或浮萍被风吹到水池一角时，集中打捞清除。立冬前剪除地上部分枯茎，将盆放置到地窖中越冬，并保持盆土湿润。

【应用】水葱株形奇趣，株丛挺立，富有特别的韵味，可于水边池旁布置，甚为美观。其茎秆可作插花线条材料，也用作造纸或编织草席、草包材料。对污水中有机物、氨氮、磷酸盐及重金属有较高的除去率。

10. 香蒲

【学名】*Typha orientalis Presl*

【别名】长苞香蒲、蒲黄、鬼蜡烛

【科属】莎草科，莞草属

【形态特征】多年生宿根、挺水花卉，有伸长的根状茎，上部出水。叶直立，长线形，常基出，花单性，成狭长的肉穗花序，雄花集生上方，雌花集生下方，花被成刚毛，雄花有 2～5 雄蕊，花丝分离或结合，雌花具 1 雌蕊，子房由 1 心皮所成，1 室，有 1 下垂胚珠。果实为小坚果，被丝状毛或鳞片。花期 5～7 月。

【生态习性】喜温暖湿润气候及潮湿环境。以选择向阳、肥沃的池塘边或浅水处栽培为宜。

【栽培管理】

繁殖方法：用分株繁殖。3～4 月，挖起蒲黄发新芽的根茎，分成单株，每株带有一段根茎或须根，选浅水处，按行株距 50 cm×50 cm 栽种，每穴栽 2 株。

栽培要点：栽后注意浅水养护，避免淹水过深和失水干旱，经常清除杂草，适时追肥。4～5 年后，因地下根茎生长较快，根茎拥挤，地上植株也密，需翻蔸另栽。栽后第 2 年开花增多，产量增加即可开始收获。6～7 月花期，待雄花花粉成熟，选择晴天，用手把雄花勒下，晒干搓碎，用细筛筛去杂质即成。

【应用】香蒲叶绿穗奇可用于点缀园林水池的水面，亦可盆栽观叶，蒲棒也可作为切花材料。此外，香蒲可用于造纸原料、嫩芽蔬食等。此外，其花粉还可入药。